家庭育儿百科

父母必读杂志社　北京市家庭教育研究会◎编著

一本中国式家庭养育宝典

北京出版集团公司
北　京　出　版　社

图书在版编目（CIP）数据

家庭育儿百科 / 父母必读杂志社，北京市家庭教育研究会编著. — 北京 ：北京出版社，2016. 3
ISBN 978-7-200-12469-9

Ⅰ. ①家… Ⅱ. ①父… ②北… Ⅲ. ①婴幼儿—哺育—基本知识 Ⅳ. ①TS976. 31

中国版本图书馆CIP数据核字(2016)第207715号

家庭育儿百科
JIATING YU'ER BAIKE
父母必读杂志社　北京市家庭教育研究会　编著
*
北京出版集团公司
北京出版社　出版
（北京北三环中路6号）
邮政编码：100120
网　址：www.bph.com.cn
北京出版集团公司总发行
新华书店经销
北京华联印刷有限公司印刷
*
720毫米×1000毫米　16开本　37.25印张　630千字
2016年3月第1版　2016年3月第1次印刷
ISBN 978-7-200-12469-9
定价：68.00元

《家庭育儿百科》
编委会

（编委会成员名单按姓氏笔画排序）

主任

徐　凡

编委会成员

王惠珊　李　智　宗春山　赵忠心　恽　梅

宫丽敏　钱志亮　唐　洪　梁雅珠

序

余心言

余心言，原名徐惟诚，中宣部原常务副部长，中国大百科全书出版社原总编辑，北京市家庭教育研究会原名誉会长。改革开放初期，余心言同志在北京市工作期间推动了家庭教育领域的三个第一：成立了第一个家庭教育研究团体——北京市家庭教育研究会；创刊了第一本家庭教育杂志《父母必读》；出版了全国第一本《家庭育儿百科全书》。

人类从动物界脱颖而出不过二三百万年，便如此深刻地改变了地球的面貌，同时也改变着人类自身。人类的这种能力主要是后天通过教育和学习获得的。通过教育和学习吸取前人和他人认知的成果，人类又在此基础上前进。每一代人都是站在巨人的肩膀上，长江后浪推前浪，一代更比一代强。发展到今天的盛况，其势方兴未艾，教育是一个关键的因素，也是一项很艰巨的事业。

与学校教育、社会教育相比，家庭教育对人的发展起着基础性的作用。父母是孩子的第一任也是终生的老师。人生起始阶段的教育以及亲子关系的亲密性、情感性因素会在孩子身心打上影响终身的深刻烙印。但是家庭的分散性又使家庭教育很难获得统一规范的科学指导，从而导致教育成果的不确定。

许多初次为人父母的青年，对于如何养育和教育子女实际上是处于无准备状态。或者虽然有些准备，也只是纸上谈兵，遇到实际问题时难免手忙脚乱。而教育的结果往往在若干时日甚至几年、十几年后才完全显现。但是当发现与自己的期望不符时，已经不可能重做一次。这种情况决定了加强对家庭育儿的指导是一种迫切的需求。

为适应这种需求，20 世纪 80 年代初，全国第一个省市级家教研究团体——北京市家庭教育研究会、全国第一本家庭教育杂志《父母必读》先后成立和创刊，同时邀请有关专家、学者编写的全国第一本《家庭育儿百科全书》起了很好的作用。

30 多年过去，现在无论整个社会还是广大家庭，物质和文化生活的条件都发生了巨大的变化，这一代孩子成长后将要踏入的社会环境也同过去有巨大的差异，家长们对孩子的期望自然也和过去有很大的不同。他们还要求获得更加细致具体的指导。同时，各类媒体有关育儿指导的资料大量涌现，各种不同的观点异彩纷呈。其中固然不乏经过科学研究的真知灼见，既符合中国国情，又顺应时代潮流。但也有一些或明或暗追求某种商业利益，不惜误导受众。还有一些观点片面极端，哗众取宠。这种情况往往使一些年轻的家长难做取舍。

人们期望获得科学、系统、实用的指导。《父母必读》杂志和北京市家庭教育研究会联合新编的《家庭育儿百科》正是为适应这样的需要而诞生的。

《家庭育儿百科》的作者队伍全部是国内一线的医护人员及教育、心理学工作者，由儿童健康、儿童营养、儿童心理学、儿童教育等领域一流专家审定。

《家庭育儿百科》的内容涉及婴幼儿成长的各个方面，包括生理、心理、认识与情感、人际关系的建立、自主精神的培养等，为家长提供全方位的、专业的信息支持。

《家庭育儿百科》注重实用性。本书对 0~6 岁儿童的每个年龄段都总结了本阶段育儿的常见问题，并提出了详细严谨可操作的解决方案。

当然，实际的情况千变万化，每个孩子都是独特的“这一个”，育儿的过程也绝不可能机械地照搬任何既定的程序。更重要的是需要父母树立科学的、正确的理念。在新版的《家庭育儿百科》中，这些理念不是抽象的，而是贯穿在全书论述和解决实际问题的过程之中，希望读者不要忽视。在这些理念中，我认为最重要的是要明确每个孩子都将独立地进入社会学习、工作和生活。对孩子的养育都是为了这个目标预做准备。对孩子要有各种呵护，这些当然是必要的。但是任何家长都不会也不应当期望孩子永远生活在自己的呵护之中。每个人都需要一定的知识和技能，但是在未成年阶段能够获得的知识和技能总归是有限的。所以更重要的是培育孩子不断获得新的知识和技能的能力，包括注意力、求知欲、联想力、想象力，以及坚毅、勇敢、不屈不挠的精神素质。意志和品格的形成，家庭教育应当发挥重要作用。而这些又往往不是单纯说教就能奏效。许多家长为此感到苦恼。但这些问题都已得到《家庭育儿百科》的关注。

《父母必读》杂志作为创刊最早影响最大的育儿刊物，30 多年来形成了一支素质较高的编辑和作者队伍。这些《父母必读》人抱着期望一代又一代新人健康成长的情怀，抱着为年轻的父母排忧解难的情怀，持科学的育儿理念和广大家长的育儿实践相结合，积累了丰富的经验。我们有理由期望用这样的情怀编写的新版《家庭育儿百科》能够受到家长们的欢迎。

目录

0~6 岁宝宝常见问题快速查找

第一章

胎儿即将出生

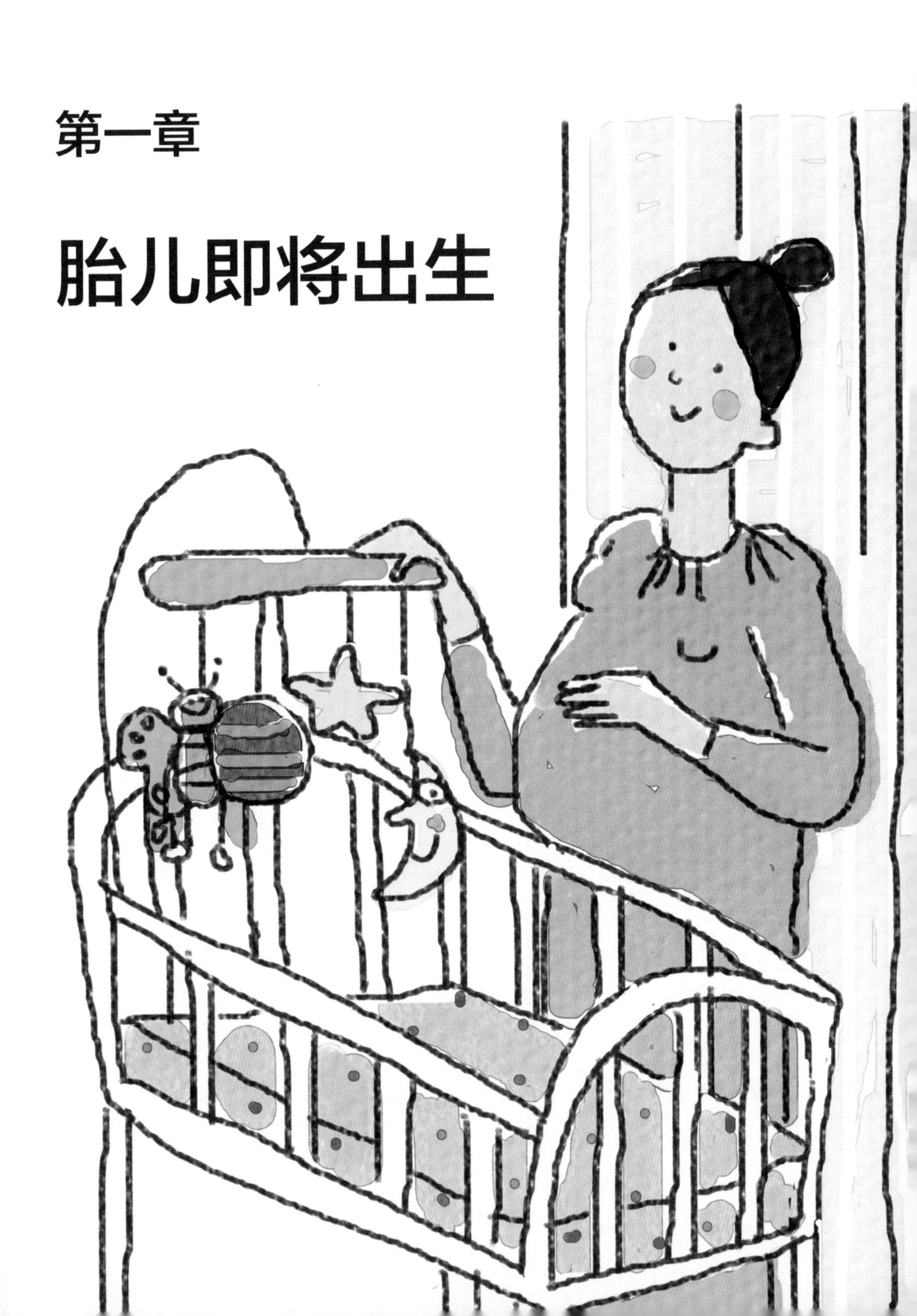

01 生孩子，先准备

去医院要带什么

孕期即将安然度过，随时可能会面临分娩，恭喜您即将成为母亲。眼看着宝宝就要来到身边，您心里难免会有些紧张，但越是临近分娩，孕妈妈越是要放松心情。这时，不妨和家人一起清点待产清单，检查一下入院期间的必备物品是否有所遗漏，以免到时惊慌失措。请记住，为孕妈妈和婴儿准备的东西在精不在多，不要漏了重要物件。

为宝宝这样准备

婴儿刚刚出生时，吃喝拉撒睡样样都必须照顾到。此时，需要提前为婴儿准备好相关物品，以便让他在生命伊始，就能感受到温馨与舒适 。

	提前备好	建议数量	选购要点
与婴儿吃有关	喂奶巾	2~3 条	质地柔软、吸水性和透气性好的纯棉制品
	小围嘴	2~5 条	质地柔软、吸水性和透气性好的纯棉制品
与婴儿穿有关	和尚服	2~3 套	无领、斜襟、系带，分身或长袍式；根据婴儿出生的季节选择薄厚适宜的；炎热夏季，还可选择肚兜或背心
	袜子	2~4 双	松口纯棉、薄厚适宜
	小帽子	1~2 顶	柔软舒适、大小适宜
与婴儿睡有关	睡袋	1 个	长度过脚、下敞口或可闭合、无袖或可拆卸袖子
	抱被	1~2 床	四方形、薄厚适宜
	婴儿床	1 张	—
	床上用品	被子、被套、褥子 2 套	大小、薄厚适宜，质地柔软的纯棉制品
	尿布垫	6~7 条	—

续表

	提前备好	建议数量	选购要点
	蚊帐	1顶	与婴儿床大小适宜
与婴儿拉有关	一次性尿不湿	2包	吸水性、透气性好 婴儿出生前只需准备NB（新生儿）和S（小号）的各1包，如果估计婴儿较大，可直接准备2包S号的 婴儿生长发育快，不建议大量购买同一型号尿不湿
	传统尿布	15~20片	质地柔软、吸水性和透气性好的纯棉制品
	卫生纸	1提	婴儿专用
	尿盆	1~2个	—
	护臀霜	1支	不含防腐剂、香精、着色剂等婴儿专用的
与婴儿洗有关	浴盆	1个	—
	洗脸盆	1~2个	—
	水温温度计	1支	—
	浴巾	大小各3~4条	质地柔软的纯棉制品
	洗发液、沐浴乳	各1~2瓶	不含防腐剂、香精、着色剂等婴儿专用的，最好为无泪配方
	润肤露（霜）	1瓶	不含防腐剂、香精、着色剂等婴儿专用的 春、夏、秋选用润肤露，冬季用润肤霜
	爽身粉	1盒	—
	婴儿专用衣物洗涤液	1桶	—
婴儿用得到的其他物品	体温计	1支	—
	指甲刀	1把	婴幼儿专用指甲刀

温馨提示：提前购置婴儿用品须知

1. 婴儿服。0~3个月的婴儿会长得特别快，因此，妈妈不要为他准备太多衣物，以免造成浪费；婴儿的皮肤非常稚嫩敏感，新购买的婴儿服需要经过彻底清洗晾晒才能给他穿；婴儿穿的衣服应冬暖夏凉、穿着舒适，不影响他的生理功能，如皮肤排汗、手脚运动。为此，建议选择柔软、透气性好、宽松但适体的婴儿服，切记不要过大或过小。

2. 婴儿洗护用品。婴儿的皮肤娇嫩，容易因受到刺激而引起过敏，因此，建议购买婴幼儿专用（不含香精、色素、防腐剂，产品温和，无泪配方。质感柔细，刺激性小，纯天然）的洗护用品；在购买洗护用品时，可以从小包装的单品开始尝试，试过几次，如果婴儿没有任何过敏迹象再决定是否购买同一品牌系列的产品；开始使用时可先在婴儿的手臂内侧涂抹一点儿，如果没有发红、发痒、皮疹等反应，即可放心使用。

孕妈妈分娩需要这些

婴儿的用品准备好了，孕妈妈还不能完全放宽心，因为，为自己准备好分娩前后所需要的用品，也不能含糊。

	提前备好	建议数量	选购要点
办理入院	医院住院证明、孕妈妈的孕检档案、宝宝的准生证、孕妈妈准爸爸双方的身份证及户口本、孕妈妈的医保卡、银行卡或适量现金	—	—
入院后洗漱	脸盆	3 个（洗脸、洗脚、洗外阴各 1 个）	—
	毛巾	2 条（洗脸、洗脚各 1 条）	—
	牙刷、牙膏、牙刷杯	各 1 个	—
入院后穿戴	内裤	2~3 条	质地柔软的纯棉制品、大小适宜
	文胸	2 个	纯棉柔软、松紧适中
	拖鞋	1 双	保暖性好、柔软舒适、穿脱方便
	睡衣	1 套	—
	袜子	2~3 双	纯棉质地、保暖性好、薄厚适宜

续表

	提前备好	建议数量	选购要点
产前进食	饭盒	1套	—
	水杯	1个	最好带吸管
	洗洁精	1瓶	—
	助力零食	纯牛奶2~3盒、巧克力5~6块	—
	水果刀	1把	—
生完婴儿	一次性臀垫	20张	—
	产妇专用卫生巾	2~5包	夜用加长型卫生巾就可以
	溢乳垫	10对	—
	小毛巾	4条	—
	腹带	1条	—
	吸奶器	1个	—
	哺乳衫	1~2件	纯棉质地、宽松舒适、胸部最好可以解开、薄厚适宜
	哺乳枕	1个	—
	哺乳文胸	2~3个	纯棉质地、有纽扣、大小适宜

婴儿回家前

新妈妈和婴儿从医院回家后，一家三口的温馨生活就要实实在在地开始了。对于产后还很虚弱的新妈妈和娇小的婴儿而言，无论是身体上，还是心理上，来自于家人的悉心照料都尤为重要。

专属新妈妈和婴儿的房间

无论是“大动干戈”，还是“小修小补”，随着婴儿的加入，以前的房间都需要做出新的调整和设计。此时，不仅要充分考虑新妈妈哺乳和休养的方便，还要照顾到婴儿的特殊需求。为了方便照顾婴儿，建议新妈妈和婴儿保持一致的生活规律，同睡一个房间。

房间要宽敞、采光好。让新妈妈和婴儿睡在阳光充足的房间里。白天不要拉遮光的窗帘，以帮助婴儿明确地区分白天和晚上，进而让其保持正常的昼夜节律。同时，还能促进他的视觉发育。

常给房间通风换气。新鲜空气对新妈妈和婴儿的健康是非常有利的，房间在注意保暖的前提下要适当通风，但注意不要让风直接吹到他们。

减少“摔落”的声音。室内家具要摆放平稳；架子上和家具上不要放容易摔落的小物品，以免物品突然落下的声音惊吓到婴儿。

注意房间的温度和湿度情况。温度和湿度必须综合起来考虑，如果房间的室温高、湿度低，会使体感温度增高，造成干热的感觉；而室温低、湿度高，则体感温度更低。一般新妈妈和足月婴儿适宜的室内温度以22~24℃为宜，与外界温差保持在6℃以内；相对湿度以35%~65%为宜。夏季时，一般可用空调除湿，但要注意空调不要对着新妈妈和婴儿直吹；冬季时，单单使用电暖气容易造成干燥，可以考虑用加湿器增加湿度。

不能忽视安全问题。比如，家具的边边角角上要添加“保护”；给门安上制动装置；等等。

温馨提示：关于夜灯的使用

“夜灯”，对于多数婴儿来说是不需要的。一方面，婴儿的免疫力较弱，视力也处在发育中，开“夜灯”会对婴儿的视力和免疫力造成一定的伤害；另一方面，婴儿刚刚来到新奇的世界，对这个世界的生存环境还处在适应的过程中，此时，他还没有形成昼夜节律，睡眠习惯也有待慢慢培养，如果常给婴儿开“夜灯”，会影响他的睡眠质量、良好睡眠习惯的形成，最终影响婴儿的健康成长，因此，爸爸妈妈要慢慢培养婴儿夜晚关灯睡觉的习惯。

但从医院回到家里，新妈妈与婴儿并排挨着睡时，建议在新妈妈的枕旁放上一盏伸手就能够得到的、能照亮身边的荧光灯，因为新妈妈半夜给婴儿喂奶或是换尿布时，没有光亮会特别不方便。

婴儿床

婴儿床一定是舒适又安全的。因为，在很长一段时间内，婴儿所需的安全区多数是在婴儿床的范围内。因此，有关婴儿床的每个细节都不容忽视。

优先考虑婴儿床的质量

床体。与婴儿接触的各个部位都应光润圆滑，以免因棱角突出划伤他或钩住他的衣物。

护栏宽度。最好选择板条为圆柱形的护栏，板条之间的距离不要超过 6 厘米，以防婴儿的头从中间伸出来而发生意外。

护栏高度。以高出床垫 50 厘米为宜。如果护栏过低，等婴儿能抓住护栏站起来时，他有可能爬过护栏从床上掉下来，此时，护栏反而起不到屏障的保护作用。

床垫。要选择比较硬的床垫，床和床垫之间的缝隙一般不应超过 2 厘米。注意床垫与护栏上缘的距离，当底板调至最高时要超过 25 厘米，调至最低时要达到 50 厘米。

滚轮和摇摆功能。有些婴儿床安装了小轮子，可以自由地推来推去。如果选择此类婴儿床，要检查它是否安有制动装置，而且制动装置要比较牢固，不能一碰就开。还有的婴儿床可以晃动，有摇篮的作用，但要注意各部位的连接是否紧密牢固。

调位卡锁。婴儿床两边的护栏通常有 2 个高低调整装置，这些调整控制必须具有防范婴儿的固定卡锁功能，保证婴儿不能自己把床栏降下来。

安全地使用婴儿床

不要将婴儿床放在空气对流处、空调下和阳光直晒的位置；不要靠窗，避免婴儿能爬、能站后从窗户跌落，或者被窗帘缠住。婴儿床周围的地上最好铺上地垫，以免婴儿跌落时磕伤头部。

如果使用床围，要用系带将围垫的上下左右各边固定好。为防止婴儿被系带缠住，系紧后要将多余的部分剪掉或绑好。在婴儿床上或靠近床的地方悬挂的玩具等物品都要挂在婴儿够不着的地方，并固定好，以免因婴儿拉扯而掉下来。

像汽车需要定期保养一样，婴儿床也需要定期检查。经常紧紧螺母、螺栓和螺丝，避免松动；检查床围的系带是否松开；检查护栏是否锁定好。

并不是买了一张安全的床就可以保证婴儿的安全。婴儿在一天天长大，爸爸妈妈根本无法预料他下一刻又会长出什么新本事！爸爸妈妈想当然地认为婴儿不可能做到的事，也许随时都能发生。尤其在婴儿会坐、会爬以后，把他放在床上玩时，一定要有成人在旁边监护，以免他自己站起来，从床上摔下来。

不该放在婴儿床上的几样小东西

0~3 个月的婴儿：不要在床上，尤其是婴儿头部的附近摆放不能固定的玩具，也不要在护栏上挂毛巾、尿布之类的东西，以免掉下来遮住婴儿头部，引起窒息。

3~6 个月的婴儿：当婴儿学会翻身，能伸胳膊、伸腿后，他的活动范围就变大了。这时，要摘除床上的悬挂物品，以免他抓下来弄伤自己。

6~9 个月的婴儿：大部分婴儿这时候都开始长牙了，喜欢用嘴到处咬东西，此时，最好在床缘的横杆上装上保护套。

9~12 个月的婴儿：这时，多数婴儿拉着东西就能站起来，要将床垫调整到最低位置。而且，床围和比较大的玩具都要拿掉，否则，不安分的小家伙很可能踩着它们爬出床外。

新妈妈坐月子需要什么

对新妈妈来说，产后的月子生活是用爱养育婴儿的开始。此时，新妈妈既喜悦不已，又不乏劳累，“痛并快乐”的月子生活中，新妈妈更需要得到细致的产后护理，调养好自己的身心，为做好妈妈打好坚实的身体基础。

宽松棉质的衣服。新妈妈的衣服过紧会影响乳房血液循环和乳腺管的畅通，所以，宽松棉质的家居服是最好的选择。另外，产后容易多汗，棉质内衣吸水性好，比较适合产后贴身穿；外衣也要选柔软且散热好的。但请月子中的新妈妈注意：新妈妈出汗多，热量散发快，易受凉，所以，要随时根据室温调整衣服的薄厚，让身体随时得到适度保暖。

柔软舒适的鞋。柔软舒适的鞋或包脚的拖鞋，可以保护产后新妈妈避免因受凉而引起腹部、足部的不适。如果新妈妈在做产后活动或产后体操时，建议选择舒适的运动鞋或休闲鞋。

可促进乳汁分泌的、易消化吸收的饮食。月子期间，新妈妈不仅要调养自己的身体，还要让自己分泌足够的乳汁来满足婴儿生长发育的需要。因此，建议新妈妈的月子饮食要注意：水分要多一些，以利于乳汁分泌；食物要烧煮得细软些，以利于消化；量不宜过多，可比孕期稍多，但最多增加 1/5 的量；食物品种多样化，注重荤素搭配，以均衡营养。

多休息、多睡眠。月子里，新妈妈更要注意放松自己，让自己得到很好的休息。因为，新妈妈休息是否充分，也会影响其乳汁分泌的多少，进而影响母乳喂养；而且如果新妈妈休息得少，会容易让自己感到疲倦、焦虑、精神抑郁，最终影响身体的良好恢复。因此，建议新妈妈多睡觉，最好婴儿睡觉的时候新妈妈也睡，新妈妈每天应保证 8~9 个小时的睡眠。

早运动。产后，新妈妈要根据自己的身体状况，并在咨询医生后，尽量早运动。产后早运动，可帮助子宫恢复，排出分泌物，加快恢复排尿功能，降低泌尿系统感染概率，促进胃肠道功能恢复，增进食欲，改善便秘，促进盆底肌肉恢复，并预防子宫脱垂。

洗澡要“讲究”。空腹或饱食后不宜洗澡；浴后要及时用暖风吹干头发；新妈妈不能坐浴，剖宫产、会阴侧切的新妈妈要等伤口愈合后再淋浴或擦浴；洗澡时间以 5~10 分钟为宜；浴室不要太封闭，以免导致新妈妈出现恶心或晕倒等不适症状。

关于月嫂

一位身体健壮、细心、勤快、有着丰富育儿经验的月嫂，可以帮助没有照顾婴儿经验的新妈妈迅速地了解婴儿初来乍到时，新妈妈应该做的事情，以及帮助新妈妈和婴儿轻松安然地度过月子里的每一天。

月嫂的助力

护理婴儿。协助新妈妈母乳喂养，帮助混合及人工喂养婴儿的哺喂；给婴儿更换尿布、洗澡；为婴儿脐带结扎部位进行消毒；观察婴儿的大小便，以护理好婴儿的小屁股；给婴儿测量体温；婴儿夜间带睡；婴儿身体有异常提醒；洗涤并消毒婴儿的衣物、尿布等；协助新妈妈定期为婴儿做婴儿操、抚触和按摩，锻炼婴儿的四肢协调能力；等等。

照顾新妈妈。为新妈妈合理安排月子营养餐，平衡新妈妈营养，促进其产后康复及乳汁分泌；产后心理指导；产褥期观察；乳房保健护理；等等。

选择月嫂

需要了解的	面试细节
个人基本情况	你多大了？家乡是哪里的？家里都有谁？你身体怎么样？我可以看看你的健康证明吗……
带婴儿的经验	你有几个宝宝？都是自己带大的吗？你做月嫂，服务过几个家庭？你带过的宝宝中，男孩多，还是女孩多？你最擅长的是什么……
性格	你是急性子还是慢性子？你容易着急生气吗？你容易和别人发生争执吗？
需求与条件	你对住所有要求吗？你不能接受雇主的哪些行为？你希望的工资水平是多少？你希望怎么安排工休……
紧急情况处理能力	如果宝宝发烧了怎么办？如果宝宝哭闹怎么办？如果老人或其他人批评你做得不好怎么办……
缺点与不足	你觉得自己不擅长的是什么？你认为自己的缺点有哪些……

与月嫂相处须知

不要过分依赖月嫂。多数新手爸妈因为没有育婴经验，所以，看到月嫂那么内行，往往会把月嫂视为“救星”或专家，把与婴儿有关的所有事情都交给月嫂打理。其实这样做并不好，因为这样做，新手爸妈会失去一个大好的锻炼机会，不仅不利于建立良好的亲子关系，而且一旦月嫂离开了，新手爸妈就该手忙脚乱了。

不要一切都听从月嫂的。最了解婴儿的应该是妈妈，所以，即使月嫂再有经验，也不能所有事情都由她决定。新手爸妈要相信自己，即使偶尔有失误也没关系。而且每个婴儿都有自己的特性，有些情况并不能按月嫂过去带孩子的模式照搬，还要靠新妈妈用爱心和细心去摸索。但一定要注意通过学习或咨询确定是正确的之后再与月嫂沟通，未分清对错就指责月嫂是非常不明智的。

有不同意见要说出来。在和月嫂一起照顾婴儿的时候，如果新手爸妈有不同意见或认为月嫂做得不对，没关系，一定要说出来，不要认为月嫂经验丰富就不表达自己的想法。需要提醒的是：双方要相互尊重，以讨论的方式交换意见，经过讨论取得较为一致的意见。

多学习，快接手。照顾婴儿是爸爸妈妈应尽的责任，月嫂总是要离开的，所以，趁她在的时候，在旁边多学习，用这一个月的时间让自己尽快接手婴儿的护理，从以月嫂为主转换为以爸妈为主。

02 熟知分娩征兆

进入孕晚期，在真正的分娩开始之前，孕妈妈需要了解分娩的征兆，能知道自己处在分娩的哪个阶段，随后会发生什么，知道分娩将如何开始、如何进行，不但可以避免恐慌，更有利于沉着冷静地去迎接婴儿的降生，还可以及时根据自己的情况，与医生沟通，以便调整到最好的状态面对分娩。

真假宫缩

多数初产妈妈对真假临产征兆很难辨别，往往一出现宫缩就会急迫地要赶往医院。其实，并不是所有的宫缩都预示着胎儿就要出生。

“真假”好辨

假性宫缩。持续时间短，常少于 30 秒，2 次宫缩相隔时间不定。宫缩时腹部有下坠感，腹部较硬，用手轻压会下陷，但一般没有明显的疼痛感觉。

规律性宫缩。宫缩逐渐增强，表现为腹部变硬，手压无凹陷；每次宫缩持续可达 30 秒或以上；宫缩间隔越来越短，持续时间越来越长，疼痛也越来越重。

见红

通常来讲，见红也是孕妈妈即将开始分娩的较为可靠的征象。

见红是什么

临近分娩时，胎儿的头部下坠，包括裹着胎儿的胎膜从子宫内壁剥离，导致少量出血，称为见红。见红时，一般出血量较少，不超过平时的月经量，质地较为黏稠。

见红后就要分娩吗

一般情况下，见红后不久，孕妈妈就要开始真正的宫缩，即有规律的，促使胎儿娩出的子宫收缩。一旦出现规律的宫缩，分娩就正式开启了，此时孕妈妈需要立即去医院。但也有部分孕妈妈没有见红，直接出现宫缩、阵痛、破水后而进入分娩进程。

破水

孕妈妈的分娩过程是独一无二的，没有人能够准确地预测分娩将会是什么样的，但身体会给孕妈妈信号，告知即将迎来的激动时刻，其中破水是临产最典型的信号。

破水是什么

胎膜破裂，羊水从宫腔里流出，这种现象称为破水。正常情况下，孕妈妈的胎膜破裂发生在临产后，宫口接近开全时，如果发生在临产前，称之为胎膜早破，是一种异常表现。但如果发生胎膜破裂，则临产不可避免，有半数在胎膜破裂后 24 小时内出现规律宫缩。

如何判断是否破水

胎膜一旦有破口，羊水就会从宫腔里流出来。如果破口较大，孕妈妈会感到突然从阴道流出一股液体，以后持续不断，站立、向下用力，如咳嗽，会流得更多。如果破口较小，可能是经常有小股液体流出，内裤被浸湿。

但孕妈妈患有阴道炎时，下体也会有稀薄的液体流出。但流出的液体是白带还是羊水，孕妈妈如果很难自己辨别，建议立刻前往医院，请医生对流出的液体进行检查，帮助鉴别是否是破水。

开始阵痛

当子宫收缩时会引起一阵阵的疼痛，这就是阵痛。阵痛一出现，孕妈妈要记录疼痛持续的时间，以及两次阵痛的间歇时间。若是规律性的疼痛，预示着孕妈妈即将要分娩了。

阵痛是怎么回事儿

阵痛是为了娩出胎儿而自然产生的疼痛，孕妈妈可以借助阵痛波自然娩出胎儿，所以，不要对阵痛感到不安和恐惧，因为心理压力会干扰随之而来的分娩。疼痛的间隔期是完全不痛的，孕妈妈有休息的时间，可以充分利用这段时间赶往医院。入院后，孕妈妈需要在病房或待产室度过阵痛时期。

引起阵痛的 3 个原因

子宫整体收缩引起的疼痛。子宫是由肌肉构成的袋状器官，宫缩间歇，子宫柔软而松弛。阵痛波来到时，整个子宫痉挛而变紧，为了推出胎儿急剧地收缩。阵痛主要是由子宫收缩引起的。子宫一旦痉挛，孕妈妈会感到全腹疼痛。这种疼痛会随着分娩的进展变得越来越强烈。

压迫骨盆神经、骨骼引起的疼痛。随着胎儿下移到产道，孕妈妈的腰、臀、大腿等部位会感到疼痛。这是因为下移的胎儿头部压迫到了骨盆中的神经和骨骼。因此，随着胎儿下移，疼痛点也会从腰骶向臀、会阴部逐渐转移。

胎儿扩张产道引起的疼痛。子宫下段、宫颈口、阴道、会阴等被称为软产道。为了让胎儿通过，各自都被扩张拉伸到极限。这些组织、皮肤被拉扯时所感到的疼痛，也是阵痛的一部分。就在胎儿娩出之前，会阴部被胎头急剧拉伸，薄得像纸一样，这时孕妈妈甚至会感到灼烧样疼痛。

阵痛时孕妈妈应这样做

阵痛间隔时间会由10~15分钟逐渐变短，每次的阵痛波也变长了，疼痛也相应加重。刚开始阵痛波到来时，孕妈妈可以深呼吸或者按摩腹部，疼痛会得到减轻。

当感到阵痛剧烈时，孕妈妈可以尝试活动身体，寻找一个舒适的姿势。如果在床上侧卧感到难受，可以慢慢地抬起头，让上半身靠在叠好的被褥或靠垫上，以此来减轻腰部的负担。

孕妈妈也可以坐在椅子上，轻轻摇晃身体亦可减轻疼痛。另外，在床边来回走动，阵痛波到来时，靠着床或墙壁也能减轻疼痛。倚靠在床边时，可尝试各种各样的姿势，尽量找到自认为舒服的姿势，同时用手指按压痛点。当阵痛消失时，孕妈妈也可以在走廊悠闲地来回走动，或上下楼梯活动身体。

一般阵痛开始前，胎儿向下移；阵痛开始后，胎儿入盆，胎儿的头进入骨盆，疼痛会向下放射。阵痛继续时，胎儿向下方移动，疼痛的部位也移向下方。此时，孕妈妈若感到疼痛剧烈，可以指压脊柱、腰部。

孕妈妈要生产

什么时候该去医院

临近预产期，什么时候应该准备去医院待产，是大多数孕妈妈最关心的问题之一。选择适当的时机到医院待产，既能保障孕妈妈安全分娩，又降低了胎儿降生的危险系数。

一旦出现规律性宫缩，就要准备去医院

随着胎儿在孕妈妈腹中的下降，伴随着阵痛、见红、破水的分娩征兆，可以说，孕妈妈的分娩开始了。规律性宫缩是临盆的最主要标志。规律性宫缩一旦开始，分娩也就正式开始，此时，孕妈妈需要立即前往医院。

同样需要立即前往医院的情况是：孕妈妈出现破水。这时候，无论是否开始规律宫缩，都需要立即前往医院，寻求医生帮助。

一般情况下，规律性宫缩开始时，初产妇每 10~15 分钟 1 次，经产妇每 15~20 分钟 1 次。宫缩程度一次比一次强，或间隔时间逐渐缩短，或每次持续时间逐渐延长，或腹痛比较剧烈，即使不是很规律，孕妈妈也要与医院取得联系，随时准备住院。

每个孕妈妈对疼痛的感觉不同，对宫缩的耐受性也不同，但孕妈妈要记录阵痛开始的时间、阵痛的感觉、有无出血，检查宫缩的间隔、记录宫缩间隔的时间，宫缩间隔可能从 20 分钟、10 分钟开始，到间隔 7 分钟、5 分钟。此时，孕妈妈真的要生产了。

去医院前的准备工作

在没有破水前可以洗澡。浴盆里舒适温暖的环境有助于孕妈妈宫缩顺利进行。破水后，孕妈妈就不能洗澡了，以免胎儿感染。

尽管吃。因为分娩会耗费很多体力和时间，所以入院前，孕妈妈想吃什么就吃什么，但最好吃些易消化的食物。如果此时感到恶心等不适，不要勉强进食。

最好卸妆。医生要通过面部气色观察判断孕妈妈的身体状况，所以入院前最好卸妆。产后要照顾婴儿，孕妈妈指甲也应剪短。

联系准爸爸及其他家人。联系好医院后，如果准爸爸没有在身边，要及时联系他早点去医院陪同，也要告知其他家人。

检查好门窗和电源。离家入院前请确认门窗、煤气是否关好，电源是否切断，不要慌张出门。

即将分娩时，绝对不能自己开车去医院，因为开车时如果出现剧烈的宫缩，身体反应剧烈，将会很危险。一个人去医院时要叫出租车或直接叫救护车，上车后告诉司机："我要生了，赶紧去医院。"

常见的分娩方式

其实，分娩方式有很多种，但最常见的是自然分娩，此外还有剖宫产、水中分娩、无痛分娩等。

自然分娩——最理想的分娩方式

自然分娩是指让胎儿经孕妈妈阴道自然娩出的一种分娩方式。自然分娩的顺利进行，除了医学上常说的分娩三要素（产力、产道及胎儿）均在正常范围且三者相适应外，还要求孕妈妈的心理配合，即孕妈妈要求自然分娩的决心和信心，这对自然分娩也是很重要的。

自然分娩对新妈妈的好处

阵痛时，子宫下段拉长、变薄，子宫体变厚，宫口扩张，有利于产后恶露的排出及子宫的复原，减少产后出血和产褥热的发生。

创伤小，仅会阴部位有小伤口，更容易恢复体形。

自然分娩时，产妇体内分泌的催产素不但能促进产程的进展，还能促进产后乳汁的分泌，而且产后马上就能进食，有助于乳汁的分泌。

自然分娩对婴儿的好处

自然分娩过程中，子宫有规律地收缩能使胎儿肺泡扩张，促进胎儿肺成熟。同时，有规律的子宫收缩及经过产道时的挤压作用，可将胎儿呼吸道内的羊水和黏液排挤出来，因此，大大减少了新生儿湿肺、吸入性肺炎的发生。

经阴道分娩时，胎儿的头部受子宫收缩和产道挤压，头部充血可提高脑部呼吸中枢的兴奋性，对新生儿出生后迅速建立正常呼吸非常有益。

经自然分娩的婴儿能从母体获得一种免疫球蛋白 IgG，出生后机体抵抗力增强，不易患传染性疾病。同时，产道挤压有利于诱发胎儿免疫功能启动。此外，自然分娩的妈妈泌乳较快，且初乳中含有大量的免疫球蛋白，可以帮助新生儿抵抗病原体的侵袭，让小宝宝少得病。

经自然分娩的婴儿经过主动参与一系列适应性转动，其皮肤及末梢神经的敏感性较强，为日后身心协调发育打下良好的基础。日后不易发生“感觉统合失调”，同时，多动症发生率大大降低。

自然分娩的产程

从伴有宫颈进行性开大的规律性宫缩开始，到胎儿及胎盘和胎膜完全娩出为止，称为产程，亦称为总产程。产程分为 3 期，即第一、第二、第三产程。

第一产程，又称为“宫颈扩张期”，是指从孕妈妈出现规律性子宫收缩开始到宫口开到 10 厘米为止，也就是常说的“开到十指”。分娩开始时，每隔 5~6 分钟，子宫收缩 1 次，持续的时间很短；逐渐地子宫收缩越来越频繁，一般每隔 2~3 分钟就会收缩 1 次，每次持续 1 分钟左右，宫缩力量也明显加强；子宫口随之逐渐开大，扩张到 10 厘米宽为子宫口开全，这时第一产程结束。

第一产程分为潜伏期和活跃期。在潜伏期，子宫口张开 0~3 厘米，每隔 5~6 分钟宫缩 1 次，持续 30 秒；在活跃期，子宫口张开 4~10 厘米，胎儿的颅骨重叠，径线缩小，一边旋转一边下降。

在第一产程的潜伏期，孕妈妈可能会开始感觉到有规律的宫缩，有些孕妈妈在这一时期会破水，但大多数的破水要到活跃期后期才会出现。而在活跃期，孕妈妈会发觉宫缩开始来得更快、更强，而且持续时间也更久。这时，宫缩就像波浪一样从子宫的上方开始向子宫下方推进，或者是从后面向前面扩散。这些波浪的波峰会在宫缩的中间出现，然后逐渐缓和下来。

规律性宫缩开始后，一阵阵腹痛袭来，这会使孕妈妈难以忍受，内心也很恐惧。此时，孕妈妈应尽可能睡一下，或吃些易消化的食物，或听听音乐、看看书、洗个热水澡、让准爸爸帮助按摩一下背部等，让自己放松下来；还可在家人陪伴下出去散散步，直立的姿势和缓和的活动对分娩很有帮助。

温馨提示：第一产程时间长，孕妈妈应尽量进食

由于第一产程时间较长，孕妈妈睡眠、休息、饮食都会因阵痛而受到影响。但为了确保有足够精力分娩，孕妈妈应尽量进食，以容易消化的高热量食物为最佳选择，譬如巧克力；其他半流质或软烂的食物都是好选择，如鸡蛋挂面、蛋糕、面包、粥，根据孕妈妈的胃口选择就好了。

第二产程，又称为“胎儿娩出期”，是指宫口开全到胎儿娩出为止。在第二产程中，胎头出现了，子宫每隔 1~2 分钟就会收缩 1 次，持续 30~60 秒。胎儿随着强烈而频繁的宫缩逐渐下降，孕妈妈会感觉宫缩疼痛减轻。当胎头先露部分下降到骨盆底部并压迫直肠时，孕妈妈在宫缩时会有排便感，不由自主地随着宫缩向下使劲，胎儿顺着产道从完全打开的子宫口娩出。分娩的第二产程可持续几分钟至 3 个小时不等，一般初产妇 1~2 小时，经产妇 1 小时内。

当第二产程到来时，孕妈妈需要双脚蹬在产床或脚架上，双手握住产床上的扶手。宫缩时先吸一大口气，然后屏气，双手向上拉扶手而身体向下用力，就像排便一样。每次宫缩使劲 3~4 次，每次用劲 10 秒钟以上。宫缩过后再呼气，使全身放松。

阴道壁有点儿像六角手风琴褶皱状的风箱，每一次宫缩都会帮助胎儿伸展开身体，并沿着这些褶皱向下移动，一直到胎儿的头出现在阴道口。“着冠”，即胎儿的头部处在妈妈的阴道口，宫缩过后也不再缩回去。宫缩是随着胎儿即将出生而越来越快，疼痛也在不断加剧。此时，孕妈妈要忍耐、要释放、要跟着节奏用力，这当然也离不开医生的指导，但更需要的是孕妈妈的全力配合。

在第二产程中，孕妈妈要遵从身体的感受，当强烈的冲动袭来时就用力。在单次宫缩期间，可能要向下推挤好几次，每两次用力的间歇期间呼吸几次，特别是当开始努力把胎儿的头推出时。用力时尽量要屏住呼吸，否则用力会受到影响，造成产程时间延长。而用力时间太长，撕裂的风险就会增高。当胎儿头娩出的时候，孕妈妈不要急于求成，应尽量喘气，给会阴部组织一点时间，让它随着每次宫缩一点儿一点儿地拉开。婴儿的头出来后，宫缩袭来时婴儿的肩膀和身体也将会随之娩出。

第三产程，胎盘娩出。胎儿娩出后，宫缩短暂停歇，5~15分钟后会重新出现宫缩，但强度要小多了。接下来的几次宫缩会促使胎盘从子宫壁上剥离，掉落在子宫的底部，孕妈妈可能会感到好像又想要推挤了，之后胎盘连同空空的羊膜囊，沿着阴道向下移动并被排出体外。这个时候，助产士会仔细检查胎盘和羊膜囊，以确保没有任何东西留在孕妈妈的体内，还会触摸孕妈妈的腹部，检查子宫是否正在收缩，同时，这也是自然的止血方法，防止胎盘在子宫壁上附着的部位出血。新妈妈看到和摸到婴儿时所迸发出的母爱柔情释放出的催产素，也会帮助子宫收缩，促进胎盘娩出和止血。如果孕妈妈做了会阴侧切，还需要进行伤口缝合。

温馨提示：胎盘娩出

胎盘娩出时，孕妈妈要遵从助产士的指示微微用力。娩出胎盘通常需要5~15分钟，但最多可长达半个小时。胎盘娩出后，整个分娩过程就结束了。由于肾上腺素以及身体即刻开始的调整作用，新妈妈可能会感觉很冷，也可能会十分兴奋。

自然分娩后的护理

会阴肿胀。对于选择自然分娩的新妈妈来说，无论有没有会阴侧切，一般都会感觉会阴疼痛。同时，即使在顺产时没有阴道撕裂的伤口，新妈妈也会出现阴道口水肿的情况，但随着水肿的消失，痛感会逐渐减轻。会阴部肿胀明显的新妈妈，可用温热毛巾热敷以助消肿，每天 3 次。如果产后 24 小时内，新妈妈还感到伤口剧烈疼痛，同时还有要大便的感觉，应立即请医生检查产道和伤口，看看阴道壁或伤口周围是否出现血肿。

伤口冲洗。新妈妈出院回家后，需要自己进行伤口冲洗。通常，在伤口没有感染、红肿，疼痛感也比较轻的情况下，用清水冲洗即可，建议每天至少冲洗 2 次。此外，在大小便后，或者在感觉恶露量特别多时，也需要及时冲洗。而对于那些伤口没有感染但有些红肿、疼痛感也比较强的新妈妈来说，可以到药店或者医院开一些高锰酸钾，取少量放入清洗的水中，调到适宜的浓度（1:5000 的比例），每天坐浴 2 次，每次 20~30 分钟，以促进会阴部伤口愈合。

可以适当做一做理疗。如果家里有红外线理疗仪是比较理想的；如果没有，也可以选择其他能发出热量的东西。如果身体状况允许的话，可以进行骨盆底肌的练习，以刺激会阴部的血液循环，从而促进伤口愈合。

保持会阴部清洁。无论是自然撕裂，还是切开的伤口，一般都可在 3~5 天愈合。住院期间，护士会每天用稀释后的碘伏消毒液来为新妈妈冲洗会阴。这种洗液不仅消毒效果好，而且冲洗时，也不会刺激伤口而使新妈妈感到疼痛。但新妈妈要注意大便后应由前向后擦，切忌由后向前。注意勤换卫生巾，保持会阴清洁、干燥。

防止会阴切口裂开。如发生便秘时，不可用力屏气扩张会阴部，可用开塞露或液状石蜡润滑，同时避免做下蹲、用力的动作；解便时，宜先收敛会阴部和臀部，然后坐在马桶上，可有效地避免会阴伤口裂开。

最好采取对侧卧位。为了避免伤口感染，新妈妈最好采取对侧卧位。比如，通常会阴伤口是在左侧，那么新妈妈最好采取右侧卧位，这样既可以减少对伤口的压迫，也可以避免伤口沾染恶露，造成伤口感染，反之亦然。当然，对侧卧位也不是绝对的，如果新妈妈感觉总是向一侧躺着很累，也可以经常变换一下姿势。

避免会阴伤口感染。当伤口出现肿胀、疼痛、硬结，并在挤压时有脓性分泌物时，应去咨询医生，在医生的指导下服用抗生素，拆除缝线，以利脓液流出。

饮食要特别注意。如果新妈妈在顺产时进行了侧切，会阴有伤口，就要在自解大便后，才能恢复日常饮食，同时要保证每天大便通畅。如有会阴Ⅲ度裂伤，需要无渣饮食 1 周后再吃普通食物。术后 1 周内，最好进食清淡的流质或半流质食物，如小米粥等，避免进食辛辣食物。同时注意进食富含纤维素的蔬菜，以防形成硬便难以排出，影响会阴伤口愈合。

用心呵护产后私密处

产后，新妈妈的私密处会遇到一些小麻烦。正常情况下，产后子宫会持续排出一些恶露，这个时候，阴道、子宫颈、外阴及子宫内的创面还没有完全愈合，外阴和肛门四周通常会有一些血迹，如果不注意清洁卫生，很容易引发创面感染，导致生殖器官发炎和一些其他的妇科疾病。阴道在分娩时被撑开，阴道扩大、肌肉松弛、张力减低。另外，产后盆底肌肉及其筋膜由于扩张而失去弹力，而且常有部分肌纤维断裂。产后如果能够坚持运动，盆底肌肉可以恢复至接近孕前状态，否则就不能恢复原状。所以，无论是自然分娩，还是剖宫产，新妈妈产后阴道的护理都是一项重要的工作，要注意以下事项：

轻轻按摩。自然分娩的新妈妈，可以用画圈圈的方式来按摩腹部子宫位置，让恶露顺利排出。剖宫产的新妈妈因为有伤口，做这一动作可能会引起切口疼痛，仅按摩宫底部位也能起到相似的作用。

仔细冲洗。大小便后用温水冲洗会阴，擦拭时由前往后擦拭或直接按压拭干，切忌来回擦拭。冲洗时水流不可太强或过于用力，否则会造成保护膜破裂，也容易把脏水冲进阴道内造成生殖器官感染。

勤换卫生巾。刚开始约 1 小时更换 1 次，之后 2 小时更换 1 次即可。更换卫生巾时，由前向后拿掉，以防细菌感染。

清洁身体。月子期内，也要保持身体的洁净，可采取擦浴或者淋浴的方法清洁身体。注意清洗后要保持伤口处的清洁及干燥，以免感染。

剖宫产

由于某种原因认定孕妈妈很难进行自然分娩时，切开小腹，通过手术取出胎儿的方式称为剖宫产。因为分娩中存在的意外因素，任何孕妈妈都有可能剖宫产。剖宫产是为了保护妈妈和婴儿安全而选择的一种分娩方式，但它毕竟是一种外科干预，并不值得提倡，只有情非得已时，才能考虑这种分娩方式。

常见的剖宫产情况

择期剖宫产。是指由于胎盘异常、胎位不正等预知难以自然分娩而提前选择剖宫产。通常在妊娠 38 周左右进行判定。择期剖宫产的情况有胎位不正、巨大胎儿、前置胎盘、头盆不称、骨盆异常等等。

紧急剖宫产。生产开始后，发生某种意外，为了妈妈和婴儿的安全而改为剖宫产。判断是否要变为剖宫产，因母子的情况而定。紧急剖宫产的情况有胎儿窘迫、产程异常、正常位置胎盘的早剥离、脐带脱出或缠绕、回旋异常、软产道坚韧等等。

剖宫产对新妈妈的影响

剖宫产毕竟是一个手术，与正常的自然分娩相比，术中出血量增多，术后出血多且易发生感染。

恢复慢。通常选择自然分娩的新妈妈 2~4 小时就可以坐起或下地，产后 24 小时就可以出院，但选择剖宫产至少在 24 小时后才可下地，术后 5~6 天伤口愈合才能出院。

剖宫产术后，新妈妈不能很快恢复进食，可能会使泌乳减少，哺乳的时间推迟，不能及时给婴儿喂奶。

剖宫产对婴儿的影响

由于剖宫产婴儿在分娩过程中缺乏必要的产道挤压，发生新生儿湿肺、吸入性肺炎的可能性要比经自然分娩的婴儿大。

剖宫产的婴儿和自然分娩的婴儿相比更容易出现感染。有些婴儿长大后，患感觉统合失调综合征的可能性相对要大一些。

剖宫产后的护理

饮食性状慢慢来。剖宫产后，孕妈妈要排气后再进食。由于麻醉和手术刺激的原因，术后胃肠蠕动功能需要一段时间才能恢复。过早进食会造成腹胀，严重时会导致胃肠功能失调，发生肠梗阻。食物性状按照流质食物→半流质食物→普通食物顺序慢慢过渡。生产 6 小时后，可少量喝水，如果新妈妈无呛咳及其他不适，可进食少量米汤、面片汤等软食，但要避免进食糖类、蛋类、奶类、豆类等产气类食物。排气后第一天，一般以稀粥、米粉、藕粉、果汁、鱼汤、肉汤等流质食物为主，分 6~8 次给予；第二天，可吃些稀、软、烂的半流质食物，如肉末、肝泥、鱼肉、蛋羹、软质米饭等；第三天，就可以吃普通食物了。

注意多喝汤。恢复正常饮食后，新妈妈要尽量多喝汤。汤中可适量添加枸杞、红枣、黄芪等，以促进乳汁分泌。主食应粗细搭配，因为粗粮中既含有丰富的纤维素，还有丰富的 B 族维生素。另外，由于哺乳会增加消耗，因此食物中应增加高蛋白、低脂肪的食物。如果饮食过于油腻，可能会导致新妈妈腹泻。

蔬菜水果不可少。手术会影响肠道蠕动，因此，产后进食蔬菜水果是必需的。以往认为产后不能吃水果，这是不对的。不过需要提醒的是，水果应保持常温，避免从冰箱内取出后立即给新妈妈食用。

注意保持伤口的清洁、干燥。观察伤口表面的清洁敷料是否有血液渗出。一般术后当天，伤口出现少许渗血、渗液属正常现象，新妈妈不必害怕。但如果渗血较多，要及时通知医护人员，以采取相应的治疗措施。住院期间，多数医生会在术后 3 天为新妈妈的伤口换药，并及时检查伤口的愈合情况，如果发现伤口有红肿感染的情况，医生会及时采取治疗措施。出院前，医生会再次为新妈妈伤口换药，检查伤口以确定伤口愈合良好后，才会允许新妈妈出院。若在家中发现新妈妈的伤口有渗血、红肿等情况，一定要及时到医院做相应的处理。

选择舒适、透气的棉质衣物，避免伤口局部大量出汗和摩擦。无论是自然分娩还是剖宫产，新妈妈体内蓄积的多余水分都会通过汗液、尿液排出体外，所以产后应穿着舒适、透气的棉质衣物，避免伤口局部大量出汗和摩擦。

尽早活动。剖宫产的麻醉选择一般为硬膜外麻醉。通常来讲，术后 6 小时内，应采用去枕平卧的姿势。但因为目前采用的穿刺针内径很小，也可采取普通平卧姿势。6 小时后，应开始翻身，次日即应逐渐坐起，并尝试下地活动。这是因为早翻身活动可以促进胃肠蠕动，尽早排气，减轻术后腹胀症状。妊娠期孕妈妈血液处于高凝状态，加上术中术后可能加用了止血药物，有形成静脉血栓的风险，而早下地活动可以加速血液循环，降低发生血栓的风险。

术后不宜过早进行强度过大的家务劳动或体育锻炼。由于妊娠期孕妈妈体内孕激素和松弛素的分泌明显增加，关节、韧带都处于松弛状态，术后过早进行强度过大的家务劳动或体育锻炼，容易因盆底肌肉松弛，造成膀胱膨出或子宫脱垂。

采取正确的哺乳姿势。检查宝宝的位置。他的背部应该放直，很舒服地躺在妈妈的臂弯上，面对妈妈的胸部。让宝宝的整个身体倾斜，肚子对着妈妈的肚子，脸对着妈妈的乳房。他的头和身体应该保持一条直线，不要向后仰或歪着。让宝宝的鼻子凑近乳头，记着“肚子对肚子，鼻头对乳头”。妈妈应该抱起宝宝，把他贴在胸前，而不是弯身将胸部贴向宝宝。

降低剖宫产概率的方法

妊娠期间，孕妈妈要保持身体健康、营养均衡，坚持运动并保证足够的休息。这样当分娩开始时，多数孕妈妈的身体一般会达到最佳状态。

如果有多家医院可以选择，就要了解每家医院的剖宫产率并加以对比。

分娩期间，有准爸爸和助产士的支持，可以降低剖宫产的概率。从分娩开始的那一刻起，孕妈妈就需要良好而坚定的支持。

如果在孕晚期，胎儿是臀位，孕妈妈可以跟医生谈谈将胎儿调整为头位的事情。

一旦医生认为孕妈妈的妊娠情况良好，那么在分娩期间就会隔一段时间查看一下胎儿的状况，而不用全程监控。使用电子胎儿监护仪对胎儿进行持续监控不仅会限制孕妈妈在分娩期间的活动，还会提高剖宫产的概率。

水中分娩——轻松也有弊

水中分娩，简单来说就是孕妈妈在水里生孩子。

水中分娩的好处

减轻分娩疼痛。由于阵痛减轻，体内产生的引起血压升高、产程延长的应激激素分泌就会减少。

在水中分娩，适宜的水温能使孕妈妈感到镇静，促使腿部肌肉放松，宫颈扩张。水的浮力让孕妈妈的肌肉松弛，这样孕妈妈可以把更多的能量用于子宫收缩，这些都可加速产程，缩短生产的时间，减少对孕妈妈的伤害和降低胎儿缺氧的危险。

水中分娩的不足

在胎儿娩出的时候，婴儿身体的一部分先露出水面，冷空气就会刺激婴儿产生自主呼吸，胸腔的呼吸系统就开始工作，如果这时婴儿还在水中，可能会带来严重后果——出现中重度的呼吸问题。经过抢救，虽然不会造成永久性伤害，但仍然要引起重视。一般来说婴儿出生后在水中停留的时间不能超过 1 分钟。

从孕妈妈身体里流出的血液和分泌物可能会导致细菌感染，这就要求分娩缸能在分娩的过程中进行水的置换，以达到稀释、排放的目的，减少感染的机会。

水中分娩的禁忌

在产检中，如发现胎儿胎位不正、多胞胎等，不宜进行水中分娩。

身患疾病的孕妈妈宜采取更稳妥的生产方式，因为疾病往往会引发综合征，造成不必要的损害。

因胎儿巨大或孕妈妈过于肥胖而影响顺产的，也不宜进行水中分娩。经水中分娩的胎儿，体重应该控制在 3 千克左右。

无痛分娩——最大限度减少疼痛

有记载的最早的无痛分娩出现在 1847 年。当时医生使用乙醚（一种很古老的麻醉药），孕妈妈吸入后，大脑神经会受到抑制，使得她对疼痛不那么敏感。从 1847 年到现在已有将近 170 年的时间，无痛分娩技术有了很大的变化，除了吸入麻醉药的办法，还可以静脉注射麻醉药。在最近 20 年左右的时间，人们公认的最好的办法是采取局部的麻醉技术，也就是现在所说的硬膜外麻醉技术，使药物有选择性地作用在疼痛的部位。

与吸入式麻醉和静脉注射麻醉相比，硬膜外麻醉的优点

吸入式麻醉（后来通常采用笑气）的效果有很大的局限性，对笑气很敏感的孕妈妈会觉得效果非常好，但也有一部分孕妈妈会感觉吸和不吸疼痛程度没什么区别。对于静脉注射麻醉药来说，药物的浓度很难掌握。如果药物浓度过高，会对胎儿造成影响，如会影响胎儿的呼吸；如果药物浓度不够，虽然胎儿是安全的，但又达不到理想的止痛效果。

应该说，在20世纪80年代兴起的硬膜外麻醉技术，掀起了医学界的一场革命。它可以在很大程度上把疼痛和分娩分开。与静脉注射的全身麻醉相比，硬膜外麻醉是一种局部麻醉。注射的药物有选择性地将和宫缩疼痛有关的神经传导阻断，使它不能传到大脑。

在无痛分娩技术实施的初期，注射麻醉药物的剂量比较大。这使得孕妈妈在产床上动弹不得，感觉很是被动，甚至会觉得有点儿失落。如今，更加完善的技术能够满足孕妈妈的期待，使她能够参与自己的分娩。整个过程孕妈妈一直处于清醒的状态，并且采用新的麻醉，孕妈妈产后就能及时下床走动。同时孕妈妈可以比较舒适、清晰地感受新生命到来的喜悦。

硬膜外麻醉是怎样进行的

麻醉时，孕妈妈需要侧卧在产床上、弯腰，麻醉师会给孕妈妈的背部消毒，找出腰椎第三及第四节的位置，插入一支注射针至一定的深度，然后经由这个针头，将一条非常细、非常柔软的导管置入孕妈妈的硬膜外腔，然后通过这根导管注入麻醉药物（具体的用药量因人而异，麻醉师会根据孕妈妈的身体状况、体重、身高等进行综合评估）。5~10分钟后，孕妈妈就会感觉宫缩疼痛减轻。如果是人工分次注药的话，每注射一次的有效时间是1~2小时，然后会再注射1次。也可以采用输注泵自动持续给药，并由孕妈妈根据疼痛情况再加量给药，镇痛效果可以维持到分娩结束。

输入麻醉药的时候，感觉应该就像平时静脉输液一样。而且，实际上孕妈妈主要的感觉不是疼痛，而是后背的压力，好像有人在用力推她的脊椎。其实，“无痛分娩”这个概念，很容易让人联想到，注射了麻醉药物以后，就一点儿都不疼了。但在医学上，我们所说的“无痛分娩”称为“分娩镇痛”。因为，为了母婴安全，即使采用硬膜外麻醉技术，药物的剂量也不宜太大，这样虽然会大大地减轻孕妈妈的疼痛，达到能耐受的程度，但并不是做到完全地消除疼痛。

硬膜外麻醉的副作用

从理论上讲，任何一个医学对身体的干预都会有副作用，都会有风险。但是，总体来说，硬膜外麻醉技术是比较成熟的技术，也是比较安全的。由于它的麻醉药的浓度，大约只相当于剖宫产的1/5，可控性很强，安全性也比较高，因此，这种麻醉技术总体来说是安全的。可能有极少数孕妈妈会感觉腰疼、头疼，或下肢感觉异常等，不过，通常来说，这些不适都不会很严重，短时间内就可以自然消失，并不会对身体造成太大的影响。发生更严重的并发症的可能性还是存在的，如低血压等，但发生的概率非常低，而且医生会在孕妈妈选择无痛分娩的时候就开始采取有效的措施来预防，所以不必过于担心。

实施硬膜外麻醉，孕妈妈需注意

精神上要放松，不要对这个技术有很大的恐惧，因为它是一个很成熟的技术，临床实践中它的风险很小。

要和医生有良好的交流，把自己过去的健康情况、用药情况跟麻醉师清晰、完整地交代一下。

事先不要吃得过多，因为麻醉本身可能会有一些副作用，比如恶心、呕吐，如果吃得过多，发生呕吐的可能性会大一些。

因为实施无痛分娩必须具备熟练的麻醉技术，所以并不是每个医院都能实施无痛分娩，孕妈妈要选择拥有丰富经验的医生、手术例数多的医疗机构，这样才比较放心。

哪些孕妈妈不能选择无痛分娩

大多数孕妈妈都适合采用无痛分娩，但如果有妊娠并发心脏病、药物过敏、腰部外伤史的孕妈妈应事先向医生咨询，由医生来决定是否可以进行无痛分娩。有麻醉禁忌证以及凝血功能异常的孕妈妈，绝对不可以使用这种方法。

其实，除了镇痛药物，还有很多方法可以使孕妈妈减轻疼痛

变换体位。在分娩初期，孕妈妈不妨靠在准爸爸身上，或者扶着墙壁来回走动，并且摇动身体，这可能会使她感到比仰卧在床上舒服。

按摩。如果改变体位也不能缓解疼痛，那么准爸爸的按摩，如适度地反复摩擦她的骶骨，也许会有奇妙的效果。

注意力转移。孕妈妈可以通过回忆记忆中一些美好的画面或场景来分散自己对疼痛的注意力。

高龄产妇

高龄产妇，是指 35 岁以上的孕妈妈。这个年龄界限是人为规定的，主要是因为 35 岁以上的孕妈妈组织弹性减弱，体力相对较差，而且一旦产程中胎儿出现不测，再次怀孕存在一定困难，因此，35 岁以上的孕妈妈如果要求剖宫产，一般医生会同意她的要求。

高龄产妇的宫颈一般比较坚韧，开宫口慢，自然生产困难，所以剖宫产是安全的选择。但并不是说一旦年龄达到 35 岁就必须进行剖宫产，如果身体条件较好，没有其他风险因素，也可选择自然分娩。但在产前应做好充分的思想准备，分娩是一个持续 10 小时左右的过程，需要消耗大量的体力，在分娩过程中，有可能因产力、枕位、宫缩、胎心等因素不能完成自然分娩。孕妈妈不要放弃自然分娩的机会，只要没有阴道分娩的禁忌情况，在医生和助产士的帮助下，一样能顺利生出婴儿。

高龄产妇分娩风险

容易发生产程延长或难产。

容易发生妊娠高血压疾病，影响母胎健康和生命的安危，应及早加以防范。

如果妊娠时患有其他疾病，可导致胎盘功能过早退化，对胎儿更为不利，要引起高度重视。

高龄初产妇及其家人，切不可麻痹大意，要根据自身情况，采取特定的对策，做到防患于未然。妊娠期间，高龄产妇的心脏、肺脏及其他重要器官的运转比年轻的孕妈妈更容易超过身体的负荷，而对脊柱、关节和肌肉形成沉重的负担，因此产前应尽可能让高龄产妇的身体得到充足的休息。

孕妈妈最关心的分娩问题 QA

Q：要生产前，吃些什么好？

A：分娩，对每个孕妈妈来说，都需要消耗极大的体力。因此临产前，孕妈妈需要多补充些热量，以保证有足够的力量促使子宫口尽快开大，顺利分娩。

对于孕妈妈来说，最理想的食品是巧克力。因为巧克力营养丰富，含有大量的优质碳水化合物，而且能很快被消化、吸收和利用，产生大量的热能，供孕妈妈消耗。它被消化的速度是鸡蛋的 5 倍、脂肪的 3 倍，吃起来香甜可口，也很方便。孕妈妈临产前吃上 1~2 块巧克力，就能在分娩过程中产生很多热量，这对孕妈妈和胎儿都是十分有益的。

Q：顺产时，我需要怎么配合医生？

A：第一，不同产程的配合。

第一产程：在宫缩间歇时休息、睡觉、吃喝、聊天或听音乐，即使常常被突如其来的疼痛打断，孕妈妈也要努力让自己放松，和家人聊聊天。阵痛来临时深呼气，采取自己喜欢的、舒适的姿势，放松腹部，减轻疼痛。在第一产程千万不要用力，即使有向下的便意感也不要用力，而要哈气。因为此阶段宫口还未开全，用力不但不能加快产程，相反会使宫口被压迫造成水肿，影响宫口的扩张速度。

第二产程：孕妈妈要遵从身体的感受，当强烈的冲动袭来时就要用力。分娩开始后，按照宫缩节律用力，有宫缩时用力，宫缩停止后一定要放松。如果一直用力，会感觉到很疲劳。如果宫缩来临时，不能正确地用力，就不能很好地配合胎儿完成分娩过程。注意，一定要把劲儿用在下面，像排大便的感觉。在开始用力后，由于呼吸加快，孕妈妈特别容易感到口干舌燥。此时宫缩间隔时间缩短到 1~2 分钟，每次持续 50 秒左右。孕妈妈已经感觉不到阵痛的间歇，似乎一直处在宫缩的状态，腹部持续疼痛。这时，胎儿的头部逐渐露出阴道口，向产道出口来回进出回旋。随着阴道口扩展到最大限度，胎头着冠，孕妈妈会感觉到胎儿的头撑着，这时孕妈妈需要配合助产士，停止用力，换成“哈哈”样的浅而快的呼吸，放松腹壁和所有的肌肉，反复进行这种短促呼吸，不久胎儿的头一点儿一点儿地从产道口钻出来。阵痛还在继续，但因为深吸气会阴可能会撕裂，所以集中力气短呼吸，不要过于用力。

第三产程：婴儿真正诞生了。胎儿娩出后宫缩短暂停歇，5~15 分钟，又会再次出现宫缩，稍后还需要娩出胎盘。胎盘娩出时，孕妈妈要遵从助产士的指示微微用力。娩出胎盘通常需要花费 5~15 分钟的时间，但最多可长达半个小时。胎盘娩出后，整个分娩过程就结束了。

第二，掌握用力的要领。

脸部。阵痛开始后，睁大眼睛，紧盯肚皮，收下巴，不要张嘴，因为力气会泄掉，须紧闭双唇。也不要紧绷脸部，这会影响力量传到下半身，同时也不要咬牙或紧皱眉头。

背部。要使出全身力气，脊背和腰就不要悬空，一定要紧贴产床。可以双手握住把手和栏杆用力，深呼气时，手腕和肩部自然放松。

腿部。脚后跟是用劲儿的关键，一定要踩稳。开始时可请助产士调节脚踏的位置和角度，脚心紧贴脚踏，做深呼吸，双膝合拢会影响胎儿的娩出，双腿要尽量外展，让双膝和小腿肚放松，往脚后跟用力。

Q：分娩当天，准爸爸能做些什么？

A：孕妈妈分娩时，准爸爸是最佳陪护人。他的陪伴可以帮助孕妈妈克服紧张心理，体贴温柔的话语可以使孕妈妈得到精神上的安慰，增强她顺利分娩的信心，因为孕妈妈感觉自己有了强大的支撑力，这对于分娩的顺利进行很重要。

分娩前，准爸爸尽量多陪伴在孕妈妈身边，安慰她的情绪；减少孕妈妈独处的时间，尤其是晚上，遇到突发情况时可以及时有人帮忙处理；尽量妥善安排好家里的事情，帮助孕妈妈准备好分娩需要带到医院的、婴儿回家后需要用的物品，做好家务安排等，避免到时慌乱无措。

分娩期间，争取陪伴孕妈妈，鼓励和安慰她，提醒她用呼吸法缓解疼痛，或者给她做按摩、帮助她尝试舒服的体位，提醒在阵痛的间隔里吃些食物，放松和休息，保存体力。

分娩后，爸爸应守候在新妈妈身旁，悉心照料她。另外要注意观察，发现异常情况及时去找医生。协调能帮忙的家人、朋友做好后勤支持，让她有更多时间充分休息。

Q：会阴该不该侧切？

A：会阴位于阴道与肛门之间，是由皮肤外延展到内部的和没有延展到内部的各种组织构成的复杂部位。胎儿即将娩出时，会阴被胎儿的头挤压拉伸得很薄。这时容易造成会阴部开裂，称为会阴撕裂。为防止会阴撕裂，使胎儿的头容易通过而做的切开手术，称为会阴切开。

会阴若能充分伸展，胎儿会顺利通过，分娩也会顺利进行；但会阴部若不能充分伸展，便会造成胎儿堵塞而使产程延长，或者胎儿受压导致心率下降等麻烦，从而发生危险。因此会阴该不该侧切，针对每一位孕妈妈而言，不可提前果断给出定论。

通常情况下，如果孕妈妈的会阴弹性好、胎儿不大、胎心正常、产程顺利的话，医生便不会进行侧切。但是，如果存在下面几种情况，需要实施侧切的可能性就会比较大。

- 会阴弹性差、阴道口狭小或会阴部有炎症、水肿等情况，估计胎儿娩出时难免会发生会阴部严重的撕裂。
- 胎儿较大，胎头位置不正，再加上产力不强，胎头被阻于会阴。
- 35 岁以上的高龄孕妈妈，或者合并有心脏病、妊娠高血压疾病等高危妊娠时，为了减少体力消耗，缩短产程，减少分娩对母婴的威胁，当胎头下降到会阴部时，就要做侧切。

● 子宫口已开全，胎头位置也较低，但是胎儿出现明显的缺氧现象，胎儿的心率发生异常变化或心跳节律不匀，并且羊水混浊或混有胎便。

Q：预产期已到，胎儿还是不肯出来，怎么办？

A：从理论上来说，受精卵发育至成熟的胎儿需要 280 天。由于每个孕妈妈的排卵或受精时间并不是绝对准确的，因此，如果孕妈妈孕前月经规律的话，医生会按照月份加 9 或减 3，日期加 7 来计算预产期，但这只是估计的临产日期，提前 3 周或延后 2 周以内都可算作足月正常分娩。

如果过了预产期，则要加强胎动的自我监测。孕妈妈要学会自数胎动次数，通过记数胎动次数，可以了解胎儿的宫内处境。因为胎动减少是胎盘功能减弱的重要信号，也是胎儿宫内缺氧的一种征兆。当胎动每 12 小时少于 10 次时，提示胎儿宫内缺氧，这时应立即到医院检查。

一般情况下，过了预产期以后，孕妈妈需要每周去医院检查 2 次，通过 B 超查看羊水是否正常，通过胎心监护查看胎心是否正常。如果孕妈妈有高血压、糖代谢异常或其他内外科疾病，胎儿有缺氧、胎儿过大或发育受限（胎儿小于相应孕周），医生会根据不同病种、病情来决定分娩的适宜时机。

如果没有以上情况，一切均正常者，到 41 周还没有要生产征兆的话，则需要到医院引产。因为大部分孕妈妈到 41 周后，胎盘功能会逐渐衰退，血流量减少，直接影响胎盘的氧气和营养物质供应，胎儿因而生长速度减慢。羊水量逐渐减少，脐带血的含氧量慢慢降低，胎儿发生宫内缺氧的概率也会增大，所以还是终止妊娠为好。42 周后称妊娠过期，胎盘功能会进一步衰退，所以不宜等到妊娠过期再进行分娩。

Q：婴儿为什么会提前出生？

A：婴儿出生时胎龄尚未满 37 周的都被称为早产，早产的婴儿又分为晚期早产（34~36 周），中期早产（32~34 周）和早期早产（不满 32 周）。

重大疾病。当孕妈妈有严重的或不断恶化的先兆子痫等严重疾病时，或者当胎儿在宫内停止生长时，医生可能都会决定提早进行引产或实施剖宫产手术。

宫颈内口松弛。孕妈妈的胎膜提前破裂，或者在没有宫缩的情况下宫颈口开大（称为宫颈机能不全），都可能导致自然早产的发生。

胎盘出现问题。前置胎盘也容易导致早产，因为妊娠中期才能诊断，一旦被诊断为胎盘前置，一定要认真听从医生的建议和安排。另外，子宫肌瘤、子宫畸形、妊娠高血压疾病、正常胎位胎盘早剥、因感染造成的胎膜破裂、出血等，也会引起早产。

刺激或疲劳。孕妈妈因为过度劳累或刺激会导致腹部痉挛。进入妊娠后期，如果腹部痉挛频发并持续较长时间，胎儿会因子宫的收缩挤压逐渐下移，有时子宫口就会打开，称为先兆早产，如果置之不理或没有察觉，就会变成真正的流产。

不良生活习惯。如抽烟、饮酒、使用非法药物等；性生活不当（过频或者过度激烈等）；其他原因，如强外力作用等不可预计的外因导致。

孕妈妈早产的信号

下腹部有类似月经前般的坠痛、规则的子宫收缩及肚子变硬，每小时有 6 次或更多次的收缩，即每 10 分钟有 1 次以上的子宫收缩，每 1 次持续至少 40 秒，收缩较厉害时会腹痛。如不及时就医，子宫颈将会变薄、扩张而导致早产。

腹部频繁出现紧绷感，像石头一样硬硬的，或出现强烈便意感、腹泻或肠绞痛增加，这些都是子宫收缩的表示。阵痛的情形由不规则、长间隔的收缩变成密集、规则的收缩，阵痛的强度会越来越强，不论怎样改变姿势都无法消除疼痛。

分泌物增加，出现有鲜红色或褐色血丝的黏液分泌物，这是由于生产前子宫颈口变化所致。

破水。羊膜穿破，羊水不自主地流出。此时，孕妈妈会感觉到阴道有液体突然流出来，可能是大量流出，也可能是少量、断断续续地流出；一旦有破水的现象发生，需要马上到医院检查。

早产发生时的紧急措施

若有早产的征兆，不论发生的时间迟早或轻重与否，孕妈妈都必须立即就医，这样才能给予产科医生充裕的时间，进行适当并迅速的处置，如给予促进胎儿肺部成熟的药物等，进而降低早产的风险。

家人首先要保持冷静。

孕妈妈可给自己的产科医生拨打电话咨询，或者拨打120、999急救电话，清楚描述住家地址和路标。

将待产包或住院必需品准备妥当，同时保持电话的畅通。

孕妈妈要避免慌张、避免用力呼吸，采取平躺的姿势，尽量放松心情等待救护人员的到来。

Q：胎位不正怎么办？

A：当产检后被告知胎位不正时，孕妈妈往往会有些担心。但多数情况下，咨询医生建议，采用一些胎位纠正的方法，胎位不正大部分会在分娩前自然恢复。在子宫中，胎儿头朝下的姿势是正常胎位，与此相反，头朝上的姿势即为胎位不正（或骨盆位）。因胎儿较小，而羊水较多，大约妊娠30周之前，胎儿可以自由地活动。很多孕妈妈检查时为胎位不正，而下次检查时胎儿又回到正常胎位。到妊娠末期（37周后）仍胎位不正的只有3%~5%。

初产妇子宫肌肉紧张度高，发生胎位不正的概率要大于经产妇。另外，胎儿的头比骨盆大、胎盘前置、双胞胎等多胎妊娠、胎儿体重不满2.5千克（低体重儿）等情况，容易造成胎位不正。常见的胎位不正为臀位，即胎儿头在上臀在下；少数为横位，即胎儿横卧在子宫内。胎位不正会增加难产的概率，使剖宫产率升高。

胎位不正可能与子宫畸形、骨盆小或胎盘位置较低有关，但大部分是孕期的一种临时位置。一般胎儿在临近分娩时，能转为头位。如在孕32周以前为臀位，70%以上能自动转为头位；如持续臀位，可用体位纠正，如膝胸卧位或臀高卧位（即枕头放在臀下，抬高臀部，卧位），每天2次，每次10~15分钟。过去，在36周左右，还可由医生用手法进行外倒转术来转胎位。但是不管采用何种方法来转胎位，特别是手法转位均有脐带缠绕或胎盘早剥的可能。目前许多孕妈妈及家属不敢让胎儿承担风险，因此体位纠正或手法转胎位的使用也就少了。一般初产为臀位、胎儿超过

3.5 千克或胎头仰伸等情况就考虑实施剖宫产。再者，如果孕妈妈骨盆小、子宫畸形或出现羊水少、前置胎盘、胎儿缺氧、脐带已有缠绕、有早产征兆等情况时，都不宜转胎位。

在生产的过程中，胎儿需要不断从脐带获得氧气，胎位不正时，往往担心脐带被压迫，而使胎儿得不到充足的氧气供应，同时，也会延长分娩时间，对孕妈妈和胎儿都不利。因此，胎位不正时能否经阴道分娩，要医生根据具体情况具体分析。

妊娠周数超过 35 周时，胎儿发育成熟，体重在 2.5 千克以上，孕妈妈没有疾病和并发症，骨盆宽敞，胎盘、脐带没有异常，胎儿为臀位的，也有自然分娩的可能，臀位中单纯臀位最适合阴道分娩，因为臀部在前面容易打开产道；而全膝位、不全膝位、全足位、不全足位则剖宫产概率会比较大。

Q：何谓“顺转剖”？

A：在分娩过程中可能遭遇异常情况，但在当代医疗条件下，一般都能得到很好的处理。医院会对可预知的难产制订安全的分娩计划，当生产过程中遇到滞产或难产等突发情况时，因为会危及胎儿生命，必须采取医疗措施。通常，除了使用宫缩促进剂、吸引分娩与产钳助产，还会考虑剖宫产，这就是“顺转剖”。这些异常情况有以下几种：

宫缩无力或宫缩延迟。分娩开始后，子宫收缩推出胎儿的力量很微弱，即为宫缩乏力。宫缩乏力可发生在分娩的不同阶段，有的是一开始就微弱，有的是在分娩过程中变弱。如果不能使宫缩恢复或有其他情况，医生认为很严重时，会采取剖宫产。

软产道坚韧。软产道坚韧是指子宫口坚韧打不开，胎儿无法进入产道，而使宫缩中途减弱（继发性宫缩乏力），多发于初产妇和高龄产妇，医生会给予软化宫颈的药物，使产道变柔软，易于娩出胎儿，如果不能奏效，须考虑剖宫产。

胎盘早剥。正常情况下，胎盘在胎儿娩出后才会剥离，自子宫娩出体外。当胎儿还没娩出时，胎盘的提早剥离会引发阴道出血；胎盘剥离子宫后，中断了来自母体的血液和氧气输送，胎儿会有死亡的危险。遇到这种情况，医生会立即进行剖宫产。

胎儿头位难产。尽管孕妈妈骨盆正常，但如果胎儿头颅发育偏大，或胎头位置异常（如枕横位、枕后位），不能通过胎头颅骨重叠和胎头旋转来适应产道，故不能下降通过产道时称为头位难产。此时要中途改为剖宫产。

脐带缠绕。脐带缠绕胎儿的脖颈、身体时称为脐带绕颈。一般是脐带过长或胎儿活动剧烈造成的。也有脐带缠绕着生出来的，但在生产过程中，随着胎头下降，如果脐带相对较短，容易因受到牵拉造成脐带受压，氧气不能正常供给胎儿而导致胎心率下降时，医生会考虑使用胎头吸引术、产钳助产或剖宫产。

Q：双胞胎或多胞胎会怎样生产？

A：双胞胎或多胞胎在妊娠中，使子宫的负担增大，容易增加母体负担，更容易遭遇早产、剖宫产的风险。双胞胎或多胞胎的分娩，要根据胎儿的发育情况、母体的状态、胎儿的位置决定分娩方式。

都是顺位。胎儿都是头朝下，经产道生产会比较顺利。在分娩中，谁先靠近子宫口位置，谁先娩出。

都是臀位。如果经阴道生产，因为胎儿的屁股或腿先出来，容易造成难产，此时，医生会根据具体情况而考虑选择剖宫产。

臀位和横位。如果其中一个胎儿是臀位，而另一个是横位，顺产可能会发生胎头交锁，所以只能选择剖宫产。

顺位和臀位。如果顺位的胎儿在靠近子宫口的位置，有可能经阴道分娩，如果在子宫口的是臀位，则只能进行剖宫产。

多胞胎分娩时，容易发生并发症，早产及低体重的可能性也比较大，因此，医院里要有应对紧急情况的医生和设备，所以具有婴儿护理条件的综合性医院是最好的选择。分娩方式要与主治医师详细商谈后再决定。多胞胎妊娠，腹部容易紧张，容易发生早产，因此，不推荐过多地运动。如果是想调节心情，也要征求医生的同意。

单胎、多胎的生产进程基本相同，但多胎生产容易发生宫缩乏力。在宫缩乏力时，医生会考虑使用宫缩促进剂来促进生产过程。多数情况下，第二个胎儿在第一个出生后 5~30 分钟生出来。

第二章

新生儿

迎接你的新生儿

新生儿出生后的第一个 24 小时

婴儿成熟了，迫不及待地要出来，他使出浑身解数离开母体，来到这个既陌生又舒适的世界。他大声嚷嚷着，睁开眼睛，双手做着拥抱的动作。初来乍到，婴儿便已开始了他的生命旅程。

你的新生儿

哭闹。新生儿哭闹，最常见的原因有：饿了，拉了、尿了需要换尿布，冷了、热了要调整穿盖薄厚。此时，爸爸妈妈不要紧张，打开他的包被看看，尿布是否湿了？摸摸他的小手、小脚，是凉还是热？用手指轻轻触碰一下他的口角外侧面颊，他是不是有立即张着小嘴找吃的表现？弄清原因，爸爸妈妈很容易就知道该怎么做了。

吐羊水或吐奶。胎儿出生前及出生时吞咽了羊水，或出生后吃了母乳，对他从未吃过东西的消化道来说都是一个挑战。因此，新生儿会有一个从不适应到适应的过程。但只要是健康的新生儿都能很快适应。

排尿及排大便。新生儿在 24 小时内一定要排出大便，这点非常重要。如果新生儿 24 小时内未排大便，一定要咨询医生。新生儿第一次排出的墨绿色的大便（除出生时羊水中有胎便污染的），叫作胎便。一般胎便会排得很多，这是新生儿把在子宫内 10 个月积攒的大便统统排出来。排尿就不需那么严格了，在 24 小时内，一般 80% 以上的新生儿都会排尿，不过 24~48 小时才排尿的也大有人在，此时，爸爸妈妈细心观察即可。

吃奶。刚出生的新生儿食量不是很大，即使新妈妈母乳很少，新生儿饿了吃点儿母乳，基本上也能满足需要。但新妈妈要注意按需喂养，即新生儿饿了就喂，不要刻意定时、定量。

惊跳。有些新生儿安睡时会突然四肢快速抖动几下，一般情况下，多数爸爸妈妈会以为是抽搐，其实这是新生儿的正常生理现象。这是由于新生儿大脑皮质功能发育不完善，神经冲动泛化引起的。随着新生儿慢慢长大，这种现象会逐渐减少、消失。因此，爸爸妈妈不必过于担心。

自然分娩新生儿头部产瘤。有些自然分娩的新生儿因头部被产道挤压，会在头顶部有一个隆起的包，像长了一个犄角，这就是产瘤，即头皮水肿。如果 24 小时内消失，则不需处理。如果不消失且触摸包变软，就是血肿，不必惊慌，不必处理，慢慢也会消失，但消退得比较慢，有些甚至会到婴儿周岁时。

爸爸妈妈这样做

注意适度保暖。室内最适宜足月宝宝的温度是 22~24℃。其实，22~24℃的室温比妈妈子宫内的温度要低，所以，新生儿在刚出生后，体温会明显下降，然后才能逐渐回升到或者超过 36℃。这期间要注意给新生儿保暖。但提醒爸爸妈妈：新生儿的体温是在出生后逐渐回升到正常的，这可能要经过 12 小时以上，因此，对于刚刚出生的小宝宝，爸爸妈妈不必因为摸着他的小手发凉就着急。

室内的温度是随天气变化的，如果室内没有空调，适宜的温度是不易维持的。此时，新生儿的体温要靠增减衣服来维持。新生儿新陈代谢快，产生的热量较多，但活动少，与成人不同；另外，新生儿来到这个世界上是准备好了的，他有一定的调节能力。因此，爸爸妈妈不要总是担心新生儿会被冻着。一般情况下，建议新生儿的穿盖比成人多穿一件单衣或多盖一个毛巾被即可。

爸爸要帮助新妈妈给新生儿喂奶。新妈妈分娩后会很疲劳，但还要尽早给新生儿喂奶。虽说新生儿生下来就会吃奶，但吃奶还是有一个学习的过程，有一个与新妈妈磨合的过程。第一次接触奶头可能一次含接不上，尤其是新妈妈的奶头扁平或较大时。这时，新妈妈和新生儿就需要爸爸的帮助，但不要着急，新生儿很快就能学会。

新生儿脐带的护理。大量研究及实践证明，脐带残端结扎后适宜采用暴露、不包裹、保持干燥的方法来护理。同时，给新生儿洗完澡后，建议用 75% 的酒精或碘伏涂抹脐带，给其进行消毒。

新生儿出生后的第二个 24 小时

第二天，新生儿已基本适应这个新奇的世界，与爸爸妈妈也有了初步的默契。爸爸妈妈会发现新生儿吃饱了、穿暖了、尿布干爽了时，他会很乖的。新生儿大部分时间在睡觉，但有时也会睁开眼睛打量四周，那是他在努力地熟悉这个环境。此时，爸爸妈妈可以跟他说说话、给他放放音乐。

你的新生儿

溢奶。新生儿食量开始增加。有时爸爸妈妈会发现新生儿吃奶后过一段时间，他的口角处会流出奶样物，爸爸妈妈不要担心，这是新生儿溢奶了。溢奶是新生儿很常见的现象。减少溢奶的方法是：给新生儿喂奶后，妈妈要轻轻抱起他，使之伏在自己的肩上；然后，妈妈轻拍新生儿背部，让其胃内气体排出（打出气嗝）后再轻轻放下，让新生儿右侧卧位，头部稍抬高。详细内容请参看本章第四节有关“溢奶”的内容。

出现新生儿黄疸。新生儿黄疸是由新生儿时期的代谢特点所决定的，80% 以上的新生儿都会出现黄疸，即新生儿的面部乃至全身皮肤发黄。一般情况下，黄疸是新生儿正常的生理现象，但如果新生儿黄疸严重，手足心都出现黄染，就应引起注意，此时，建议咨询儿科医生。

全身皮肤可能会出现红疹子，即新生儿红斑，也叫新生儿毒性红斑。新生儿面部、胸部、背部乃至四肢皮肤出现红色斑丘疹，红色斑丘疹中央有粟粒大小的突起，黄白色，摸上去有点划手的感觉。一般情况下，新生儿红斑不需处理，多数 4~7 天会自行消失。

夜间哭闹，抱起来则哭闹停止。一般是新生儿缺乏安全感的表现。但爸爸妈妈还是需要仔细观察，以排除其他病因。

随着呼吸发出呼噜呼噜的声音。打喷嚏、咽喉部在吃完奶后会随着呼吸发出呼噜呼噜的声音，有时鼻子也有类似鼻塞的情况。这都是新生儿的呼吸道黏膜及咽部组织的适应性反应，一般几天后就会自动好转。

打嗝。新生儿的消化道及膈肌发育尚未完善，遇到刺激后就会打嗝，有时会一连打十几个或更多。不过爸爸妈妈不用担心，打嗝不会影响新生儿的健康，妈妈可以给他喂口奶，或挠挠他的小脚心，一般打嗝就会停止。

粟粒疹。细心的妈妈会发现新生儿的鼻尖上有好多小白点，新生儿哭闹时上牙膛也有白色的点状或条状物，不必担心，这是粟粒疹，是胎儿时期的上皮分泌的聚集物。一般情况下，粟粒疹会自行消退，对新生儿无任何影响。

新生儿出生后的第三个 24 小时

新生儿更加适应周围的环境了，妈妈的乳汁也明显增多了。新生儿醒着的时间有所增加。这天，新生儿除了仍有第二天的表现外，还出现了新情况。

你的新生儿

有些新生儿面部黄染较明显，前胸甚至小肚子也黄了。一般黄疸检测仪检测值小于 15 就是正常水平，但不适于有危险因素的新生儿。

大便由墨绿色转为黄绿色或黄色。排尿每天至少 4~5 次。

妈妈可能会发现新生儿的乳头有一点隆起，下面可触及一个小结节，这是母体激素影响的结果，千万不要挤压，否则会引起感染。一般 2~3 周后会自行消失。

吃不饱就睡着了。即便妈妈奶水很多，新生儿也会努力吮吸。但可能他吃不了多少就睡着了，这是因为吃奶也是力气活，新生儿吃着吃着就累了。此时，建议妈妈将新生儿没吃出来的奶水用吸奶器吸出并妥善保存，等他醒来饿了时，继续给他吃。待妈妈的奶管更畅通，且几天后新生儿的力气更大时，新生儿吃不饱就入睡的问题很容易就解决了。

新生儿出生后的第四个 24 小时

自然分娩的新生儿今天可以跟妈妈回家了。但剖宫产的新生儿因为妈妈的关系可能还要继续住在医院里。但爸爸妈妈要知道：

要给新生儿采足跟血，做新生儿疾病筛查（先天性甲状腺功能低下和苯丙酮尿症）和耳聋基因筛查。这些疾病如果早发现、早治疗，新生儿就可以像正常孩子一样生长发育。

黄疸正在高峰期或还未到高峰期，爸爸妈妈要关注新生儿的黄疸情况。给新生儿吃饱、促进排便可促进黄疸消退。如果新生儿的手心、脚心黄染了（可与妈妈的手心颜色相比对），就要带他看医生了。

大便多为黄色，偶尔也可发绿，这都是正常的。但如果大便呈白色，就要立即看医生。排尿每天至少 4~5 次。

有新生儿红斑的新生儿，这时红斑也会有所消退，以后会逐渐消失。

新生儿出生第五天以后……

多数新生儿已经回到家中，妈妈也积累了一些经验，对新生儿有了较多的了解，相处起来也比较默契了。但此时，有些情况需要爸爸妈妈了解：

新生儿听力筛查未通过。因为刚出生几天的新生儿外耳道内存留有胎脂、羊水、分泌物，或中耳腔有积液，或新生儿不安静、体动多，或环境噪声大，等。这些因素都会影响听力测试。42 天时这些因素都不存在了，复查时大多数会通过。只有1‰ ~3‰的新生儿存在听力障碍，爸爸妈妈要早发现、早治疗，让新生儿健康成长。

新生儿可能一两天或更长时间不排便。妈妈常会因此而提心吊胆，其实这是常有的事。只要他肚子不胀、吃奶好、无呕吐，可以暂不处理。此时，妈妈可按顺时针方向给他按摩腹部。如果超过 5 天，咨询医生后，可用开塞露或肥皂条刺激排便。

新生儿出生后 10~15 天时，体重增长并不明显。爸爸妈妈不要着急，这多半是新生儿生理性体重下降还没恢复，只要他吃得饱、睡得好、喂养得当，会很快地长起来的。

出生半个月左右的新生儿都有可能会出现鼻塞，呼吸时有吭哧吭哧的声音。这是因为新生儿的鼻腔尚未发育完善，鼻腔短小、狭窄，几乎没有下鼻道，而且鼻黏膜里有丰富的血管，对空气变化十分敏感，不时会打喷嚏。这种状况在冬季比较多见，大约持续 1 周就会自行好转。

新生儿黄疸不退或退后又出现。正常新生儿黄疸持续 1~2 周自然消退（可参看本章第四节相关内容）。但如果回家后，黄疸逐渐加重，爸爸妈妈要特别注意：新生儿大便颜色如变白，需立即带他看医生；新生儿手足心是否黄染，如黄染了，说明黄疸超出了生理性黄疸水平，应立即带他看医生；黄疸已经消退又出现，新生儿状态很好，又是母乳喂养，可能是母乳性黄疸。母乳性黄疸一般是无害的，但如果新生儿的手足心都黄染了，也应带他去看医生。

脐带未脱。新生儿的脐带通常在出生后 24~48 小时自然干瘪，3~4 天开始脱落，不过有些新生儿的脐带脱落相对要晚些。在脐带未脱落时，脐带残端是一个创面，保持脐部干燥是一件很重要的事。另外，爸爸妈妈要做的是每天用 75% 的酒精或碘伏将脐部涂擦消毒。

妈妈奶水仍然不足。妈妈不要着急，只要坚持让新生儿吸吮，妈妈保持好心态，母乳会越来越多。

温馨提示：满月婴儿的体格生长指标的参照值范围

	男宝宝	女宝宝
体重（千克）	3.4~5.8	3.2~5.25
身长（厘米）	50.8~58.6	49.8~57.6
头围（厘米）	34.9~39.6	34.2~38.9

02 喂养的那些事儿

母乳喂养

婴儿出生后吃什么？最值得肯定的回答当然是母乳。用妈妈的奶水喂养婴儿，是全世界极力推崇的科学喂养婴儿的方法。

母乳——最富有营养物质

母乳的成分是随着新生儿的生长发育需求而变化的。初乳，即妈妈产后 7 天内分泌的乳汁，呈黄白色，稀薄似水样，内含大量的蛋白质、乳糖和少量脂肪，不仅最适合刚出生的新生儿消化吸收，还能增强其抗病能力。

产后 14 天，妈妈所分泌的乳汁称为成熟乳。但实际上，要到 30 天左右成熟乳的成分才趋于稳定。尽管成熟乳中的蛋白质含量较初乳少，但因各种蛋白质成分比例适当，脂肪和碳水化合物以及维生素、微量元素丰富，并含有帮助消化的酶类和免疫物质而优于其他乳类。成熟乳中含有适合婴儿消化的各种元素，比如，钙磷比例合适易于婴儿吸收，母乳铁易于婴儿吸收，等等，而这都是各种动物乳所不能比拟的，因此，母乳是婴儿最好的、最富有营养的天然食物。

温馨提示：母乳喂养的好处

1. 促进婴儿生长发育。
2. 促进婴儿认知发展。
3. 对婴儿呼吸道、消化道有保护作用。
4. 对急性中耳炎和其他耳部感染有预防作用。
5. 对儿童期或成人期肥胖具有预防作用。

6. 降低婴幼儿变态反应和哮喘的发作。

7. 可降低糖尿病的发病率。

8. 促进母婴情感的交流。

9. 吸吮母乳的动作可增进婴儿脸部形状的完美。

10. 降低妈妈患乳腺癌的可能性。

11. 有利于妈妈子宫复原。

12. 可使妈妈情绪稳定。

13. 节约家庭开支。

值得推荐的母乳喂养方式

让多数妈妈感觉舒服的授乳姿势

1. 妈妈坐在有靠背的椅子上，脚下放一个小凳子，抬高膝盖。

2. 准备3个枕头，后背靠1个，膝盖上放1个，抱新生儿的手臂下再垫1个，这样，抱新生儿哺乳就不会弄得妈妈腰酸背痛、手酸脚麻。

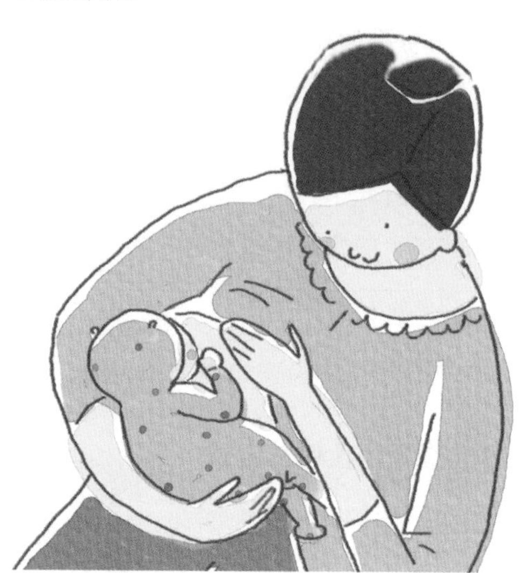

让新生儿吃奶不费力的正确姿势

1. 用手臂托住新生儿，让新生儿的脖子靠在妈妈肘弯处，妈妈的前臂托住新生儿的背部，手掌托牢他的小屁股。

2. 把新生儿的小身体整个侧过来面对妈妈，肚子贴肚子。注意：让新生儿的头、脖子和身体成一条直线，这样新生儿吸吮和吞咽会比较顺当。

3. 把新生儿放在妈妈的膝盖或枕头上，或用矮凳把脚垫高，让新生儿和妈妈的乳房一样高，用膝盖或枕头支撑新生儿的重量而不是用妈妈的手臂。注意：将新生儿往上、往妈妈乳房的位置抱，让新生儿整个身体靠着妈妈而不是妈妈的身体往前倾。

如何帮助新生儿含住乳晕

1. 用手指或乳头轻触新生儿的嘴唇，他会本能地张大嘴巴，寻找乳头。

2. 用拇指顶住乳晕上方，用其他手指以及手掌在乳晕下方托握住乳房。

3. 趁着新生儿张大嘴巴，直接把乳头送进新生儿的嘴里，一旦确认新生儿含住了乳晕，赶快用手臂抱紧新生儿，使他紧紧贴着妈妈。

4. 稍稍松开手指，托握着乳房，确认新生儿开始吸吮。

怎样判断新生儿是否含住乳晕

新生儿的嘴巴要含住乳晕周围，而不是乳头。上下口唇分开，齿龈环绕在乳晕周围，妈妈能感觉到他的舌头向上，将乳头压向他的硬腭，两者挤压乳头。

温馨提示：防止乳房压迫新生儿

照顾新生儿是一件需要花费精力的事情，加上新妈妈的体力还没有完全恢复，很容易疲劳。如果妈妈躺着喂奶，不小心睡着了，乳房有可能压迫新生儿的口鼻，引起窒息。因此，建议妈妈喂新生儿母乳时，尽量坐起来。

成功开奶的诀窍

奶水充足是坚持给婴儿进行母乳喂养的关键，而要想在产后，很快就有足够的奶水喂养婴儿，掌握成功开奶的诀窍就显得尤为重要。那么，产后快速开奶的小诀窍有哪些？

妈妈首先要有信心和决心。相信自己是能够胜任哺喂婴儿的工作的，并要有克服困难的思想准备。因为，刚开始喂奶时，婴儿和妈妈都是新手，必定有一个学习和磨合的过程。

早吸吮。正常分娩的婴儿在出生后擦干全身，就会被抱在妈妈的怀里，同时开始喂哺。这时妈妈的乳汁可能很少，但已足够满足婴儿的需要，早早开始哺乳，对刺激乳汁的产生极为重要。

按需喂哺。不特意规定喂哺次数和时间，根据婴儿的需要随时喂哺。婴儿想吃就吃，不受任何限制。

采取正确的喂哺姿势。喂哺时妈妈采取舒适坐姿，身体与婴儿紧贴：妈妈的胸部贴着婴儿的胸部，妈妈的腹部贴着婴儿的腹部，妈妈的乳房与婴儿脸部紧贴。婴儿嘴张大时，将乳头与乳晕送入婴儿口中，使他能含住大部分乳晕，有节奏地吸吮，此时能听到婴儿“咕咕”的吞奶音。

喂母乳期间不要给婴儿喂其他代乳品。母乳中有足够的水分，可以保证婴儿对水的需要。随便给婴儿喂其他的代乳品，会使婴儿减少甚至失去对母乳的需要，婴儿吸吮妈妈乳房次数减少，也不利于增加妈妈母乳分泌量。

部分母乳婴儿长不快的原因

对婴儿而言，妈妈的母乳没有好坏之分。只要妈妈身体健康，保证营养均衡、心情舒畅，所分泌的母乳质量都是最好、最适合婴儿的。但也有母乳喂养的婴儿生长不快，原因可能会有以下几个方面：

- 妈妈身体较弱，肠胃吸收功能不好，有贫血症等，乳汁营养便可能会有所欠缺。
- 妈妈本身没有健康问题，只是因为各种原因不能按时足量地哺喂婴儿等。
- 婴儿经常着凉感冒、胃肠道感染，或睡眠受扰。
- 妈妈疲劳紧张致使乳汁分泌不足。

乳房的护理

妈妈的乳房就是婴儿的“口粮袋”，需要特别爱护。在母乳喂养的过程中，妈妈的乳房可能会遇到一系列的小麻烦，这时，妈妈应该这样做：

乳头皲裂。因为婴儿衔乳方式不正确等原因，妈妈会出现婴儿吸吮时乳头疼痛加重或出血的情况，仔细检查可见乳头有破口，这叫乳头皲裂。一般皲裂的乳头会在几天内自行愈合，也可涂乳头保护膏缓解不适。另外，在疼痛部位涂抹一些乳汁也会对缓解乳头皲裂起到一定的作用。如果在喂奶时疼痛难忍，妈妈可考虑暂时使用乳头保护罩。

乳腺管堵塞。乳腺管堵塞是指输送乳汁的管道里有阻碍物或者管道打结。在这种情况下，妈妈的乳房会空空的，很松软。如果堵塞严重，局部可能会有硬结并有压痛。此时，可让婴儿来帮你清除“阻碍物”，让他正确地衔乳吸吮，清空乳房。这样相当于给乳房从根部到乳头做了按摩，以使这些结散开。在喂奶的间隔时间里，妈妈还可给乳房做冷敷，使乳房冷下来；而在喂奶的时候可做热敷，促使乳汁流动。当然，如果乳腺管堵塞比较严重，需要及时就医。

乳腺炎。乳腺炎可源于乳腺管堵塞，淤积的乳汁渗入周围组织，造成乳房局部红肿疼痛。如果由此引发细菌感染，细菌还可能会侵入血液，这会使妈妈觉得很不舒服。如果感染部位红肿，表明乳腺已经发炎了，此时要赶紧就医。如果炎症不严重，妈妈还是可以继续给婴儿喂奶的。预防乳腺管堵塞及乳腺炎的关键在于不要积乳，即要及时吸空乳房，如果乳房有积奶块时要及时疏通，可采用让婴儿吸吮、局部热敷及按摩等方式。

混合喂养

混合喂养时，每次补充其他乳类的数量应根据母乳缺少的程度来定。混合喂养可在每次母乳喂养后补充母乳的不足部分，也可在一天中 1 次或数次完全用代乳品喂养，但应注意的是，妈妈不要因母乳不足就放弃母乳喂养。根据世界卫生组织建议，至少要坚持母乳喂养婴儿 6 个月后再完全使用代乳品。

什么是混合喂养

混合喂养是在确定母乳不足的情况下，以其他乳类或代乳品来补充喂养婴儿。一般母乳不足或因其他原因不能完全母乳喂养时可选择这种方式。混合喂养虽然不如母乳喂养好，但在一定程度上能保证妈妈的乳房按时受到婴儿吸吮的刺激，从而维持乳汁的正常分泌，婴儿每天能吃到 2~3 次母乳，对婴儿的健康仍有很多好处。

混合喂养的方法

补授法。即每天喂哺母乳的次数照常，但每次给婴儿喂完母乳后，接着补喂一定数量的配方粉或其他代乳品。补授法适用于 6 个月以内的婴儿。其特点是，婴儿吸吮母乳，使妈妈乳房按时受到刺激，保持乳汁的分泌。

代授法。即 1 次喂母乳，1 次喂配方粉或其他代乳品，轮换间隔喂食。代授法适合于 6 个月以后的婴儿。这种喂法容易使母乳减少。

温馨提示：母乳不足的症状

1. 感觉乳房空、没有胀满感是奶水不足的典型表现。一般婴儿吃完 1 顿，下次隔 3 小时左右再吃时，妈妈应感觉有足量的奶才是奶水充足。

2. 婴儿吃奶时间长，用力吸吮却听不到连续吞咽声，有时突然放开奶头啼哭不止。

3. 婴儿睡觉不香甜，常吃完奶不久就哭闹，来回转头寻找奶头。

4. 婴儿大小便次数少、量少。

5. 婴儿体重不增或增长缓慢。

配方粉喂养

配方粉喂养是人工喂养的一种，不宜吃母乳的婴儿或不宜喂母乳的妈妈，一般会采用此种喂养方式。

不宜吃母乳的婴儿

患有某些遗传代谢性疾病的婴儿是绝对不能吃母乳的，如半乳糖血症。另外两种不能完全用母乳喂养的疾病，一种是苯丙酮尿症，另一种是枫糖尿症。这几种病症都很罕见，具体情况需要和医生讨论。

不宜喂母乳的妈妈

患病。如果妈妈患有疾病，哺乳会增加她的身体负担，可能会使病情加重。而且如果妈妈长期服用药物，药物通过乳汁进入婴儿体内，也可能会使婴儿发生药物中毒。此外，患传染病的妈妈还可通过自己的乳汁将疾病传染给婴儿。因此，妈妈患病或吃药时应当和医生讨论是否适宜给婴儿喂母乳。如果妈妈暂时不适宜给婴儿喂奶，须每隔 3~4 小时挤奶 1 次，以免奶汁减少回奶，待疾病痊愈后影响继续给婴儿喂奶。

接触了毒物。有些妈妈因工作关系接触农药或铅、汞、砷等化学毒物，这些毒物有可能通过被污染的衣服或乳汁传递给婴儿，对婴儿的生长发育不利。

如何挑选配方粉

配方粉是为了满足婴儿的营养需要，在普通奶粉的基础上加以调配的奶制品。配方粉比普通奶粉更符合婴儿健康成长所需，因此，给无法完全接受母乳喂养的婴儿添加配方粉成为世界各地普遍采用的做法。

根据婴儿的月龄段选择

配方粉说明书上都标注有适合婴儿的月龄或年龄段，妈妈可按需选择。一般适合婴儿的配方粉，首先是食后无便秘、无腹泻，体重和身高等指标正常增长，婴儿睡得香，食欲也正常；再就是吃后无口气、眼屎少、无皮疹。

按婴儿的健康需要选择

早产儿消化系统的发育较足月儿差，妈妈可为之选择早产儿配方粉，待婴儿体重发育至正常（大于 2.5 千克）时才可更换成普通婴儿配方粉。

对缺乏乳糖酶的婴儿、患有慢性腹泻导致肠黏膜表层乳糖酶流失的婴儿、有哮喘和皮肤疾病的婴儿，可选择脱敏配方粉。

患急性或长期慢性腹泻或短肠症的婴儿，由于肠道黏膜受损，多种消化酶的缺乏，可选用水解蛋白配方粉。

缺铁的婴儿，可补充高铁配方粉，但应在临床营养医生的指导下进行。

需要爸爸妈妈注意的是，任何配方粉都无法与母乳相媲美，因此，如果妈妈能坚持母乳喂养，请一定坚持下去；如果妈妈确实存在不宜喂母乳的情况或婴儿也不宜食用母乳时，再根据具体情况为婴儿选择配方粉。

特殊配方粉

特殊配方粉是一些有特殊用途的配方粉。根据配方的不同，它可以分成很多种。比如，深度水解配方粉、特殊代谢配方粉、无乳糖配方粉（多用于腹泻期婴儿）等等。这些特殊配方粉有一定的治疗功效，所以，在某种程度上，某些特殊配方粉也相当于一种处方药。

常见的特殊配方粉

水解蛋白配方粉。它的主要作用是对付由蛋白质引起的过敏。根据配方粉中蛋白质水解程度及氨基酸所占比例的不同，水解蛋白配方粉分为三级：

第一级：部分水解蛋白配方粉，也称适度水解蛋白配方粉，适合于预防牛奶蛋白过敏。如果爸爸妈妈本身有过敏史，妈妈母乳又不充足，可考虑给婴儿添加部分水解蛋白配方粉。

第二级：深度水解蛋白配方粉，适合于治疗轻中度的牛奶蛋白过敏的婴儿。

第三级：游离氨基酸配方粉，适合于治疗严重牛奶蛋白过敏以及吸收不良的婴儿。

不含乳糖的配方粉。常被老百姓称为“腹泻奶粉”。这种配方粉在制作时，去掉了普通配方粉中的乳糖，适用于那些因为乳糖不耐受而腹泻的婴儿。

配方粉 VS 纯牛奶

妈妈不能给婴儿喂母乳时应给他选择代乳品。牛乳是婴儿最好的代乳品，但牛乳中的营养成分不适合婴儿尚未发育完善的消化系统。因此，将牛乳按母乳的标准加以改造，制成的产品叫配方粉。目前有婴幼儿液态奶和配方粉。

配方粉中去除了牛乳中部分酪蛋白，增加了 α－乳清蛋白；去除了大部分饱和脂肪酸，加入了植物油，从而增加了不饱和脂肪酸、DHA（二十二碳六烯酸，俗称脑黄金）、AA（花生四烯酸）；加入了乳糖，含糖量接近人乳；降低了矿物质含量，以减轻婴儿肾脏负担；另外还添加了微量元素、维生素、某些氨基酸或其他成分。

温馨提示：防止热奶烫伤婴儿

给婴儿热奶，最好用专门的暖奶器来加热，如果手边没有专用的暖奶器，可以滴几滴在自己的内手臂，感觉温度适宜后便可给婴儿食用了。婴儿食道黏膜皮肤柔嫩，45℃左右就足以引起烫伤。

新妈妈最关心的新生儿喂养问题 QA

Q：新生儿饿了或饱了，会有什么表现？

A：对于新妈妈来说，即使是新生儿饿了或饱了这些简单的反应也需要仔细观察，因为新生儿习惯用哭声向新妈妈传递各种信息，只有对新生儿有了足够的了解，新妈妈才能避免错误发生。

新生儿饿了

出现饥饿性哭闹，新妈妈用手指轻轻碰新生儿嘴角，他会停止哭闹，并张开小嘴转头寻找乳头。

把乳头送到新生儿嘴边时，他会急不可待地衔住乳头并使劲吸吮。

新生儿吃奶时非常认真，不易被周围的声音打扰。

新生儿吃奶时总是很用力，但吮吸不久就会睡着了，睡不到1~2小时又醒来哭闹。

新生儿吃饱了

吃奶漫不经心，吸吮劲儿明显减弱，甚至出现吃一会儿玩一会儿的现象。

哺乳后，新妈妈感觉乳房空了且变得更加柔软。

每天尿湿6~8次，小便的颜色呈淡黄色或无色。

新生儿猛烈地吸吮乳汁后能听到“咕嘟、咕嘟”的吞咽声，两次哺乳之间能安静而满足地入睡。

新生儿出生后第一周会有生理性体重下降现象，过后体重又会持续稳定增加，出生后 7~10 天会恢复出生时的体重，如果新生儿体重增加正常，说明母乳足量，可以吃饱。

Q：刚生产完，新妈妈没有奶水怎么办？

A：一般来说，新妈妈生产后，雌激素分泌急剧减少，而催乳素分泌增多，加上婴儿吸吮奶头的刺激，乳汁会慢慢地源源不断地产生。可有些新妈妈的奶水却明显不能满足婴儿的需要，此时，新妈妈需要从多方面加以调整。

新妈妈奶水不足的原因

喂奶次数过少。长时间不哺乳或喂奶间隔太长会导致乳汁分泌不足。

喂养方式不当。婴儿出生后没有让其及早吸吮妈妈乳房；或是最初几天妈妈没奶，用奶瓶喂奶后导致婴儿“乳头错觉”，不愿吸吮母乳等都会导致乳汁分泌不足。

婴儿吸吮时间不够。婴儿吸吮母乳时间低于 5 分钟，或是吃奶时经常睡着，吃得太少也会导致新妈妈乳汁分泌不足。

此外，婴儿吸吮姿势不正确，新妈妈对母乳喂养缺乏信心、营养不良、乳腺发育不良，或因疾病服用抑制乳腺分泌的药物也可导致乳汁分泌不足。

促进乳汁分泌的方法

早接触、早吮吸、早开奶。一般情况下，婴儿吸吮刺激越早，新妈妈乳汁分泌就越多。频繁有效地吮吸，可以促进新妈妈泌乳素的分泌，增加泌乳量。母乳喂养的婴儿应该按需喂养，只要婴儿想吃，新妈妈就应主动喂乳，而且要注意让乳房排空，以便产生更多乳汁。

增加营养。哺乳期的新妈妈应多吃含蛋白质等丰富的食物，如猪蹄、花生米等，这类食物对乳汁的分泌有良好的促进作用。此外，还要多吃新鲜水果和蔬菜，保证维生素的摄入。此外，汤品是哺乳期新妈妈不应缺少的食物，也要多多补充。

进行乳房按摩。乳房按摩可帮助新妈妈建立射乳反射区，有利于乳汁分泌。新妈妈可涂抹一些乳汁在乳晕、乳头上，一只手托着乳房，用另一只手的大鱼际肌或小鱼际肌，从乳房的根部向乳头方向旋转按摩，并不断更换位置，按摩整个乳房，有利于乳汁分泌。

保持好心情，充分休息。母乳是否充足与新妈妈的心理因素及情绪也有一定关系。新妈妈情绪低落时，乳汁分泌会急剧减少，所以新妈妈要注意调节自己的情绪，保持心情愉悦。不仅如此，睡眠不足也会导致奶水量减少，新妈妈要注意抓紧时间休息，尽量做到婴儿睡你也睡。

Q：乳房小是不是奶水就少？

A：有些新妈妈将奶水少归咎于自己的乳房小，这是没有科学根据的。脂肪组织是影响乳房大小最重要的因素，但乳房的大小不会影响新妈妈乳汁量的多少和乳汁品质的高低，新妈妈的泌乳能力和乳房大小没有关系。当然，这个要排除乳房发育不良的情况。只要妈妈乳腺组织发育正常，婴儿一定有足够的奶水吃。提醒新妈妈注意，产后开奶时间、喂奶的方法以及身体状况等因素会影响乳汁分泌。

如果新妈妈感觉奶水不足，要增加给婴儿喂奶的次数，给婴儿喂奶次数越多，越能刺激乳腺分泌乳汁，奶水会更充足。给婴儿喂奶时要注意增加更换乳房次数，即吃过左侧后喂右侧，之后再喂左侧以弥补短时间奶水不足情况。此外，新妈妈要顶住压力，相信自己，放松心情，坚信让婴儿多吃一定可以让乳汁更充足。对于已经混合喂养的婴儿，建议逐渐减少配方粉次数，多让婴儿吃母乳。在科学确定母乳不足后再进行混合喂养，而不是猜想母乳不足便给婴儿吃配方粉。

Q：奶水是不是会越攒越多？

A：新妈妈攒奶水，短时间内看起来似乎可以让婴儿一顿吃个饱，可长期的结果却会导致奶水越来越少，最后导致自然断奶。

奶水是吸吮出来的，不是攒出来的。如果新妈妈奶水少，你要做的不是攒着给婴儿吃，而是要尽可能多次地喂婴儿吃。婴儿的吮吸会对妈妈的大脑下达分泌产奶指令，吸吮的次数越多，产奶量便越多。反之，只会使乳汁越分泌越少。不仅如此，新妈妈攒奶，还容易导致乳腺炎。有些新妈妈因为担心自己奶水不足，故意不排空乳汁，殊不知乳汁是细菌的良好培养基，新妈妈乳汁没有及时排空，感染细菌后，细菌便会在乳房这个温室中生长繁殖，如在乳头皲裂的情况下，细菌便可从乳头逆行进入乳房，扩散至乳腺实质，从而导致乳腺炎。乳腺炎常见症状为乳房疼痛、发热，甚至出现脓肿。

新妈妈预防乳腺炎，除了不要攒奶外，还要注意哺乳期间保证乳房的清洁，哺乳前后要清洗乳房，同时掌握正确的母乳喂养方法，避免由于喂养方式不当而导致的乳头皲裂和破损。婴儿想吃奶时随时让他吃，这样可以保证乳汁分泌通畅，避免乳汁淤积。

Q：涨奶时怎么办？

A：新妈妈涨奶时可热敷乳房，热敷可使阻塞在乳腺中的乳块变得通畅，改善乳房循环状况。但热敷时要注意避开乳晕和乳头部位，温度不宜过高，以免烫伤皮肤。热敷后可轻轻用手按摩乳房，奶涨且疼得厉害时，可用手或电动吸奶器将乳汁挤出或吸出。

如果乳房局部肿、红，或摸起来有灼热感，或感觉有类似感冒症状，很可能是乳房发炎的表现，此时应看医生。

涨奶最常见于产后头1周，新妈妈要注意预防。产后立即让婴儿频繁地吸奶，喂奶时新妈妈要确保婴儿吃奶姿势正确，这些都可有效地预防新妈妈涨奶，同时也是促进乳房泌乳的有效方法。

Q：奶水不够，婴儿还能吃什么？

A：母乳是婴儿最好的食物，当新妈妈因为各种原因不能给婴儿喂足母乳时，可选择婴幼儿配方粉。

新生儿奶粉冲调时要遵循一定的步骤，首先，爸爸妈妈应先洗净双手，将已消毒好的奶嘴、奶瓶放到桌上，之后根据要冲调的奶量，取事先烧沸并凉至40℃左右的热水倒入奶瓶中，再用配方粉包装中附带的汤匙按照说明加入适量的奶粉，轻轻晃动奶瓶，直至配方粉充分溶化。滴几滴在自己的内手臂，感觉温度适宜后便可给婴儿食用了。

注意，爸爸妈妈试温时不要用嘴去尝配方奶的温度，以免成人口腔中的细菌通过奶嘴进入婴儿体内，导致婴儿患病。

Q：怎样冲调配方粉？

A：有些爸爸妈妈认为，配方粉冲得浓一些，有助于婴儿摄入更多营养；而有些则认为要冲稀一点，这样婴儿才不会上火。其实，这两种做法都是错误的。

配方粉冲得太浓，营养成分浓度升高会超过婴儿胃肠道消化吸收限度，婴儿不但消化不了，还可能损伤消化器官，出现腹泻、便秘、食欲不振，甚至引起拒食等一系列不良反应。若婴儿长期食用过浓奶粉，会对肝、肾功能造成损伤。此外，奶粉冲得太浓还会影响婴儿对水分的吸收，使蛋白质分解代谢所产生的非蛋白氮物质在血浆内潴留，严重时会引发氮质血症。而奶粉冲得太稀，则会影响婴儿摄入足够的营养，容易导致婴儿营养不良。所以，爸爸妈妈给婴儿冲调的奶粉量及水量尽量按照配方粉包装罐或包装袋上的指示冲调，避免过浓或过稀，以免影响婴儿的健康。

此外，关于冲调奶粉的水温，一般来说都是用 40℃左右的热水，这样的水温不仅有利于加快化学反应的速度，且能保证奶粉里的营养物质不被破坏。切忌用沸水冲调，因为过高的水温可以使奶粉中的蛋白质变性，维生素也会被破坏，使得奶粉的营养和食用价值下降。

温馨提示：不要让婴儿喝上次剩下的配方粉

婴儿喝剩的配方粉不要再给婴儿喝，因为在常温下，婴儿食用过的配方粉超过 30 分钟就有变质的危险。吃配方粉的婴儿平时还要补充适量的水分，以满足其生理发育需求。

Q：婴儿不爱喝配方粉，怎么办？

A：婴儿不爱喝配方粉一般有两种可能。一是婴儿对配方粉不耐受或过敏。若经医生诊断婴儿真的对普通配方粉过敏，爸爸妈妈应考虑给婴儿换成水解蛋白配方粉，以降低过敏概率。二是婴儿已经习惯了母乳喂养，但妈妈却因为各种原因导致母乳不足必须添加配方粉时，婴儿会表现出强烈的抗拒反应。对于这类婴儿，可通过以下方法让其逐渐接受配方粉。

首先要了解他是不喜欢奶嘴还是不喜欢配方粉的味道，婴儿抗拒配方粉时，可以先用小勺喂婴儿奶粉，如果婴儿十分反感，说明他不喜欢奶粉的味道，可以换个牌子试试。若是用小勺喂配方粉可以接受，婴儿不爱喝配方粉可能是因不喜欢奶嘴所致。婴儿对奶嘴要求颇高，爸爸妈妈可选择与妈妈乳头感觉接近的奶嘴，或将奶嘴多煮煮，让它变软。此外，奶嘴口大小也要合适，喂婴儿前可先滴几滴奶到他嘴里，婴儿吃到甜甜的味道，有助于他主动吮吸。

挑选合适时间。婴儿不爱喝配方粉，爸爸妈妈要注意营造愉快和谐的家庭环境，在其心情愉快时把奶瓶递给他，因为婴儿心情好时对新事物的接受度会较高。

妈妈要增强信心。妈妈母乳不足时也不要有放弃母乳的想法，而是应尽量让婴儿多吮吸，以便刺激乳汁分泌。毕竟母乳才是婴儿最好的食物。生活中，许多妈妈都觉得自己乳汁少，可实际上乳汁并非你想象得那样少，只要婴儿体重增加正常，便说明你的乳汁完全能够满足需要。

Q：配方粉可以经常换品牌吗？

A：新生儿消化系统尚未发育完全，对于新的食物需要较长时间来适应。各种配方粉配方不一样，爸爸妈妈若经常更换，婴儿需要不断去适应，这很容易引起腹泻。如果婴儿对于现在吃的奶粉很适应，没有消化不良等表现，不宜频繁地给婴儿更换配方粉。

在不同阶段更换配方粉时，以婴儿每顿吃 3 勺第二阶段配方粉为例：可以先每顿 2 勺第二阶段配方粉，加 1 勺第三阶段配方粉一同冲调，观察 3~4 天；如果婴儿消化良好，再以每顿1勺第二阶段配方粉加2勺第三阶段配方粉冲调，再观察3~4天；如果婴儿消化一切正常，之后便可只吃第三阶段配方粉了。如果在调换的过程中，婴儿出现消化不良表现，要延长观察时间，待大便正常后再进一步置换。或者每次半勺半勺更换，直至婴儿完全适应。爸爸妈妈需注意：婴儿生病或接种疫苗期间不宜更换配方粉。

Q：一天喂几次，每次间隔多久？

A：新生儿在食量上存在着个体差异，以半个月~1个月的新生儿为例：有些婴儿一天吃奶次数为6~7次，但多的则可达12~13次。此外，婴儿每次摄入的奶量也不相同，有些婴儿吃得少，只能喝到60~70毫升，而食量大的婴儿则可达到150~180毫升。不止如此，婴儿吃奶时间间隔也各不相同，少则1.5~2小时，多则4~5小时。

吃母乳的婴儿

吃母乳的婴儿应遵循按需喂养的原则，即只要婴儿有需要便给他吃，不必刻意计算喂几次，以及喂奶间隔时间。

吃配方粉的婴儿

新生儿期：一昼夜喂奶7~8次，约3小时1次，后半夜稍长。婴儿出生第一天，每次喂奶15~20毫升，以后每天每次增加10~15毫升，直至每次60毫升，再隔天每次增加10~15毫升，直至增加到每次90毫升。夜间喂奶的间隔延长。之后观察婴儿食量，依照婴儿自身具体情况调节奶量。

2~3个月：每天喂6次奶，每次喂奶120~150毫升，间歇延至3.5~4小时，后半夜婴儿可睡5~6小时。

温馨提示：不要千方百计让婴儿多吃

有些妈妈千方百计地让婴儿多吃一些，这种想法不可取。婴儿消化功能不完善，强迫进食的结果会加重他的肝、肾负担，甚至导致婴儿拒食，最终会对婴儿身心发育不利。

Q：白天和夜晚，喂奶的时间间隔？

A：新生儿胃容量很小，能量储存的能力也较弱，所以他们需要不断补充营养，即便是夜里也常会饿醒。因此，除少部分对昼夜极为敏感的婴儿可以夜里睡得久一点外，大部分新生儿夜里都会频繁地醒来吃奶。从这一点，我们可以了解到，对于新生儿来说，喂奶间隔，白天和夜晚差不多是一样的。

母乳喂养的婴儿，喂养时间不必拘泥于多久喂 1 次，而是应以婴儿需要为原则。只要婴儿有需求便应满足。对于喝配方粉的婴儿来说，喂养时间间隔比纯母乳喂养的婴儿要长一些，这是因为配方粉没有母乳含水量大，也没有母乳易消化吸收，配方粉会让婴儿更有饱腹感，所以，喝配方粉的婴儿两顿奶之间相隔 2.5~3 小时喂养 1 次即可，夜里也是如此。

不要忽视水和维生素 D

许多新妈妈对怎么给婴儿喂水和补充维生素 D 不是十分了解，建议新妈妈们可以掌握一个大体原则，即母乳喂养的婴儿可以不喂水，但吃配方粉或混合喂养的婴儿则需要经常补充水分。至于维生素 D，建议所有婴儿都需要特别补充。

科学补水

吃母乳的婴儿，妈妈的乳汁能提供婴儿生长发育所需的全部营养物质和水分。尤其在婴儿出生前 4 个月内，完全不必补充水分。过早、过多喂水，会影响婴儿吮吸乳汁，导致母乳分泌减少。随着婴儿月龄增加，或是在炎热的夏季，婴儿水分消耗增加时，爸爸妈妈可以用小勺或滴管给婴儿补充少许水分，这样做可避免婴儿对奶头产生错觉，以致拒绝吸吮妈妈乳头。

对于吃配方粉及混合喂养的婴儿，应在 2 次哺乳之间适量补充水分。正常婴儿每日每千克体重需水 150 毫升，扣除配方奶水分，即为每日喂水量。

温馨提示：喂水注意事项

1. 避免吃奶前半小时内喂水。饭前喝水可使胃液稀释，不利于食物消化，还会影响婴儿的食欲。

2. 不宜睡前喂水。新生儿不能完全控制排尿，睡前喝水会增加排尿量，影响睡眠。

3. 白开水为宜。白开水是婴儿最好的饮水选择。其中富含的钙、镁等元素对婴儿健康十分有益，婴儿喝白开水能促进新陈代谢，增强免疫功能。

4. 少饮多次。给新生儿补水应遵循少饮多次的原则，不要等婴儿口唇干时才想起补水，婴儿口唇干时说明体内水分已失去平衡，细胞已经脱水。

科学补充维生素 D

新生儿建议用维生素 AD 胶囊型，因为一般的滴剂剂量不易把握，配比也不是很科学，而胶囊型配比科学，食用方便。

维生素 D 补充的时间和用量

维生素 D 应该从婴儿出生后 2 周开始补充，但是早产儿和多胎儿或者体重偏轻的婴儿可以从出生就开始，不一定要等到 2 周之后。只要婴儿没有腹泻，应一直吃到 2 岁。有条件的最好能吃到 3 岁。婴儿 3 岁后户外活动增加，饮食更丰富了，可以不必再服用维生素 D。维生素 D 可以在任何时间段服用，但早上吃比晚上吃吸收会更好，也更能帮助钙吸收。

晒太阳、科学饮食与补充维生素 D 不冲突

日常食物中，维生素 D 的含量很少，即便是婴儿最好的食物——母乳，含量也明显不足，远远达不到婴儿每天 400 单位的需求。所以想借由饮食补充维生素 D 无异于杯水车薪。此外，由于婴幼儿本身的特点，通过晒太阳合成维生素 D 的量非常少，即使经常晒太阳也无法满足生长需要。因此，食物中的含量与晒太阳转化的维生素

D 含量达不到婴儿需求，正常补充维生素 D，爸爸妈妈不必担心过量问题。

温馨提示：补充维生素 D 的途径

1. 服用维生素 D（通常为维生素 AD 制剂），这是最直接也是最有效的方法。

2. 多晒太阳，将太阳中的紫外线转化为婴儿需要的维生素 D。

3. 食补，母乳妈妈应多吃富含维生素 AD 的食物，如深海鱼、胡萝卜等，待婴儿添加辅食后给他多吃富含维生素 AD 的食物，同时，在保证补充维生素 D 的情况下，多给婴儿吃富含钙质的食物，以达到合理补钙的目的。

早产儿的喂养

早产儿是新生儿里面一个特殊的群体。因为各种各样的原因，胎龄不满 37 周出生的为早产儿。尤其是 34 周以下的早产儿，由于身体的很多器官还没有发育完善，所以他们一出生就需要得到特别的关爱和照顾。在喂养方面也是这样，由于早产儿吸吮和吞咽的协调性、消化吸收的能力以及肠蠕动方面都会存在一定问题，因此对他们的喂养需要更加小心和更多耐心。

新妈妈要知道

新妈妈应该了解婴儿早产的原因。注意观察婴儿吃奶、睡眠、大小便、体温以及体重、身长、头围的生长情况，明确出院诊断。同时，要学会观察早产儿，听听哭声响不响亮，看看面色是否红润、是否有精神，早产儿吃奶时吸吮有没有力量。这样就基本能清楚早产儿养育应重点关注的问题了。

如果新妈妈身体状况良好，母乳充足，早产儿出院时体温正常、吸吮能力好、体重增长平稳、哭声响亮、面色红润，那么养育早产儿就相对容易些。如果早产儿出生胎龄小、出生体重低、住院时并发症多、早产儿的基本情况较差，那么养育早产儿可能遇到的困难就会多一些。

新妈妈要知道，早产儿所需的营养与足月儿不一样。由于早产儿体内储存的能量较低，而出生后还要追赶生长，同时还面临着疾病的风险，因此他们需要的营养素摄入量应该高于正常足月新生儿。早产儿的热量需求为110~135千卡*/千克/日。足月儿的热量需求为80~95千卡/千克/日。

早产儿这样喂

绝大多数妈妈都能分泌足够的母乳，请坚持母乳喂养。母乳依然是早产儿最天然的营养食品，早产儿妈妈的母乳中蛋白质含量比足月儿妈妈分泌的母乳要高，而其中乳糖和脂肪含量较低，这更有利于促进早产儿的追赶生长，同时也更有利于早产儿胃肠道对营养物质的消化吸收。此外，母乳还能促进早产儿肠道内双歧杆菌的定植和繁殖，有利于早产儿肠道正常菌群的建立，对维持机体的微生态平衡、保护早产儿的健康、降低感染风险都至关重要。

出生体重小于2千克，胎龄小于34周的早产儿，医生建议妈妈应该为他使用母乳强化剂（按一定配比加入母乳中喂给早产儿）。因为母乳中的能量和一些重要营养素的含量还不能满足其追赶生长的需要，母乳强化剂可增加母乳的能量密度以及蛋白质、矿物质、微量元素和多种维生素等的浓度。

如果早产儿胎龄满34周，出生体重达到2千克及以上时，妈妈乳汁充足，早产儿吸吮能力强，可以进行纯母乳喂养。

用普通配方粉逐渐替换早产儿配方粉的方法：每增加1顿普通配方粉的同时，减少1顿早产儿配方粉，每次要细致观察1周左右。在确认婴儿没有腹泻、呕吐、便秘等不良反应且体重增长正常后，再逐一增加替代的顿数，直到替换完成。若婴儿出现腹泻、呕吐、便秘、皮疹等不良反应时，要暂停替换，立即恢复到原来的喂养状态，并且细致观察，若情况严重、持续时间长，则要咨询医生了。

在母乳喂养的基础上，应在医生的指导下，补充一定的营养素来保证早产儿的正常发育。早产儿出生后每天补充维生素D800~1000国际单位，3个月后改为

*：1千卡=4.186千焦

400~500 国际单位，直到 2 岁。为预防早产儿发生贫血，应从出生后 2~4 周开始补充铁元素，补充剂量为 2 毫克 / 千克 / 天，直到矫正年龄 1 岁。出生体重小于 1.5 千克的极低出生体重儿，补充剂量为 4 毫克 / 千克 / 天。

如果早产儿的吸吮能力较弱，吃奶量较少，妈妈要有足够的耐心，不要过于着急。在哺乳过程中，要观察早产儿是否有过度疲劳的表现，如果有，可以让他休息一会儿再喂。在喂完奶后，要给早产儿拍嗝。为了不让珍贵的乳汁特别是初乳白白浪费，妈妈需要在早产儿吃奶后，用吸奶器将两侧乳房的奶吸干净，并储存在母乳保鲜袋中，放入冰箱冷藏或冷冻，以便日后再给早产儿吃。

温馨提示①：常给早产儿量一量

爸爸妈妈应该准备 1 台婴儿秤和 1 把合适的尺子，每周给早产儿测体重、身长和头围。给早产儿测量体重时，也可以用家用电子秤，由家长抱着称量后再减去自己的重量。测量体重的时间最好选择一天里的同一个时间段，如在早上还没有喂奶并且已经换完尿布的情况下来完成。测量身长时，要把婴儿的膝盖按平下去，这样测量的结果会更准确。

温馨提示②：关注早产儿视网膜病变检查

为了预防早产儿视网膜病变的发生，国内外专家建议，对有发病危险的早产儿，如同时有出生体重低于 2 千克，并且出生后发生窒息等严重疾病、接受过（长时间高浓度）吸氧或输血治疗的早产儿，必须常规进行早产儿视网膜病变筛查。根据《中国早产儿视网膜病变筛查指南》，筛查时间在婴儿出生后 4~6 周或矫正胎龄 32 周开始。随诊停止检查时间应听从医生建议。

03 日常生活护理

脐带

婴儿的脐带通常在出生后 24~48 小时自然干瘪，3~4 天开始脱落。但有的婴儿脐带脱落相对要晚些。脐带脱落的早晚与脐带本身的粗细、脐带留的长短、护理脐带的方法有着紧密的关系。

正确清洁脐带

用棉签蘸上 75% 的酒精，用酒精棉签仔细在脐窝和脐带根部细细擦拭，使脐带残端不再与脐窝粘连。然后再用新的酒精棉签从脐窝中心向外呈螺旋形擦拭，范围是直径约 3 厘米的圆圈。爸爸妈妈需注意：一定要从脐窝内开始擦拭，而不是只擦脐轮外周。

脐带未脱时的护理

- 尿布不要遮盖脐部，以免尿液污染肚脐。
- 检查婴儿的肚脐是否有红肿和渗出，有无异味。
- 每天彻底清洁一次脐窝，保持脐带残端干燥，加速残端脱落和脐部愈合。
- 脐带脱落后，在脐部没有完全愈合前，也应每日清洁脐窝。

脐部的异常情况

脐带护理得好，脐带残端脱落得快，脐窝也会干干净净，否则会造成脐带残端久不脱落，局部分泌物多，脐窝发红、潮湿，最终形成脐炎、脐肉芽肿。

脐炎。脐窝发红、潮湿，有黏性或脓性分泌物，闻起来有臭味，脐轮发红肿胀，而且用手摸起来感觉皮肤发热，说明脐部出现了感染。感染严重时，会有红肿明显、脓液增多、脐窝内组织腐烂并伴有臭味等症状，同时婴儿还会伴有拒奶、少哭、发热、烦躁不安等表现。如果细菌进入血循环，有可能引起败血症而危及生命，所以，婴儿出现以上症状时，一定要及时就医。

脐肉芽肿。也称脐息肉。出现脐息肉，可能是脐炎长期未愈的结果，也可能是由于爸爸妈妈在婴儿脐部误用了粉剂等异物刺激而导致的。脐息肉有可能引起局部分泌物多、出血等症状，而且脐息肉很容易造成进一步严重的感染，因此需要立即就医处理。一般情况下，肉芽还比较小的时候，医生进行消毒处理后，很快就可以痊愈。但如果肉芽长得比较大的话，就需要做个小的切除手术。

脐疝。有些婴儿，尤其是未足月的早产儿，脐带脱落后在肚脐处会有一个向外突出的圆形肿块，这就是脐疝。当婴儿安静地平卧时，肿块消失；而在婴儿直立、哭闹、咳嗽、排便时，肿块就会突出来。用手指压迫突出部位，肿块很容易回复到腹腔内，有时还可以听到“咕噜、咕噜”的声音。如果把手指伸入脐孔，可以很清楚地摸到脐疝的边缘。通常在 4 厘米以下的脐疝可随婴儿年龄的增长、腹壁肌肉的加强而自然痊愈，80% 的婴儿在 1 岁以前就能痊愈，90% 的婴儿会在 2 岁以前痊愈。

衣被要适合

婴儿的穿衣盖被，薄厚是否合适、质量如何，都会直接影响婴儿的心情、活动以及身体健康。

穿衣与盖被

确认宝宝穿衣盖被是否合适，摸摸婴儿的手脚，一般婴儿的小手小脚温温的即可，也可摸摸婴儿的手心、头及后颈部，不要潮乎乎的。如果婴儿的脸红红的，经常起小包，额头及后颈部有汗，眼睛有分泌物，说明婴儿穿得多、盖得厚或室内温度高。穿得多、盖得厚，婴儿身上潮乎乎的，毛孔开放，容易外感风寒。此外，婴儿容易烦躁，睡眠不安稳。因此，重衣厚被，束缚了婴儿的身体，也影响了婴儿的活动及心情，最终会影响婴儿的生长发育。

一般而言，婴儿的穿盖比大人多一件就可以了，但如果婴儿穿得过多，减衣服时要逐渐地减，让婴儿逐渐适应。

衣被的质量选择

选购标识说明完整、详细的商品。《消费品使用说明纺织品和服装使用说明》中规定，使用说明必须注明制造者的名称、地址、产品名称、产品型号和规格、采用原料的成分和含量、洗涤方法、产品标准编号、产品质量等级、产品质量检验合格证明等信息。

最好选择纯棉面料。颜色浅、色泽柔和、摸着柔软、穿脱方便。

闻一闻，辨别异味。闻一闻面料上是否有一股特别浓重的刺激气味（类似于家具城内的气味），如果有，则建议不要购买。

选购少装饰物的衣物。在选购婴儿衣物时，要选购简单、少装饰物的衣物，以免对婴儿造成伤害。检查衣物的拉链、接缝等是否平整，拆除内侧的标签以免磨伤婴儿皮肤。

新买的衣被要先充分洗涤。这样可以洗去衣服上的大部分浮色、脏物和织物中残留的游离甲醛。但要按照商品标示的洗涤说明洗涤，婴儿衣被应与深色及成人衣物分开洗。同时，使用婴儿专用洗衣剂。最好手洗，因为洗衣机内藏着许多细菌。

纸尿裤 VS 可洗尿布

纸尿裤与可洗尿布各有利弊，并非是一定要厚此薄彼的。如果婴儿小屁股发红，暂时停用几天纸尿裤，试试可洗尿布。偶尔也可以干脆什么都不用，给婴儿晾晾他的小屁股。还可以在家中时使用可洗尿布，外出时再用纸尿裤。

纸尿裤的优势

方便更换。即使在不方便的地方也很容易更换。

操作简单。即使是新手爸爸也能很快学会。

活动自如。纸尿裤轻柔、贴身，婴儿活动起来不受限制。

一次性使用，减轻育儿工作量。

纸尿裤的不足

增加环境污染。纸尿裤会增加许多垃圾，给环境带来污染。据统计，1 个婴儿长到 3 岁时使用的纸尿裤能产生 1.5 吨不可降解的废弃物。

费用高。仔细算算，爸爸妈妈会发现，给婴儿花在纸尿裤上的钱实在是一笔不小的开销。

有刺激。纸尿裤可能会刺激婴儿敏感、娇嫩的皮肤。

可洗尿布的优势

环保。使用可洗尿布产生的废弃物很少，一般可重复多次使用。

费用低。相对于纸尿裤来说，使用可洗尿布花费要少得多。

可洗尿布的不足

费时、费空间。由于尿布的吸水力不如纸尿裤强，所以每天需要更换的次数多，因此，要花时间来洗尿布，用空间来晾晒尿布。有关尿布的家务活儿也会多一些。

操作复杂。可洗尿布不像纸尿裤那样直接穿上就行，操作起来比较复杂，需要提前做好准备。

抱婴儿的姿势

婴儿身体柔软娇嫩，妈妈在抱起和放下时，不但要抱姿正确，还要让婴儿感觉舒服，这样既能保障婴儿身体的安全，又能让婴儿愉快地感受到妈妈的爱意。

关键护住头和腰

将一只手伸到婴儿的屁股底下，另一只手伸到他的颈部和头下面，将他轻轻抱起。妈妈的手要稳住婴儿的颈部和头，不要让婴儿的脑袋随便晃动。以托住婴儿屁股的手为轴心转动，另一只手始终托住婴儿的颈部和头，将婴儿放在妈妈的肘弯处或靠在妈妈的肩上，最后用掌心护住婴儿的头。如果要给婴儿拍嗝，把婴儿立起来，把他的头放到妈妈的肩上，一只手护住婴儿的腰，另一只手轻拍其背部。

怎样把婴儿放在床上

用一只手托住婴儿的头，另一只手托住他的腰部，让婴儿慢慢平躺下去，婴儿的身体躺到床上后，先抽出托住婴儿腰部的手，另一只手继续托住他的头。两只手扶着他的头轻轻放下，不要直接把手抽出来，以免他的头突然"跌"在床上。

勤洗澡

婴儿的皮肤非常娇嫩，即使是正常的生理功能，如出汗、大小便、流口水等，也会对其皮肤带来刺激，所以，妈妈要勤给婴儿洗澡。

洗头

脱去婴儿的衣服，把他包在毛巾中。抱好婴儿，以防他手脚乱动。将婴儿的腿放在妈妈的手臂和身体间，这样可用腋窝夹紧他，然后用前臂托住婴儿的背部，手掌托住婴儿的头颈，手指用婴儿的耳郭压住他的耳孔，将他的头置于澡盆的上方。

试一下水温，确认水温合适后，先给婴儿洗洗脸，擦干后再洗头。用塑料杯舀一些水，打湿婴儿的头发，再用手轻轻揉搓。如果需要用洗发水的话，在打湿头发后用少许洗发水轻轻揉出泡沫，然后用塑料杯舀一些水冲洗，但注意不要将婴儿的洗头水冲到澡盆里，因为稍后还要给婴儿洗澡。最后用毛巾擦干头发，注意不要让毛巾蒙住婴儿的脸，因为脸被遮住时，婴儿可能会因受到惊吓而哭闹。

洗身体

一人托住婴儿的头，注意不要让婴儿喝水、呛水。另一人将婴儿的身体放入水中，从上往下洗，注意婴儿的颈下、腋下、腹股沟、会阴的褶皱处是重点。清洗干净后，给婴儿洗澡的人，拿好大毛巾；托婴儿头的人将他抱出放入大毛巾中，擦干。最后放到事先准备好的大的尿垫上，给婴儿穿好衣服和尿布。

特殊部位精心洗

如果是女宝宝，一只手轻轻地拨开大阴唇，另一只手用潮湿的棉布轻轻擦拭。特别要注意的是，一定要从前往后擦，以防止肛门的细菌感染阴道。如果是男宝宝，清洗龟头时，将它轻轻抬起，不要强行拉下包皮，从上往下清洗龟头。

温馨提示：有关婴儿洗澡的注意事项

1. 洗澡前的准备工作做得好，洗澡过程会更顺利。

2. 给婴儿洗澡前，先调好洗澡水水温，水的温度在40℃左右比较适宜，洗澡前可用手肘试一下水温；洗澡的地方水多地滑，婴儿出水时大人要站稳，防止大人和婴儿摔伤。

3. 洗澡的时间不要太长。洗澡后给婴儿喂奶或喂水。

4. 给婴儿洗澡一般需要准备：1 条大毛巾（包婴儿用）、2 条小毛巾（1 条洗头洗脸、1 条洗身体）、1 个塑料杯、婴儿专用洗浴用品（沐浴液、洗发露等）。

鼻腔——容易被忽略的部位

就像每天给婴儿洗澡一样，妈妈也要每天清洗婴儿的鼻腔。部分新生儿出生后会出现鼻塞的现象，清洗鼻腔能使婴儿鼻道通畅，睡眠安稳，同时还能预防感冒。

每天的简单清洗

用棉条蘸上生理盐水，把棉条放入婴儿的一个鼻孔，轻轻旋转几下后轻轻拉出来。注意：棉条不要太细，生理盐水也不要蘸太多，否则不易把鼻屎带出来。每天都可以这样给婴儿做简单清洗，虽然有时候什么东西都没有带出来，但这样做可以帮助婴儿打喷嚏，让鼻涕、鼻屎随着喷嚏打出来。

鼻子里有黏液，鼻塞明显

如果婴儿的鼻子里有黏液样的浓鼻涕，可以使用吸鼻器。将吸鼻器的圆头放在婴儿的鼻孔处，轻轻捏动吸鼻器，将黏液吸出来。但吸的时候要特别小心，以免碰伤婴儿的鼻腔壁。每次使用完吸鼻器后都要认真将其清洗干净。

有时需要婴儿专用滴鼻液

婴儿感冒鼻塞时，儿科医生会开些滴鼻液或喷雾剂之类的灭菌剂，爸爸妈妈要仔细阅读说明书，严格按照说明书的要求使用，动作要轻柔。

定期给婴儿剪指甲

新生儿的指甲，出生时大部分都达到或超过了指端。但可别小看它，婴儿粉嫩的小脸蛋经常会被它抓出一条条伤痕。这是由于新生儿精细动作发育不好，神经兴奋性泛化，经常有无意识的动作造成的。为了防止新生儿的指甲划破小脸蛋，一是给婴儿戴上小手套，二是常给婴儿剪指甲。

给婴儿修剪指甲要注意

选择婴儿正在吃奶或是熟睡的时候。

选择光线好的地方，这样可以看得清楚。避免将剪刀紧贴到婴儿指甲尖处，以免剪到婴儿指尖的嫩肉。

修剪指甲时要把住婴儿的小手，或另外一人扶住婴儿的手，防止婴儿突然抖动。

由于婴儿的指甲很小，很难剪，所以要选用专用的婴儿指甲刀来剪。注意不要将指甲剪得过短，因为这样婴儿会感到疼痛，或容易在活动时磨损指部皮肤。

大小便的秘密

新生儿小便的秘密

婴儿出生后第一天，可能没有尿或排尿 2~3 次。日后，根据摄入量逐渐增加，一昼夜可达 10 次以上。但爸爸妈妈需注意：小便的次数除了与摄入量有关，有时也与天气是否炎热、出汗多少等有关。

正常婴儿的小便呈无色、淡黄至深黄色，尿液越浓缩，颜色就会越深。

尿布上呈现粉红色痕迹是尿液高度浓缩后尿酸盐形成的尿液结晶。这要考虑饮水摄入量不够，或婴儿出汗多。需要增加摄入量、减少衣被、降低室温。

出生 5~7 天的女宝宝的尿布上有血迹，可能是从阴道流出带血的分泌物，称“假月经”。这是由于妈妈的雌激素经胎盘传给胎儿，女宝宝出生后受激素的影响所致。几天后此症状自然消失。但如果小便中带血或者尿片上发现有血迹，表示异常，应咨询医生。

新生儿大便的秘密

一般而言，婴儿出生后会排出黏稠、墨绿色的胎便，是由脱落的肠黏膜上皮细胞、咽下的羊水、胎毛和红细胞中血红蛋白的分解产物胆绿素等物构成。新生儿胎便一般在出生后 2~3 天排清。但也有的排出迟缓，这样会使黄疸加重。若婴儿出生后 24 小时内无胎便排出，医生会进行检查，排除消化道畸形的可能。婴儿每天排便的次数、多少不一样，大多与喂养方式有关，同时也不排除个体差异。

母乳喂养婴儿的粪便通常为黄色，呈软膏状。有时甚至是稀的并带有酸味，也有时混杂有一些颗粒状的物质或奶瓣。这种性状可能会一直持续到婴儿开始添加辅食。排便的次数不一，可能每次喝奶后就排便，也有每天 1 次或几天 1 次的。配方粉喂养婴儿的大便，多呈棕黄色或黄色，性状也要更成形些。排便的次数，每天 1~3 次。

无论母乳还是配方粉喂养，婴儿大便次数的突然增多（超过每次进食后排便 1 次的频率）和大便中水分的异常增多，稀水样、蛋花汤样，绿色发酸味，可能因喂养不当、过敏、感染或饥饿所致。这些需查明原因，以采取适当的措施。如果婴儿几天没有大便，腹胀又哭闹不安，则要去医院，必要时需遵医嘱进行干预。

抚触——美好的亲子交流

妈妈温暖的双手每天为婴儿轻轻按摩，它传递着妈妈对婴儿的爱，是婴儿神经和体格发育不可缺少的“营养品”。

抚触的好处

促进婴儿的生长发育，提高其智力水平。还可以刺激婴儿的淋巴系统，增强其抵抗疾病的能力，同时还有助于促进婴儿消化系统功能的发育及新陈代谢，增进食欲。

促进婴儿正常睡眠节律的建立，改善不良睡眠习惯。

平复婴儿的不安情绪，使他心情愉悦，减少哭闹。

促进母子情感的交流，令婴儿感受到妈妈的爱护和关怀。

抚触的方法

前额：用两拇指指腹从眉间向两侧推。

下颌：两拇指从下颌中央向两侧向上滑行，形成微笑状。

头部：四指指腹从前额向上向后滑动，止于发际。

胸部：两手分别从婴儿胸部的外下方（两侧肋下缘）向对侧上方交叉推进至肩部，在婴儿的胸前做一个大的交叉，注意避开婴儿的乳头和脐带。

腹部：按顺时针方向，从婴儿的右下腹至上腹向左下腹滑动，呈倒置的U形，注意避开脐带。

四肢：两手交替挤捏上肢，从手臂向手腕部滑行。对侧及下肢做法相同。

手、足部：用拇指指腹从婴儿手掌面向手指方向推行，足部做法相同。

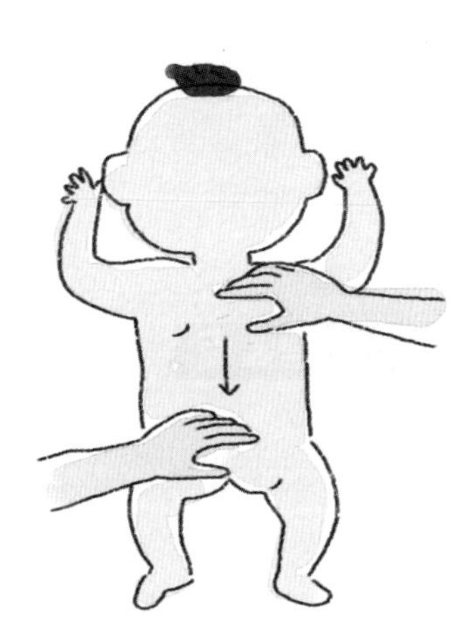

背部：以脊柱为中线，双手分别放在脊柱两侧，平行向两侧移动；而后，从背部上端向下滑行按摩至骶部，最后按摩臀。

如何让新生儿睡好觉

婴儿睡得好，既有利于他的生长发育，也能让爸爸妈妈得到休息。但想要婴儿有良好的睡眠，爸爸妈妈要先给婴儿创造良好的睡眠条件。

新鲜的空气。睡觉之前，要将房间的门、窗打开，透气 20 分钟左右。

适宜的温度。室内温度在 22~24℃，湿度在 50% 左右最好。婴儿的衣着不要让他感觉太热而烦躁不安。

换好尿布或纸尿裤。睡觉前，给婴儿洗换 1 块干净的尿布或纸尿裤，让小屁股保持干爽。

安静的环境。不要和婴儿玩过于激烈的、兴奋的游戏，但可以陪他度过一段安静的、温馨的时光，如把婴儿抱在怀里，给他读一本图画书，或一起听听轻柔的音乐，玩玩滚球游戏等。除了哄婴儿入睡的那个人，其他的人最好暂时离开房间，也不要在隔壁房间发出很大的声响。

舒适而安全的小床。不建议大人和婴儿同睡一张床，因为如果大人睡得过熟压住婴儿，或大人的被子不小心堵住婴儿口鼻，都会容易引起窒息。大一点儿的婴儿呼吸困难时能下意识地反抗，但一两个月的小婴儿是没有这种能力的。

春夏秋冬护理要点

春季

春天，天气忽冷忽热，是传染病的高发季节。如果妈妈或爸爸感冒了，建议暂时不要接触婴儿，因为新生儿还比较弱小，抵抗疾病的能力还比较弱。同时，要根据气候的变化，及时增减婴儿的衣被。

夏季

夏季，天气炎热，到三伏天时，湿度很大，此时要注意及时调节室温。新生儿体温中枢发育不完善，随外界环境温度的变化而变化。因此，进入夏天，新生儿的衣被要单薄，卧室要通风。室温太高，可以借助空调，但风不要直接吹到婴儿。

另外，要注意保护新生儿的皮肤。新生儿皮肤娇嫩、防御能力差。夏天闷热时，出汗多，褶皱部位不透气，容易长痱子，或造成褶皱部位皮肤的糜烂。因此，每天给新生儿洗澡 1~2 次，洗后要晾干，扑上爽身粉。

秋季

秋天，天气渐凉、气候干燥。新生儿的皮肤、呼吸道容易受气候干燥的影响。因此，婴儿的皮肤要保湿、多补水。秋天是让婴儿接受耐寒锻炼的好时光。满月后坚持带婴儿到户外呼吸新鲜空气、晒太阳，既要注意防寒，也不要添加太多的衣被。让婴儿有一个逐渐适应冷空气的过程，等冬季来临时，仍能外出进行空气浴、日光浴。这样的婴儿不容易发生呼吸道感染等疾病。

冬季

冬天，天气寒冷，主要是保暖问题。当被子内温度超过 34℃时，新生儿容易发生高热、大量出汗、体液丢失、代谢性酸中毒、脑损害，即婴儿闷热综合征。婴儿衣被多少合适？婴儿的面色正常，四肢温暖而不出汗为宜。

新生儿常见问题

黄疸

黄疸是指由于新生儿体内有一种叫胆红素的物质在其出生后明显增多，使新生儿的皮肤、黏膜及巩膜呈现黄染的一种现象。大约有 80% 以上的新生儿都会发生这种情况。这是由新生儿代谢的特点所决定的，是正常的生理现象。但也有少数新生儿会因病理原因出现黄疸。超出正常水平而需要治疗的黄疸称为病理性黄疸。

新生儿出现黄疸的原因

生理性黄疸的原因是由于胎儿在宫内低氧环境下，血液中的红细胞生成过多，胎儿出生后，红细胞被破坏，随之就产生了一种叫胆红素的物质，新生儿肝脏功能不成熟，使胆红素代谢受限制等原因使胆红素过多并沉积在皮肤上，造成新生儿在一段时间内出现黄疸。生理性黄疸待新生儿肝细胞迅速成熟后会逐渐消退，一般对新生儿无任何影响。

病理性黄疸是由一些疾病引起体内胆红素过多，而且超出新生儿代谢能力，如不及时处理会导致新生儿脑细胞受损，严重者会造成严重的后遗症，即人们常说的胆红素脑病。

因此，一般医院每天都会对出生后的新生儿监测黄疸，必要时还会给予退黄等治疗。

格外注意病理性黄疸

溶血性黄疸是最常见的病理性黄疸，原因是 ABO 溶血，它是因为妈妈与胎儿的血型不合引起的，以妈妈血型为 O，胎儿血型为 A 或 B 最多见。新生儿 ABO 血型不合溶血的发病率为 11.9%。其次是感染性黄疸，它是由于病毒感染或细菌感染等原因引起的，使得肝细胞功能受损害而发生的黄疸。

阻塞性黄疸由新生儿先天性胆道畸形引起，以先天性胆道闭锁较为常见，发生率约 1/5000，其黄疸特点是婴儿出生后 1~2 周或 3~4 周又出现黄疸，逐渐加深，同时大便颜色逐渐变为浅黄色，甚至呈白陶土色，这种黄疸一般 B 超检查即可确诊。

此外，还有一些少见的黄疸，如药物性黄疸等。遗传性疾病如红细胞丙酮酸激酶缺陷病、球形红细胞增多症、半乳糖血症、囊性纤维病等也可引起黄疸。

区分生理性黄疸与病理性黄疸

生理性黄疸：消失得快

绝大多数宝宝的黄疸都属于生理性黄疸，大约在宝宝出生后第二至四天间出现。一般先从面颊部位开始，皮肤微微泛黄，随后颜色加深，并慢慢向下波及胸部、腹部，再到四肢。黄疸在第四至五天时达到高峰，随后在2周内自行消失。早产宝宝由于肝脏、肠道功能不成熟，黄疸程度往往比足月宝宝更严重，而且持续时间也更长。

病理性黄疸：出现得早，进展迅速

少数宝宝的黄疸属于病理性黄疸，由溶血、感染、胆道闭锁等疾病引起。新生儿病理性黄疸中最常见的是因新生宝宝与妈妈血型不相容而引起的溶血性黄疸。此外，细菌或病毒等病原微生物的感染也可引起宝宝黄疸加重；某些先天性畸形，如胆道闭锁，或者先天性代谢异常，也可引起病理性黄疸。宝宝病理性黄疸的出现时间比生理性黄疸更早，往往在出生第一天就开始出现，而且进展迅速。

特殊的母乳性黄疸

因吃母乳而导致新生儿发生黄疸的称为母乳性黄疸。这是一种特殊类型的黄疸。少数母乳喂养的新生儿，其黄疸程度超过正常生理性黄疸。

母乳性黄疸的特点是：在生理性黄疸高峰后黄疸继续加重，如继续喂哺，新生儿黄疸在高水平状态下持续一段时间后才缓慢下降；如停止喂哺 48 小时，新生儿黄疸明显下降；若再次喂哺，新生儿黄疸又上升。

出现母乳性黄疸后，如果新生儿无发烧和食欲不好的症状，一般不会影响其健康。如及时停止喂母乳，母乳性黄疸大约在 2~4 天内减弱，6~10 天内全部消失。对于母乳性黄疸，一般不会引起新生儿神经系统的伤害，因此，妈妈不必惊慌，暂停母乳时可用配方粉替代，待黄疸好转后可以继续母乳喂养。

“退黄”措施

确保新生儿能够吃到足够多的母乳或配方粉,这样促使新生儿多排便,有利于“退黄”。

让阳光照在婴儿的皮肤上，可使新生儿皮肤中的胆红素溶解，经血液循环从肠道及尿中排出。每次 20 分钟左右，间隔 30 分钟间断照射。但新生儿有不舒适感时要停止照射并弄清不适原因。

茵栀黄口服液是中药制剂，多年来被证明是应对黄疸有效的中药制剂。新生儿服药后大便稀，次数增多是常见现象，停药后即好转。

眼屎增多

婴儿眼屎多常见的原因有两种，一是结膜炎，二是鼻泪管堵塞。妈妈应细心观察，对症护理婴儿。

婴儿眼屎多的第一种情况——结膜炎

主要原因：一是在分娩时，妈妈产道内的细菌进入婴儿眼睛，形成感染；二是婴儿出生后，由于他所处的环境、自身的体质等因素引起的结膜炎症。

处理方法：一般是用棉签蘸生理盐水或白开水将眼屎轻轻擦去，或点上眼药水，每天 3~4 次。

婴儿眼屎多的第二种情况——鼻泪管堵塞

大约有 5% 左右的新生儿在出生后不久会出现单眼或双眼不自主流泪，内眼角出现眼屎以及眼结膜充血等情况。究其原因，大多是因为婴儿的鼻泪管不通，所以导致眼泪从眼眶流出来。正常情况下，眼泪应该经过位于下眼睑内侧眼角的泪点、泪小管、泪囊、鼻泪管，最后到达鼻腔排泄掉。然而，当这个通道被堵塞，眼泪无法顺利排出时，泪液就会聚积在泪囊里，引起泪囊炎。外在表现就是婴儿会出现流泪、眼屎增多、眼结膜发红等症状。

处理方法：应每天在婴儿患眼的鼻梁侧（医学上称内眦部），由上向下进行适度的泪囊区按摩，按摩时手指不要在皮肤上滑动或搓动，而是用拇指紧贴皮肤将力用于皮下的泪囊区使之由上而下地滑动与按摩。这样的按摩每天可进行2~4次。同时，应配合点用抗生素眼药水，每天用3~4次，每次1~2滴。滴药水前应用棉签将腔液擦拭干净。若情况无改善可去医院进行疏通。

脐炎

脐炎是指脐残端被细菌入侵、繁殖所引起的急性炎症。

脐炎的表现

脐带，是胎儿在母体内时由妈妈供给胎儿营养和胎儿排泄废物的通道。胎儿出生后，医务人员会将脐带结扎，切断。断脐后，脐带残端逐渐干枯、变细。一般在婴儿出生后7~10天脐带脱落，脐带脱落前如护理不当，容易因感染而发生脐炎。表现是脐围皮肤红肿，波及皮下。残端有脓性分泌物，脓汁恶臭；还可见腹壁水肿、发亮，形成蜂窝组织炎及皮下坏疽。慢性炎症常形成脐肉芽肿，而妨碍脐部愈合。

暴露疗法

随着医学的发展，对脐带的护理观念已大有不同，以前都是将脐带严严实实地包裹起来，事实证明这样做是不利于婴儿健康的，因为这样做很容易引起婴儿脐部感染。反而暴露疗法，即脐带结扎后不覆盖任何东西，自然暴露，只是每天洗澡后用酒精擦拭消毒即可。如此婴儿脐部很少发生感染。但个别婴儿发生脐部红肿等症状时应立即去医院就诊。

溢奶

新生儿出生后不久，哭着张口要吃奶，但吃完奶后几分钟就有 1~2 口奶水从口腔吐出或反流从口角边上流出来，医学上称之为溢奶，俗称漾奶。一般多数为正常生理现象。

引起婴儿溢奶的原因

引起溢奶的原因与新生儿的消化道解剖生理特点有关。新生儿胃容量小，生后 10 余天每次仅能容纳 1~2 两奶，食管发育比较松弛，胃又呈水平位，胃和食道连接的贲门括约肌发育较差，较松弛，所以胃内容物如奶水、水或奶块易反流。而十二指肠和胃连接的幽门发育却比较好，极易痉挛，所以奶水不易进到十二指肠。胃的出口处紧而入口处松，所以，极易造成婴儿溢奶。再者，若喂养不当，婴儿奶前哭闹，吸空奶瓶或喂奶时奶头内未充满奶汁，都会造成婴儿大量吞气而引起奶后溢奶。除此之外，奶后让婴儿立刻平卧或抱婴儿来回摇晃，奶后即给婴儿洗澡或换尿布且动作生硬，这些体位变动也容易造成婴儿溢奶，妈妈应尽量避免。

减少婴儿溢奶的方法

喂奶时最好将婴儿抱起，使之躺在妈妈怀里，妈妈将食指和中指分开，轻轻压住乳房可以防止奶水流得太急；使用奶瓶时奶嘴孔不要太大；喂奶以后要轻轻抱起婴儿，使之伏在妈妈肩上，轻拍婴儿背部让其胃内气体排出（打出气嗝），然后再轻轻放下，置右侧卧位，头部稍抬高，这样做可减少溢奶的发生。

婴儿溢奶严重时

如果婴儿溢奶严重，就要区别他是生理性溢奶还是病理性呕吐。婴儿出生后2~3周，溢奶越来越严重，食后几分钟即呕吐，就要想到婴儿幽门痉挛或先天性幽门狭窄。另外，婴儿发烧吐泻时，要考虑婴儿是否是由于患有胃肠炎、脑膜炎而造成了病理性呕吐。病理性呕吐表现呕吐频繁，有时呈喷射性，呕吐量多并伴有奶块、绿色胆汁，如不及时治疗会影响新生儿身体健康。因此，婴儿出现病理性呕吐时，要及时带他到医院诊治。

粟粒疹

粟粒疹是长在婴儿鼻部和面颊上的一种细小的白色或黑色的、突出在皮肤表面的皮疹，就像粟粒般。粟粒疹是不足3个月的新生儿常见的皮疹，这是因为婴儿的皮脂腺功能尚未完全发育成熟。不过爸爸妈妈不用担心，也不需做任何治疗，随着婴儿的成长，粟粒疹很快就会消退。

抖动

新生儿有时会出现下颌或肢体抖动的现象，妈妈如果认为婴儿在“抽风”就小题大做了。新生儿神经发育尚未完善，对外界的刺激容易做出泛化反应。当新生儿听到外来的声响时，往往是全身抖动，四肢伸开，成拥抱状，这是他对刺激的泛化反应。新生儿对刺激还缺乏定向力，不能分辨出刺激的来源。妈妈可以试一下，轻轻碰碰婴儿任何一个部位，婴儿的反应几乎都是一样的——四肢伸开并很快向躯体屈曲。下颌抖动也是泛化反应的表现，不是抽搐，爸爸妈妈大可不必过度紧张。

鹅口疮

鹅口疮是由白色念珠菌感染引起。这种真菌有时可在口腔中找到，当婴儿营养不良或身体衰弱时可发病。新生儿长期大量使用抗生素后易患此病，也可由产道感染，或因哺乳奶头不洁或喂养者手指的污染传播。

口腔黏膜出现乳白色、微高起斑膜，周围无炎症反应，形似奶块，无痛，擦去斑膜后，可见下方不出血的红色创面，斑膜面积大小不等。

好发于颊、舌、软腭及口唇部的黏膜，白色的斑块不易用棉棒或湿纱布擦掉。

在感染轻微时，除非仔细检查口腔，否则不易被发现，婴儿也没有明显痛感，或仅有进食时表露痛苦表情。严重时婴儿会因疼痛而烦躁不安、胃口不佳、啼哭、哺乳困难，有时伴有轻度发热。

打嗝

打嗝，婴儿在妈妈肚子里时就学会了。其实，打嗝是一种极为常见的现象，新生儿尤为多见，这多半是由于婴儿神经系统发育不完善而致。

膈肌是人体中一块很薄的肌肉，它不仅分隔胸腔和腹腔，而且又是人体主要呼吸肌。膈肌收缩时，扩大胸腔，引起吸气；膈肌松弛时，胸腔减少容积，产生呼气。新生儿由于神经系统发育不完善，使控制膈肌运动的植物神经活动功能受到影响。

当新生儿受轻微刺激，如冷空气吸入、进食太快等，就会发生膈肌突然收缩，从而迅速吸气，声带收紧，声门突然关闭，而发出“嗝”声。随着婴幼儿的成长，神经系统发育逐渐完善，打嗝现象也会逐渐减少。因此，爸爸妈妈不必为新生儿打嗝而惊恐。打嗝时可以给新生儿喝些温开水，或者抱起轻拍其背部，打嗝便可止住。

生理性体重下降

刚出生的婴儿，在 1 周内往往有体重减轻的现象，这属于正常的生理现象，爸爸妈妈可不必担心。婴儿体重减轻，主要是因为其刚刚出生后还不能立即进食，或因吸吮能力弱，进食量少，再加上胎粪排出，尿液、汗液的分泌，由呼吸和皮肤排出的肉眼看不到的水分等丧失，造成了暂时性的体重下降。

体重的减轻可达出生时体重的 6%~9%。随着婴儿吃奶量逐渐增多，身体对外界的适应性逐步调整，体重会逐渐增加。一般于出生后 7~10 天婴儿又恢复到出生时的体重。如果 10 天后仍未恢复到出生时的体重，爸爸妈妈就要寻找原因，是否因哺乳量不够充足、配方粉冲调浓度不符合标准、疾病等。

正常情况下，新生儿前半年每月平均增长 600~900 克，后半年每月平均增长 300~500 克。4~5 个月时体重增至出生时的 2 倍，1 周岁时增至 3 倍。如爸爸妈妈发现婴儿生长缓慢，应及时去医院检查治疗。

亲密育儿

肌肤相亲

皮肤是人体最大的器官。心理学研究表明，亲子之间的肌肤相亲，对婴儿的成长发育具有很多的益处。

满足对爱抚的渴求

心理学研究认为，人天生就有对爱抚和抚摸的渴求。新生儿触觉敏感，温柔的触摸能让他们感到舒适和安心。如果爸爸妈妈能够经常抚摸、拥抱婴儿，适时地给婴儿做抚触，就是在向婴儿传递爱意，满足他们对爱抚的渴求。

增进亲子感情

经常给婴儿做抚触、按摩或搂抱婴儿，可以帮助婴儿建立安全感，并且可以帮助爸爸妈妈和婴儿建立起亲密的亲子关系。

奠定良好性格的基础

经常接受爸爸妈妈爱抚的婴儿，较容易建立起对他人的信任感，而这种信任感是婴儿形成健全人格的基础，他们长大后更可能成为性格开朗、自信心强、富有爱心、社会适应性强的人。

促进体格和智力发育

肌肤相亲可以刺激身体和大脑的发育，更好地促进婴儿的体格和智力发展。

肌肤相亲不需要什么技巧，关键是爸爸妈妈要意识到肌肤相亲对婴儿的重要意义，从而肯花时间，并且有耐心来做这样的事情。比如，可以这样做：

- 坚持母乳喂养；
- 有时间就多抱抱婴儿，与婴儿脸贴脸或亲吻婴儿；
- 给婴儿做抚触，或者做婴儿被动操。

常与婴儿“聊聊”天

在婴儿醒着的时候，妈妈可以用缓慢的、柔和的语调，和婴儿“聊天”。比如，告诉婴儿你正在做的事情，今天的天气怎么样，你的心情如何，等等。“宝贝，妈妈正在帮你换尿布，你睡觉梦见妈妈了吗？妈妈好喜欢你哦……”每天可以进行2~3次这样的“聊天”活动，每次2~3分钟即可。

这样的“聊天”对婴儿的语言发展是非常有好处的，不仅可以增强婴儿对语音的敏感性，还可以向婴儿传递爸爸妈妈的爱意，让婴儿保持愉快的心情。所以，爸爸妈妈一定要多和婴儿“聊天”，千万不要觉得婴儿什么也听不懂就不跟他说话。

帮助大孩子接受小孩子

随着国家“二胎”政策的放开，让一些家庭有了生“二胎”的打算，可是大孩子能否接受小孩子？我们不难发现部分大孩子很高兴，部分大孩子也会反对。

过去的几十年里，我们逐渐忽略培养孩子关爱兄弟姐妹的亲情观念，一个孩子，爷爷、奶奶、姥爷、姥姥、爸爸、妈妈6人疼爱。此时，孩子就像是家中的太阳，无论物质还是精神方面，给孩子的是一种“自我”观念的不断膨胀。准备要二胎的爸爸妈妈，一下子让大孩子接受弟弟妹妹是需要做一些工作的。这不单单是让大孩子接受小孩子的问题，而是培养孩子情商的艰难过程。此时，爸爸妈妈应先从正面去引导大孩子，换一种柔和的方式去让他接受。比如，可用商量的口气问他："妈妈准备给你生个可以天天陪你玩的伙伴，好不好？"这样的问法大孩子更容易接受。

此外，爸爸妈妈应让大孩子多接触一些小朋友，让他积累和别的小朋友玩耍时的经验，观察他是否能与小朋友分享玩具，能否互相谦让，等，这会影响大孩子对有一个弟弟或妹妹的反应和态度。当大孩子出现抵触情绪时，爸爸妈妈不宜过分担心和害怕，而要坦然接纳他的消极抵触情绪，要知道这是他的正常反应。

要让大孩子理解弟弟妹妹的出现会给他带来什么，要告诉他，为什么爸爸妈妈要再生一个孩子，要让他明白：即使有了弟弟妹妹，爸爸妈妈对他的爱也不会减少。

一旦弟弟妹妹出生后，爸爸妈妈应该让大孩子做一点儿照顾小孩子的事情，并且事后及时赞美他，夸奖他是妈妈的好帮手，会帮助自己的弟弟妹妹，逐渐培养大小孩之间的感情。

目前，有的家庭因为照顾不了两个孩子，把大孩子交给老人带。两个孩子生活在不同的家庭、不同的环境、不同的教育方式里，时间长了，大小孩会认为彼此不是一家人，这会给大小孩之间造成隔阂，影响他们之间的感情。当爸爸妈妈关注的重心转移时，更应关注大孩子的反应和感受，要用宽容的心去原谅他的狭隘。同时，遇到大孩子任性及无理取闹时，更不应靠训斥，甚至打骂来解决问题。

大孩子与小孩子的矛盾主要还反映在小孩子渐渐长大，能跟大孩子争玩具，或给大孩子捣乱时，大孩子能否让着小孩子、原谅小孩子。当大孩子与小孩子发生矛盾时，爸爸妈妈不要急于参与，观察事情的经过，最好让大小孩自己解决。其实孩子们有解决争执、化解矛盾的能力。爸爸妈妈的参与、批评、袒护虽然能暂时平息争执，但会让孩子们心中的愤恨及不满情绪增加。当他们不能解决矛盾时，爸爸妈妈再参与进来。当争执平息后，爸爸妈妈可以晓之以理、动之以情地跟孩子们聊聊天，让孩子们明白各自的问题。

06 新妈妈坐月子

科学健康的居家生活

分娩中妈妈消耗了大量的体力，生产后又要忍受伤口的疼痛等身体上的诸多不适，还要哺育刚出生的婴儿。面对这一切，妈妈该如何恢复体力，担当起自己的重任呢？

睡眠——最好的休息方式

分娩中妈妈消耗了大量的体力，非常疲倦，因而需要充足的睡眠，建议每天保证 10 小时左右的睡眠时间。但婴儿哭闹会牵动妈妈的心，影响休息，此时，建议新妈妈暂时放手由别人照顾婴儿，先保证自己休息好，由此才能保证乳汁的分泌，解决婴儿的根本需求。

硬床垫——新妈妈骨关节归位的得力“助手”

怀孕时腰部的生理曲线发生变化，产后韧带松弛，钙质缺乏，关节囊内的水分增加，加之分娩时全身用力，使得产后各关节肿胀、疼痛。因此分娩后，新妈妈要睡硬床垫。硬床垫能支持身体的重量不致下坠，使腰背部得到很好的休息，使新妈妈骨关节归位。

少吃硬凉食，多喝热流食

新妈妈需要大量的营养，以补充孕期和分娩中的体力消耗及满足哺育婴儿的需求。但饮食也不是越多越好，关键是营养成分的合理搭配。粗细粮搭配，动物蛋白（鸡、鸭、鱼、肉、蛋）与植物蛋白（豆类、豆制品、花生）均衡搭配，多吃新鲜蔬菜水果，不偏食。

新妈妈饮食原则是高蛋白、低脂肪、低糖、低盐。

主食及辅食的品种要多样化，量要比孕期的量多一些。但不能没有控制，以免发生消化不良和肥胖。

做法要细、软，水分多一些。许多食材都可以入汤食用。

总之，质、量、做法均要适合新妈妈分娩后的生理状态。产后 1~2 天，劳累、消化能力弱，应吃容易消化、富有营养又不油腻的食物，产后 3~4 天，不要喝太多流食，以免发生乳涨。乳汁分泌后则要多喝些鸡汤、桂圆红枣汤、豆浆等，这些食品富含蛋白质、矿物质和维生素，钙和铁含量也较多。既补充了孕期钙的大量流失，也补充了新妈妈分娩时出血和恶露导致的铁的损失，同时还满足了乳汁分泌质和量的需求。

纯棉质衣服，吸汗好

由于产后需将孕期储存在体内的大量水分经皮肤排泄出来，所以新妈妈在睡眠中和刚醒来时会出汗多，这是正常的生理现象。此时，建议新妈妈穿纯棉质衣服，吸汗好，但注意勤换洗。同时纯棉质衣服对伤口及乳房的刺激小，舒适感强。

根据体力，适度活动

新妈妈坐月子要有新观念，不能每天躺在床上不活动。正常分娩后的头一天，由于分娩体力消耗大，伤口疼痛，需要完全卧床休息。第二天可以坐起，或进行简单的床边活动。第三天可以在室内走走。坐月子期间不应站立过久，少取蹲位，不宜进行负重劳动，否则影响产后盆底张力的恢复，造成子宫脱垂及尿失禁。同时坚持做产后恢复的月子操。原则是不要使伤口受到牵拉，根据自己的体力，适可而止，持之以恒。

顺产妈妈坐月子

妈妈以最自然的方式迎接婴儿的到来，虽经历了巨大疼痛，但却多享受到了一份选择其他生产方式分娩所体会不到的幸福。顺产妈妈需要精心坐月子，先照顾好自己，然后才能有充沛的精力去照顾婴儿。

月子期伊始

如果没有阴道的撕裂伤，分娩后睡上一觉，体力的消耗会很快恢复。如果有阴道撕裂伤或侧切伤口，伤口的恢复需要 1~2 周。会阴部组织疏松，血管丰富，对疼痛特别敏感。阴道撕裂伤或侧切伤口，在生产后 1~3 天疼痛明显，3 天后疼痛减轻。如果需要拆线，可能在拆线前疼痛会加重，拆线后疼痛明显减轻。

住院期间，医院会对伤口进行护理。因为伤口位于尿道口、阴道口、肛门交会的地方，容易感染。多数医院会根据伤口的愈合情况，进行冲洗、坐浴、红外线理疗仪治疗等。新妈妈坐立时身体重心注意偏向右侧，减轻伤口因受压引起的疼痛，休息时尽量平躺，可以在臀部与腰部各放一个枕头，以减轻肌肉的压力。

不论哪种伤口，在未愈合前，切忌吃辣椒、葱、蒜等刺激性食物，以免影响伤口愈合。改善饮食，多吃水果、鸡蛋、瘦肉、肉皮等富含维生素 C、维生素 E 以及人体必需的氨基酸的食物，这些食物能够促进血液循环，改善表皮代谢功能。

耻骨联合分离

新妈妈在分娩前由于内分泌因素的影响，使骶髂关节和耻骨联合软骨及韧带变松软，在分娩时耻骨联合及两侧骶髂关节均出现轻度分离，使骨盆发生短暂性扩大，这有利于胎儿的娩出。产程过长，胎儿过大，产时用力不当或姿势不正，也可使耻骨联合及两侧骶髂关节均出现分离。耻骨联合分离的症状差异很大。做抬脚或两腿分离的动作、上下台阶或单腿站立、弯腰、翻身、排大小便都可引起耻骨联合局部疼痛。

温馨提示：耻骨联合分离的产后护理

1. 红外线灯照射耻骨联合，每日 2 次，每次 30 分钟。

2. 站立时两腿要对称性地站着，避免跨坐；坐着时背后放置腰枕，避免劳累、负重；增加卧床休息时间，应该以侧卧为主；在床上移动脚和臀部时都应平行或对称地行动。

3. 穿平底鞋，鞋底要柔软、舒适，避免穿带跟的硬底鞋，以免重心不稳增加疼痛。

月子期间的大小便

一般在产后 4 小时就应鼓励新妈妈解小便。解小便时，新妈妈要暂时忍受疼痛，打消一切顾虑，抱乐观情绪，等，因为新妈妈是可以通过神经的调节和意识的克制使尿道括约肌痉挛迅速得到缓解的。如果卧床小便不习惯，可以起床排尿，但对身体过分虚弱的新妈妈，不宜过早起床，而应尽量做到能在床上小便。为了加强腹壁对膀胱的压力，可以做呼吸动作和用手按摩腹部。

饮食中多食用富含高纤维的食物、多喝水以保持大便通畅，避免便秘，如果仍有排便困难可以用开塞露局部刺激促进排便。最好采用坐式，并避免蹲坑时间太长，用力过大使伤口裂开。大小便后清洗局部，注意局部的清洁、干燥。

剖宫产妈妈的月子期

与顺产妈妈相比，剖宫产妈妈的伤口比较大，因此比顺产妈妈恢复得要慢。伤口的疼痛在婴儿出生后 1~3 天内明显，3 天后疼痛减轻。一般剖宫产妈妈的伤口愈合需要 7~14 天。

剖宫产妈妈遇到的各种问题

剖宫产妈妈与顺产妈妈遇到的问题基本是相同的。不同的是：剖宫产妈妈进行了麻醉、打开了腹腔、插了导尿管，所以剖宫产妈妈术后要排气。如果剖宫产当天没有排气，妈妈生产后第二天一定争取下地活动，争取早排气。导尿管一般 24 小时后拔出（各医院拔出导尿管的时间也不同）。拔出导尿管后剖宫产妈妈应尽快自己排尿，避免尿潴留以及泌尿系统感染。

剖宫产妈妈的伤口护理

伤口未愈合前不要弄湿或弄脏伤口，保持伤口干燥。如果不慎弄湿了，必须立即擦干。医生也会根据伤口的愈合情况进行护理。

伤口结痂后切勿用手抓挠，让其自然脱落为好；在咳嗽、笑以及下床前，以手及束腹带固定伤口部位，下床时先行侧卧，以手支撑身体起床，避免直接用腹部力量坐起。

保持疤痕处的清洁卫生，及时擦去汗液。当出现痒感时，不要用手搔抓，以免加剧局部刺激引起结缔组织炎性反应，导致进一步刺痒。

月子期间的难言之隐

乳头疼痛

乳头疼痛的原因主要是由于乳头皲裂引起的。最多见于分娩后的头几天。一是婴儿含接乳头的方法不当，二是妈妈的乳汁少或过多。但有时也会发生在因不同原因而导致妈妈劳累、心情不好的时候。

乳头皲裂的原因

哺乳方法不当。婴儿吮吸时只含住了乳头，使乳头受力过大。

乳汁分泌少。婴儿使劲吮吸，而且时间过长，使乳头皮肤受伤。

乳汁分泌过多。乳头皮肤长期浸渍，引起皮肤溃烂。

改善乳头皲裂的方法

纠正喂哺方法。让婴儿含住乳头和一部分乳晕，以减少乳头的受力。

促进乳汁的分泌。让婴儿多吮吸，保证妈妈的睡眠、心情、营养及充足的水分。

乳头皲裂后，哺乳时先从没有皲裂或疼痛较轻的一侧乳房开始，减少婴儿对皲裂乳头的吮吸力量，或用乳盾保护乳头。

每次哺乳后，可以用乳汁、鱼肝油或羊脂膏涂擦乳头。

乳头皲裂破溃厉害时，暂时停止喂哺，以防止感染，形成乳腺炎。

对由于乳汁分泌过多而导致的乳头损伤，则要注意乳房卫生，勤换内衣，保持乳头干燥。

乳头扁平凹陷

乳头扁平凹陷，可导致婴儿出生后因含不住妈妈的乳头，吃不到奶水而哭闹。但目前不主张在孕期纠正，以免引起流产或早产，产后可立即开始纠正。

乳头扁平凹陷的分类

真性乳头凹陷。乳头陷于乳晕内，通过牵拉也不高于乳晕。

假性乳头凹陷，也称扁平乳头。通过用手牵拉刺激时，乳头能够突出于乳房外。

乳头内翻。乳头向内翻不能拉出。

纠正乳头扁平凹陷的方法

手法牵拉。

吸奶器吸引，每天数次。

分娩后坚持让婴儿吮吸，并且新妈妈要有足够的耐心和信心。坚持1~2周的时间。其中乳头内翻，一般被婴儿吃几次奶就好了。如果纠正失败，可用吸奶器吸出奶汁后喂哺婴儿。

生理性漏奶

生理性漏奶就是奶水太多，新妈妈的乳房装不下而漏了出来。发生这种情况时，新妈妈应及时让婴儿吮吸乳房一侧，另一侧则用乳垫压住奶头，或用吸奶器及时吸出。喂奶后要在哺乳文胸内放一片乳垫。一般几周后，乳房变软，漏奶情况就会减轻或消失。

恶露排出有问题

新妈妈分娩后1~3天，会出现血性恶露，像来月经一样，以后会慢慢减少，颜色逐渐变浅。2~4周，不再有血液。如果持续2周以上，血性恶露量多，或有臭味，属于异常，应就诊。血量多，持续时间长，不要进食过多的活血食物，如酒酿等。恶露期间，注意会阴局部的清洁、干燥。

恶露量突然增加时新妈妈一定要静养，并注意观察身体状况。如果还是经常感到疲劳，并持续大量地有恶露排出，应及时就医。需要注意的是新妈妈是否存在贫血的状况，因为经常感觉疲劳，恶露持续的时间延长都是贫血的典型症状。如果血性恶露持续2周以上、量多，或者恶露持续时间长且是脓性，有血块，有臭味，应该到医院检查一下，是否为子宫复位不良、胎盘胎膜残留或有合并感染。

产后恶露护理要点

轻轻按摩。以画圈的方式来按摩子宫位置，让恶露顺利排出。剖宫产妈妈不能做这个动作。

仔细冲洗。每次大小便后用温水冲洗会阴，擦拭时由前往后擦拭或直接按压擦干，不要来回擦拭。冲洗时水流不可太强，否则会造成保护膜破裂，也容易使脏水进入阴道内造成感染。

勤换卫生棉。更换卫生棉要由前向后拿掉，以防细菌污染阴道。

清洁身体。可擦浴或淋浴。保持伤口清洁和干燥，以免感染。

分娩后如何应对痔疮

妊娠后子宫增大，腹压增加，静脉受压回流受阻，痔静脉扩张瘀血，容易患痔疮，或使原有的痔疮加重。分娩时使劲向下用力时，痔疮疼痛有增无减。

产后 2~3 天饮食应以流食为主，哺乳时可以采取卧位。如需用药，请咨询医生，听从专业建议。

第三章

婴儿期

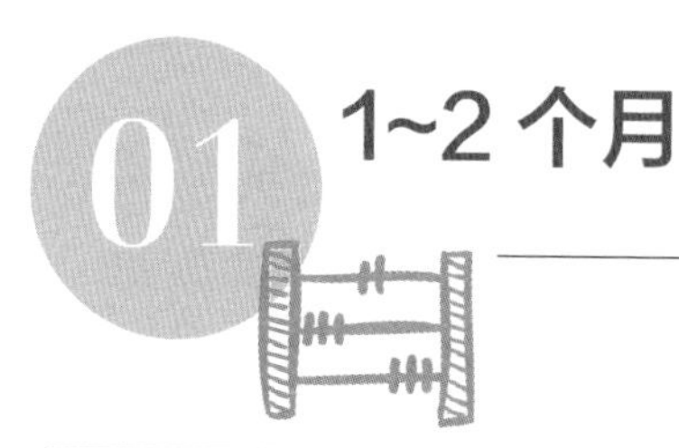

1~2 个月

这个月龄的婴儿

体格发育

婴儿正在快速生长发育，此时建议妈妈每月测量婴儿的体重、身长、头围，并绘制出婴儿的生长发育曲线图，以监测他的生长发育状况。其中，体重和身长可反映出婴儿近期的营养和健康状况，头围可反映婴儿脑和颅骨的发育状况。

婴儿体重月平均增长 1.2 千克（参考范围 0.83~1.45 千克），但体重增加程度存在个体差异，并呈阶梯性增长。

婴儿身长月平均增长 3.7~3.9 厘米（参考范围 3.4~4.2 厘米）。

婴儿头围每月增长约 2 厘米。

温馨提示：满 2 个月婴儿的体格生长指标的参照值范围

	男宝宝	女宝宝
体重（千克）	4.3~7.1	3.9~6.6
身长（厘米）	54.4~62.4	53~61.1
头围（厘米）	36.8~41.5	35.8~40.7

动作发育

动作的发育依赖于婴儿神经系统的发育，婴儿的动作发展遵循从头到脚，从身体中心到身体外周部位的规律。此时，婴儿俯卧时能将下巴抬起片刻，头会转向一侧；伸胳膊、蹬腿，身体也可做些伸展运动。

认知与适应

婴儿不但能看，而且还能记住所看到的东西。睡醒时，婴儿会慢慢睁开眼睛环视四周。

语言能力

与婴儿说话，他能用细小的喉音来回应。

与人互动

用各种方法逗婴儿，就会发现他会笑了。

喂养的那些事儿

婴儿吮吸能力增强，吮吸速度变快，能吸入较多乳汁；妈妈分泌的乳汁越来越多，母乳喂养进入良性阶段，婴儿也逐步进入到规律喂养阶段。

妈妈如何让奶水充足

一般情况下，随着婴儿吮吸能力的增强、吸吮次数的增多，妈妈的母乳分泌会多起来。此外，母乳分泌还与妈妈自身的睡眠、饮食、情绪等很多因素密切相关。

让奶水充足，妈妈这样做

让婴儿频繁吮吸。通过婴儿频繁吮吸，会刺激妈妈身体释放促使乳汁分泌的催乳素，以产生更多的乳汁。奶水越少，越要增加婴儿吮吸的次数。一般情况下，在坚持按需喂哺的原则下，建议每天喂哺 8 次以上，每次喂哺时间不少于 30 分钟，每次两侧乳房至少吮吸 10 分钟以上。两侧乳房均应吮吸并排空，这既利于泌乳还可让婴儿吸到含较高脂肪的后奶。

妈妈要合理饮食。母乳喂养的妈妈每天需要摄取充足的糖类、脂肪、蛋白质、维生素、矿物质等营养元素，尤其是要注意钙和铁质的吸收。饮食中需保持奶、鱼、禽、蛋、瘦肉或豆制品的均衡搭配，此外，新鲜的蔬菜水果也是必需的。

保证乳汁分泌通畅。当乳汁流出不畅时，热敷或者冲热水澡会有很好的效果。喂哺前后可按摩乳房。喂哺前一定要挤出积存的奶水，这样做既能让婴儿吃到新鲜的母乳，也不容易引起乳管堵塞。喂哺结束后要挤出残留的奶，用干净的湿毛巾擦拭乳头。

喂哺姿势要正确。喂哺时要注意让婴儿正确含接乳头，婴儿要含住乳头和乳晕的大部分，这样不但能让婴儿有效吮吸，还能避免损伤乳头。

调整情绪，充分休息。分娩后，妈妈情绪低迷也会减少乳汁分泌。因此，妈妈要注意调节自己的情绪，抓紧时间休息，保证睡眠充足，减少紧张和焦虑，保持放松和精神舒畅。

温馨提示：母乳喂养需要全家人的支持

家人对母乳喂养的充分理解和认识很重要。在母乳喂养过程中，哺乳技巧和经验需要妈妈慢慢摸索和积累，家人可以跟妈妈一起学会观察婴儿的行为模式，了解婴儿的需求，帮助妈妈建立母乳喂养的信心。

不要过度喂养婴儿

过度喂养往往会引起婴儿体重增长较快，但妈妈不要认为婴儿体重增长得越快越好。因为此时婴儿的各个器官还是稚嫩的，它们的功能还很弱，如消化系统器官所分泌的消化酶的活动比较小，量也比较少。在这种生理条件下，如果过度喂养会加重婴儿消化器官的工作负担。

喂奶应跟随婴儿的生长节奏。此时，婴儿胃容量有限，他还处在醒来要吃、饱了要睡的状态，妈妈应注意观察婴儿饿与饱的状态，以做到及时按需喂养。

坚持纯母乳喂养。婴儿可以通过自己的吮吸动作来控制奶量。吃饱了的时候会轻轻地嘬，满足了吮吸需求则不会吃太多，妈妈可根据婴儿的需要来决定喂奶量。母乳喂养的婴儿，因为母乳中脂肪、蛋白质、水和糖的比例堪称完美，能够满足婴儿成长所需的各种营养，并且容易被消化和吸收，因此在婴儿出生的最初几个月里，不建议妈妈给婴儿添加除母乳以外的其他任何食物，坚持纯母乳喂养。

不要过早添加配方粉。婴儿过度喂养最主要的原因就是家人担心婴儿没喝够母乳而匆忙给其添加配方粉。如果妈妈自身条件允许母乳喂养并可长期坚持，建议不要过早给婴儿添加配方粉。

每天的奶量一点点地增加。多数爸爸妈妈认为，随着婴儿一天天长大，奶量也应是不断增加的，尽管婴儿有一定调节进食的能力，但也无法抵挡家人的过度喂养。因此，家人要实事求是地考虑婴儿的真实需要量，即使给婴儿增加奶量也要一点点地增加。

日常生活护理

婴儿哺喂用具的清洁

婴儿的哺喂用具很容易滋生细菌。及时清洗、认真消毒、妥善保管才能确保婴儿身体健康。特别是在容易发生消化道疾病的夏季，饮食卫生显得更为重要。

奶瓶、奶嘴的清洁方法

洗涤盆内放入洗涤剂，并按照洗涤剂的使用说明加入适量水，搅拌均匀。

将奶瓶、奶嘴放到洗涤盆内浸泡 5 分钟左右。

用大的毛刷先刷洗奶瓶的内部，内部清洗干净后再刷洗瓶口外面，最后清洁瓶体外部。

用小的毛刷清洗奶嘴，先清洗里面，再清洗外面。

哺喂用具的消毒

为确保哺喂用具卫生，常规清洗是不够的，消毒也是必不可少的环节。消毒时实用又有效的方法是将哺喂用具煮沸消毒，借由蒸汽杀死病毒与细菌。若使用传统煮沸方法，爸爸妈妈要看着火以便控制煮沸时间。此外，也可选用自动蒸汽消毒锅为婴儿哺喂用具消毒，这种蒸汽消毒锅不仅能一次性消毒多个不同口径的奶瓶、奶嘴，也能消毒其他哺喂用具，消毒时间较短，通常10多分钟便可完成消毒工作。

被动操——小婴儿的初级锻炼方式

婴儿虽小也需要做运动哦！被动操是婴儿很好的初级锻炼方式。给婴儿做被动操不仅能增强他的骨骼和肌肉功能，促进其动作发展，对他的感知觉发展也是有益的。每天给婴儿做做被动操，对于妈妈和婴儿来说，更是难得的温馨亲子时光。

预备动作。让婴儿握住妈妈的大拇指，妈妈双手握住婴儿双手的手腕，婴儿双臂放在体侧。婴儿手心向上，双臂向两侧展开、伸直。把婴儿双臂在胸前交叉（注意动作要轻柔）。重复做8次。

弯臂动作。让婴儿握住妈妈的大拇指，妈妈双手握住婴儿双手的手腕，婴儿双臂放在体侧。婴儿左臂向上弯曲，小手触肩，然后还原。换位右臂向上弯曲，小手触肩，然后还原。重复做8次。

上举动作。让婴儿握住妈妈的大拇指，妈妈双手握住婴儿双手的手腕，婴儿双臂放在体侧。婴儿手心向上，双臂向两侧展开、伸直。把婴儿双臂在胸前交叉（注意动作要轻柔），婴儿掌心向上，双臂上举过头，然后还原。重复做4次。

跷脚动作。妈妈左手握住婴儿左脚踝关节，右手握住婴儿左脚前掌。将婴儿脚掌向前轻推，屈曲踝关节，然后再把脚掌向后轻拉，伸展踝关节。换右脚重复做。

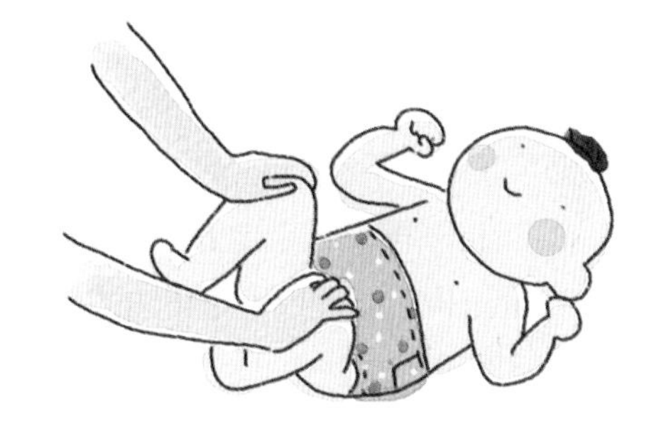

屈腿动作。妈妈双手掌心向下，分别握住婴儿两腿的膝关节。将婴儿双腿上举 90°，然后还原。重复做 8 次。

温馨提示：刚开始时，做被动操可少做一些

根据婴儿的适应情况渐渐增加活动量。不要勉强婴儿，如果他表现出不舒服，要马上停止。

男女宝宝下身清洗有区别

帮婴儿清洁下身，男女宝宝因生理构造不同，清洁方法及护理重点也大为不同。

男宝宝的生理构造

男宝宝私处包括阴茎、尿道外口、包皮、阴囊、腹股沟和肛周。阴茎的最前端叫龟头，男宝宝幼年时阴茎的包皮会将阴茎头盖住。随着青春期发育的开始，阴茎会逐渐增大，包皮会逐渐往后退缩，露出部分或整个阴茎头。

男宝宝下身清洗方法

清洁男宝宝的会阴部，如果男宝宝包皮可以轻轻地往上推送，可露出龟头，用软毛巾清洗，避免冠状沟处生出包皮垢。部分男宝宝包皮口过紧或生来就很狭小，千万不能强行翻转，否则会引起外伤或引起嵌顿性包茎。清洁阴茎时，要顺着离开宝宝身体的方向擦拭，不要把包皮往上推。清洁睾丸下面时，可用手指轻轻将睾丸往上托住。洗完前部，再举起宝宝双腿，清洁肛门及屁股后部。阴囊是男宝宝身体温度最低的地方，最怕热。爸爸妈妈给宝宝清洁下身，要将水温控制在38~40℃为宜，要保护宝宝皮肤及阴囊不被烫伤。

女宝宝的生理构造

女宝宝的阴道属于外生殖器官，其上端与子宫、输卵管相连直通腹腔，下端则与外界直接相通；阴道的开口处前方是尿道口，后方是肛门。阴道外面两侧的小阴唇经常合拢关闭，阴道前后壁又紧贴在一起，有着自然的防御屏障。

女宝宝下身清洗方法

清洗女宝宝阴部，要注意顺序，要从上到下、从前到后清洁。先洗尿道口和阴道口处，后洗肛门，避免从后向前洗。不要肛门和尿道处混合着洗。便便中的细菌最容易在肛门褶皱部分积存，肛门处一定要清洗干净。洗过以后要及时擦干水，让宝宝阴部时刻保持干净清爽。水温也不要过高。

温馨提示：清洗要注意

1. 爸爸妈妈帮婴儿清洗下身前，要先清洁干净自己的双手，以免造成不必要的感染。

2. 给宝宝清洗时动作要轻，忌用含药性成分的液体和皂类，以免引起刺激和过敏反应。

3. 婴儿对抗细菌的能力差，使用的水最好是先烧开再晾凉到合适的温度。将水烧开有助于杀菌。

4. 给婴儿准备自己专用的小毛巾和清洁用盆，清洁用具要注意经常杀菌消毒，毛巾最好晾在通风、干燥的地方，每次洗之前可以再用开水烫一下借以杀菌。

请爸爸戒烟

每一根香烟点燃后，会释放出4000多种化学物质，其中已知50种以上能导致肺癌。任何吸入二手烟的婴儿都会暴露在这些化学物质中。吸入二手烟的婴儿更易罹患耳部感染、上呼吸道感染、支气管炎、肺炎、龋齿等疾病。吸烟者的婴儿更易咳喘，而且感冒后更不易痊愈。总之，二手烟对婴儿的健康有长期不良影响。

有些爸爸选择在窗口或是到外面吸烟，认为这样做不会使婴儿受到不良影响。但爸爸衣服或皮肤上存有的尼古丁会被带到屋内，并能存在几个月，如果此时爸爸亲密接触婴儿，婴儿会吸入爸爸衣服或皮肤上存有的“三手烟”，同样会给婴儿造成伤害。

因此，为了婴儿的健康，爸爸请戒烟，为婴儿创建一个无烟的环境。

温馨提示：让婴儿远离吸烟者

爸爸妈妈应尽力让婴儿远离吸烟者。不要带婴儿去允许吸烟的地方，即使当时无人吸烟。因为一旦曾经有人吸烟，那么数天内仍然能在物体表面上发现烟中的化学物质。带婴儿出行，成人不要在车里吸烟，因为即使开着窗吸烟，也不足以让二手烟彻底清除。

满月的婴儿

婴儿满月后，除了身体长了不少，还长了很多本领。他的脖颈更硬了，抱着他，他的头部能竖立一小会儿了，但颈部肌肉仍然没有力量，脖颈和头部需要支撑。他清醒的时间长了，嘴里还咿呀地叫个不停。这时婴儿的视线已经能够集中，喜欢把头转向有亮光的窗户或灯光。爸爸妈妈对他说话时，他的小嘴会一张一合地回应，还会对大人的不同声调做出不同的反应，当妈妈用温柔的口气对婴儿说话时，他会显得很安静；而妈妈语调粗暴或过于大声时，他就会变得不安。婴儿已经有了表达的意愿，和他讲话、逗他开心，他也会兴奋地“说”起来。

这时,爸爸妈妈要多和婴儿做一些看与听的游戏,这样的游戏不但能让婴儿快乐,更能促进他各项能力的发展。对于满月后的婴儿,听比看更能引起他的注意,哪怕是一点微小的声音都会引起他的警觉。小铃、小鼓琴等音乐玩具会有助于婴儿的听觉和节奏感发育,不妨给婴儿准备一些。

婴儿的第一次体检

要带婴儿去医院体检了。出生以来,婴儿的发育正常吗?体检会检查哪些项目?……相信多数爸爸妈妈都会有这样的疑问。

体重——近期判定婴儿体格发育和营养状况的一项重要指标

测量体重最好是在婴儿空腹、排出大小便之后进行,并尽量给婴儿脱去外衣裤、鞋帽等。爸爸妈妈不仅要关注婴儿的体重是否达到参考标准,还应注意婴儿体重增长的速度。有些婴儿出生时体重比较轻,但其增长速度已达到正常水平,此时如果测出的体重暂时还没有达到参考标准,爸爸妈妈也不必担心,因为婴儿的生长发育都很正常;而有些婴儿虽然测出的体重符合参考标准,但增长速度比较慢,此时爸爸妈妈需要认真寻找一下原因,以及时采取相应的措施。

身长——长期营养状况的重要指标

婴儿的身长受很多因素的影响,如遗传、内分泌、营养、疾病及活动锻炼等,所以,一定要保证婴儿摄入的营养全面均衡,睡眠充足,并且每天保持一定的活动量。

头围——反映婴儿的脑和颅骨的发育情况

婴儿的头围大小也像体重、身长一样,有个正常范围。婴儿的头围长得过快或过慢,都是不正常的。如果婴儿出生时头围就比正常小,而后头围增长速度也很慢,甚至停止增长,要及时咨询医生。

胸围——评价婴儿胸部的发育状况

婴儿胸围的大小与体格锻炼及营养有关。所以，妈妈要经常给婴儿做被动操，锻炼他的肌肉和骨骼，比如，扩胸运动可以促进婴儿胸肌发达，带动胸廓和肺的发育。另外，婴儿正处于迅速生长的时期，如果穿着过紧、过小的衣裤，会人为地束缚他胸廓的发育，时间长了，会导致婴儿肋骨下陷、外翻，胸围过小。因此，建议爸爸妈妈给婴儿选择宽松舒适的衣服。

智能发育——了解婴儿的智能发育是否在正常水平

医生会用一些评估工具来测量婴儿的智能发育情况，如有疑问，会通过神经心理测试进一步对婴儿的智能发育做出全面评价。对智能发育迟缓的婴儿，可及时采取相应的干预措施，进行早期康复治疗。

脸部——五官是否对称

通过外观的观察，了解婴儿的五官是否对称，某个部位是否有歪斜的状况。

囟门——是否有异常表现

触摸婴儿的前囟门处，了解是否有鼓起的现象，如鼓起，代表脑压增加；或是有凹陷的现象，如凹陷，可能是营养不良或是脱水。另外，婴儿的囟门通常会在1岁~1岁6个月之间合起来，若是过早或过晚闭合，都有可能影响婴儿脑部的发育。

眼睛——是否有斜视的问题

观察其瞳孔的大小、对光的反应，以判断是否有斜视问题。

嘴——外观是否正常

先检查婴儿嘴巴的外观，看是否正常。然后让婴儿张开嘴，检查口腔黏膜上是否有小白点等情形，如有小白点，说明婴儿可能有奶垢或鹅口疮，需要对症处理。

耳朵——对声音的反应是否灵敏

检查婴儿耳朵的大小是否适当，有无耳道或耳道内是否长有异物。同时还要检查婴儿的听力。

颈部——是否有斜颈现象

检查婴儿是否有斜颈现象，或颈部两侧是否有先天性肿块。

皮肤——是否有黄疸

了解婴儿是否有黄疸，并检查其他皮肤状况。

心脏——是否有杂音

检查婴儿的心脏是否有杂音。有些婴儿会有暂时性的心杂音，之后会慢慢消失，若没有消失，就需要视情形做心脏超声波检查，以了解婴儿是否患有先天性心脏疾病。

腹部——肠胃蠕动状况是否正常

摸摸婴儿的肚子，检查肝脾是否肿大或有硬块；检查婴儿的肠胃蠕动状况是否正常；轻敲婴儿的肚子，了解是否有胀气问题。

外生殖器——外观、大小与位置是否正常

按压婴儿的腹股沟管，看是否鼓起或过大，过大有可能是疝气所致。检查婴儿外生殖器的外观、大小与位置是否正常，阴囊水肿或是隐睾是最常见的问题；另外，则要看男宝宝的包皮是否过紧，以及是否有尿道，检查男宝宝的睾丸是否有隐睾或是疝气，等等。

四肢——外观是否正常

检查婴儿的四肢外观是否正常，是否有长短脚，手指、脚趾是否有畸形。

肌张力——是否存在异常

肌张力是在静息状态下的紧张度，表现为肌肉组织微小而持续地不随意收缩。临床上以被动活动肢体或按压肌肉所感到的阻力来判断肌张力。脑瘫中，无论是何种类型的脑瘫，其出现的原因都离不开肌张力异常，肌张力的异常是导致各型脑瘫的重要因素。

髋关节——是否有先天性髋关节异常或脱位

发育性髋关节脱位是由股骨头脱出于髋关节窝造成的。可以在出生时就发生，也可以在 1 岁以内发生。这种情况在早期常常被忽视，有的孩子直到走路出现跛行时才被发现。

儿科医生在新生儿出生后，会立即检查是否有髋关节脱位，常规儿童健康体检时也都会检查，直到孩子可以正常走路。

髋关节脱位在婴儿期治疗非常简便而有效，超过 3 岁则需要手术治疗。

尽量每日给婴儿水浴

婴儿的皮肤非常娇嫩，汗液、大小便、口水等都会对皮肤造成刺激，所以，勤洗澡很重要。给婴儿洗身体和洗头、洗脸一样都是采用水浴的方式，这样不仅能促进婴儿的生长发育，还能提高免疫力。最好每天给婴儿洗一次澡，时间安排在上午喂奶之前或晚上睡觉之前，夏天可每天洗 2~3 次，冬季如果条件允许，最好也每天给婴儿洗一次澡。

有意义的户外活动

婴儿满月之后，就可以循序渐进地带他到户外去活动了。适当的户外活动，可以让婴儿开阔眼界，保持心情愉快；增进食欲，促进睡眠；增强适应外界的能力和对疾病的抵抗力，预防感冒发生。而且，户外新鲜的空气比密闭的室内空气氧含量要高，有利于婴儿呼吸系统和循环系统的发育；适当地接受紫外线的照射，还可以使身体产生维生素 D，促进钙的吸收，预防佝偻病的发生。而且，婴儿在户外，可以看到更多的人和物，在观察与交流中可促进婴儿的智力发育。

户外活动的内容

室外空气浴。就是让婴儿的皮肤与户外干净、新鲜的空气接触。这不仅可以促进婴儿的新陈代谢，增进婴儿的食欲和促进睡眠，还能增强肺功能，减少呼吸道疾病。空气湿度、温度和气流的变化，能刺激婴儿体温调节机能的发育，增强婴儿对环境的适应能力。

户外睡眠。可在春秋两季气温适宜时进行。从每次20~30分钟开始，逐渐延长至1.5~2小时，每天一次。地点选在空气好的阴凉处，避免阳光照射婴儿脸部。

日光浴锻炼。婴儿皮肤适当接受日光照射，能促进血液循环，增强体质。而且，日光中的紫外线能促使皮肤中的一些物质转变成维生素D，帮助婴儿的身体吸收钙和磷，有利于骨骼的生长，并使骨骼和牙齿更强健，防止佝偻病的发生。一般婴儿满月后，就可以带他出去晒太阳，进行日光浴了。

户外活动注意事项

春、秋、冬三季可选择在上午 9 点至 11 点、下午 2 点半至 4 点之间；夏季可避开上午 10 点至下午 3 点这段最炎热的时间，在树荫下进行。刚开始每次 5 分钟，逐渐增加到半小时。

可在小区或社区的绿化带、公园里进行，可以准备一个地垫。

注意避免阳光直射婴儿的眼睛，可让婴儿戴上有帽檐的帽子。

要在婴儿身体状况良好的情况下进行，如果婴儿生病或精神不好时不要勉强。

每次晒太阳的时间长短要随着婴儿的年龄大小而定，循序渐进。开始时可以每次5分钟，渐渐增加到半小时。或每次15~30分钟，每天晒几次。如发现婴儿皮肤变红、出汗过多，就不要再晒了，或到阴凉处休息一会儿。

带婴儿晒太阳时，如果把他捂得严严实实的，会很难达到晒太阳的目的。春天阳光中的紫外线较夏天弱得多，给婴儿穿太多，紫外线要透过衣物到达皮肤就很难。而且穿得过多，婴儿在阳光下容易出汗，出汗后吹风很容易感冒。所以，给婴儿晒太阳时，在气温允许的条件下尽可能地暴露婴儿的皮肤，晒的部位以脂肪积累较厚的小屁屁和腿部为好。

不要隔着玻璃晒太阳。隔着玻璃给婴儿晒太阳的效果不好。因为，紫外线穿透玻璃的能力比较弱，大部分的紫外线都被那一层薄薄的玻璃阻挡在外，进而降低了阳光的功效。但6个月以下的婴儿不要在太阳下直晒。给婴儿晒太阳时，要做好防晒工作，最好避开中午这段时间，因为这个时段阳光中的紫外线最强，会对婴儿的皮肤造成伤害。

定期给婴儿量量小身体

婴儿的身长、体重、头围、胸围等指标反映了他发育的基本情况，爸爸妈妈要定期测量、记录，以监测婴儿的生长发育。最好每月给婴儿测量一次身长和体重，1岁内的婴儿最好在其1、2、3、6、9、12个月时各测量一次头围和胸围。

测身长。2岁以内的婴儿躺着测量身长，2岁以上站着测量。

测体重。建议使用婴幼儿专用的体重秤测量。

测头围。用软皮尺从婴儿的眉弓上方最突出处经两耳上端、头后面最凸起处（枕后隆起处）绕头一周。

测胸围。用左手拇指固定软尺一端于婴儿的乳头下缘，右手拉软尺绕经右侧后背及两侧肩胛骨下角，再经左侧回到起始点。要在婴儿平静呼吸时测量。

春夏秋冬护理要点

春季

春天气候变化无常，婴儿对自然界的适应能力比较弱，风大时不要把婴儿抱到户外，也不要让婴儿迎着风；紫外线照射强烈时，注意保护婴儿的眼睛。同时，春季微生物较多，增加了病毒细菌感染的机会，建议爸爸妈妈延长室内开窗的时间。

夏季

让婴儿清爽过夏天，室内需保持通风凉爽，婴儿的身体保持清洁，一日洗 2~3 次温水澡，洗完澡后不要用冷毛巾或凉水擦洗婴儿的头面和身体。这个月龄的婴儿，皮下脂肪增多，皮肤非常薄嫩，天气热易出汗，颈部、腋窝、大腿根、臀部、肘窝、耳后、大腿褶皱、胳膊褶皱处，要勤清洗，否则在夏季容易发生糜烂。痱子是夏季护理要点。

秋季

秋季天气转凉，要注意防止婴儿受凉，适时给他添衣。秋季婴儿易患上呼吸道感染和轮状病毒肠炎。要注意预防，一旦婴儿生病，要及时治疗。

冬季

冬季婴儿肺炎高发，妈妈要注意保护婴儿的呼吸道。冬季护理婴儿，最重要的是不让室内温度过高，保持室内空气新鲜湿润，保护婴儿气管黏膜，抵抗病毒侵入。

1~2 个月婴儿常见问题

湿疹

湿疹也称为特异性皮炎，俗称奶癣。所谓特异性，就是一种先天的容易过敏的体质。婴儿湿疹常见于1~3个月的婴儿，6个月后逐渐减轻，1岁后能够自愈。

湿疹的类型及表现

引起湿疹的发病原因比较复杂，婴儿年龄不同，皮损的部位不同；生活的环境、季节不同，湿疹的表现也会有所不同。

3 个月以内的婴儿以脂溢性湿疹最为多见，婴儿前额、颊部、眉间皮肤潮红，覆有黄色油腻的痂，腋下及腹股沟可有擦烂、潮红及渗出，婴儿 6 个月后可以自愈。

3~6个月较肥胖的婴儿以渗出型湿疹多见婴儿的两颊可见对称性米粒大小红色丘疹，

伴有小水疱及红斑，可连成片状，如果治疗不及时，可泛发到全身，甚至可造成继发感染。

湿疹的致病原因

婴儿因食物、吸入物或接触物不耐受或过敏所致。

与过敏性体质有关，患湿疹的婴儿往往对奶类制品过敏，或对鱼、虾、蟹、鸡蛋清等异种蛋白过敏。

食物过敏原通过母乳进入婴儿体内，诱发湿疹。

自身因素影响所致，婴儿皮肤角质层比较薄，毛细血管网丰富，对各种刺激因素较为敏感。

湿疹本身不是由潮湿所致，但潮湿可以加重湿疹。爸爸妈妈给婴儿洗完澡，或是婴儿出汗后没有及时擦干身体，皮疹表现会更加明显。

湿疹的治疗方法

对湿疹不严重的婴儿，只需局部用药，但不能自行滥用药物，要遵医嘱涂抹，以免引起皮肤损害或感染。更换新药前，一定把以前所用的药物清除干净。更换药物时最好先在小块湿疹处涂擦，以便观察效果，再决定是否继续使用，避免因药物使用不当加重病情。对于湿疹严重的婴儿可遵医嘱进行药液冷湿敷。

湿疹护理注意事项

保持婴儿皮肤清洁、干爽，避免刺激性物质接触婴儿皮肤，不要用碱性肥皂给婴儿洗湿疹，也不要用过烫的水清洗婴儿患处。

定期帮婴儿修剪指甲，防止婴儿抓挠患处造成感染。

对婴儿来说，最常引起过敏的食物包括牛奶、鸡蛋、花生、大豆、麦子、海鲜和带籽的水果，对这些食物过敏的婴儿要注意暂时远离，以免加重湿疹表现。

母乳喂养可以防止由牛奶喂养引起的因异性蛋白过敏所致的湿疹，但如果母乳喂养的婴儿也存在湿疹问题，妈妈应当尽量减少或停止进食牛奶以及乳制品。

室温不宜过高，否则会使湿疹痒感加重。

婴儿衣服要穿得宽松些，以全棉织品为佳。勤给婴儿换衣服，衣物清洁不宜使用刺激性洗衣液。

房间保持空气畅通，居室要注意清洁卫生，避免灰尘刺激皮肤。

婴儿湿疹发病期间不宜进行疫苗接种。

区分痱子和湿疹

夏季，痱子和湿疹可能同时出现在婴儿身上，因斑疹表现有相似之处，爸爸妈妈很难区分。其实两者在成因、发生时节、发生部位和症状上皆有所不同。

成因不同。痱子是暂时性疾病，湿疹有着慢性病程。

发生时节不同。痱子发生在夏季，而湿疹不分季节，一年四季都可能发生。

发生部位不同。痱子多出现在婴儿颈、胸背、肘窝、腋窝等部位，也可发生在头部、前额等多汗部位。湿疹可发生于任何部位，多发生在宝宝面颊部、前额、眉弓、耳后等部位。

症状不同。痱子初起时皮肤发红，之后出现针头大小的红色丘疹或丘疱疹，密集成片，其中有些丘疹呈脓性。湿疹是一种表皮及真皮浅层的炎症性皮肤病，表现为皮肤发红，上面有针头大小的红色丘疹。呈对称性、渗出性、瘙痒性、多形性和复发性等特点。

尿布疹

尿布疹，即平常所说的红屁屁，是发生于婴儿裹尿布部位的一种皮肤炎性病变。当婴儿臀部长时间被裹在潮湿的尿布中时，臀部皮肤就会因受到刺激，形成尿布疹。

婴儿尿布疹的表现

婴儿尿布疹常见表现有皮肤发红、发肿，甚至出现溃烂及感染，若尿布疹长时间不愈甚至会变成溃疡，形成褥疮。

婴儿患尿布疹的原因

婴儿皮肤幼嫩、角质层较薄，容易对不良刺激产生红肿、起泡、糜烂、渗出等炎症性病变和过敏。

婴儿粪便、尿液中含有细菌和尿素，会对婴儿皮肤造成不良刺激，引起婴儿尿布疹。

对于使用纸尿裤的婴儿来说，纸尿裤原材料受到污染会造成婴儿尿布疹，此外婴儿对某一品牌的纸尿裤过敏也会导致尿布疹。

婴儿出现腹泻或多汗时，会使皮肤受到刺激，导致出现尿布疹。

爸爸妈妈为婴儿更换尿布不及时，便后清洁不当，同样容易造成婴儿患尿布疹。

尿布疹治疗方法

症状较轻时：除要做好婴儿臀部清洁、给婴儿勤换尿布外，还可以给他臀部涂抹一些具有隔离效果的护臀霜，以促进尿布疹痊愈。提醒注意的是，清洁婴儿臀部时要用温水，不要用香皂，以减少局部刺激。在气温或室温条件允许的情况下，爸爸妈妈可以把尿布垫在婴儿臀部下面，让婴儿臀部充分暴露在空气中，每日 2~3 次，每次 15 分钟即可，有助于尿布疹早日康复。

症状较重时：爸爸妈妈可为婴儿臀部涂抹一些如氧化锌等具有抗菌作用的软膏，以促进尿布疹痊愈。

预防婴儿尿布疹这样做

婴儿便后清洁要彻底。要特别注意婴儿便后的清洁工作，换尿布时要彻底清洁婴儿包尿布区域的皮肤，可有效避免出现尿布疹。

勤换尿布。要养成经常摸摸婴儿尿布的习惯，发现他排便后要及时给他更换尿布。更换下来的尿布彻底清洗后，要放在阳光下进行晾晒，以便起到杀菌、消毒的作用。

臀部多晾晒。每次给婴儿更换新的尿布前，可先晾晾婴儿的臀部，等婴儿臀部完全干爽后再换上新尿布，可预防尿布疹发生。

温馨提示：注意重度尿布疹

重度尿布疹容易并发细菌感染，如果婴儿尿布疹症状经久不愈，一定要带婴儿及早就医，不可自行在家中用药。

肠绞痛

肠绞痛是婴儿成长发育中常见的问题。据统计，大约有 20%~40% 的婴儿会饱受肠绞痛之苦。营养充足的健康婴儿每天哭闹至少 3 个小时，每周哭闹至少 3 天，发作超过 3 周，便可视为患有肠绞痛。一般来说，肠绞痛会在婴儿出生后第三周出现，2~3 个月时达到高峰，4~6 个月后症状逐渐改善。

肠绞痛发生原因

目前为止，导致婴儿肠绞痛的病因还不十分明确，但可以确定的一点是，婴儿出现肠绞痛与消化道发育不成熟有关。部分肠道蠕动快，部分肠道蠕动慢，以致肠道衔接处出现"扭绞"现象，导致婴儿腹痛。相比较而言，母乳喂养的婴儿更容易出现这种情况，因为婴儿吸吮乳房时，一些气体会随妈妈乳汁一起被吞咽进消化道，这些气体会加重婴儿肠绞痛症状。

肠绞痛的表现

婴儿出现肠绞痛时，主要表现为不明原因，甚至是歇斯底里地哭闹。哭闹时还会伴有面红耳赤、蜷曲身体、难以入睡等其他表现。

如何缓解肠绞痛症状

婴儿肠绞痛是生长发育中的一种现象，不是病。待婴儿消化系统逐渐成熟后，这种症状会自然消失。在婴儿消化系统尚未成熟前，爸爸妈妈可以通过以下几种方法缓解婴儿的不适：

用包被将婴儿裹起来。用包被裹住婴儿，可以使他联想到在妈妈体内时的感觉，有助于婴儿情绪平缓。

让婴儿保持侧位或俯卧位。婴儿保持这样的姿势会对腹部有一定压迫，有助于缓解腹部疼痛。

给婴儿喂奶。让婴儿吸吮母乳可以使他恢复平静。

给婴儿热敷腹部。爸爸妈妈用温热毛巾帮婴儿热敷腹部也可帮他缓解不适。

如果婴儿肠绞痛表现剧烈，可以在医生指导下使用改善胃肠蠕动的药物。

吐奶

婴儿很容易吐奶，导致婴儿吐奶的原因有很多，减少婴儿吐奶发生，爸爸妈妈需要科学应对。

导致婴儿吐奶的原因

婴儿的胃呈水平状，胃底平直，内容物容易溢出。站立行走后，膈肌下降及重力的作用，才逐渐转为垂直位。加上婴儿的胃容量较小，胃壁肌肉和神经发育尚未成熟，肌张力较低，这些原因都可能造成婴儿吐奶。此外，婴儿胃的贲门（近食管处）括约肌发育不如幽门（近十二指肠处）完善，使胃的出口紧而入口松，平卧的时候，胃里的东西就容易反流入食管而导致吐奶。不止如此，如果妈妈乳头内陷、吸空奶瓶、奶嘴内没有充满乳汁，或是婴儿吃奶过多，或者吸入过多空气时也可能导致吐奶。当然，妈妈给婴儿喂奶后体位频繁地改变也很容易引起吐奶。

减少婴儿吐奶的方法

选择大小合适的奶嘴。如果奶嘴孔过小，婴儿就要用力吸吮，导致空气与奶汁被一起吸了进去，从而容易引起吐奶。但如果奶嘴孔过大，婴儿吸吮时也容易因被呛着而引起剧烈的咳嗽、呕吐。所以，在选择奶嘴时，爸爸妈妈要考虑到奶嘴孔大小是否适合这个月龄的婴儿。

科学母乳喂养。如果妈妈有乳头内陷的困扰，应及时纠正；在平时给婴儿喂奶时，应让婴儿充分含住整个乳头及部分乳晕；尽量避免让婴儿养成躺着吃奶的习惯。此外，母乳喂养要注意避免过度喂养，婴儿出现过度喂养时，可增加两侧乳房喂养交替的间隔时间。

避免婴儿吃得太急。母乳喂养时，如果妈妈奶涨、喷射出来，会让婴儿在短时间内急速吞下大量的奶水，很容易发生吐奶。有些妈妈母乳流出速度很快，容易造成婴儿哽噎，这时要人为地限制母乳流出的速度。妈妈可以在喂奶时，用食指和中指夹住乳房，控制一下奶水流出的速度，这样可以降低婴儿吐奶概率。

喂奶完毕后注意拍嗝。婴儿喝完奶后，由于胃里下部是奶，上部是空气，会造成胃部压力，出现吐奶表现，此时，爸爸妈妈要及时帮婴儿拍嗝，把气体排出。只要减少了胃里的压力，自然就能够减轻吐奶的状况和次数。让婴儿的头轻轻靠着妈妈的肩膀，脸朝向一侧，大人轻轻拍打其后背5分钟左右，是帮助婴儿拍嗝的基本方法。如果婴儿不打嗝，可以直立抱起婴儿，让他趴在自己的肩上多待一会儿，然后将枕头稍稍垫高，让婴儿右侧躺下，可以有效地增加胃部排气速度。

婴儿吐奶后的处理

婴儿吐奶后，爸爸妈妈要马上把他抱起，保持上半身抬高或者头部竖立的姿势。再次放下时，最好让婴儿侧躺，脸朝向一侧。婴儿衣服上、包被上的残余奶液要及时清洗，因为奶液是细菌繁殖的良好培养基，不及时清理会对婴儿的健康有影响。如果刚吐完奶，婴儿还是想吃奶，可以再给他喂些奶，但再次喂奶量要减少到平时的一半左右。

婴儿 3~4 个月大之后，贲门的收缩功能逐渐发育成熟，吸吮技巧也掌握得越发熟练了，吐奶的次数就会明显减少。通常婴儿的吐奶现象在开始食用固体食物后就会逐渐改善。如果婴儿只是轻微的吐奶，不需要采取什么特别的治疗，只要耐心地帮婴儿拍嗝，或是调整喂奶方式就可以了。

这些情况需要带婴儿看医生

不管在什么月龄，如果婴儿吐奶不是一口一口地吐，而是多次大量地吐，建议爸爸妈妈带他就医，请医生根据婴儿情况给出建议。

婴儿除了吐奶以外，还有食欲不佳，食量减少，嘴里有酸腐气味，舌苔厚腻等症状时也建议就医，以判断婴儿是否存在消化不良情况。

婴儿食入即吐，可能还会伴有发热、排稀便或大便中有黏液等情况时，应该请医生判断是否患有胃肠炎。

如果婴儿的吐奶呈喷射性，并伴有神经系统症状，如精神差甚至昏迷、惊厥等，应该马上请医生判断是否有颅内高压，脑部疾患的可能。

温馨提示：特别关注幽门狭窄

幽门狭窄比较常见于出生3周~2个月之间的小婴儿。通常在婴儿1个月时，症状开始明显，往往是边喂边吐，可能每吃个两三餐就吐一次，吐完之后婴儿因为饥饿又吵嚷着要吃，吃完后又会出现喷射状的呕吐，整个喂奶过程不知要吐多少回。因为奶无法顺利进入消化道系统加以吸收，所以，小婴儿越来越瘦，严重的还可能出现营养不良或黄疸等状况。幽门狭窄的婴儿，幽门厚度要比正常婴儿的厚一些，必须用手术的方式治疗。

母乳性腹泻

简单地说，母乳性腹泻就是母乳的营养成分超过婴儿需要和消化功能的限度而发生的腹泻。小婴儿消化能力有限，如果食物超过了他所能承受的能力，就会发生腹泻。母乳性腹泻临床较为常见，表现为婴儿出生后不久即出现腹泻，虽然拉肚子，但却不影响长胖，也没有呕吐及其他症状，生长发育不受影响。

如何判断婴儿脱水

腹泻可能导致婴儿脱水，一旦婴儿脱水便会造成体内水分和电解质丢失，若不及时补充，易造成脱水休克、酸中毒等严重后果。婴儿脱水有轻重度之分。失水占体重比例小于5%的为轻度脱水，失水占体重比例在5%~10%的为中度脱水，大于10%的则为重度脱水。婴儿出现腹泻时，爸爸妈妈可以通过以下几方面了解婴儿是否有脱水问题。

婴儿腹泻严重，并伴有呕吐、发烧、口渴、口唇发干等表现。

婴儿尿少或无尿，眼窝下陷、前囟下陷，皮肤没有弹性，甚至哭而无泪。精神状态不佳，表现为精神萎靡或烦躁不安。

婴儿脱水应及时就医治疗，应请医生及早纠正婴儿脱水表现。

婴儿脱水治疗

口服补液盐是世界卫生组织推荐的治疗婴儿腹泻脱水的最佳方法，补液盐有口服补液和静脉补液两种。对于轻度、中度脱水，医生多会选择为婴儿进行口服补液，如果婴儿重度脱水，则需要采用静脉补液。

斜颈

斜颈，俗称歪脖子，是由于婴儿颈部两侧肌肉强度不一致，造成头歪斜或转向一侧的现象。

导致婴儿斜颈的原因

宫内原因所致。胎儿蜷曲在妈妈子宫内，随着空间变得越来越小，胎儿的颈部就会逐渐扭曲起来，以适应子宫内的空间。颈部扭曲的结果，就会造成颈部一侧肌肉，也就是胸锁乳突肌逐渐被拉长，致使颈部两侧胸锁乳突肌的长度出现差异。

后天原因所致。当婴儿的头部某一处比较平，因为躺着更舒服，他会就势歪斜，或爸爸妈妈总是让婴儿以同一种体位躺着，时间长了也会造成婴儿喜欢将头部保持同一种姿势，因而造成体位性斜颈。

出生时损伤所致。比如婴儿是非正常分娩的，如臀位产、剖宫产和产钳牵拉等，使得婴儿颈部肌肉受到牵拉损伤，出现水肿，最后水肿纤维化，使肌肉挛缩变短，以致婴儿颈部两侧肌肉长度不等、力量不均，导致婴儿的脖子偏向肌肉短缩一侧。

斜颈的分类

肌源性斜颈。最常见的斜颈类型，占 90% 以上。主要为婴儿颈部胸锁乳突肌挛缩所致。肌源性斜颈的患儿，容易并发先天性髋关节脱臼，因此爸爸妈妈不仅要关注婴儿斜颈的问题，还要注意婴儿有没有其他并发症。

骨源性斜颈。较少见的类型，约占所有斜颈婴儿的 2%，指的是因为骨骼的畸形所产生的斜颈，这类斜颈有时会合并有脑干或颈部脊椎神经受损。

神经源性斜颈。极少见的类型，主要是因为婴儿脑部或脊椎神经的病变所造成的。

及早发现婴儿斜颈的信号

- 婴儿头倾向一侧，下巴朝对侧肩膀。
- 婴儿颈部出现硬块。
- 婴儿脸部左右大小不对称。
- 婴儿颈部活动受限制。

斜颈的检查方法

婴儿是否患有斜颈，临床的鉴别诊断是首要步骤。除了临床检查，超声波和 X 光检查也可以帮助做正确的诊断。

物理学检查。触诊方式检查胸锁乳突肌是否有张力较强的现象或局部肿块。

X 光检查。排除骨骼性问题。

超声波检查。以超声波扫描胸锁乳突肌是否有纤维化现象及其纤维化程度。

斜颈的居家纠正方法

如果婴儿斜颈发现比较及时，爸爸妈妈在家就可帮他矫正，从而避免手术。在家矫正具体方法如下：

捏揉局部肿块。让婴儿侧卧，病侧在上，背朝爸爸妈妈；爸爸妈妈用拇指与中指、食指捏住局部肿块，顺着硬条肌肉的走向，反复捏揉 20~30 次。

姿势纠正。婴儿睡觉采用与病侧相反的体位，爸爸妈妈坐位横抱婴儿时要让病侧向上，借由婴儿抬头时训练颈部肌肉。

毛巾热敷。取温热毛巾敷在婴儿脖子突起的肌肉上。每天 2 次，每次 10 分钟。

逗引。与婴儿嬉戏时，可借由玩具等婴儿感兴趣的物品，吸引婴儿将头部转向与病侧相反的方向，借以纠正斜颈表现。

温馨提示：关于斜颈手术

患有斜颈的婴儿，只要患部肌肉的病变程度不是很厉害，80%可靠复健得到完全治疗，对于另外20%纤维化较厉害的婴儿，则需要手术矫正。斜颈手术操作并不复杂，只是将纤维化的肌肉切开或部分切除即可。如果婴儿在1岁多进行手术，术后恢复会相当快速，一般不再需要特别治疗。如果婴儿2岁以后才进行手术治疗，手术之后头部仍会有习惯性的歪斜，此时还需要物理治疗。

疝气

疝气通常是指婴儿腹股沟疝气，是婴儿临床常见疾病。疝气的产生缘于胚胎发育期，男宝宝睾丸降入阴囊或女宝宝子宫圆韧带降入大阴唇时腹股沟所形成的“腹膜鞘状突”，婴儿出生后，此鞘状突未能闭合，从而导致腹腔内的小肠、网膜、卵巢、输卵管等进入此鞘状突，成为疝气。婴儿疝气的发病率为 1%~4%，早产儿则更高。由于生理结构的原因，男宝宝发生疝气比例远高于女宝宝。

症结所在

在睾丸下降过程中会形成一个鞘状突，穿过腹壁才能到达阴囊，这样就在腹壁上留下一个薄弱的环节。当鞘状突本身没有闭合而且比较宽大时，肠管也会从腹腔落入阴囊，成为先天性疝气，但这种情况比较少见。更多的时候，当孩子哭闹时或大便时，因为腹压增高，腹腔内的一部分肠管会顶着腹膜通过腹壁上留下的薄弱环节进入阴囊，形成后天性疝气。

如何发现

阴囊肿大，出现可回复性的肿物，并可感到有气体通过的声音。大部分的肠管是可回复的，或者用手轻轻挤压就能使它返回腹腔。一般活动一天后，晚上会感觉明显，休息一夜后大多自行恢复。随着病情的发展，回复将越来越困难，甚至卡在腹股沟处，成为嵌顿疝气。这是比较危险的情况，有可能造成肠管坏死。

怎么治疗

疝气的发生、表现以及治疗都和鞘膜积液非常相似，应该以手术治疗为主，许多辅助疗法一般收效甚微。手术的年龄没有任何限制，治疗效果也很好，很少复发。但如果发生嵌顿疝，要立即到医院急诊诊治。

影响消化系统。疝气会影响婴儿消化系统，使其出现下腹部坠胀、腹胀气、腹痛、便秘、营养吸收功能差、易疲劳等问题。

导致疝气嵌顿。疝囊内的肠管或网膜因受到挤压或碰撞引起炎性肿胀，致使疝气不能回归原处时会导致疝气嵌顿，婴儿会因此出现腹痛加剧，哭闹不止，继而出现呕吐、腹胀、排便不畅等肠梗阻症状，若长时间肠管不能回纳，则有可能出现肠管缺血坏死等严重并发症，不及时处理还可能危及生命。婴儿哭闹时，爸爸妈妈一定要密切注意观察腹股沟和阴囊部位，一旦出现疑似疝气嵌顿要及时就医，由专业的医生进行处理。

不要将婴儿的腹部裹得太紧，以免加重腹内压力。不要让婴儿过早学站立，以免肠管下坠形成腹股沟疝气。

避免婴儿大声哭闹，防止腹压升高。疝气自愈的可能性很低。饮食调节和佩戴疝气带都无法治愈疝气，唯一治愈方法是手术治疗。婴儿半岁左右手术最为合适。手术时，只需要开1.5~2.0厘米的刀口即可进行操作，创伤较小，且刀口一般开在婴儿腹股沟上方的皮肤皱褶处，术后疤痕一般不明显。

亲密育儿

一起听音乐

婴儿对音乐有着天生的感受力。从小给婴儿提供一个好的音乐环境，可以提高他的大脑对听觉的反应能力。越早让婴儿听音乐，他的大脑对音乐的反应就会越强烈。研究表明，刚出生的婴儿就可以对声音做出反应；几天后就能分辨几种声音之间的差别；3个月左右可以分辨悲伤的声音和快乐的声音；4~6个月时甚至已经有乐感。

因此，爸爸妈妈可以和婴儿一起听音乐。可以在不同的时间段里，给婴儿播放不同的音乐。比如，吃奶时，播放轻松愉快的音乐；入睡前，播放安静、柔和的摇篮曲；和婴儿玩耍时，播放欢快活泼的音乐；抱着婴儿活动时，播放节奏鲜明、坚定有力的进行曲。

玩玩游戏

从第二个月开始，婴儿清醒的时间越来越多了。在婴儿吃饱睡足的情况下，可以和婴儿玩一玩下面这些游戏。

俯卧抬头。婴儿趴在硬板床或干净的地板上，可以练习把头抬起来。还可以在婴儿的视线前方拿一个鲜艳的玩具逗引他，引导婴儿看看玩具在哪里。

抱婴儿"跳舞"。成人抱着婴儿，随音乐"翩翩起舞"，也可以自己哼唱一些童谣给婴儿听。

转头练习。爸爸抱着婴儿，妈妈在旁边呼唤婴儿，引导婴儿找一找，妈妈在哪里。也可以摇动不同声音的摇铃，让婴儿听听声音在哪里。

伸伸腿。成人扶着婴儿的小脚，引导婴儿踢一踢铃铛或小球。

抓抓小棒棒。用细棒摇铃碰触婴儿的掌心，婴儿会紧紧地握住小玩具。

跟爸爸去散步。天气晴好的时候，带婴儿去散步，一边看周围的景色，一边和婴儿说话，告诉他看到的事物和正在发生的事情。

02 2~3 个月

这个月龄的婴儿

体格发育

体重迅速增加。第二至三个月的婴儿，体重可能平均增加 0.75~1 千克，即到第三个月的时候，婴儿体重可达到 6.5~7.2 千克。

身长急速增长。婴儿在这个阶段，身长平均每月增加 2.5~3 厘米。第三个月满时身长可达到 55~63 厘米。

头围高速扩增。以满月时的 35~36 厘米，到第三个月末长至 38~41 厘米。头围过大或过小应考虑就医检查。

温馨提示：满 3 个月婴儿的体格生长指标的参照值范围

	男宝宝	女宝宝
体重（千克）	5~8	4.5~7.5
身长（厘米）	57.3~65.5	55.6~64
头围（厘米）	38.1~42.9	37.1~42

动作发育

婴儿俯卧在床上时，他的小下巴能抬离床面了。

如果在他的一侧用带声音的玩具逗引他，他的小脑袋会转过来，追踪物体。

当竖着抱他的时候，他的小手会抚摸妈妈的乳房。

试着用带柄的玩具触碰他的手掌，爸爸妈妈会发现他能握住玩具柄两三秒钟了。

认知与适应

拿一个颜色鲜艳的、会有声响的玩具在婴儿眼前晃动，他的眼睛会追着移动的物体看了。

看到色彩鲜艳的东西，婴儿会注视着他，并露出喜悦的表情，好像在说："这东西，我感兴趣！"

语言能力

婴儿喜欢听和谐的声音。不光是听，他自己也偶尔能发出"o""e"的声音了。

要是爸爸妈妈对着婴儿说话，他能集中注意力，有时还能发音回应爸爸妈妈。

与人互动

婴儿在爸爸妈妈或经常带他的爷爷奶奶逗他玩时，会很给面子地做出一些反应：发出声音、微笑、手脚挥舞，这会让大人们高兴不已。

喂养的那些事儿

这个月龄的婴儿生长速度仍然很快，而且开始渐渐形成规律，母乳喂养次数可能会达到8~12次，其中夜间1~2次。纯母乳喂养摄入充足的情况下，一般婴儿每天小便6次以上，大便2~4次。

母乳“肥胖儿”

都说母乳喂养的婴儿不会超重，但有些吃母乳的婴儿却超重了，此时，妈妈千万别着急，找找原因，积极面对。

遗传了爸爸妈妈的肥胖。爸爸妈妈胖，婴儿也容易胖。

妈妈怀孕期间过度摄入营养，导致婴儿出生后容易肥胖。

喂得太多。母乳喂养的方式对婴儿体重增长有很大影响。如果每次喂养的时间过长，两次喂养的时间间隔过短，夜间喂养次数过多，会导致婴儿食欲亢进，婴儿的胃被逐渐撑大，奶量摄入逐渐增加，导致肥胖。因此，建议爸爸妈妈按需喂养婴儿，不要刻意过度喂养。

辅食添加得太早。婴儿在 4~6 个月可以开始添加辅食，如果过早添加，也容易导致婴儿肥胖。因此，建议爸爸妈妈根据婴儿自身的具体情况，适时添加辅食。

“瘦小儿”

有些婴儿食欲低下，摄入量不足，长成瘦小儿。妈妈要正确喂养婴儿，保证他的胃口和食欲。母乳喂养的婴儿，当妈妈母乳不足时，妈妈要根据婴儿的体重增长情况分析，及时添加婴儿配方粉，一般在下午 4 点至 5 点添加。配方粉喂养的婴儿夜里醒来的次数多，如果没有其他不适症状，多半可能是饿了，妈妈可以一天中给婴儿加 2~3 次婴儿配方粉，但不要过量。

日常生活护理

培养婴儿的生活规律

婴儿一天当中还是以睡为主，但他睡眠的总体时间在逐渐减少，清醒的时间在渐渐延长，夜晚能睡得比较长了。这个时期，爸爸妈妈要帮助婴儿建立睡眠规律和昼夜节律，因为，良好的睡眠有利于婴儿的生长发育。

规律的生活会让婴儿吃得好、睡得好、玩得好，从而长得好。而且，婴儿也会渐渐对接下来的活动形成预期，这对他的秩序感和安全感的形成都是有益的。

帮助婴儿培养昼夜节律

婴儿的睡眠在这个时期仍是片断性的，因为他的胃容量有限，每 2~3 小时就需要喂一次奶，同时婴儿脑发育还不成熟，睡眠模式还没有建立，没有白天黑夜的区分。爸爸妈妈要帮助婴儿培养昼夜节律，让其安心成长。

昼夜交替模式的建立

妈妈可以通过控制卧室的光线和声音来促使婴儿生物钟的形成。早上起床，妈妈把房间的窗帘拉开，让阳光唤醒婴儿。给婴儿一个拥抱，或播放轻柔的音乐，让他自己醒来。白天婴儿醒着的时候，尽量多跟他一起玩耍。把婴儿抱到家人聚集的客厅或户外，多逗引他，让他白天能彻底清醒。

晚上婴儿入睡前 1~2 小时，妈妈可以把窗帘拉上，调暗室内光线。到了婴儿该睡觉的时候，就把灯关掉，把门关好，不要让门缝透光或是传进嘈杂声。如果夜里需要照顾婴儿，也要选择暗的夜光灯或用手电筒。房间的窗帘应该厚实，避免窗外透进灯光。

婴儿的睡前程序

固定的睡前程序可由妈妈决定。通常包括给婴儿洗澡、换睡衣、讲故事、唱儿歌或是给婴儿按摩等。如果妈妈坚持这个睡前程序，婴儿就会渐渐明白，做完一切就该睡觉了。如果婴儿知道接下来该干什么，他会更放松。而越放松，婴儿就越容易快速入睡。

培养婴儿自主入睡的习惯。观察到婴儿有睡意的时候，把他放在床上，让他自己入睡。如果婴儿哭闹，妈妈可以在一边陪伴和安抚他，比如抚摸他、轻轻拍拍他，或者抱起他。这样连续几天，婴儿便会逐渐养成自己入睡的习惯了。当他学会了自己入睡，在半夜醒来时（一般情况下，所有婴儿都会在夜里醒来好几次），也可以不依赖妈妈的帮助，自己重新入睡。

婴儿睡觉时，头不要长期朝向同一侧

婴儿的头骨柔软，发育非常快。但由于此时婴儿睡眠的时间较长，如果他长时间朝同一个方向睡觉的话，一侧的头骨长时间连续受到挤压，就会导致偏头。矫正的方法很简单：改变睡眠的方向。妈妈可以经常帮婴儿转换一下头的方向，越早矫正效果越明显，如果过了 2 岁，婴儿便失去了最好的矫正时机。

爸爸妈妈帮助还不会自己翻身的婴儿经常更换姿势，让头颅均衡受力，同时经常变换玩具的摆放位置，让他不至于长时间盯着一个方向看。

挑选实用安全的童车

童车是婴儿的常用物品，他不仅会坐童车出行、玩耍，还会在童车上睡觉。因此童车的安全非常重要，无论挑选还是使用，都需要注意一些安全事项。

尽量挑选功能单一的童车。因为功能单一的童车结构较简单，容易保证结构设计的合理性。相比之下，合二为一或合几为一的童车产品设计较复杂，难免顾此失彼。此外要选择锁紧装置和保险装置都齐全的、可靠的童车。如果只有锁紧装置而无保险装置，一旦锁紧装置失灵，就有可能造成严重伤害事故。除了整车的结构必须牢固外，肩带、叉带、胯带、带扣等装置都要牢固可靠，确保使用时婴儿不至于因安全装置不牢固而跌出去造成伤害。选择坐兜比较深的童车，即坐兜的上围离坐垫的高度要足够高，这样婴儿不容易跌出来。

所有材料的阻燃性能要合格。童车标准中要求车上的纺织面料有一定的阻燃性能，应有“警告：切勿近火”的提示语。

温馨提示：童车的说明书很重要

买车时要检查有没有使用说明书，如果是别人送的或淘到的二手童车，也要跟原主人要说明书。按照产品说明书来使用和保养，更能保证安全。

春夏秋冬护理要点

春季

不要把正在睡觉的婴儿抱出去，也不要在阴天或大风天把婴儿抱到户外。还应注意的是，即使是阳光灿烂，婴儿在外面的时间也不宜太长，而且要避免强烈的阳光直射到婴儿的眼睛。此外，春季开窗时要避免对流风直吹婴儿。

夏季

2 个月左右的婴儿的耳后、下巴、颈部、腋窝、胳膊、肘窝、臀部、大腿根和大腿等处有许多皱褶，特别是在炎热的夏季，若护理不当，这些地方容易因痱子等疾病发生糜烂，爸爸妈妈要仔细护理，常用温水给他清洗这些部位。

秋季

婴儿对外界环境的适应能力和自身调节能力还比较差，所以，秋季护理的重点是初秋不要过热，秋末需预防婴儿受凉。

冬季

一方面，室内温度过高，湿度就会过小，不流通的空气过于干燥，使婴儿的气管黏膜相应干燥，导致婴儿呼吸道黏膜抵抗能力下降，大量病毒或细菌就会乘虚而入；另一方面，由于室内温度高，婴儿周身的毛孔都处于开放状态，此时如果爸爸妈妈或其他人频繁出入卧室，室外的冷气会随之进入婴儿的卧室，容易诱发婴儿感冒等症状。因此，冬季时，控制好婴儿卧室里的温度和湿度最重要。

2~3个月婴儿常见问题

便秘

婴幼儿便秘很常见，一类属于功能性便秘，这类便秘经过爸爸妈妈细心调理便可痊愈。另一类则是婴儿患有先天性肠道畸形，这种便秘需要经外科手术矫治。生活中，大多数婴儿排便不畅都是功能性的。多因喂养不当，排便习惯不佳，或是因环境、精神因素所致。爸爸妈妈不能做出判断时，需要咨询医生。

母乳喂养婴儿便秘原因及解决方法

母乳不足。如果妈妈的乳汁不足，婴儿吃得太少，加上母乳容易消化吸收，余渣少，婴儿的大便会减少、变稠。如果妈妈母乳不足，要注意增加喂哺量。

母乳蛋白质含量过高。妈妈的饮食情况直接影响着母乳的质量，如果妈妈乳汁中的蛋白质过多，婴儿吃后，大便会偏碱性，表现为硬而干，不易排出。所以，妈妈要保证饮食均衡，不宜吃过多高蛋白的食物，如鸡蛋、牛肉、虾、蟹等，也不要吃太过油腻的食物。适当多吃蔬菜、水果、粗粮，多喝水，汤要适量。不吃或少吃生姜、辣椒等会加重便秘的食物，以及不喝酒、茶等饮料。

配方粉喂养婴儿便秘原因及解决方法

奶粉营养素配比欠佳。配方粉中蛋白质、脂肪、钙过多，而碳水化合物不足。当蛋白质，尤其是酪蛋白过高时，婴儿难以消化吸收，大便就会呈碱性、干燥。如果配方粉含钙过多，多余的钙会与蛋白质结合成坚实的粪块。奶中糖量不足时，肠蠕动弱，也会使大便潴留、干燥。此时，可以试着更换其他品牌的配方粉。

婴儿饮水不足。有的妈妈认为喝水没营养，又会影响婴儿食量，所以不给婴儿喝水，或自行增加配方粉的配比浓度，或用果汁、饮料替代饮水，这些做法都可能导致婴儿大便干结。为避免婴儿饮水不足，妈妈为婴儿冲调配方粉要按照说明冲调，不要过浓。此外，两顿奶间给婴儿喝些水，但不要用饮料替代。

帮助婴儿肠胃“动起来”

运动可以增加身体的循环代谢，帮助肠胃蠕动。这个月龄的婴儿增加运动量还需爸爸妈妈帮忙，爸爸妈妈可按时为婴儿做婴儿体操，也可以在婴儿临睡前，喂奶后1小时以肚脐为中心，顺时针方向轻轻帮婴儿推揉腹部3~5分钟，这同样有助于婴儿排便顺畅。

鼻塞

看似简单的鼻塞问题，对于婴儿来说却是大事，它不仅会影响婴儿睡眠，还会影响婴儿吃奶。

鼻塞常见原因

生理因素所致。小婴儿上颌骨和颅骨发育不全，鼻和鼻腔相对短小，鼻腔内鼻毛稀少，鼻腔黏膜柔嫩，血管、淋巴组织相对成人较丰富，一旦遇到寒冷空气和含细菌量较多的气流，会直接刺激鼻咽部，使鼻咽部血管黏膜充血肿胀，以致分泌物增多并结痂，导致本已狭小的鼻腔更加狭窄。如果婴儿鼻子里的鼻涕清洁不及时，吸入空气中的尘埃和固体微粒后会形成干干的鼻屎。鼻屎积聚便会造成婴儿呼吸不畅。

免疫功能不健全。小婴儿免疫功能不健全，很容易患上感冒等疾病，从而造成鼻腔分泌物增多，鼻黏膜水肿，以致气息不畅。

疾病因素。如果婴儿患有鼻息肉、鼻中隔偏曲等疾病也会导致鼻塞。此外，某些过敏反应也可引起婴儿鼻塞。

清理鼻屎的方法

参考本书第二章第三节关于新生儿鼻腔清理的方法。

爸爸妈妈取一杯热水放在婴儿鼻子边，要注意避免烫到婴儿，或者用温热的手帕敷在婴儿鼻梁上。婴儿鼻腔吸入水蒸气后，不仅有利于缓解水肿，也有利于分泌物排出。

如果上述处理方法都无法缓解婴儿鼻塞，而婴儿又因为鼻塞严重影响到睡眠和吃奶，爸爸妈妈应带他就医，在医生的指导下借由滴鼻药缓解鼻塞症状。

预防鼻屎多

对于小婴儿来说，他们的鼻腔短，鼻孔狭窄而且毛细血管丰富，如果经常处于灰尘较多而且比较干燥的环境内，会加速鼻内异物的产生。所以，保持室内湿度有助于婴儿鼻腔湿润，减少鼻屎。

给婴儿洗脸时，爸爸妈妈要注意帮婴儿清洁鼻周，以起到湿润鼻孔的目的，预防鼻屎留存在鼻腔。

勤清洁居室卫生，勤换床单，经常吸尘也有助于减少婴儿鼻屎。

应根据气温变化及时为婴儿增减衣物，避免婴儿着凉诱发感冒，增加鼻屎。

在感冒流行期间，不要带婴儿去人多拥挤、空气浑浊的公共场所，更不要接触感冒病人。若婴儿患了感冒，应积极进行治疗。若婴儿鼻塞因急性鼻窦炎所致，要及时带婴儿到耳鼻喉科看医生，在医生指导下合理选用抗生素，以彻底治愈，防止复发。

温馨提示：不要频繁给婴儿挖鼻屎

爸爸妈妈若频繁给婴儿挖鼻屎可能会造成婴儿鼻黏膜损伤，所以不建议爸爸妈妈经常帮婴儿处理鼻屎，只有在婴儿鼻屎很多，鼻塞情况影响睡眠时才应考虑清理鼻屎。

闹觉

相信许多父母都经历过婴儿闹觉的阶段，婴儿到了入睡时间却迟迟不肯睡觉，而且哭闹不休，特别是这个月龄的婴儿闹觉更为常见。

婴儿闹觉的原因及应对方法

生理性哭闹。婴儿尿布湿了或者包被裹得太紧、饥饿、口渴、室内温度不合适、被褥太厚等都会让婴儿感觉不舒服而影响睡眠情绪。对于这种情况，爸爸妈妈只要及时消除不良刺激，婴儿很快就会安静入睡。

环境因素的影响。婴儿黑夜白天睡颠倒了，当婴儿误将晚上当成白天，对于爸爸妈妈强迫休息自然不肯顺从，从而表现出闹觉。对于这类婴儿，爸爸妈妈要帮婴儿调整好休息时间，建立固定的睡眠模式。

白天运动不足。婴儿白天运动量不足，体能消耗小，到了晚上休息的时间也容易出现不肯入睡的现象。对于这类婴儿，可适当增加婴儿的运动量，比如帮婴儿做些婴儿体操，婴儿白天累了，晚上自然会容易安静入睡。

午睡时间过长。婴儿如果下午 3 点至 4 点才午睡，5 点至 6 点才起来，晚上自然精神十足。对于这种情况，爸爸妈妈要注意帮婴儿调整午睡时间，以降低婴儿闹觉概率。

疾病影响。婴儿感冒了，或是患上了佝偻病，或是体内有寄生虫，也会影响睡眠。这时，需要从治疗原发疾病入手，待婴儿病愈后自然会恢复正常的睡眠习惯。

黄昏焦虑症所致。6 个月以内的婴儿，神经系统还未发育成熟，无法调整精神状态，傍晚感到精神疲惫时无法从压力中解脱出来，以致越是疲惫越是无法入睡，这让他们变得烦躁不安，表现为既不会安心地吃奶，也不肯乖乖睡觉，只会用哭闹表达自己的不舒服。如果婴儿入睡时间正好在黄昏时，便会严重闹觉。对于这样的婴儿，爸爸妈妈可将婴儿睡觉时间调整到黄昏前，减缓闹觉表现。

过度关注所致。婴儿处于浅睡眠期时，经常会出现伸个懒腰、打个哈欠、皱一下眉头、做一个怪相等情况，如果此时爸爸妈妈马上去抱或去拍他，对婴儿来说无疑是种干扰，会使婴儿从睡眠中惊醒，因为没睡好，醒后自然会哭闹。所以，不妨学会为婴儿留有自己的空间，在婴儿入睡后不要过多干预婴儿。

温馨提示：婴儿闹觉时，不要任由其哭闹

当婴儿闹觉大哭的时候，有些爸爸妈妈会有这样一种想法：任凭婴儿哭闹，等婴儿哭累了就不哭了。其实这种想法并不科学，婴儿在哭的时候是非常需要爸爸妈妈关怀的，如果经常得不到成人积极的回应，会严重伤害婴儿的感情，使婴儿失去安全感，长大了对人缺乏信任，时常感到孤独，郁郁寡欢。

缓解婴儿闹觉的方法

不要过度哄婴儿入睡。婴儿不想睡时，不必努力地哄婴儿入睡，因为此时任何一点外力干扰都会使婴儿更加烦躁，这也是为什么大多数爸爸妈妈感慨，婴儿闹觉时怎么哄都不行的原因。相反，顺着婴儿的意思更容易让他安静下来，如果他真的不想睡，爸爸妈妈可以给他讲故事，或是哼唱《摇篮曲》，待婴儿实在忍不住困意时自然就会入睡了。

科学理解婴儿闹觉。有些爸爸妈妈觉得婴儿闹觉是自己养育不良所致，从而产生愧疚、焦虑等不正确心理。其实爸爸妈妈如果能够多了解一下婴儿睡眠特点，对于婴儿闹觉的状况内心会释然许多。对于这个月龄的婴儿来说，饿了，尿了，不舒服了，睡够了，或是突然遇到光亮都会醒来；小婴儿睡眠周期比较短，2~3 个月的婴儿只有一半左右夜里可以一觉睡上五六个小时，所以即便婴儿 2 小时一醒也是很正常的事；小婴儿通常不会很安稳地睡觉，他们睡觉时会有面部表情变化，四肢会扭动，时常还会发出一些声响，但这些并不影响他们的睡眠质量。此外，爸爸妈妈还应清楚每个婴儿都有自己的睡眠习惯，要尊重婴儿的睡眠习惯，不要拿自己的婴儿和别人的比较。

亲密育儿

及时回应咿咿呀呀

刚出生的婴儿基本上只会以哭来表达自己的意愿，哭声是他发出的信号，以此告诉爸爸妈妈他不舒服了，需要帮助。但是在两个月左右，婴儿除了哭以外，还会发出咿咿呀呀的声音了，比如嗯、啊、喔等。一般说来，婴儿在吃饱了、心情愉快或是玩的时候，经常会发出这种声音。

虽然婴儿发出这些声音可能是无意的，它本身也没有什么确切的意思，但是这却开启了婴儿语言交流的大门。爸爸妈妈及时回应婴儿的咿咿呀呀，可以帮助婴儿的语言能力获得更好的发展。

婴儿能发声，说明他开始进入学说话的一个重要阶段。爸爸妈妈不必为听不懂婴儿的“语言”而着急，最重要的是尝试和婴儿“对话”。

当婴儿发出喔喔的声音时，爸爸妈妈可以微笑着面对婴儿，等他停下来，爸爸妈妈再对着他说话，也可以学婴儿发出来的喔喔声给他听，然后停下来，看看婴儿的反应。爸爸妈妈会发现，婴儿渐渐可以学会接着喔喔地说话，与爸爸妈妈一来一往地开始聊天，表现得非常开心。

在这个过程中，也许爸爸妈妈和婴儿都不太明白对方在说什么，但是婴儿却在通过这个游戏学习“说话”或者“交流”：两个人交替着说和听。这是语言交流的通用模式。

抬抬头

婴儿情绪好的时候，可以和他玩抬一抬头的游戏。具体做法是：婴儿趴在床上，爸爸或妈妈拿一个发声玩具，如哗啷棒儿，在婴儿的前上方逗引，吸引他抬头去看。还可以在婴儿前面 20 厘米左右的地方放一面镜子，会让这种练习变得更有趣。

能够将头抬起来，是婴儿最早掌握的大运动能力之一。抬头练习可以帮助婴儿学会更好地控制头部。随着抬头能力的增强，婴儿的视野也随之变大，相应地，也推动了他对周围世界的认识。从这开始，婴儿可以看到更多，而不是整天面对天花板。

03 3~4 个月

这个月龄的婴儿

体格发育

出生后第三至四个月，婴儿体重月平均增长0.7千克（波动范围在0.6~0.9千克），身长月平均增长2.5厘米，头围每月增长约1.2厘米。

温馨提示：满 4 个月婴儿的体格生长指标的参照值范围

	男宝宝	女宝宝
体重（千克）	5.6~8.7	5~8.2
身长（厘米）	59.7~68	57.8~66.4
头围（厘米）	39.2~44	38.1~43.1

动作发育

让婴儿趴在床上，他已经能抬头达到 45° 了。

他能用手肘支撑着抬起胸部。

竖直着抱他时，他的小脖子已经很有劲儿，颈部能够挺直了。

婴儿的双手已经能有意识地张开，把玩具放在他手里时，他能短暂地抓握住，双手也能互相握在一起了。手能抓握带把的小玩具，但还不会主动张开手指。

这个月是从条件反射阶段向自主控制肌肉运动阶段变化的过渡期。许多婴儿一度表现得比以前“消极”，但安静是暂时的，他正在积蓄更多的力量！

认知与适应

眼睛变得有神了，能够有目的地看东西，当玩具或物品出现在婴儿的视线范围内时，他的眼睛能跟随移动的物体转头至 180° 。

听到妈妈的声音，婴儿会表现出高兴的样子。

他能分辨不同的气味和味道了。

他的表情变得丰富起来，可以表现出高兴、好奇或厌烦等情绪。

语言能力

能用声音表达自己的情绪，会出声答话、尖叫，会发长元音。

婴儿对谈话的反应方式比前两个月更丰富：点头、微笑、动嘴巴、吵闹、尖叫……他的身体也会因为兴奋而扭动起来。

与人互动

妈妈与他逗乐时会高兴地发出笑声，同时全身活动增加。婴儿的能力发展很快，更加活泼可爱。

睡醒时，他会盯着人看，对玩具和人微笑。妈妈爸爸和周围人逗他，会出声地笑，对妈妈笑得多。

喂养的那些事儿

喂养婴儿的时候，妈妈要尊重婴儿的感觉，不要勉强喂食。这个月同月龄婴儿吃奶的次数和数量差异更明显，吃得多的可以一次喝 200 毫升配方粉，吃得少的只有 120 毫升。

妈妈要上班了——如何准备背奶

婴儿就要 4 个月了，很多妈妈即将重返职场，妈妈上班后，母乳喂养会受到一定的影响。妈妈要想办法克服困难，坚持母乳喂养。如果措施得当，母乳喂养完全可以坚持到婴儿 2 岁以后。

很多妈妈为了婴儿能继续享受健康的母乳，从重返职场的那一天开始，就义无反顾地加入了“背奶一族”。在“背奶妈妈”的含义中，母乳已经不单单是一种食物，更多地承载着妈妈对婴儿的爱和牵挂。

做好背奶的准备

如果决定做“背奶妈妈”，需要做好适当的心理准备和物质准备，也要帮助婴儿提前适应。

上班前1~2周，就开始给婴儿打“预防针”，演练上班后的哺喂状态。比如，根据妈妈上班后的作息时间调整婴儿的吃奶时间；将母乳挤在奶瓶或小碗里喂婴儿等，给婴儿一个适应过程；提前1~2周挤出一些母乳装至容器内冷冻或冷藏储存备用。

上班后，如果工作地点离家比较近，可以在上班前喂饱婴儿，午休时回家喂一次，下班后再喂，这样就可以保证一整天都亲喂；如果离家远，可以事先将母乳挤出来储存好，请家人代喂1~2次，晚上回到家再亲喂。

吸乳器——有效的背奶装备

选择一款高效好用的吸乳器，可以帮助妈妈事半功倍。但要注意：

吸力舒适。吸乳器并不是吸力越大越好，而是越接近婴儿吸力越舒适，吸力过大反而易拉伤乳头。

模拟婴儿吸吮韵律。婴儿刚开始吸乳时，乳汁还没下来，这时吸乳频率短促而迅速，目的是快速刺激喷乳反射。当喷乳反射出现后，吸乳频率变得缓慢而深长，这样才能保证婴儿充分吃到母乳。选择和婴儿吸乳频率相同的吸乳器很重要。

能快速有效引发喷乳反射。喷乳反射是乳房在婴儿吸吮或吸乳器刺激下腺泡收缩而流出乳汁的过程，是吸乳的必要前提，也是决定吸乳效果的关键。高品质吸乳器能帮助妈妈快速有效引发奶阵。

操作简便。新手妈妈产后往往会手忙脚乱，选择一款操作简便的吸乳器非常必要。

小巧轻便。想长期母乳喂养，尤其上班后背奶，妈妈需慎重对比吸乳器的重量和体积。

冰袋——给母乳保鲜

除了吸乳器以外，带有冰排的冰袋目前已经得到很多“背奶妈妈”的认可，一个小小的冰排，前一天晚上将其放在冰箱的冷冻室内，第二天出门时拿出，可以维持冰袋内母乳至少 10 个小时的新鲜。

比较理想的背奶包应该具备：4 个奶瓶；1 个可以容纳相应数量奶瓶的冰袋；吸乳器和吸乳器配件；1 只较大的挎包，可容纳吸乳器、吸乳器配件和手机、钱包等日常用品。这样就可以完全满足妈妈一天的吸奶、储存、携带要求。即使没有冰箱，依然可以保存到晚上回家后给婴儿第二天食用。

防溢乳垫——让妈妈避免尴尬

如果在职场上因为溢乳弄湿了衣服，那么在同事或客户面前将是很尴尬的事情，防溢乳垫因此也成为“背奶妈妈”的必需品。乳垫一般有可洗乳垫和一次性乳垫，“背奶妈妈”可根据溢乳程度灵活选择。比较推荐妈妈选择一次性的乳垫，以便随时更换，确保衣服干爽并长时间保持清爽感觉。

获取家人、同事的支持

背奶不是妈妈一个人的事，需要得到家人和同事的理解及支持。除了婴儿开心的笑颜外，家人的支持和鼓励也是“背奶妈妈”强大的动力来源。有些长辈总是催促妈妈快些让婴儿断奶、快些让婴儿吃辅食，以为只要婴儿吃饱就好了，无所谓吃的是母乳还是其他。殊不知，母乳喂养是惠及婴儿、妈妈和整个家庭的事。

日常生活护理

婴儿总是吃手

不用谁来教，婴儿天生就是吃手的专家，那样子看起来充满了满足感，特别是这个月龄的婴儿更是离不开吮吸手指。婴儿喜欢吃手有很多好处，爸爸妈妈不必因为过于担心卫生问题而急于帮婴儿纠正，以免影响婴儿心理满足感，无利于心理发育。

婴儿喜欢吃手的原因

了解世界。婴儿从出生到1岁时都处于口欲期，吸吮手指是口欲期的重要表现。这个时期的婴儿还不是很清楚手指是自己身体的一部分还是外部世界的一个物品，但口唇的触觉所引起的吸吮反射却是很强烈的，这种反射很快会变成他们了解世界的工具。对1岁以下的婴儿来说，吸手指是一件很美妙的事，爸爸妈妈不必急于去纠正。

渴望慰藉。有时婴儿吃手是因为爸爸妈妈工作忙无暇照顾所致。无聊时，吸吮手指会成为婴儿自我愉悦的方法。所以，爸爸妈妈平时应尽量多陪陪婴儿，满足婴儿需求，让他获得幸福感和满足感。

缓解焦虑情绪。婴儿对所处环境充满了好奇和惊恐，遇到突发事件时，比如到了新环境，婴儿会因此变得焦虑，心理压力较大时，他们会通过吮吸手指来减轻内心的焦虑和不安全感。

妈妈喂奶方式不当。婴儿吃奶的时候，如果妈妈的喂奶方式不正确，或者喂奶速度过快，不能满足婴儿吸吮的欲望，即使婴儿吃饱了，可心理上却没能得到充分的满足，也会通过吸吮手指来满足自己的需要。所以，妈妈们在喂奶时要注意观察婴儿的表情，看他是不是感到舒服，是不是有满足感。说到底，母乳喂养不仅仅是要让婴儿吃饱，更重要的是，婴儿可以从妈妈那里得到情感的满足。

婴儿身处萌牙期。在婴儿长小牙的初期，牙床会感觉不适，甚至会有一些痒、疼的感觉。有些婴儿对自己身体变化特别敏感，为了缓解这种不适，他们会尽可能让自己变得舒服一些，而吃手便成了缓解萌牙期不适的好方法，这也是有些萌牙期婴儿一天到晚都在吃手的原因所在。

婴儿吃手的作用

促进智力发育。婴儿在吃手的时候能加强触觉、嗅觉和味觉刺激，促进神经功能发展，促进婴儿智力发育。

锻炼手眼协调性。吃手指的过程能够锻炼婴儿手部的灵活性和手眼的协调性。

如何做好安全保护

注意手部卫生。爸爸妈妈要勤为婴儿洗手，保持婴儿小手干净，以免把病菌带入嘴巴，诱发感冒或肠胃炎。婴儿吃得口唇周围满是口水时，爸爸妈妈要及时帮婴儿擦干净，以避免口唇周围出现湿疹。

寻找替代品。对于那些酷爱长时间只吮吸某个手指，甚至睡觉都要含着手指的婴儿，为免对手指发育造成不良影响，爸爸妈妈在婴儿 6 个月前，可以提供安抚奶嘴，6 个月后可以借由磨牙棒、磨牙饼干等物品作为替代品。

给婴儿剃头发

婴儿第一次理胎发的最佳时期为出生 1~4 个月内。婴儿神经系统发育还不完善，调节汗腺功能弱，出汗时容易滋生细菌，定期理发可有效保护婴儿稚嫩的头部皮肤。不止如此，爸爸妈妈按时给婴儿理发，还可刺激毛囊生长，使婴儿再长出的头发更浓密。

如何选择理发工具

爸爸妈妈为婴儿选择理发器时，首先要选择正规商家生产的婴儿专用理发器，优选超静音设计，以减轻婴儿的紧张感。小婴儿使用的理发器，刀片最好选择陶瓷的，若是选择不锈钢刀片，用得久了转动会受到一定影响，很容易夹到婴儿头发。市面上很多婴儿理发器的固定刀片是钛合金的，活动刀片是陶瓷的，这样的理发器比较适合小婴儿使用。理发器造型美观，色彩鲜亮，婴儿会对这个新玩具充满好感，爸爸妈妈为婴儿理发时，婴儿反感度会大大降低。

理发时间要短

对于这个月龄的婴儿来说，理发的时间应控制在 3~5 分钟内。给婴儿理发前，要先检查一下婴儿头上是否有头垢，如果婴儿头上有头垢，应先用婴儿油软化、清洁头垢后再理发，以免在理发过程中理发器带下头垢，造成婴儿不必要的疼痛或感染。对于不配合的婴儿可在睡眠时进行，依据婴儿睡姿，一天内多次完成。

理发操作步骤

具体操作时，爸爸妈妈要先用酒精棉为理发器消毒，之后先理婴儿前额，再理后脑勺的头发，要由两边往中间进行。如果婴儿清醒时给他理发，剃前额时，可由妈妈抱着婴儿，使婴儿仰面斜躺在妈妈怀里，由爸爸理发。剃后脑勺时，可以让婴儿趴在妈妈的小臂上进行，将大块头发剃掉后，再清理碎头发。理发时切记不要碰到婴儿头皮。理发后，要用极软的毛刷将剪下的碎头发扫掉，以防止婴儿抓挠。婴儿头发完全理完后，要给婴儿洗发，以便清理干净头皮和碎发。

温馨提示：婴儿的“头”等大事

1. 如果婴儿头部长了湿疹，更应及时理发，以防止湿疹进一步恶化。对于头部有湿疹的婴儿，理发时理发器要远离婴儿头皮，以免刺激湿疹。

2. 给婴儿理发，爸爸妈妈一定要熟悉理发手法，如感觉拿捏不准应请专业理发师来帮忙。

3. 胎发是婴儿出生后第一次剪下的头发，具有收藏纪念价值，爸爸妈妈可以用来做些婴儿胎发纪念品留念。

4. 在炎热的夏季，有些爸爸妈妈认为剃光头会更凉快，但事实并非如此。婴儿的头发本身便有帮助散热、调节温度的功能，剃了光头，只会减弱这种功效，而且婴儿剃光头后整个头皮都暴露在外面，若防晒工作做得不好，容易造成婴儿晒伤。所以，不建议爸爸妈妈给婴儿剃光头。

婴儿认生了

婴儿认生是一种与生俱来的自我防御表现，是情感发展的第一个重要里程碑。几乎每个婴儿都会有所谓的“认生期”，遇到不认识的人，或身处陌生环境，婴儿会表现为哭闹不休。

婴儿认生怎么办

婴儿认生期，如果爸爸妈妈过度保护或强加改变，都不利于婴儿认知和社交能力的发展，科学的方法与引导，可以陪伴婴儿顺利度过认生期。

注意给婴儿安全感。爸爸妈妈平时应尽可能多地陪伴婴儿，同时了解婴儿生理、情绪等各方面的需要,这有助于让婴儿拥有更多安全感,对他顺利度过认生期十分有益。

丰富婴儿的生活。爸爸妈妈可以多带婴儿到户外游玩，接受丰富多彩的刺激，特别要让婴儿接触不同人群，熟悉不同人的样子。遇到相熟的人逗弄婴儿时，爸爸妈妈不要因为婴儿哭闹而马上带他离开，而应在给婴儿介绍对方的同时，递给他一些可以安抚情绪的玩具，借以帮助他安静下来。多次训练后，婴儿认生表现将明显减轻。

爸爸妈妈提前做功课。家里来了客人，或是去朋友家做客，为避免婴儿认生，爸爸妈妈不妨提前和客人沟通，做足应对措施。比如，要避免多个陌生面孔同时出现在婴儿面前逗弄他，或是多人一起争着抱他。面对不认识的人，或身处陌生环境，先给婴儿一个熟悉的过程，同时减少一些肢体接触，可减轻婴儿认生的表现。

温馨提示：尊重婴儿的“认生阶段”

1. 不要强行把婴儿放到陌生环境，以为这样有助于改掉认生的毛病，殊不知，这样只会导致婴儿抗拒心理更严重。

2. 不要羡慕别人家认生反应小的婴儿，因为每个婴儿都有独特的、与生俱来的气质。认生是婴儿成长中必经的过程，无论反应强烈与否，只要通过科学的方法，婴儿便可以顺利地度过认生期。

婴儿翻身

3个月的婴儿已经想翻身了。刚开始时，因为不知道怎么用力，翻半天也翻不过去。偶尔翻过去了，也常常因为用力过猛来个“嘴啃泥”。这时，爸爸妈妈可以给他搭把手，轻轻推他一下，他就可以顺利地翻身了。

慢慢侧肩膀。让婴儿平躺在床上，一只手轻轻托住他的一侧肩背，慢慢将他的身子侧过来。在婴儿的身体转到一半时，不再用力，轻轻将他的身子放平，让他回到平躺的姿势。左右交替，每天可以跟他玩几次。

尝试交叉双腿。当婴儿可以熟练地从仰躺变成侧卧时，脸部、手部也可以顺利地转向一侧了，但他的腿可能还不会配合。可以把婴儿侧身时处于上面的那条腿轻轻往要侧身的方向托一下，或者让他的双腿呈交叉姿势，这样方便他把下半身翻过去。

帮婴儿翻转身体。婴儿能够从仰卧翻到俯卧。婴儿由仰卧翻成俯卧时，能主动用前臂支撑起上身时，就可以尝试让他翻身了。扶住婴儿的肩膀和大腿，给他一点儿助力，帮他翻转身体。婴儿成功翻身后，一只手臂往往会被压在身体下，帮他摆好手臂，以后再慢慢训练他自己把手臂抽出来。

用玩具逗引他。妈妈可以在婴儿面前放一个色彩鲜艳或者能发出动听声音的玩具，引起婴儿注意，把他的腿放在另一条腿的上边，当婴儿试图去抓握玩具的时候，在他背后轻轻推一下，一个漂亮的翻身动作就完成了。

温馨提示：翻身大事

1.在训练婴儿翻身时，动作一定要轻柔，不要动作太大，以免弄伤或吓着他。

2.要控制好练习的时间，时间长了婴儿会厌烦。

3.练习时最好给婴儿穿分身、轻柔的衣裤。

4.婴儿还不会从俯卧翻成侧卧或仰卧，所以爸爸妈妈仍然时刻不能离开婴儿，安全第一，万一口鼻周围有东西堵住婴儿的呼吸道，那是很危险的。

每个婴儿的大动作发育快慢不同，加上季节因素、胖瘦不同，节奏就更不一样了，如果婴儿这个阶段还不会翻身，妈妈不要着急。这个阶段，爸爸妈妈可以多多帮助婴儿练习翻身。

春夏秋冬护理要点

春季

这个月的婴儿已经可以将头抬得很稳了，春季时节可以将婴儿抱到外面去接触新鲜空气，让婴儿能够适应自然环境的变化，减少疾病的发生。通过和空气的接触，可以增强呼吸道黏膜、皮肤及神经系统对外界刺激的适应能力。爸爸妈妈每天抱婴儿到户外散步 2 次，时间从 10 分钟开始，逐渐延长到 0.5~1 小时。

夏季

夏季，婴儿的吃奶量会有所减少，如果婴儿喝配方粉，不一定要喂足配方粉包装上标示的分量。天气转凉后，婴儿的食欲自然会恢复。婴儿胃口不好时，爸爸妈妈不要逼迫婴儿吃奶。

炎热的夏季，爸爸妈妈可借由扇子帮婴儿降温，如果使用电扇，电扇要距婴儿 2 米以外，风向不可直吹婴儿。最好不使用空调。

秋季

秋天天气转凉，爸爸妈妈不要急于为婴儿添加较厚的衣服，也不要急于关窗关门，相反，坚持带婴儿到户外晒太阳有助于增强呼吸道抵抗病毒侵袭能力，可以更好地为度过寒冷的冬季做准备。秋季时节，爸爸妈妈要留意秋季腹泻，一旦婴儿出现腹泻表现应及时就医。

冬季

这个月龄的婴儿冬季里也可以到外面进行“日光浴”，只是要选择在每天室外温度最高，阳光最充足的时间外出，以每天 10 分钟左右为宜。同时做好保暖和防冻伤工作。如果受凉感冒，这个年龄段的婴儿症状一般不会太严重，多半是从家人传染而来，事实上适度感染，可以促进婴儿免疫系统成熟，并非坏事。但如果发现婴儿并发有其他症状，比如出现气喘等情况时应及早就医。

3~4 个月婴儿常见问题

夜啼

夜啼是婴儿常见的一种睡眠障碍。不少婴儿白天好好的，可是一到晚上就烦躁不安，哭闹不止，这便是夜啼。婴儿一般不会无缘无故地哭闹，如果他哭个不停，一定是有不舒服的原因。爸爸妈妈要找出原因，积极应对。

婴儿夜啼的害处

人体的生长要靠生长激素。生长激素的主要生理作用是对人体各种组织尤其是蛋白质有促进合成作用，能刺激骨关节软骨和骨骺软骨生长，促进婴儿长个。一旦人体内缺乏生长激素，便会导致生长停滞。生长激素在婴儿晚上熟睡时分泌量最多，若夜啼状态持续时间较长，势必会减少生长激素分泌，影响婴儿长个。此外，婴儿长时间睡眠不佳，对体格、认知、情绪行为发展等方面都会产生不良影响，婴儿不但会表现为发育迟缓，还可能出现许多情绪行为方面的不良表现，比如暴躁、易怒等。所以，如果婴儿连续半个月频繁夜啼，要考虑就医。

导致婴儿夜啼的原因

环境因素。婴儿所处居室太嘈杂、太闷热，或是婴儿穿得过多、被子过厚，或是尿布湿了或者裹得太紧，饥饿，口渴，感觉太冷或太热，都会造成婴儿夜里烦躁而出现夜啼。

消化不良。婴儿消化不良会造成夜里睡不安稳，惊醒夜啼，爸爸妈妈可以摸摸婴儿的肚子，如果感觉他的肚子硬硬的，可能是消化不良所致。

营养元素缺乏。婴儿缺钙也会导致夜里惊醒，进而哭闹不休。

睡眠安排不合理。有的婴儿晚睡早起，午觉睡得过晚或过早，以致夜晚无法提早入睡或入睡时间过早，夜间睡醒了，或是日夜睡颠倒了都容易导致夜啼。

婴儿睡前情绪兴奋。婴儿睡前情绪过度兴奋也会影响睡眠质量，无法进入深睡眠期，惊醒后很难自己入睡，进而哭闹不休。

考虑疾病原因引起夜啼。婴儿夜啼并不都是因为生活饮食、作息不当引起。患有感冒、中耳炎、咽喉炎、细支气管炎、肺炎、肠胃炎等疾病时也会造成婴儿睡不安稳，夜啼哭闹。

如何减少婴儿夜啼

营造良好的睡眠环境。婴儿夜间休息，爸爸妈妈要为他创造良好的睡眠环境，比如室内温度要适宜，光线较暗。盖的东西要轻、软、干燥。睡前让婴儿排尿。婴儿发生夜啼，爸爸妈妈可先摸摸婴儿尿布是否有尿湿，再摸摸婴儿手脚以了解他是否感觉过热或过冷，从而及时处理，当婴儿感觉舒适后很快会再次进入梦乡。

针对需要补充营养素。婴儿每天都会摄入大量含钙丰富的乳汁，但之所以还会出现缺钙问题多因吸收不好所致。维生素 D 可促进钙质吸收，如果婴儿夜啼因缺钙所致，爸爸妈妈要注意遵医嘱为婴儿补充维生素 D 制剂。在天气、温度适宜的时候要常带婴儿进行户外活动，多晒太阳也可补充维生素 D。

合理饮食。婴儿饮食不当，会造成食物在胃部积存，引起肠胃不适，导致夜晚不能正常睡眠。特别要注意夜奶不可摄入过量。因消化不良导致的夜啼，经过饮食调节很容易痊愈。

培养睡眠习惯。爸爸妈妈要注意培养婴儿良好的睡眠习惯，从小建立起良好的生活节奏，以便到睡觉的时间时婴儿便会有困意，从而顺利入睡。婴儿夜里惊醒后，虽说需要一些时间才能重新入睡，但爸爸妈妈不必马上哄婴儿，可先观察几分钟后再处理，有些婴儿哭闹几声后会自己转入下一个睡眠周期。

避免过度呵护。婴儿夜啼，有些爸爸妈妈会一味地迁就婴儿，摇、拍、哄不见效后，只得抱着婴儿满屋走，直到他再次进入梦乡。久而久之，婴儿会依赖爸爸妈妈的“哄觉”，以致夜啼时间越来越长。对于这样的婴儿，当他从夜里惊醒后，爸爸妈妈可以低声和他说话，轻拍他的身体，借语言和动作帮婴儿产生“睡眠的延迟反馈”，从而渐渐改掉夜里哭闹只能满屋走才肯入睡的坏习惯。

如果以上方法无法改变婴儿夜啼情况，需及时就医确认夜啼是否是由疾病引起的。

坠落

因为婴儿行动受限，这个月龄的婴儿坠落多发生在床上。婴儿会翻身之前，把他放在哪儿，他都会老老实实地躺着，不用担心他会掉下来。而到了三四个月，婴儿会跃跃欲试地想要翻身，当爸爸妈妈疏于照顾时，婴儿很可能会在探索“世界”的过程中坠落到床下。

正确处理婴儿坠落

记下婴儿坠落状态。婴儿掉下床后，爸爸妈妈要先记住婴儿坠落的姿势，以便需要求医时仔细描述给医生。之后仔细观察婴儿是否哭闹，同时观察他四肢活动是否受限，或他活动四肢时是否表现出痛苦表情。

先确认其是否骨折。如果不幸发生骨折，婴儿的哭声会告诉你他受伤了，骨折部位常有肿胀、变红等表现。当爸爸妈妈高度怀疑又无法明确判断婴儿具体哪里骨折时不要轻易挪动婴儿，要迅速拨打 120 急救电话，及时就医。就医过程中，动作要注意轻、稳，以免加重损伤。如果婴儿坠落后剧烈哭闹或失去意识，且手脚部不敢活动，需要怀疑是否是颈椎受到伤害或脑震荡及颅内出血。

温馨提示：婴儿坠落后，要马上去医院的情况

1. 头部有出血性外伤。
2. 摔后没有哭，并出现意识不够清醒、嗜睡的情况。
3. 摔后 2 天内出现反复呕吐、睡眠多、精神差或剧烈哭闹等表现。
4. 摔后 2 天有鼻内或耳内出血、流水等情况。

如果摔到头部后引起重度脑震荡或颅内出血，通常会在 24 小时内发作，所以这段时间内婴儿出现上述症状时，要尽快去医院。

安抚婴儿情绪。确认婴儿并无大碍后，爸爸妈妈要注意安抚婴儿情绪。可将婴儿竖着抱起，轻拍他的后背，抚摸他的头部，以增加他的安全感。

持续观察 24 小时。在婴儿坠落后的 24 小时内，爸爸妈妈要注意观察婴儿精神状况，不要让他睡觉，从而方便观察他是否变得嗜睡；是否出现持续性哭叫；是否没缘由地哭闹；是否出现呕吐表现，以及爸爸妈妈感觉与平时不同的其他异常表现。

留意未来几日表现。轻微脑震荡通常不会马上有异常表现，所以，未来几日爸爸妈妈也不要放松警惕，应特别注意婴儿是否有嗜睡、反复呕吐等表现，一旦婴儿表现异常也需及时就医。

如何避免婴儿坠落

爸爸妈妈应仔细检查婴儿床栏杆的挂钩和车轴是否安装安全，小床的栏杆应高于婴儿胸部。

如果爸爸妈妈需要做其他事情要暂时离开婴儿，要把婴儿的床推到自己的视线范围内，以防婴儿不慎坠落。

婴儿的小床要避免放置在靠近窗户的位置，窗户上要加装防护栏。

爸爸妈妈怀抱婴儿上阳台要注意安全，不要一手抱婴儿，另一手做其他事，特别不能将身体探出阳台，以免重心外移，造成意外。

亲密育儿

帮婴儿练习抓握

三四个月的婴儿开始能够有意识地抓握了。手的动作发展与婴儿大脑的发育相互关联、相互促进，同时与手的动作相关联的认知能力也在不断地发展。

爸爸妈妈可以给婴儿颜色、大小、软硬及轻重不同的物体，让婴儿练习抓握，最好每次只给他一个。也可以将悬吊类玩具挂在床边或婴儿车上，让婴儿看和抓，但一定要注意安全。

温馨提示：帮婴儿练习抓握的注意事项

1. 供婴儿抓握的东西不可太小，以婴儿不能把它完全放进嘴里为准。此外还要清洗干净，表面不应有毛刺等容易损伤婴儿皮肤的东西，也不要有容易脱落的小零件和线绳等。

2. 悬挂物体的绳子和接点一定要结实，防止物体坠落砸伤婴儿。

3. 应当及时变换悬挂物的位置，防止婴儿因长期朝一个方向看而产生斜视和偏头的现象。

亲子共读

这个时期的婴儿，开始对周围的事物产生了兴趣，醒着的时候，喜欢到处看。

爸爸妈妈可以把漂亮的图画、人的头像、动物图片等贴在墙上，高度在爸爸妈妈抱着婴儿时，婴儿可以平视的位置为宜。经常抱着婴儿去看看，扶着他的小手去摸一摸，给他讲一讲图片上的事物。这其实就是早期亲子共读的开始。

爸爸妈妈还可以选择一些画面鲜艳、人物形象简单的图书，抱着婴儿，选一个舒服的姿势，拿着书和婴儿一起进行亲子共读。婴儿会非常享受这样的氛围。

鼓励婴儿发音

大约从第三个月开始，当爸爸妈妈和婴儿说话时，婴儿就会用咿咿呀呀的声音“回答”，与爸爸妈妈“交谈”了。爸爸妈妈会发现，婴儿在情绪愉快的时候，常常会自己一个人躺在床上，发出咕噜咕噜的声音。这时，如果爸爸妈妈用微笑和赞许的声音去回应他，模仿他的声音，或者与他“一问一答”地说着，婴儿会说得更起劲儿。

有些爸爸妈妈只顾自己说，而没有给婴儿留出时间。其实这样做只是在“说话”，而不是“对话”。真正的对话是要你来我往的，所以，一定要记得给婴儿留出说话的时间。

为了鼓励婴儿发音，爸爸妈妈可以把婴儿抱起来，和他面对面，用愉快的口气和表情与他说笑、逗乐；也可以用鲜艳的玩具、图片去逗引他发音。一旦他兴奋得手舞足蹈时，就会发出更多的咿咿呀呀的声音。

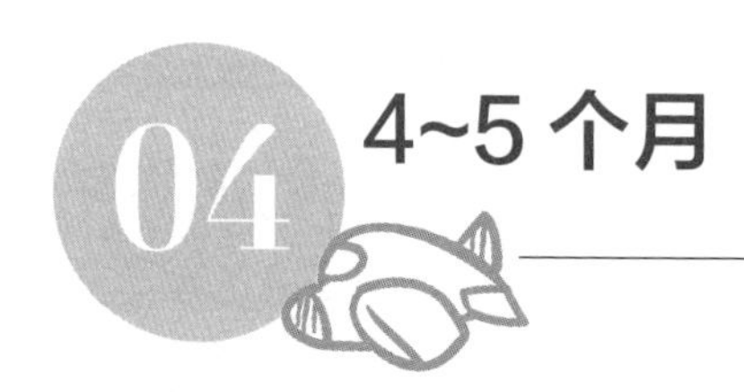

4~5 个月

这个月龄的婴儿

体格发育

出生后第四至五个月，婴儿体重月平均增长 0.55 千克（波动范围在 0.45~0.66 千克之间），身长月平均增长 2.1 厘米，头围月平均增长 1 厘米。

温馨提示：满 5 个月婴儿的体格生长指标的参照值范围

	男宝宝	女宝宝
体重（千克）	6~9.3	5.4~8.8
身长（厘米）	61.7~70.1	59.6~68.5
头围（厘米）	40.1~45	38.9~44

动作发育

直抱时，颈部竖直的时间比上个月更长，婴儿的腰已经能挺立起来了。有时能转头向四周张望。俯卧时能抬头 45° ~90° ，会用肘支撑抬起胸部。仰卧时，能把身体侧过来，双手能抓握玩具，两只小手也能在胸前抓握自玩。

认知与适应

喜欢红色、橙色。能区分成人讲话的声音，听到妈妈的声音会表示高兴。眼睛能随物体转动 180° 。能短暂集中注意力，并开始学会寻找从视野中突然消失的物品。

语言能力

逗他时能笑出声，当大人对着他说话时，有时能咿呀地发出声音。

与人互动

爸爸妈妈对他笑，他会回一个欢快的笑。会扶着奶瓶喝水、喝奶。

喂养的那些事儿

婴儿突然厌奶了

婴儿厌奶的现象普遍发生在6个月之后，但也有婴儿在4个月左右便有厌奶的现象，其发生的原因很多。随着婴儿的生长发育，他的生理发育及感官功能愈来愈成熟，开始对周遭的环境产生好奇并喜欢探索，自然容易对“吃”分心，这是厌奶的主要原因。遇到这种情况妈妈不必着急，也不要强行给婴儿喂奶，强迫进食会使他产生抵触情绪，加剧其厌奶感。厌奶的发生并非就代表着婴儿会营养不良，如果婴儿的成长曲线正常，且活动力一如往昔，无其他异常的现象发生，就像有些生理的不适症状会导致婴儿厌奶，如刚打完预防针、长牙期间、胀气等，这种情形通常持续几天即恢复正常，爸爸妈妈就无须过于担忧。然而如果婴儿食欲仍然不振，且出现活动力变差的情形，则有必要观察他是否有其他的生理疾病了。

不要放弃母乳

母乳喂养可以给婴儿提供温暖和关怀。亲密的肌肤接触、妈妈的爱抚和温柔的目光，会帮助妈妈和婴儿之间建立起最初的亲密关系。

母乳喂养婴儿很少患以下疾病

- 耳部感染。
- 腹泻。
- 肺炎、哮喘和支气管炎。
- 其他细菌和病毒感染，如脑膜炎。

有研究表明，母乳喂养可有助于防止婴儿肥胖、糖尿病、婴儿猝死综合征。

母乳喂养有利于妈妈的健康

促进雌性激素的分泌，从而激发母爱行为。

使新妈妈的子宫更快恢复到怀孕前的大小。

消耗更多的热量，可以帮助妈妈减轻在怀孕期间增加的体重。

推迟月经的到来，以保存新妈妈体内的铁，防止体内铁的流失。

减少患卵巢癌和乳腺癌的风险。

保持骨骼强壮，有助于降低将来出现老年性骨折的可能性。

可以开始给婴儿添加辅食

这个月开始，可以试着给宝宝添加辅食了。一方面，单纯乳类喂养已经无法满足宝宝的生长需要，添加辅食可以成为宝宝生长所需的营养补充；另一方面，添加辅食也是宝宝从单纯乳类喂养向成人食物过渡的阶段，需要家长给予口味上的引导，让宝宝顺利接受成人食物。

一般建议在 6 个月开始引入非乳类泥糊状食物，不要早于 4 个月。如果早于 4 个月就开始加辅食，此时宝宝的消化吸收能力及肾脏功能发育不完善，不能较好地消化吸收淀粉类及非人体蛋白的食物，易出现腹泻、过敏或营养不良等。6~8 个月是宝宝学习吞咽和咀嚼的关键期，如果过晚加辅食，不仅会影响宝宝的体格生长，过了学吃的关键期，还会影响宝宝日后正常进食固体食物以及口腔及语言发育。

具体到每个宝宝何时开始添加要根据宝宝的生长发育成熟情况。家长请注意观察，以下现象说明单纯乳类喂养不能满足宝宝生长需要：

● 如果母乳喂养的宝宝每天喂 8~10 次或配方粉喂养 1 天总奶量达 1 升时仍显饥饿。

● 足月宝宝体重已经达到出生时的 2 倍，当给予宝宝足够乳量但体重增长缓慢。

如果出现以下现象：

● 当宝宝看到成人吃东西会做出咀嚼的样子。

● 坐着时会将头转向食物，吃后将头转开。

● 已学会用勺喝水、喝奶，当用匙喂宝宝泥糊状食物时会有意识张口接受并顺利吞咽，提示宝宝已经具备接受泥糊状食物的能力。

上述情况表明宝宝做好了吃辅食的准备，应开始添加辅食。

喂养顺序：先喂辅食，后喂奶，一次吃饱

每次辅食添加的时间应该安排在两次母乳或配方粉之前，先吃辅食，紧接着喂奶，让孩子一次吃饱。添加辅食之初，每次辅食的进食量有限，需要再补充奶，才能让孩子吃饱了。这样做能够避免出现少量多餐的问题。少量多餐不仅会影响孩子进食的兴趣，还会影响消化的效果。辅食添加的规律为一天两次。

怎样选择添加的食物

首次给孩子添加的辅食最好的选择是婴儿营养米粉。婴儿营养米粉和配方粉一样是专门为婴幼儿设计的均衡营养食品。它所含的营养成分比较全面，营养价值远远超过鸡蛋黄或者蔬菜泥等营养相对单一的食物，更能满足婴幼儿的生长需求，并且过敏发生的概率也低。强化铁的营养米粉还能够补充此时孩子消耗殆尽的铁储备。

除了营养方面的优势，婴儿营养米粉还非常容易调成均匀的糊状，方便简单，味道接近母乳或者配方粉，更容易被婴儿所接受。

小儿辅食添加的原则：少量、简单

开始添加辅食的时间在 4~6 个月，启动辅食也需要两个月时间，按着少量、简单的原则，一种一种地给孩子添加辅食。仔细观察孩子的接受情况，以便随时调整。

开始添加第一种时，可以在一天之内喂食两次，连续 3 天。3 天之内要留心观察，如果孩子接受良好，那么一周以后可以再添加另外一种新食物。如果孩子出现异常反应，要暂停，3~7 天后再添加这种食物，如果问题再出现，应考虑孩子对该种食物不耐受，需要停止至少 3 个月，并咨询医生。

妈妈上班了，奶水怎么保持充足

妈妈上班后，工作压力大、情绪紧张、婴儿吸吮减少等因素可能会导致奶水减少。但注意以下几点，可有效避免奶水减少。

调整好心态，坚定母乳喂养的信心，逐渐适应恢复工作与照顾婴儿的双重压力，保证足够的睡眠与休息时间，合理膳食，均衡营养。

每天至少泌乳 3 次（包括喂奶和挤奶），最好达到 4~6 次，工作期间每 3 小时挤奶 1 次，喂奶时让婴儿充分吸吮乳房，刺激乳汁分泌。

准备吸奶器，上班感觉涨奶时即可挤奶。每次挤奶量以排空两侧乳房，即感觉到乳房柔软为佳。

温馨提示：抽出时间挤奶或给婴儿喂奶

在一天的忙碌工作中，抽出时间挤奶或给婴儿喂奶，都是强化妈妈角色的好方式。工作一天后把婴儿抱在怀里哺乳，重续亲情，对妈妈和婴儿都是一件惬意的事情。母乳喂养时释放的激素有助于妈妈放松和缓解压力，更好地舒缓妈妈、妻子和员工三重身份所产生的压力。

母乳的保存和加温

母乳的保存

母乳挤到奶瓶里后要立即放入冰箱中冷藏保存，上班的妈妈在下班后用冰盒或保温袋尽快带回家，再放入冰箱中冷藏。

家用冰箱的冷藏温度一般在4~5℃，这种条件下母乳最长可保存48小时。但由于母乳在储存与转运过程中难以一直保持适宜的温度，因此建议尽早喂给婴儿。

如果要长期保存挤出的母乳，可以用母乳专用储存盒或保存袋，在-18℃的冷冻室中保存。冷冻的母乳在3个月内使用是安全的，喂奶前用温水将母乳温热到38~39℃即可，但吃不完不能再冷冻。

母乳的解冻和加温

把存奶的容器竖直放在温水里解冻和加热。加热母乳时把容器晃一晃，使温度分布均匀。在喂给婴儿之前再把奶瓶晃一晃，让分离的乳脂和奶水混合起来。

加热时温度不要过高，否则会破坏其中的酶和免疫成分。不要把冷冻的母乳放在火炉上解冻，以免加热过度。不要用微波炉加热，因为这不仅会造成加热不均匀，也会破坏母乳中有价值的成分。尽量使用温奶器加热母乳。

温馨提示：在室温条件下，母乳的保存时间

温度	保存时间
25~37℃	4小时
15~25℃	18小时
15℃以下	24小时

日常生活护理

婴儿要长牙

婴儿乳牙萌出时间个体差异很大，有的婴儿可能在第四个月小牙齿就露头了，而有的婴儿快1岁了小牙齿还没露出头来。多数情况下，这种差异是正常的，爸爸妈妈不用担心。

婴儿出牙的顺序

婴儿乳牙长出的顺序如下，只要在个体差异的范围内，都属正常。

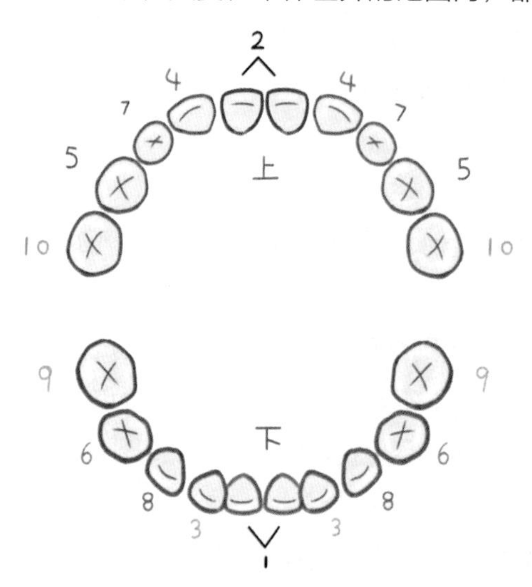

发现婴儿长牙迹象

婴儿快出牙时，爸爸妈妈会发现婴儿牙龈有些红肿，不久就会出现一个白点，这是小牙露头的表现。有的婴儿出牙时会有两腮发红、爱流口水的表现，喜欢把东西塞到嘴里咬；有的则会有发低烧、轻微疼痛等表现，但发烧通常不会超过 38℃。牙齿在往外拱的时候，会顶着牙龈，压迫神经末梢，引起轻微疼痛。很多婴儿在出牙期间，会因为疼痛而不好好吃奶，甚至表现得烦躁、哭闹不休。

缓解出牙不适的物品

婴儿出牙后，牙胶、磨牙棒这些有助于他出牙的小物品便可派上用场了。爸爸妈妈可以让婴儿随意咬，有助于缓解牙龈不适，对促进出牙也有一定帮助。而专门为出牙期婴儿设计的磨牙饼干也很实用，可按摩牙龈，有助于牙齿萌出，缓解出牙牙龈的不适。

婴儿长牙时的日常护理

及时给婴儿擦干净口水。出牙时，婴儿的口水要比平常多一些。加上婴儿因为牙龈又痒又疼，把手放到嘴里咬，口水就更多了。这时爸爸妈妈要及时帮婴儿把口水擦掉，并在婴儿下巴处涂抹一些护肤霜，防止下巴出现红疹。

让婴儿咬咬牙胶。婴儿出牙时牙龈会有轻微痛感，妈妈可以将牙胶放在冰箱里冷冻后让婴儿咬，能够起到快速镇痛的作用，或给婴儿一些专门为出牙婴儿准备的磨牙饼干，帮助他缓解牙龈疼痛。

婴儿长牙前漱口、纱布或指套牙刷并用。用漱口的方式清洁，即饭后让婴儿喝一点凉开水。把小纱布或小毛巾缠在食指上，伸入婴儿嘴里清洁口腔。用套在爸爸妈妈手指上的指套型乳牙刷给婴儿刷牙床。

格外注意婴儿长牙后的口腔护理

喝完奶后要漱口。婴儿喝完奶或果汁后，一些奶液或果汁会黏附在牙齿上。每次喝完奶或果汁后让婴儿喝上几口白开水，可以冲刷掉这些残留的汁液，帮助婴儿清洁牙齿。

用纱布擦洗牙齿。爸爸妈妈将手洗干净，然后在手指上缠上湿润、清洁的纱布或戴上润湿的指套牙刷，轻轻擦干净婴儿的牙齿，并轻轻按摩他的牙床。

可沿用长牙前的清洁方式，也可使用婴儿专用的软毛牙刷。使用牙刷时一定要轻，以免使婴儿牙龈不舒服。爸爸妈妈将婴儿抱在怀里，让婴儿的头靠在自己的胸前，一只手托住婴儿的头部，另一只手用小牙刷轻轻清洁婴儿的牙齿和按摩牙龈，每天一次即可。

勤给婴儿换口水巾

婴儿长牙期唾液分泌增多，但他口腔较浅，加之闭唇和吞咽动作还不协调，不能把分泌的唾液及时咽下，所以开始长牙的婴儿会不自觉地流口水。特别是夏季，不断流出的口水很容易刺激颈部和胸部皮肤。为了保护婴儿颈部和胸部皮肤，同时减少给婴儿换衣服的次数，实用的口水巾便派上用场了。

如何选择婴儿口水巾

选材质。防水型口水巾。防水型口水巾可以避免婴儿的口水打湿衣服，但这种口水巾透气性会差一些，但对于口水流得较多的婴儿比较适用。全棉口水巾。全棉口水巾不会伤及婴儿皮肤，爸爸妈妈选择时要注意选择双层的，以免太薄用不了多久就会透湿衣服，适合口水较少的婴儿。毛巾型口水巾。毛巾型口水巾比较厚实，但缺点是婴儿口水蒸发后，质地会变硬，不会像新的一般柔软，容易将婴儿下巴磨红。适合口水较多的婴儿，但要注意及时更换。

看款式。口水巾不宜过大。婴儿口水巾不宜过大，以免佩戴不合适，起不到真正保护颈部皮肤的作用。此外，爸爸妈妈选择时应首选简单设计，不要追求过多的花边设计。粘扣设计为佳。婴儿口水巾优选粘扣设计，穿脱较方便，若选择系带式设计，要注意不要系得太紧，喂完饭或婴儿独自玩耍时不要戴，以免造成意外。

婴儿口水巾准备数量

婴儿口水巾不是备得越多越好，口水巾的准备数量没有具体的规定，爸爸妈妈可以根据婴儿流口水的多少，以及室内的温度，口水巾多长时间能晒干等情况自行决定。一般建议在清洗晒干期间有足够使用的条数即可。

勤换口水巾

口水巾的作用主要是防脏、避免刺激婴儿肌肤，所以，当口水巾上满是婴儿口水时，爸爸妈妈切记及时更换。口水巾保持整洁和干燥，婴儿才会感到舒服，并且乐于使用。

婴儿口水巾洗涤方式

洗涤口水巾时，可用温和的洗衣液或婴儿专用香皂清洗，洗后要用开水烫烫或放到太阳下晾晒，不要使用消毒剂，以免清洁不彻底刺激婴儿皮肤。如果婴儿的口水巾越洗越硬，可以将口水巾放到盐水里煮一下，佩戴时提前用手搓柔软再给婴儿使用，实在太硬时要更换新的口水巾。总之，要保证口水巾质地柔软以免刺激婴儿皮肤。

喂辅食后，婴儿大便的变化

婴儿开始添加辅食后，大便会变得较硬，而且颜色也会发生变化，比如添加的豆类和其他绿叶蔬菜会使大便变成绿色。由于所添加的辅食中含有糖和脂肪，这样婴儿大便的气味会更大。

如果婴儿的饭菜制作得不够精细，他的大便里面会出现没有消化的食物残渣，尤其是豆子、玉米、西红柿或其他蔬菜的皮。别担心，这属于正常现象。因为婴儿的消化系统还没有发育成熟，要充分消化这些新添加的食物还需要时间。

但当婴儿的大便特别稀，呈水样或充满黏液时，就意味着消化不良了。此时，应减少婴儿辅食的摄入量，让他慢慢建立起对辅食的耐受性。如果大便情况仍未见好转，就需要咨询儿科医生，看看婴儿的消化系统是否出现了问题。

婴儿日常衣着要宽松

衣服的款式。婴儿衣着款式以简单为主。由于婴儿的四肢喜欢活动，故衣服要做得既宽松又不妨碍婴儿自由活动，而且应该方便更换。所以有袖偏襟衣服是初生婴儿的最佳衣着选择，连脚裤也如此。选择时最重要的考虑，应为是否方便更换尿布。

内衣方面。要选择有袖、宽松一些的。目的也是方便婴儿活动和更换尿布。无论外衣或内衣，都需要前面开口，尽量不要选择套头穿的衣服，衣服不必有领子，因为婴儿颈部比较短。

布带代替扣子。婴儿衣服尽量不要或少有扣子，而是用布带，布带应分别缝在左右两边。以免活泼的婴儿轻易将衣服挣松。布带一旦脱落，需要尽快缝补妥当，以便适当地为婴儿穿着及固定。

向上抛扔婴儿非常危险

有时为了逗婴儿高兴，爸爸会把婴儿高高地抛向空中，或者让婴儿站在自己的手掌上来回旋转走动。但婴儿颈部肌肉不发达，柔软娇嫩，对头颅支撑力弱，当剧烈摇晃或震荡头部，或把婴儿向上抛时，容易导致伤害。

给婴儿安全洗澡

婴儿马上就能坐了，也会更好动，现在给婴儿洗澡可能会出现新的安全问题，比如澡盆里很滑，婴儿的皮肤也很光滑，而且他还远不能控制好自己的身体，很容易滑倒，发生摔伤或者呛水、溺水；如果放水的时候不注意，过高的水温也会让婴儿烫伤，等等。

给婴儿洗澡的安全注意事项

任何时候都不要让婴儿在没人看管的情况下待在浴盆里。洗澡前把需要的东西都准备好，以免要离开去取；如果洗澡过程中有人敲门或电话铃响，而爸爸妈妈又必须去开门或接听，要用浴巾裹起婴儿，抱着他出去做事。

往浴盆里放水时不要先把婴儿放进去，放水过程中水温在 40℃左右比较适宜。婴儿进水前一定要量水温，或用手肘试试水温是否适宜。

婴儿 6 个月之前，浴盆里只需放大约 5~8 厘米深的水。对更大一些的婴儿，水深也不要高过他坐着时的腰部。

不要让婴儿够到水龙头。万一婴儿自己无意中打开水龙头，尤其是热水龙头，可能造成严重的伤害。

有水的地方易滑，而且婴儿身体也滑，因此，爸爸妈妈自己要注意站稳，并把婴儿抱稳。

这个阶段的婴儿玩具

婴儿越来越好奇，他不仅喜欢玩具，也喜欢玩各种日常用品。爸爸妈妈可以和婴儿一起去发现身边的各种“玩具”，并发明更多好玩的游戏。当然，前提是要保证婴儿的安全。

玩具的推荐

色彩鲜艳的图片、大镜子、沐浴玩具、小皮球、铃铛、积木、小拨浪鼓、手绢、音乐盒、健身架、悬吊的玩具。

玩具的清洁

玩具会一直陪伴婴儿，给他快乐，帮助他成长。因此，要给婴儿好的、安全的玩具，才能让它们真正成为陪伴婴儿、促进婴儿发展的好伙伴。需要注意的是这么大的婴儿很喜欢把玩具放到嘴里啃咬，这是此阶段的婴儿感知世界的重要方式。所以，为了健康和安全，爸爸妈妈要注意清洗婴儿经常玩的玩具。清洗时，用清水洗净即可，不必天天消毒。

玩具的选择

益智。玩具是否益智，要看他是否适合婴儿的年龄和成长发育需要。在现在这个月龄，正是婴儿发展手眼协调能力的时候，适合玩可以锻炼他小手的玩具，如摇铃、大块的积木等，而那些复杂的拼图，对这么大的婴儿来说并不合适，也就谈不上益智作用了。

适龄。选玩具时，要看一看包装盒上写的玩具的适合年龄。有些大孩子玩的玩具带一些小零部件，很容易被婴儿抓下来放进嘴里，造成窒息。对大孩子安全的玩具，对婴儿却不一定安全，所以还是要按照婴儿的年龄来选购玩具。

质量。要注意检查玩具的质量和安全性。仔细查看玩具是否掉色、是否有毛刺、边角是否尖锐锋利、是否有气味。尽量到正规商店购买，不要为了便宜在路边摊购买。

春夏秋冬护理要点

春季

气候干燥，要多给婴儿喝水。母乳喂养的妈妈在这个季节要少吃辛辣、海鲜食品，以减少婴儿过敏反应。

夏季

要及时给婴儿补充水分，预防脱水热。婴儿体温高时，不要盲目认为是感冒而给婴儿吃感冒药，先洗澡降温，每天坚持洗 3 次澡。还要防止蚊虫叮咬，注意婴儿餐具消毒。

秋季

继续保持每天 2 小时以上的户外活动，注意减小室内外温差，不要着急关窗。秋季婴儿要预防腹泻。一旦腹泻，要及时看医生，学习口服补液盐的使用方法，可以使婴儿免受静脉注射之苦。

冬季

不要让室内温度过高，因为婴儿的呼吸对温差的适应能力是有限的。

4~5 个月婴儿常见问题

口水增多

随着婴儿长大，口水分泌量会增加，尤其是这个月龄的部分婴儿已经开始添加辅食，辅食中淀粉等食物会刺激唾液分泌，婴儿吞咽能力还没有发育完善，所以唾液很容易流出来。加上有些婴儿会在这个月龄萌出乳牙，出牙时对牙床的刺激也会使口水量大增。

口水增多的护理

随着婴儿乳牙出齐，口腔增大，吞咽能力增强，流口水的现象会慢慢消失。但是唾液对皮肤有一定的刺激作用，在婴儿口水增多的时候要精心护理，避免口周皮肤发红、起疹。具体方法如下：

用柔软的手帕或餐巾纸轻轻蘸去婴儿嘴边的口水，保持口唇周围皮肤干燥。

除擦拭外，还要注意多用清水清洁婴儿口唇、颈部皮肤，让婴儿脸部、颈部保持干爽。

给婴儿挂个全棉的口水巾，以免唾液把颈前和胸上部的衣服弄湿，柔软、略厚、吸水性较强的布料是首选。婴儿的围嘴和上衣要经常换洗。

在乳牙萌出期，可给婴儿咬软硬适度的磨牙胶，6 个月以上的婴儿可啃咬磨牙饼干，既能减少出牙时的牙龈不适，还能刺激乳牙尽快萌出，减少流口水。

如口唇皮肤发红，需涂抹婴儿护肤膏。

什么时候可以不流口水

由于每个婴儿的成长发育情况不同，发育较快的婴儿 1 岁 6 个月时就会停止流口水，大部分婴儿在 2 岁之前会因为肌肉运动功能的成熟，能逐渐有效地控制吞咽动作，停止流口水。如果婴儿到了 2~3 岁牙齿长齐后，口水仍流个不停，就要小心婴儿有罹患口腔、咽喉黏膜炎症等疾病的可能，需要去医院检查治疗。

婴儿流口水的异常情况

在某种情况下，婴儿流口水是疾病的一种反映，爸爸妈妈要学会判断，以便婴儿能及时得到治疗。

婴儿才出生，但口中的唾液量很明显比其他新生儿多，常常以口水吹泡泡，而且喂养也很困难，需要就医。

婴儿全身软弱无力，喝水或吃奶时吮吸力较差，容易呛咳，口水持续而不间断地流出，运动发育较其他婴儿缓慢，应怀疑婴儿是不是有先天性脑部疾病，也需就医检查。

婴儿出现持续性的不明原因的发烧，除口水很多以外，也很容易流汗，但泪水很少或完全没有，皮肤出现斑点，为排除婴儿罹患先天性自律神经功能障碍也需就医诊断。

婴儿除了口水较多外，嘴唇、口角或嘴巴周围出现水泡，这种情况可能患了口腔炎，需要就医治疗。

如果婴儿皮肤已经出疹子或糜烂，要去医院诊治。如果需要涂抹抗生素或止痒药膏，最好在婴儿睡前或睡着后擦药，以免婴儿不慎吃入口中，影响健康。

枕秃

枕秃是指婴儿睡觉时，头部和枕头接触的部位出现头发稀少或没有头发的现象，一般会在枕部出现一圈头发生长不正常的症状。这个月龄的婴儿因为还不会自主翻身，头部与枕头经常摩擦，因此很容易出现枕秃。

导致婴儿枕秃的原因

宝宝躺着的时间多。小宝宝还不会坐和站，大部分时间都是躺在床上，或被家人抱着，小脑袋不是与枕头、床单接触，就是与衣服或臂弯的皮肤接触；而且小宝宝除了能控制颈部，可以来回摇头外，还不会翻身，因此小脑袋在枕头、床单、衣服、臂弯处来回蹭的机会远多于能坐、能站的宝宝。由于反复摩擦，小宝宝的头发就会被磨掉，尤其是后脑、耳朵两侧等凸起部位的头发最容易被磨掉，由此形成枕秃。

出汗过多。由于小宝宝的生长速度快，新陈代谢旺盛，又加上小宝宝控制出汗的交感、副交感神经系统发育不完善，大多数宝宝都容易出汗，尤其在入睡、刚睡醒、吃奶时，常常满头大汗。由于受到汗水的刺激，宝宝摇头更频繁，而汗水加上摩擦，更容易引起局部的头发脱落。

喜欢摇头。很多宝宝在入睡前或烦躁时，习惯性地以摇头作为自我安慰的方式，这也是造成枕秃的原因。少数宝宝入睡前摇头的习惯可能一直持续到两三岁。另外，如果宝宝患有湿疹，会因为头部瘙痒等原因而摇头更猛，加重枕秃，而湿疹本身由于造成局部皮肤炎症也妨碍毛发的生长。

改善枕秃

既然造成枕秃的主要原因是摩擦和出汗多，那么，减少枕秃的关键就在于减少相应部位受到摩擦以及减少出汗。

多竖着抱。为了减少局部摩擦，妈妈不妨多点时间竖着抱宝宝，当然，对还不能抬头的小宝宝一定要注意保护颈部。刚满月的宝宝可以靠在妈妈肩膀上，两三个月的宝宝可以靠在妈妈胸前，或抱的时候用手托住他的颈部。一般到了 3 个月，宝宝基本已能控制颈椎，能很好地抬头并能转头，此时只需要注意护住宝宝腰部就可以了。很多妈妈怕会伤着宝宝脊柱，宝宝 3 个月了还一直横着抱，这样不仅宝宝不乐意，而且还会妨碍宝宝观察外部世界，不利于立体视力的发育。

让他多趴趴。随着宝宝长大，可以逐渐延长他趴着的时间，既能减少头部与枕头、床单、衣物摩擦的机会，又能让他通过抬头来锻炼颈部肌肉，让他更好地控制颈部。

经常变换睡觉位置。对于还不会翻身的小宝宝，可以经常变换睡觉位置或经常更改睡觉姿势，尽量使宝宝已经枕秃的部位少受摩擦。

及时擦汗。宝宝出汗多是生理性的，无法改变，因为宝宝出汗多的主要原因是交感、副交感神经系统发育还未完善。我们可以做的，是在宝宝出汗后及时擦干，经常给他洗头，帮他消除不适感，从而减少宝宝的摇头和摩擦次数。

枕秃是一个暂时现象，是否有枕秃与宝宝的健康状况几乎无任何相关性。随着宝宝逐渐长大，能自己坐、自己站，躺着的时间减少，以及入睡和睡眠的逐渐安稳，等，枕秃也就自然消失了。

温馨提示：剃头不是减少枕秃的良方

有的父母认为，宝宝出生后应该将胎发剃光，这样可以减少枕秃，让宝宝的头发长得更浓密。其实，曾经尝试过给宝宝剃光头的父母已经发现，把宝宝的头发剃光后，没多久其他部位的头发就会长出来，而枕秃部位还是光光的。所以，摩擦以及容易出汗这两个引起枕秃的问题不解决，枕秃也是不可能改善的，只能静待宝宝长大，让枕秃自然消失。

分离焦虑

分离焦虑是婴儿常见的心理现象之一，简单地说就是婴幼儿与某个人产生亲密的情感联系后，又要与之分离时，产生的伤心、痛苦，并借由哭闹等表示拒绝分离的情绪。从婴儿3个月起便会有此表现，在这个月龄表现也将更为明显。从某种程度上来讲，分离焦虑说明婴儿比以往更聪明了，是发育成长的表现。

分离焦虑的年龄特点

4~6 个月。这个阶段的婴儿已经能够区分熟人和生人了，对熟悉的人会表现出愉快的情绪，而对陌生的面孔则有所抗拒。当与熟人分离时，婴儿往往有哭闹、叫喊等表现，但程度较轻，当他与其他人熟悉一小段时间后，很快就能够适应。

6~24 个月。这个年龄段的宝宝正处于分离焦虑最厉害的阶段，尤其是在将近2岁的时候，宝宝的依恋关系十分单一化，他会在熟人圈里寻找跟自己关系最亲近的人，对陌生人会非常排斥。

2~3岁。2~3岁的宝宝对亲人的依恋程度逐渐减轻，能够容忍与亲人短暂的分离。如果事先沟通好，他会明白亲人走了还会回来，分离焦虑感表现相对较轻。

3 岁后。这个阶段的宝宝对亲人离开现象已经有了正确的判断，很容易沟通，适应能力明显增强，通常不会哭闹不休。

如何面对婴儿分离焦虑

给予分离缓冲期。当爸爸妈妈需要和婴儿分离前，应提前准备一段缓冲时间，一来方便做好和接替者的传递工作，让接替者了解婴儿的各种习惯和对分离焦虑的反应程度，提前做好准备。同时也有利于让婴儿熟悉接替者，减少分离焦虑。二来爸爸妈妈也可以明确告诉婴儿自己要去哪里，去做什么，尽可能多安抚婴儿，减少他面对分离时所产生的焦虑和不适应行为。

避免偷跑行为发生。当爸爸妈妈与婴儿分开时，千万不要偷偷或强硬地与婴儿分开，这样只会让婴儿以后更加关注爸爸妈妈的一举一动，加重不安全感。与婴儿告别后不要一步三回头，否则会让婴儿觉得爸爸妈妈也那么留恋他，从而加重分离焦虑表现。

给婴儿准备贴心物品。有些婴儿有独爱的玩具，当爸爸妈妈与婴儿分开时，可将他喜欢的玩具递给婴儿，这些物品可以带给婴儿安定、信任感，有助于缓解分离焦虑感。

增加陪伴时间。如果爸爸妈妈经常陪伴婴儿，会增加婴儿安全感，这样的婴儿通常比较乐观，对幸福较有把握，分离焦虑感较弱。但如果爸爸妈妈平日对婴儿疏于照顾，他的依赖心理没有获得满足，面对分离时会表现得更加害怕、悲观，分离焦虑感会格外强烈。

多接触他人。爸爸妈妈应有计划地多带婴儿外出，多接触其他人，并且鼓励婴儿主动与其他人交往，这样有助于培养婴儿的社交能力，同时也可以有效降低婴儿对爸爸妈妈的依赖感。

爸爸妈妈端正心态。爸爸妈妈不必过于紧张婴儿的分离焦虑，那只会加深婴儿对爸爸妈妈的依赖。对于减轻婴儿的分离焦虑没有什么立竿见影的方法，随着婴儿慢慢长大，这种现象会自然消除。相反，婴儿对亲近的家人的反应总是格外敏感，爸爸妈妈的过度在意于婴儿顺利度过分离焦虑无益。

内斜视

斜视，是指两眼视轴（视线的方向）不平行，当一只眼注视目标时，另一只眼视轴偏离目标，使两眼不能同时注视同一目标。斜视有很多种，常见有内斜视、外斜视和垂直斜视。内斜视是一只眼注视目标时，另一只眼视轴发生向内的偏斜，医学上称内斜视，俗称“对眼”“斗鸡眼”。

婴儿出生 3 个月以内，眼球运动尚不协调，还不能稳定地注视某一点，一般这一时期不去判断有无斜视。婴儿出生 3 个月以后如果仍怀疑“对眼”，应去小儿眼科检查。内斜视需要尽早干预，以获得视力和双眼视功能的较好预后。

引起婴儿内斜视的原因

斜视形成机制复杂，不同类型的内斜视其病因不同，目前有不同学说，如肌肉学说、融合机能缺陷、调节学说等等，早产、围产期疾病、遗传性疾病、母药物滥用、斜视家族史等都是斜视发病的危险因素。

根据发病年龄，出生后 6 个月以内发病的内斜视，称为先天性内斜视或婴儿型内斜视。这种内斜视一般没有明显屈光不正，可能有强直性集合，即双眼内聚能力超过外展能力。常合并垂直分离性斜视、眼球震颤等。

后天性内斜视中，有一部分是由于儿童存在中高度远视眼引起。常于 2 岁左右发病。由于远视眼没有及时戴镜矫正，孩子在试图看清注视目标时就需要较大调节力而引起过度集合，产生内斜视，即调节性内斜视。

有的内斜视并没有明显远视，其成因是由于两眼集合与分开能力不平衡所致。

还有继发性内斜视，是继发于出生早期病变如先天性白内障及其他角膜、眼底的器质性疾病造成视力低下引起。

内斜视给婴儿带来的危害

由于内斜视一只眼视轴向内偏斜，两眼不能同时注视同一目标，在目标落在注视眼黄斑中心凹时，一方面目标影像落在偏斜眼黄斑中心凹之外，从而出现重影；另一方面，其他物体影像落在偏斜眼黄斑中心凹上而出现混淆视。在这种情况下，为了不形成混乱，大脑会主动压抑偏斜眼的视觉，久之偏斜眼视力发育就会受到影响而形成弱视。有的内斜视儿童形成了两眼交替注视，视力发育不受影响，但是由于两眼长期分别注视而不是同时注视，大脑双眼细胞不能正常发育，立体视功能也就得不到正常发育而形成终身立体视缺陷。此外，由于斜视影响外观，也会影响孩子社会心理健康发育。

3 岁以前是婴儿视力发育的关键期。及时治疗偏斜眼弱视，纠正眼位有可能使视力正常发育，并获得一定的双眼视功能。如果错过最佳治疗期，儿童视力和立体视发育可能受到更严重的影响。有些内斜视还伴有其他垂直斜视、眼球震颤等，如果没有得到及时治疗，还会引起脊柱、颈部、面部发育异常等问题。

这些表现需要就医

外观呈现一眼或双眼向内偏斜，即疑似“斗鸡眼”。

婴儿在户外，尤其是在阳光下，会不自觉地眯起一只眼睛。

走路、下楼梯不敢走，容易摔跟头。

婴儿注视一个物体时常歪着头、侧着脸，也需要就医检查。

婴儿内斜视的治疗

在婴儿期，婴儿视觉系统处在生长发育的旺盛阶段，具有可塑性，年纪越小可塑性越大，治疗效果也就越好。婴儿斜视的发病原因不同、类型不同，治疗方法也不一样。一般可分为手术疗法与非手术疗法。

手术疗法。先天性内斜视与垂直斜视、非调节性而且斜度大的斜视通常需要借手术方法来矫正。

非手术疗法。

1. 戴镜。内斜视儿童经常伴有远视眼。而远视眼超过 +1.5D（俗称 150 度）即需要戴足矫眼镜矫正远视眼。完全屈光性调节性内斜视通过戴镜矫正远视眼，即可以消除内斜视。有些内斜视通过戴镜矫正远视，可以减少斜视程度。戴镜后要每隔 1~2 个月找医生复查 1 次，一般戴合适的眼镜半年以上才能观察到确切稳定的效果。戴镜后依据年龄大小需要每 3 个月、半年或 1 年重新散瞳验光 1 次，以及时根据婴儿成长变化情况调整眼镜至合适度数。

2. 遮盖健眼。采用遮盖健眼法有助于提升偏斜眼视力。方法是，用眼罩或者眼贴将视力好的一只眼睛遮挡起来，强迫视力弱的眼睛看东西。但是遮盖好眼时间是依据年龄和两眼视力差距而确定的，遮挡时间一定要遵医嘱，以免把好眼遮盖成弱视眼。施行遮盖治疗后也需要每隔 1~2 个月按医嘱及时复查，小婴儿复查间隔更短。

3. 同视机训练。有些内斜视儿童，在接受其他治疗方法的同时，可能需要辅助同视机或其他双眼视训练。但是这需要符合适应证，不要盲目训练徒添经济压力和时间成本，一定要在专业医生指导下进行，这些训练在一定条件下可能对内斜视、视力、立体视有一定帮助。

内斜视戴镜注意事项

内斜视儿童戴镜的主要目的是为了矫正眼位和提高视力。内斜视儿童合并弱视，戴上眼镜后视力不会马上提高，要通过训练才会逐渐提高。此外，矫正内斜视的眼镜多为远视足矫眼镜，儿童初戴时可能视力不仅不提高，反而不如不戴镜清楚。初戴镜时孩子也许不适应，但为了达到治疗目的，爸爸妈妈应强迫他坚持戴镜，经过一段时间睫状肌被迫逐渐放松，便不会感觉不适了，斜视程度和矫正视力也随之好转。

如何预防婴儿内斜视

内斜视有的是先天性的，有的则是后天形成的。先天性内斜视目前还没有办法预防，后天性内斜视有些是由于没有及时发现孩子远视眼，没有及时矫正治疗而引起的。如果能尽早通过屈光、视力筛查发现中高度远视眼并积极配戴合适的眼镜，就有可能避免孩子出现内斜视。

积极参加妇幼保健院、幼儿园视力屈光筛查活动，尽早发现孩子屈光视力异常。

多进行户外活动，保持室内光线明亮，不过早教孩子认字看细小图案，避免中高度远视眼孩子过早看近动用调节而早早发生内斜视。婴儿小床上悬挂的玩具不可过低，有中高度远视的孩子经常盯视过近物体容易早发内斜视。可以多挂几件，高度适宜，有利于婴儿眼珠向各个方位转动。

平时孩子清醒时，爸爸妈妈应不时将婴儿抱起走动，方便婴儿观察周围事物，从而增加眼球的转动，增强眼肌和神经的协调能力。

新生婴儿看上去内斜视可能属于假性内斜视

有些孩子在出生的最初一两年，由于眼睛的睑裂短，看起来两眼间距比较宽，加上鼻骨没有发育成熟，鼻梁扁平，使得两眼黑眼球看起来离大眼角（内眦角）近，甚至转动眼球时被大眼角遮盖部分黑眼球，造成“对眼”的外观。小儿眼科医生检查时，眼位是正的，并没有内斜视。这属于“假性内斜视”。对于大多数婴儿来说，这是暂时的、正常的生理现象，待婴儿再长大些，鼻梁长高，睑裂增长，眼角能露出后，一般便不会有此表现了。但对于 3 个月以上眼球运动已比较协调的婴儿，若父母怀疑有内斜视表现，爸爸妈妈仍不可疏忽大意，应先带婴儿就医检查。

亲密育儿

瞧瞧看看

3~4 个月后，婴儿的眼睛可以很好地聚焦了，也就是说可以看清楚东西了。因此，他们开始喜欢盯着周围的事物看，好像刚刚发现这些东西一样。从视觉上看，此时的婴儿具备了分辨红、绿、蓝等基本颜色的能力。听觉也更加灵敏，头部的转动更加自如。这些能力的发展，都有助于婴儿捕捉更多的信息。因此，在婴儿心情好的时候，可以带着婴儿四处瞧一瞧，看一看。

从室内到户外，凡婴儿能够接触到、观察到的玩具、物品以及其他事物，都可以教他看一看，认一认。比如，起床的时候，跟婴儿说："这是小被子，这是婴儿穿的小衣服。"看到爸爸走过来，可以对婴儿说："看，爸爸来了！"带婴儿去户外的时候，看看大树、花草、小鸟等，边看边说："宝贝看，那是大树，这是漂亮的花儿，咦，还有小鸟呢……"不过，这个月龄的婴儿还不能记住这么多的事物，我们只是通过这种方式，来丰富婴儿的视觉、听觉等的刺激，为婴儿的观察、记忆、注意力等智能的发育和学习提供更多的素材。

抱婴儿坐起来

坐这个动作，改变了婴儿的视觉范围和看世界的角度，是婴儿认知发展中非常重要的一个动作。不过 4 个多月的婴儿还不能独立地坐着，需要爸爸妈妈帮助他坐起来。

成人抱着婴儿，让婴儿背靠着成人坐在怀里，脸朝外，这样可以让婴儿的视野更广。

在硬床垫或干净的地板上，用靠垫围住婴儿，让婴儿练习坐一小会儿。

经过练习，一般到 6~7 个月时，婴儿基本就能学会独立的坐姿。但是，婴儿真正不需要其他辅助地坐着，一般要到 8~9 个月才能做到。

温馨提示：练坐要注意

1. 让婴儿练坐要循序渐进，不能让婴儿坐的时间太长，防止婴儿疲劳。
2. 婴儿练习独自坐的时候，成人一定要时刻在旁边看护，防止发生意外。

及时回应婴儿

小婴儿经常会哭闹。有些妈妈担心，婴儿一哭就抱会宠坏他。其实，小婴儿是不会被宠坏的。及时回应婴儿，有利于婴儿身心健康成长，并与爸爸妈妈形成健康的依恋关系。

婴儿哭闹通常是不舒服的信号，比如饿了，渴了，尿布湿了，感觉热或冷了，大小便了，感觉害怕或无聊了，等等。如果妈妈能够迅速地发现婴儿的需要，及时又温柔地回应婴儿，拥抱、亲吻婴儿等，婴儿的情绪会很快安定下来。他会产生信任感，对自己影响环境、掌控环境的能力有信心，这有助于他以后与人交往和适应社会。

婴儿哭的时候，先仔细分辨是什么原因，再给予适当的处理。如果是饿了，就及时给婴儿喂奶；尿湿了，及时给婴儿换尿布。有时，爸爸妈妈可能一时分不清婴儿为什么哭闹，这时跟婴儿说说话、抚摸他的小肚子、握住婴儿的小手、抱起来走一走等，通常都能让婴儿平静下来。爸爸妈妈的及时回应，可以让婴儿意识到自己是安全的，有什么需要都可以从爸爸妈妈那里得到满足。

职场妈妈能为婴儿做些什么

妈妈出门时婴儿哭闹，怎么办

多数妈妈到了婴儿第四个月左右，就要准备上班了。母子分离对每个婴儿来说都是困难的，但这又是婴儿成长必须经历的过程，他将学会处理自己的情绪，在心理上得到成长。因此，妈妈要有正确的心态，帮助婴儿渡过难关。

如果婴儿只与妈妈亲密，而与其他人没有亲近的关系，会更难适应母子分离。

因此，要让以后帮助带婴儿的人尽早与婴儿接触，建立感情联系。如果婴儿比较依恋或熟悉的其他人能在妈妈上班后继续陪伴婴儿一段时间，对婴儿来说也是一个较好的过渡。

如果婴儿是母乳喂养，婴儿适应的难度会更大，要让母乳喂养的婴儿提早开始适应奶瓶喂养，这样妈妈与婴儿分离时会相对容易些。

妈妈上班后，婴儿一般都会哭闹，甚至会出现饮食、睡眠、大小便方面的一些问题，这都是正常的。妈妈在家的时候，一定要多抱抱婴儿，尽可能母乳喂养，让他安定情绪，这会有利于婴儿减轻分离焦虑。

5~6 个月

这个月龄的婴儿

体格发育

从第五个月起，婴儿体重增长速度开始下降了。但总体来说，仍然处于快速生长期。出生后第六个月，婴儿体重月增长 0.34~0.51 千克，平均 0.41 千克；身长月增长 1.5~1.8 厘米；头围月增长约 0.8 厘米。

温馨提示：满 6 个月婴儿的体格生长指标的参照值范围

	男宝宝	女宝宝
体重（千克）	6.4~9.8	5.7~9.3
身长（厘米）	63.3~71.9	61.2~70.3
头围（厘米）	40.9~45.8	39.6~44.8

动作发育

俯卧时前臂能支撑抬起胸部，能从仰卧位翻身至俯卧位。扶坐时头能稳定竖起。手掌能主动张开，能从成人手里拿玩具，会注视自己的手，能抓住玩具并把玩具放入口中。可以坐一会儿，但还坐不稳，上身容易前倾。

认知与适应

能注意到小的物品，听到声音能转头。能注意镜子中的自己，对逼近的物体有明显的躲避反应。能区分不同频率的声音，辨别不同音色，区分男声、女声。

语言能力

能发单节音，高兴时咿呀发声，自言自语，会高声叫。

与人互动

能认出妈妈，在成人引逗时能笑出声音。会用眼睛传递感情了，当爸爸妈妈注视他时，他也会注视爸爸妈妈，并且表现出很高兴的样子。

喂养的那些事儿

添加辅食

6 个月 ~1 岁的婴儿仍处于快速发育期。母乳仍然是婴儿重要的营养来源，但是它提供的能量和营养素已不能完全满足婴儿生长发育的需要，因此，即使是母乳喂养的婴儿，在他满 6 个月时，也建议给他添加辅食。

添加辅食喂养要点

奶类优先。继续母乳喂养，母乳不足时可补充配方粉，奶的总量要达到 500~800 毫升。

逐渐让婴儿自己进食，培养良好的进食习惯。

定期监测婴儿的生长发育状态。

每次添加一种，每新加一种食物需 7~10 天的适应期，由少到多，循序渐进。

辅食中不用添加食盐，也不要加味精、酱油、醋、大料、葱、姜、蒜等调味品。

保证辅食的卫生和安全。

保证辅食的营养含量

婴儿的胃容量较小，8 个月时也只有约 200 毫升的容量。因此，辅食要有一定的浓稠度，并富含营养，否则婴儿即便吃饱了也会营养不足。

保证食物的浓稠度。给婴儿做粥、米糊或面糊时要少放些水，浓稠度要达到能停留在勺子里不流出来。

积极地喂养婴儿

婴儿刚开始吃辅食时，要花些时间来适应新的食物，还要学会吃新食物的技巧，可以每天给婴儿 2~3 小勺食物，随着婴儿长大，添加辅食的量也逐渐增加。

按需喂养。爸爸妈妈要学会识别婴儿饥饿和吃饱的征兆，并根据这些征兆来决定每餐给婴儿吃多少，是否需要加点儿点心。

多鼓励婴儿。要对婴儿发出的“想吃”的信号敏感，并用微笑、眼神接触和鼓励的话来对婴儿做出积极的回应。

保持耐心。喂养婴儿时要保持耐心和良好的情绪，并给婴儿充分的时间。如果婴儿中途停下来，不要催促或强迫他，可以等一会儿再喂。

提高婴儿吃饭的兴趣。经常变换食物的搭配，烹调时注意味道和口感的多样化，还可以给婴儿一些可以用手抓着吃的食物让他自己吃，提高婴儿吃饭的兴趣。

排除干扰。吃饭时要排除干扰，不要让婴儿边吃边玩或看着电视吃饭；爸爸妈妈喂婴儿时也要专心，不要边喂边看电视或打电话等。

婴儿拒绝新食物怎么办

添加辅食的阶段是开始培养婴儿饮食习惯的时期。婴儿会拒绝他不习惯的新食物，由于婴儿天生的味觉差异，味觉敏感的婴儿往往用舌头将喂进嘴里的食物吐出来。这时妈妈不必因为一次的失败就丧失信心。如果放任自流，可能导致婴儿的营养摄取不足，生长发育受到影响，还会使他吃的食物口味单一或不够丰富，导致他日后容易形成偏食、挑食的习惯。

让婴儿接受新食物的方法

向婴儿展示怎样用牙齿咬这个新食物。当婴儿把口中的东西吐出来的时候，可以给他示范怎样咀嚼和吞咽。

不要喂得太快或者一次喂太多，要根据婴儿的习惯来喂食。

初喂婴儿辅食需要有耐心。第一次喂辅食时，有的婴儿可能会将食物吐出来，这只是因为他还不熟悉新食物的味道，并不表示他不喜欢。当婴儿学习吃新食物时，爸爸妈妈可能需要连续喂婴儿数天，令他习惯新的口味。

创造愉快的就餐气氛。最好在爸爸妈妈感觉轻松，婴儿心情舒畅的时候为他添加新食物。紧张的气氛会破坏婴儿的食欲以及对进食的兴趣。

了解婴儿进食的反应及身体语言。如果婴儿肚子饿，当他看到食物时会兴奋地手舞足蹈，身体前倾并张开嘴。相反，如果婴儿不饿，他会闭上嘴巴把头转开或者闭上眼睛睡觉。

辅食添加应遵循的原则

婴儿添加辅食需要循序渐进，先稀后稠，先少量再逐步增加量。种类方面，先谷物类，再蔬果类，最后过渡到肉类，这样对婴儿的肠胃发育比较好。“适口、适量、适应”这 3 项辅食添加原则，具体说来就是辅食添加一定要遵循由少到多，由单一到多样，由泥状—糊状—固体状递进的原则。

添加初期一次只喂一种新食物，观察 7~10 天，以便判别此种食物是否能被婴儿接受。再添加第二种。两种食物都没有异常，再将两种食物混合起来添加。若婴儿产生过敏反应，如皮疹、呕吐、腹泻等，应停止添加，等 4 周以后再重新添加。如果仍出现异常反应，应前往就医。

辅食的量应由少到多，由稀到浓。先从浓度低的液体食物开始添加，再慢慢改为泥状，最后是固体食物。爸爸妈妈千万不要着急，一下让婴儿吃好多，婴儿容易消化不良。可以从半勺或 1 勺开始添加，如果没有异常反应，再逐渐加量。

患病时不要添加新种类的食物。

少甜不咸。婴儿 1 岁以内食物不要放盐，也不要给他吃油炸的食物。

用小勺喂，学习吞咽，促进口腔动作协调，避免将米粉添加到奶瓶里引起摄入过量。

坚持母乳喂养。母乳喂养的婴儿不要因为添加辅食而影响他对母乳的摄入。

让婴儿的食谱尽量变得丰富，尤其是辅食添加阶段，尽量让婴儿品尝不同种类的食物，尝得越多，将来偏食的概率就越低，摄取的营养也更为全面。

食物的性状由细到粗，并且随着时间推移，逐渐增加辅食的黏稠度，从而适应婴儿胃肠道的发育。

最好选在婴儿喝奶之前喂辅食，这样他不会因为已吃饱而拒吃辅食。

喂完辅食，注意给婴儿补充水分。

每个婴儿的脾气不同，有些个性较温和，吃东西速度慢，妈妈千万不要催促，只要想办法让婴儿的注意力集中在“吃”这件事上就可以了。

餐具的清洁

餐具清洁方法

盆中放洗涤剂，加入适量凉水调匀，水位要能够漫过餐具。

放入餐具浸泡 2~3 分钟后开始清洗。

餐具用洗涤剂清洗后再用清水冲洗干净。

将清洗干净的餐具码放在盆内，用开水烫 10 分钟左右，从而达到进一步清洁、去除洗涤剂的目的。之后将餐具自然凉凉、晾干。

餐具清洁注意事项

先洗不带油的后洗油腻餐具；先洗小件后洗大件餐具；先洗碗筷后洗锅盆。

婴儿餐具要单独洗涤、码放，不要与成年人的混合洗涤。

餐具清洁干净后要让其自然晾干，不要用抹布擦拭，以免形成再次污染。把消毒后的餐具放在消毒锅中，有需要时再取也是不错的办法。

餐具使用注意事项

不锈钢餐具

1. 不能长时间盛放盐、酱油、菜汤等，这些食品中含有许多电解质，长时间盛放，不锈钢与电解质起反应，有毒金属元素会溶解在食物中。

2. 切勿用强碱性或强氧化性的化学药剂，如苏打、漂白粉、次氯酸钠等进行洗涤。

3. 用煮沸的热水浸泡或放入消毒柜进行消毒。

密胺餐具

1. 密胺餐具不适合在微波炉、电子消毒柜、烤箱中使用，否则会出现开裂现象。可用煮沸的热水浸泡消毒。

2. 清洗时用较柔软的抹布便可，不要用百洁布、钢丝球之类清洁用具清洁餐具表面，以免擦毛餐具表面，使之更容易受污染。

日常生活护理

婴儿长牙期的饮食护理

婴儿长牙期饮食注意事项

婴儿到了长牙期，在选择食物方面也与以往有所不同。

多摄入富含钙质的食物。婴儿牙齿生长需要钙质参与。乳制品不但钙含量丰富，而且吸收率高，婴儿长牙期可以多多食用。

多摄入富含蛋白质的食物。蛋白质对婴儿牙齿的形成、发育、钙化、萌出有着重要的作用。所以，婴儿长牙期爸爸妈妈要多给婴儿吃富含蛋白质的蛋类、乳类、鱼类、肉类等食物。

多摄入富含维生素的食物。钙质的沉淀与吸收需要维生素 D 的参与，牙釉质的形成需要维生素 C 帮忙，所以婴儿长牙时，一些富含维生素的食物不可少，比如新鲜的蔬果、动物肝脏等。

少吃不利于牙齿发育的食物

在婴儿出牙期间，应当避免或少摄取对牙齿发育不利的食物。

太软的食物不可过多。太软的食物不利于婴儿牙齿萌出，饮食过于细软，婴儿的牙龈缺乏刺激，不仅会导致牙齿发育迟缓，还容易造成牙齿排列不齐。

碳酸饮料。婴儿不可以喝碳酸饮料，碳酸饮料会腐蚀牙釉质，导致牙齿病变。

甜食。甜食有脱钙的作用，会使婴儿牙质疏松，同时腐蚀婴儿的小乳牙。婴儿吃甜食后，爸爸妈妈一定要记得帮婴儿清洁口腔。

不同萌牙阶段饮食调节

准备萌牙时。这个月龄的婴儿小乳牙开始萌生，牙龈摸上去硬硬的，口水开始增多，此时，爸爸妈妈可为婴儿准备手指饼干、面包干、烤馒头片、磨牙饼等相对较硬的食物，帮助婴儿按摩牙龈，使乳牙顺利萌出。

长出 2 颗牙后。此时，爸爸妈妈可为宝宝准备一些半固态的食物，比如土豆泥、蛋黄泥等等，增加咀嚼感。

长出 4 颗牙后。此时宝宝会变得更喜欢咀嚼。爸爸妈妈可为他准备一些小馄饨、面条、肉泥等食物，固态食物有助于引导宝宝练习咀嚼。

长出 6~8 颗牙后。可以让宝宝品尝一下米饭以及切得细些的蔬菜等食物，这些食物可以锻炼他的咀嚼能力。

长出 8~12 颗牙后。这时候，饺子、馒头、花卷等食物都可以吃了，各种蔬菜也只需切得小些，这些固体食物有助于提升咀嚼力。

长出12~20 颗牙后。20 颗乳牙逐渐长齐时，除带刺、过度坚硬、易过敏的食物外，几乎什么美食都可以享用。

温馨提示：给婴儿刷牙不要用牙膏

给婴儿刷牙不要用牙膏。因为牙膏中多少含有氟或香料等化学物质，虽然对清洁工作有加分的作用，但也容易造成婴儿误食。

给婴儿测量体温

婴儿生病发烧需要测量体温，了解正确的测温方法与注意事项有助于爸爸妈妈获得婴儿准确的体温数据，从而采取恰当的降温方法。不同年龄的婴儿要用不同的测温方法。如果条件许可，最好使用婴儿专用的数字体温计。

常见体温表种类

肛表。适用于新生儿及婴幼儿。

腋表。适用于幼儿、学龄儿童及成人。

口表。多用于成人。对部分三四岁有较强自控能力的宝宝也可使用。

奶嘴式体温表。是适用于新生儿与婴幼儿的新型体温表。依据体温表颜色改变来观察婴儿是否发烧，非常灵敏。

如何正确使用数字温度计

小于 3 岁的宝宝最好测量肛温。⑴用医用酒精或肥皂擦净体温计末端。用凉水浸泡，不要用热水。⑵在末端涂抹润滑油，如凡士林油。⑶让宝宝俯卧，一只手扶着他的屁股上方。或者让孩子仰卧，把他的双腿抬起来。⑷打开体温计，插入肛门半英寸到 1 英寸（1 英寸 =2.54 厘米），不要插得太深。可以用两根手指轻轻夹住体温计，并将整个手掌扣在宝宝的屁股上。保持 1 分钟左右，听到嘀的报警声后，取出体温计。

注意：不要将测量肛温的体温计与测量口温的体温计混用。

宝宝四五岁大后，可以测量口温。⑴用含皂液的温水或医用酒精清理体温计后，放入冷水中浸泡。⑵打开体温计，将测量末端放在舌头下面靠后的地方，保持 1 分钟，听到嘀的报警声后，取出体温计。

注意：如果宝宝喝了热水或冷饮后，要过至少 15 分钟再测量，否则测量结果不准确。

宝宝 3 个月以后，也可以测量腋温，但准确性差些。⑴将数字体温计的测量末端放在孩子腋下。⑵轻轻夹住体温计约 1 分钟，听到嘀的报警声后，取出体温计。

测量体温的时间点

小儿时期正常体温可在一定范围内波动。通常宝宝清晨体温最低，下午或傍晚达到最高。正常人一日之间最高体温与最低体温的相差幅度依年龄而渐渐增加，宝宝1个月时约增0.25℃，6个月时约增0.5℃，3岁以后约增1℃。宝宝在运动、哭吵、进食、刚喝完热水、穿衣过多、室温过高或在炎热的夏季，都可使体温不同程度地增高。所以，给宝宝测量体温应在宝宝安静和进食后1~2小时进行，若遇以上情况需等20~30分钟后再测量。

辩证看待“趴着睡觉”

即便这个月龄的婴儿看起来像个大婴儿了，可颅骨仍然较软，如果长期用同一种睡姿会影响头形及脸形发育。在保证安全的前提下，最好让婴儿各种姿势交替着睡。但爸爸妈妈需要了解不同睡姿的注意事项。

婴儿趴着睡的优点

婴儿趴着睡能有效提高睡眠质量，减少醒来的次数，醒来后进入下一个睡眠周期的时间较短。

当婴儿俯卧时，肺部受挤压程度最轻，呼吸时最符合自然规律。所以婴儿趴着睡时，呼吸效率较高，血红蛋白含氧量与仰睡时相比增加了5%~10%。

婴儿胃容量很小，加上贲门部收缩力较弱，所以很容易吐奶，婴儿趴着睡觉时贲门会被抬高，可以预防吐奶。即便发生吐奶，婴儿由于脸朝下，也不至于因呕吐物吸入气管而造成误吸窒息。

婴儿趴着睡，胸廓受压，床的反作用力可促进婴儿心肺发育。此外，婴儿2个月时就已能抬头，趴着睡有利于婴儿肢体锻炼。增强婴儿颈、臂和项背等三大肌肉群的力量。

婴儿趴着睡可以让婴儿感觉好像在妈妈肚子里一样，因为安全感提升，婴儿会睡得更香，良好的睡眠质量有利于脑部发育。

婴儿趴睡，后脑勺不会受到压迫，容易塑造后脑勺浑圆的头形。

婴儿趴着睡的缺点

口水不好下咽，容易造成口水外流；口鼻容易被枕头、毛巾、被褥等堵住，有发生窒息的危险；另外趴睡颈部扭曲，会形成气道阻塞，也可能出现窒息。所以婴儿趴睡应在 3 个月后尝试，而且床不能太软，也不要用枕头，要有专人看护。

趴着睡会导致婴儿手脚受压，活动不灵活，有时还会因压迫时间长了而发麻，引起婴儿哭闹。

婴儿趴着睡，对心、肺、胃肠及膀胱等脏腑器官的压迫较重。若心肺功能不佳，如先天性心脏病、先天性喘鸣，或有肺炎、感冒咳嗽、痰多以及扁桃体特别肿大、发炎的婴儿，不适合趴睡。此外，患有先天肥大性幽门狭窄、十二指肠阻塞、先天性巨结肠症、肠套叠等疾病的婴儿也不适合趴着睡。

了解其他睡姿优缺点

仰睡。优点：能够直接而清晰地观察婴儿的表情变化，及时发现婴儿溢奶等情况；婴儿身体与床接触的面积最大，有利于肌肉的放松，也不会使内脏器官受到压迫，而且小手小脚也可以自由活动，有利于肢体运动发育。

缺点：长期仰着睡，婴儿的头形会受到影响；不适合容易发生呕吐或溢奶的婴儿，因为平躺时反流的食物容易呛入气管及肺内，发生危险。

侧睡。优点：右侧睡有利于食物从胃顺利进入肠道，使消化过程比较顺畅。如果发生溢奶，呕吐物也会从嘴角流出，不会引起窒息；可以减少咽喉部分泌物的滞留，使婴儿的呼吸道更通畅。

缺点：如果长期向一个方向侧躺，容易影响婴儿的头形和脸形，造成两边脸不对称，所以要经常变换方向。要注意看婴儿的耳廓是否向后，避免睡成“招风耳”。

利用睡姿矫正头形

婴儿的睡姿会影响头形美观，长期仰睡会导致后脑头形扁平，长期趴睡会导致脸长额凸；长期向同一侧睡会导致头形歪偏。因此，婴儿头形的美观与否，完全取决于婴儿本身睡觉的习惯，以及爸爸妈妈的关注度。

睡姿是最好的头形塑造矫正方法，为了帮婴儿塑造美观的头形，爸爸妈妈应在婴儿出生后的前几个月应用经常变换姿势的方法帮婴儿塑造头形。

春夏秋冬护理要点

春季

对于这个月龄的婴儿，进行户外活动的机会也明显有所增加，但因为春季是疾病高发季节，虽然这个月来自母体的免疫蛋白还没有消失，但如果接触病患，仍有可能被传染。所以，爸爸妈妈带婴儿外出时要避免去人群聚集的公共场所，家中要注意定期开窗通风，以降低室内细菌浓度，减少患病概率。

夏季

这个月龄的婴儿围着被子已经可以坐得很稳了，6 个月时大多数婴儿将独立坐稳。所以，在炎热的夏季，可以适当减少抱婴儿的时间，不妨尝试让婴儿自己坐在婴儿车里玩，以便充分散热。

带婴儿外出时要做好防晒工作，不要让阳光直接照射到婴儿，可以给婴儿戴一顶遮阳帽。如果爸爸妈妈照顾不周，婴儿可能因日晒出现日晒皮炎、发热等症状。

夏季食物储存不当容易变质，冰箱保鲜层里的食物，最好不要超过 24 小时。婴儿的辅食要现做现吃，餐具、炊具要特别注意消毒。喂母乳的妈妈喂奶前要注意清洁乳头。同时注意给婴儿补充水分，果汁、菜汁、米汤不能代替白开水，喝足白开水是防止中暑的好方法。

秋季

秋季天气转凉，在注意为婴儿逐渐调整穿着的同时，也要提防秋季腹泻的发生。一旦婴儿出现腹泻，应该及时补充丢失的水分和电解质。及早口服补液盐可以免除婴儿静脉输液之苦。

冬季

冬季婴儿户外活动大大减少，尤其是北方婴儿，晒太阳的时间明显减少，为避免维生素 D 的缺乏，要注意同时补充维生素 A 和维生素 D。进入深冬后，每日维生素 D 的摄入量应该达到 400 国际单位。

5~6 个月婴儿常见问题

发烧

婴儿 6 个月左右因为来自母体的免疫力逐渐消失会变得容易生病，而发烧是最常见的病征表现之一。每个婴儿的基础体温不尽相同，但一般会在 35.5~37.5℃，如果婴儿体温超过 37.5℃便可视为发烧了。发烧是婴儿身体对抗病原体的反应，如果通过物理降温可以将婴儿体温控制在 38.5℃以下，可免于药物退热。当婴儿体温

超过 38.5℃时，需要借由药物退烧。

婴儿发烧降温方法

科学散热。婴儿发烧时，切忌将婴儿用被子裹起来发汗，正确的做法是，帮婴儿脱去厚衣服，将厚被子改为薄被子，通过适当散热帮婴儿降低体温。

物理降温。爸爸妈妈可将毛巾放到温冷水中浸湿后，湿敷在婴儿额头上，每 3~5 分钟更换一次。也可以给婴儿洗个温水浴。温水浴能使婴儿毛细血管扩张、血流加快、散热增加，利于排汗，从而迅速有效地降低体温，婴儿洗温水浴时间不宜超过 10 分钟。

为婴儿补充水分。发烧时，要注意为婴儿补充水分，以便增加尿量，有助于婴儿退热。

正确使用退烧药

当婴儿体温超过 38.5℃后便需要借由药物为他退烧了。婴儿服用一种药物如果出现呕吐，应该选择另外一种药物。如果婴儿不能耐受口服药物，可选择直肠内使用的退热栓剂。此外，通过药物为婴儿退烧时，爸爸妈妈要特别注意以下几点：

1. 布洛芬只能用于 6 个月以上的孩子，持续呕吐或脱水的婴儿不适合用。

2. 不要用阿司匹林给婴儿退烧。阿司匹林有可能引起胃部不适、肠道出血，严重的还可能导致瑞氏综合征。

3. 用药前要仔细阅读说明书，确定药物剂量与婴儿的年龄及体重相匹配。为安全起见，给不到 2 岁的婴幼儿服用退热药前要咨询儿科医生。如果婴儿正在服用其他药物，要注意药物之间的相互作用。如果其他药物的成分中含有对乙酰氨基酚或布洛芬，要告诉医生，以免药量叠加造成过量服用。

何时带婴儿看医生

婴儿何时看医生不是根据他体温高低决定的，而是根据婴儿的难受程度决定的。婴儿出现以下表现时应该看医生：

不满 3 个月的婴儿体温超过 38.3℃ 。

如果孩子在发烧的同时还有以下症状，要及时就医：

- 看上去很不舒服，昏昏欲睡或情绪烦躁。
- 身处高温的地方，如过热的汽车里。
- 有其他症状，如颈部发硬，头痛、咽痛、耳痛厉害，出现皮疹或反复呕吐、腹泻。
- 平时就有免疫系统疾病，如镰状细胞病、肿瘤，或正在服用激素。
- 出现惊厥。
- 年龄小于 2 个月，肛温大于 38℃。

婴儿出现这些迹象，一定要马上带他去看急诊

- 无休止地哭闹已达几小时。
- 极度兴奋。
- 极度无力，甚至拒绝活动。
- 出现皮疹或紫色的针尖大小的出血点或瘀斑。
- 嘴唇、舌头或指甲床发紫。
- 位于小婴儿头顶部的前囟向外隆起。
- 颈部发硬。
- 有剧烈头痛表现。
- 下肢运动障碍，比如瘸腿，运动时疼痛，等。
- 明显呼吸困难。
- 惊厥。

婴儿发烧护理

婴儿发烧时，科学的护理有助于婴儿早日痊愈，也可最大限度地减轻婴儿各种不适。

给婴儿多喝水。婴儿发烧了，要给他多喝水，婴儿体内水分充足有助于皮肤散热，从而起到理想的退热效果。相反，如果婴儿体内水分不足，即便服用退热药也不能获得满意的退热效果。如果婴儿不爱喝水，可将梨榨成梨汁给婴儿饮用，梨汁有润肺、清心、止咳、去痰等作用，对婴儿感冒发烧后常会出现的咳嗽还可起到缓解症状的作用，可谓一举两得。

不要逼婴儿进食。婴儿发烧会降低食欲，胃肠功能会变弱，爸爸妈妈若强迫婴儿吃东西可能会造成他消化不良，延长病程。所以，婴儿发烧时，建议爸爸妈妈给婴儿准备流质或半流质等有助于消化的食物，比如米粥等。少吃油腻食物，在恢复期或退烧期可食用半流质食物，比如烂面条等，以免婴儿消化不良。此外，爸爸妈妈还可以喂食婴儿一些柑橘和香蕉。柑橘、香蕉等水果中含有丰富的钠与钾，可补充婴儿因为发热出汗而流失的钠、钾等物质，有助于维持身体电解质平衡。

及时更换衣服。婴儿高热—退热过程中会大量出汗，爸爸妈妈要及时帮婴儿擦干汗水，更换衣物，避免婴儿再度着凉，加重病情。

亲密育儿

短途旅游

到了这个月龄，天气好的时候，就可以带婴儿去离家稍远的地方做短途旅游了，如公园、动物园等，让婴儿接触大自然，看看各种花草树木、不同的动物，感受路上的风景等。

如果公园离家比较近，爸爸妈妈可以抱着婴儿，或者用小推车推着婴儿，走着去。这样，一路上遇见的人和周围的景物，都会引起婴儿的兴趣。离家稍远的地方，需要开车去的话，一定要让婴儿坐在汽车安全座椅上，以确保安全。

温馨提示：旅游注意事项

1. 旅游的目的地尽量选择自然条件好一些的环境，让婴儿能呼吸到新鲜的空气，看到各种自然的景物，并且尽量避开节假日。

2. 准备好必要的物品，如奶瓶、湿纸巾、纸尿裤、婴儿喜欢的玩具和图画书等。混合喂养的婴儿，最好带两个奶瓶，一个喝奶，一个喝水。

3. 准备一块小毯子，婴儿睡觉的时候可以给他盖上。

4. 夏天的时候，可以给婴儿戴一个有帽檐的小帽子。小推车最好带有遮阳篷。

抓一抓

5~6 个月的婴儿已经能够比较准确地抓到前面的物体了，因此，爸爸妈妈可以多提供一些机会，让婴儿练习抓握的动作。

比如，爸爸妈妈抱着婴儿坐在桌子前面，让婴儿的双腿蹬在成人的双腿上。桌子上可以放一些不同材质、不同形状、不同大小的物品，如布玩具、金属小勺、木质积木等，让婴儿练习一下子准确地抓起来。也可以把婴儿喜欢的玩具放在不同距离处，让婴儿经过自己的努力，能够取到玩具。还可以准备一个大的筐或盆，里面放上各种玩具、物品，让婴儿从里面去抓取自己喜欢的玩具或物品。这些练习可以有效地锻炼婴儿的手眼协调能力。

温馨提示：抓一抓注意事项

1. 让婴儿抓握的物品一定要清洗干净。

2. 玩具和物品不能小到婴儿可以完全放到嘴里，如纽扣、豆子等，防止婴儿吞食。

蹬蹬腿

5 个月左右的婴儿，腿部已经积攒了一定的力量。因此，在婴儿情绪好的时候，可以和他玩一玩锻炼腿部的游戏。

“脚踏”自行车。爸爸妈妈用双手抓住婴儿的左右脚，一前一后地帮他做运动，就好像让婴儿踩自行车一样。在给婴儿换尿布、洗澡后穿衣服时，都可以玩一会儿这个游戏。

小青蛙跳一跳。爸爸妈妈在椅子上坐好，双手扶住婴儿的腋下，让他的双脚踩在爸爸妈妈的大腿上。爸爸妈妈的脚跟有节奏地抬起、放下，带动婴儿的身体上下跳跃。婴儿自己也会有意识地跟随爸爸妈妈的节奏蹦跳。可以一边玩一边念儿歌：“小青蛙，跳一跳；小青蛙，蹦一蹦。”

这些活动可以锻炼婴儿腿部肌肉的力量，为他日后站立和行走时用腿支撑身体重量做准备。

职场妈妈能为婴儿做些什么

上班前与婴儿说“再见”

婴儿知道妈妈要上班去了，会很伤心。上班前和婴儿亲密接触，对婴儿和妈妈一天的心情都很有好处。可以用手指轻刮一下婴儿的脸颊，可以对着婴儿学猫叫，也可把能发声的玩具对着婴儿的耳朵将其叫醒。给婴儿穿衣服时，可在其腋下或背部挠几下，使他体会到乐趣。肌肤之亲是让小婴儿感觉到妈妈关爱的最好途径。

妈妈临走时要抱抱婴儿，对他说“再见”。即便是婴儿听不懂，也要给他讲明白妈妈离开的理由：“妈妈要去上班了，如果你好好玩，好好吃饭，妈妈很快就回来啦！”

很多妈妈为了避免婴儿的纠缠而偷偷离开，这种做法是绝对要不得的。因为婴儿会一整天找妈妈，会因见不到妈妈而心神不宁、注意力不能集中。这种做法持续下去会使婴儿形成整日找妈妈的习惯，再见到妈妈更是一刻也离不开了。妈妈应让婴儿接受妈妈要离开的事实。

妈妈不但要了解婴儿，还要让他了解自己，让他知道妈妈去上班就像每天要吃饭一样。

和婴儿玩躲猫猫的游戏。这个简单的游戏会让他知道：爸爸妈妈走了以后还会回来的。要表扬婴儿在爸爸妈妈不在他身边时的良好表现，让他知道爸爸妈妈为他拥有独自玩耍的能力而感到自豪，这样会增强他的自信心和独立能力。

上班时想孩子了

职场妈妈上班时，会想念孩子，担心他在家的状况，孩子哭闹时有没有得到安慰，奶水吃得好不好……妈妈对孩子的依恋是母子亲情的重要表现，会激发妈妈对孩子更多的爱和责任。妈妈想孩子时，可以拿起笔，写一写对他的想念，寄托感情，等到下班回家，妈妈可以将自己心里的话，讲给他听。

职场妈妈如何哺乳

职场上的妈妈们坚持母乳喂养是件难度非常大的事。为此，许多妈妈在产假将要结束的时候，对上班后的哺乳很担心。妈妈应该找出一个适合自己的哺乳方案。

对于妈妈来说，回到工作岗位的第一周是一个重要的转折。在上班前的一两周先回到办公室熟悉一下环境，与领导商谈好回来工作的细节问题。上班的第一周最好从工作 2~3 天开始，有利于妈妈逐渐适应工作环境又不至于太累，这时妈妈要适应的东西很多。在投入真正的工作之前给自己留出 2~3 天时间熟悉工作，做好调整。

在返回工作岗位前 3~4 周时开始使用吸奶器，可以有充分的时间熟悉这种方式。用吸奶器抽奶所需时间一般为每次 15 分钟，加上清理的时间整个过程不超过 20~25 分钟。最初的几天可能只吸出少量的奶。冷冻起来的奶足够婴儿吃上一整天，直到下班回家。这样可以使妈妈不必疲于奔波，因过度劳累而影响身体健康，进而影响奶水的质量。

重返职场不管从情绪还是体力上来说都是很疲惫的。刚刚适应了妈妈的角色，突然同时又要投入另一个角色。每天下班后妈妈都会觉得很累。与丈夫商量一下，让他帮忙分担一些家务，这样会让妈妈轻松很多，同时也让他体验同时扮演两个角色的感受。

在让婴儿完全用瓶子喝奶之前，应该给他一个充足的适应变化的过程。可以在每次喂奶之前或喂奶快结束的时候，让他吮吸一下人工的奶嘴，体会一下有什么不同，因为这完全是两种不同的喝奶方式。

6~7 个月

这个月龄的婴儿

体格发育

6 个多月的婴儿，体重已为出生时的 2 倍多，男宝宝平均达到 8.77 千克，女宝宝平均达到 8.27 千克，增长速度比前几个月缓慢些了。

温馨提示：满 7 个月婴儿的体格生长指标的参照值范围

	男宝宝	女宝宝
体重（千克）	6.7~10.3	6~9.8
身长（厘米）	64.8~73.5	62.7~71.9
头围（厘米）	41.5~46.4	40.2~45.5

动作发育

这个月的婴儿肌肉已经足够强壮，靠着东西能坐稳，双手在前支撑可独坐片刻。

他在坐着的时候会伸出手寻求大人的帮助。他还会伸手让人抱起他。

仰卧时轻拉腕部即可坐起。

手眼逐渐协调，伸手抓物从不准确到准确，能拍、摇、敲玩具。

婴儿的精细动作变得更加准确了，他能够把一样东西从一只手换到另一只手。如果他的手里有一样东西，又想拿别的，他会先把手里的东西放下来，然后再拿起另一样东西。

认知与适应

爸爸妈妈在旁边叫婴儿的名字，他会转头去看，因为他已经明白爸爸妈妈是在叫他。

婴儿已经能区别音调，对音乐越来越有兴趣。这会让爸爸妈妈很激动，说不定婴儿将来会是个音乐家。

语言能力

这个月龄的婴儿在看到熟悉的人或玩具时，会咿咿呀呀地发出声音，并且高兴时可发出重复音节，如“ba ba”“da da”等音。婴儿会用不同的声音和表情来表达自己的意愿。

与人互动

这个月的婴儿对于抚摸、抓挠和拍打等都会做出回应。

他会通过摸爸爸妈妈的脸表示问好或显示他对你的兴趣。

在这一阶段，他可能会对陌生人表现出畏惧的情绪，也会通过依靠着爸爸妈妈或抱紧爸爸妈妈来表示对爸爸妈妈的贪恋和拥有，以此来证明爸爸妈妈是属于他的。

喂养的那些事儿

不要过早给婴儿喝鲜牛奶

首先，鲜牛奶中某些营养成分不容易被吸收。比如，鲜牛奶的钙磷比例不合适，含量较高的磷，会影响钙的吸收，而高含量的酪蛋白，遇到胃酸后容易凝结成块，也不容易被胃肠道吸收。其次，鲜牛奶中的乳糖主要是 α 型乳糖，它会抑制双歧杆菌，并促进大肠杆菌的生成，容易诱发婴儿的胃肠道疾病。同时，鲜牛奶中的矿物质会加重肾脏负担，使孩子出现慢性脱水、大便干燥、上火等症状。此外，鲜牛奶中的脂肪主要是动物性饱和脂肪，会刺激婴儿柔弱的肠道，使肠道发生慢性隐性失血，引起贫血。还有，鲜牛奶中缺乏脑发育所需的多不饱和脂肪酸，将不利于大脑的发育。

因此，1 岁以内的婴儿要避免喝鲜牛奶。母乳不足的情况下，应该选择婴幼儿配方粉。因为配方粉调整了蛋白质和脂肪结构、钙磷比例，又添加了一些维生素、微量元素、核苷酸、多不饱和脂肪酸等婴幼儿生长发育必需的成分，克服了鲜牛奶的缺点，对婴儿更健康。

补铁很重要

这个月的婴儿每月所需热量与蛋白质与上个月一样，脂肪摄入量减少。铁的需求量猛增。从本月起，婴儿每日需要 10 毫克的铁，增加了 3 倍以上。如果婴儿生长发育所需的铁量不足，会导致婴儿缺铁性贫血。

增加含铁食物的摄入量是补铁的关键。婴儿逐渐长大，从母体内获得的铁越来越少，母乳中的铁已无法满足 6~7 个月婴儿的生长所需，可能导致缺铁性贫血，所以，6~7 个月该给婴儿补铁。可以给婴儿吃一些含铁丰富的食物，如铁强化的婴儿辅食、蛋黄泥、瘦肉泥和肝泥等，都可以起到一定的补铁作用。

日常生活护理

踢被子

大多数婴儿夜里都有踢被子的习惯。婴儿夜里踢被子很容易着凉并诱发感冒。特别是对于这个月龄的婴儿来说，随着大动作逐渐发育，晚上睡觉时很难像刚出生时老实盖被了。婴儿踢被子时，爸爸妈妈应积极想出办法，以确保婴儿夜间保暖。

婴儿踢被子的常见原因

夜里感觉热。婴儿感觉热自然会踢被子，所以，婴儿被子的薄厚要随季节变换而定，夏季用毛巾被就好，春秋冬季的被子也要适应天气变化，不可过薄过厚，睡衣也不宜穿得过多。不妨将婴儿的小脚露在外面，婴儿感觉热时，小脚可以传递稍凉的信号，有助于避免他频繁踢被子。

白天玩得太累。婴儿白天玩得太累，夜里太兴奋睡不实时也容易踢被子，所以，要注意婴儿白天玩耍要适度，避免过度兴奋。

睡眠环境嘈杂。灯光太亮、周围有嘈杂的声响会让婴儿觉得不耐烦、不自在，想睡却睡不着时难免会不安分地舞动四肢。所以，婴儿睡觉时爸爸妈妈要注意为婴儿营造良好的睡眠环境，调整好房间灯光，放些舒缓的音乐，这有助于婴儿更好地睡眠，降低其踢被子的概率。

晚饭吃得多，睡前喝水多。如果婴儿晚上夜奶吃得多，或是喝水多，一来会加重肠胃负担，二来会让婴儿常有便意，不容易睡踏实，辗转间自然盖不住被子。爸爸妈妈要注意调整婴儿夜奶量及饮水量，有助于婴儿睡得安稳。

温馨提示：导致婴儿踢被子的疾病因素

有时婴儿踢被子可能是因为某种疾病影响而睡眠不安，比如婴儿患蛲虫病时，会因肛门瘙痒而睡不安稳，手脚乱动间自然会踢开被子。此外，患佝偻病的婴儿有夜惊、睡眠不安等表现，也容易踢被子。为此，爸爸妈妈应时刻关注婴儿健康，若发现婴儿身体不适应请医生对症治疗。

避免婴儿踢被子的方法

小被子裹起来。婴儿睡觉爱翻滚，夏季里爸爸妈妈可用薄薄的小被子将婴儿裹起来，春秋冬季可在薄被子外面再搭一个稍厚的被子，这样无论婴儿怎样翻滚都有被子盖在身上。

选择合适的分腿睡袋。睡袋可代替被子，但整体睡袋可能会使婴儿感到束缚，所以，如果给婴儿选择睡袋不妨选择分腿睡袋。

穿上小浴袍。如果婴儿不爱睡睡袋，爸爸妈妈可以给他穿个小浴袍，原理跟睡袋相似，但小浴袍和睡袋相比较会更贴身、更舒服。

温馨提示：以衣当被不可取

秋冬季节，夜里气温较低，有些妈妈因为婴儿踢被子感冒，就会以衣当被，让婴儿穿较厚的衣服睡觉，这种做法不可取。婴儿穿上厚厚的衣服，肌肉不能完全放松，呼吸、血液循环也会变得不顺畅，很容易导致婴儿夜惊等，以致婴儿根本无法进入深睡眠，周围稍有响动就会惊醒，从而严重影响婴儿的睡眠质量。

科学合理防晒

紫外线对皮肤的损伤是一个长期积累的过程，多年积累下来，皮肤会逐渐发生一系列不可逆的改变，甚至导致皮肤癌。这个月龄的婴儿肌肤娇嫩，抵御紫外线的能力还很弱，很容易晒伤。但晒晒太阳对婴儿是有益的，晒太阳不仅能强壮婴儿骨骼，还能杀灭皮肤上的细菌，增强婴儿皮肤的抗病能力，让病菌无机可乘，同时也可以帮助婴儿补充维生素 D。所以，爸爸妈妈不要因担心婴儿晒伤而减少婴儿外出活动时间，只要采取正确的防晒措施，不给婴儿过分防晒，便可享受晒太阳的种种好处，也可避免婴儿意外晒伤。

分年龄段防晒计划

6 个月以内——遮盖法。6 个月以内的婴儿还不能自由活动，防晒工作相对简单。爸爸妈妈带婴儿外出时用遮阳伞、遮阳帽、婴儿车的遮阳篷等阻挡阳光，并选择浅色编织致密的衣服，最大限度地阻挡和反射紫外线即可。

6 个月 ~3 岁——物理防晒霜。选择适合宝宝使用的物理防晒霜。这类防晒霜不会被皮肤吸收，完全没有毒性，可以安全用于 6 个月以上的宝宝。

3 岁以上——化学防晒霜。宝宝 3 岁以上可以使用化学防晒霜，但也要选择宝宝适用的，不含香料，防水防汗效果好的防晒霜。

常见防晒误区

遮阳伞足已防晒。有些爸爸妈妈外出时觉得只要使用了遮阳伞、遮阳帽或使用了婴儿车的遮阳篷，婴儿就安全了。其实除了直射的阳光，还有许多的反射光线同样会损伤婴儿的皮肤，所以应该尽量行走或停留在阴凉处。不止如此，婴儿玩起来，帽子和遮阳伞很难完全遮挡住阳光，所以 6 个月以上的婴儿外出时防晒霜是一定要抹的。

防晒霜的防晒指数越大越好。防晒霜指数越高，说明防晒霜中所含的物理或化学防晒成分就越多，吸收或反射紫外线的同时，对皮肤刺激也越大，所以要根据婴儿的外出时间、阳光的强度以及游玩的场所来选择。比如，带婴儿外出 2 小时以内，可以选择防晒指数为 15 左右的防晒霜。如果外出 2 小时以上，最好选择防晒指数 20 左右的防晒霜。如果去海边或露天游泳池游泳，则要选择防晒指数 30 以上的防晒霜。

防晒霜涂抹一次即可。如果婴儿户外运动超过 2 小时，最好重新涂抹一次防晒霜，因为出汗会使防晒霜的功效降低，即使防水防汗型防晒霜，在婴儿大量出汗后也需要重新涂抹。

晒伤表现

轻度晒伤。日晒部位出现边界清楚的红斑，有轻度烧灼、刺痛或触痛感。

重度晒伤。晒伤部位红斑颜色加深，伴有水肿、水疱，疼痛非常明显。当晒伤面积较大时，可伴有全身症状，如畏寒、发热、头痛、乏力、恶心、呕吐等。婴儿若长时间曝晒还会导致日光性皮炎等皮肤病的发生。

温馨提示：防晒注意事项

1. 夏季上午 10 点至下午 2 点是阳光中紫外线辐射最强的时候，即使防护充分也不能完全避免晒伤，因此在这段时间内应尽量避免带婴儿外出。如果一定要外出玩耍，要尽量停留在有阴凉的地方。

2. 婴儿视网膜还没有发育成熟，强烈的紫外线会伤害婴儿的视力，所以，外出时，尽量给婴儿戴上宽边帽或长舌帽，以便帮婴儿眼部遮阳。

了解食物 / 异物窒息

这个月龄的婴儿已经坐得很稳了，辅食添加得也越发丰富，随着婴儿大动作和精细动作日渐成熟，误食窒息的概率也大大增加。婴儿误食窒息可能是自己抓取不当食物 / 异物所致，但更多是与爸爸妈妈喂养和看护不当有关。

婴儿乳牙没有完全萌出前，不能将食物充分嚼烂，如果吃东西时嬉笑玩耍，便很容易将食物吸入气管。

婴儿喜欢用嘴巴来了解这个世界，加上对小东西格外钟爱，这些小东西一旦放到嘴里，便大大增加了异物窒息的概率。

易造成窒息的食物

葡萄。葡萄的大小可一口吞下，如果婴儿误吞极易造成窒息。相类似的食物还有樱桃、圣女果等食物，吃这类食物时，最好榨汁后给婴儿饮用。

果冻。果冻在产品包装上已明确标示“3 岁以下儿童不宜食用”，但有些爸爸妈妈却常忽视这类提醒仍给婴儿喂食果冻。果冻看似柔软细滑，但如果婴儿整个吞下，或咬碎后的果冻堵住支气管，便很容易导致窒息。所以，婴儿应避免食用果冻。

坚果。核桃等坚果也是常见的易致婴儿窒息的食物。这个月龄的婴儿牙齿未长全，不能将它们充分嚼碎，如果吃时不小心很可能吸入气管，造成窒息。爸爸妈妈给婴儿喂食果仁可打成粉放到粥里。坚果容易致敏，过敏体质婴儿不宜食用。

骨头。婴儿喜欢肉食避免不了接触骨头，小的鱼刺和禽类骨头也很容易被婴儿误吸入气管，引发窒息。所以，爸爸妈妈给婴儿喂食肉食要特别挑去细碎的小骨头。

硬糖。食用硬糖需要在嘴里不断变动它的位置，但婴儿可没成人这样的技巧，很容易在食用硬糖时吸入气管造成窒息，所以像硬糖这类食物应避免给婴儿食用。

避免食物 / 异物窒息的方法

如果婴儿正在长牙，最好的磨牙食物是婴儿专用的磨牙棒。建议爸爸妈妈暂时不要给婴儿胡萝卜条、瓜条之类的自制磨牙食物。一旦婴儿把这些东西咬断又不会咀嚼，很容易导致危险。

这个月龄的婴儿喜欢从别人的碗里抓东西吃，可以给婴儿准备专门的餐椅，防止他抓到一些餐桌上不适合他吃的食物。

避免在给婴儿喂食时故意逗戏、惊吓、打骂婴儿，以免食物呛入气管。

这个月龄的婴儿乳牙还没长齐，爸爸妈妈应耐心教会婴儿正确的咀嚼方法，尽可能借由乳牙和坚硬的牙床骨磨烂食物，而不是硬吞食物。

婴儿在进食时，不可塞着满嘴的食物躺下吞咽。婴儿进食，要有成人在一旁看护。

婴儿玩具上的小零件要注意检查是否牢固，最好避免给婴儿购买配有小零件的玩具。

家中小颗粒食物或小配件要收拾妥当，婴儿活动范围内应避免存放小物品，比如小纽扣等，以防出现意外。

爸爸妈妈平日里照看婴儿要格外留意，特别是家中有客人来，或是带婴儿外出时更应多加看护，以免婴儿在自我探索时误食异物。

食物 / 异物窒息的正确处理

当食物 / 异物吸入喉内时，婴儿会出现呛咳，此时爸爸妈妈不要给婴儿喂水止咳，咳嗽有助于食物 / 异物排出。

婴儿咳嗽时，不要拍打婴儿背部，以免误吸食物 / 异物移位。

婴儿出现气急表现，说明误吸食物 / 异物已经进入呼吸道，爸爸妈妈不要试图用手去婴儿口中掏取，更不要再喂食物希望将误吸入的食物 / 异物咽下，这样只会刺激婴儿咽部，引起恶心，呕吐，喉头痉挛、水肿，加重呼吸困难。这种情况需要马上就医。

1 岁以下婴儿窒息急救法

婴儿一旦出现窒息，及时、正确的抢救可能避免严重后果。

婴儿气管吸入食物 / 异物，根据食物 / 异物的性质、停留的部位和时间可能产生不同的症状，比如出现剧烈的咳嗽，同时伴有憋气、气喘、呼吸困难、口唇青紫等症状。食物 / 异物若将呼吸道完全堵住会导致窒息，严重者甚至导致死亡。

一旦婴儿将食物 / 异物吸进气管，爸爸妈妈千万别自乱阵脚，手忙脚乱地挪动或者剧烈摇晃婴儿，都是不恰当的行为，此时尽快带婴儿到医院就诊才最重要。紧急情况下，也可以采取家庭急救，同时拨打急救电话。

对于这个月龄的婴儿来说，爸爸妈妈可让婴儿趴在自己的膝盖上，使婴儿头朝下，之后用手拍打婴儿背部，从而使食物 / 异物随体位坠落而出。如果排出食物 / 异物后，婴儿的意识尚未清醒可拍击其足跟部，如能哭泣则为有意识。如果婴儿大动脉如颈动脉等搏动消失，而救护车还没到，爸爸妈妈应立刻进行心肺复苏。具体方法是：让婴儿平躺，一手压其额头向背部后仰，同时另一手抬起婴儿下巴，以保持气道通畅。之后深吸一口气，用嘴封住婴儿的嘴巴，用手捏住婴儿的鼻子和嘴巴，将气吹入。婴儿肺很小，不用把气吹尽就可以填满，此时，爸爸妈妈可见婴儿胸部抬起。吹气停止后，爸爸妈妈松开嘴巴，婴儿肺内的废气自然排出。依此操作方法重复上述操作，每分钟 20 次。

当口对口人工呼吸效果不理想时，爸爸妈妈要使婴儿保持平卧，进行胸外按压。用手指在婴儿两乳头连线的中点与胸骨正中线交叉点的下方一横指处进行按压。1 分钟后，可用手测量婴儿肱动脉搏动情况，以判断胸外按压效果。

进行心肺复苏后，婴儿即使有了自主呼吸，也需就医，请医生做进一步处理。

给婴儿白开水喝

从营养学方面来讲，任何含糖饮料或机能性饮料都不如白开水对身体健康有益。

分月龄补水计划

6~7 个月的婴儿。这个月龄的婴儿，胃容量还很小，喂母乳的婴儿可以用母乳代替喝水，但喝配方粉的婴儿，应该在两顿奶之间加 10~20 毫升水。但婴儿添加辅食后，为促进消化，即便喝母乳的婴儿也可以适当饮用白开水。

7 个月 ~1 岁的婴儿。这个月龄的婴儿因为辅食添加得已经很丰富了，在不低于 600 毫升奶量的基础上，除水果蔬菜等辅食外，每次应喝 30 毫升左右的水。

1~2 岁的幼儿。每天保证 400~500 毫升奶量之余，在两餐中间或餐前都可以喝水，每次可喝 100 毫升左右的水。

2~3 岁的幼儿。这个阶段的幼儿已会自己表达口渴了，每天保证 400~500 毫升奶量的同时，只要感觉口渴，随时都可以喝水。

喝白开水的好处

维持正常体温。人体为了维持正常的体温，会通过皮肤汗腺排汗，通过血管舒缩作用散发或保留热量。婴儿保证饮水量，可以使水分随着血液迅速分布到全身，起到维持正常体温的作用。

有助于生长发育。由于婴儿生长迅速，组织细胞增长时需要蓄积水分，婴儿在高温环境下运动时，及时、充分地补充水分，可以提高机体的耐热能力并预防中暑。

促进新陈代谢。水是单糖、氨基酸、脂蛋白、维生素和无机盐营养物质的溶剂，随着体内各部分体液相互交换，使这些营养物质被输送到身体的每个地方滋养细胞，并发挥复杂的生理功能，同时，水还会将细胞代谢废物通过肺、皮肤和肾脏排出体外。

白开水饮用注意事项

不要在感觉宝宝口渴时才喂他白开水，因为当感到口渴时，体液已经有所损失了。

睡前少喝水，醒后多喝水。睡前喝水太多，会造成宝宝夜尿多，影响睡眠质量。而宝宝经过一个晚上的睡眠，体内水分会有所流失；晨起给宝宝补充水分既有益于血液循环，也有利于保持大脑清醒。

凉白开在空气中暴露时间过长时会失去其特有的生物活性，所以，凉白开要喝新鲜的。

春夏秋冬护理要点

春季

婴儿春季着装要注意防风御寒，衣服不可骤减，要随气温变化加减衣服。春季婴儿户外活动量增加，活动中穿得过多容易出汗，一遇冷风容易导致感冒。因此，外出活动时着衣以进行一般活动不出汗为标准。

春天的风沙、阳光、花粉、细菌等会增加对婴儿皮肤的刺激，带婴儿外出时，爸爸妈妈可为婴儿涂婴儿专用的润肤霜；皮肤的清洁宜用水洗不要用肥皂，以便减少刺激。同时注意远离花粉，避免过敏。此外，这个月龄的婴儿也是幼儿急疹高发人群，爸爸妈妈也应提高警惕，关注婴儿健康。

夏季

夏季，婴儿的食欲会有所降低，一些过敏体质的婴儿若此时添加辅食较为困难，爸爸妈妈不要强迫婴儿进食，以免造成积食、腹泻。此外，夏季细菌容易滋生，婴儿餐具要做好清洁、消毒工作，桶装配方粉要放在干燥、凉爽的地方保存。

此外，夏季要注意给婴儿补水，婴儿缺水容易发生脱水热，也容易中暑。一旦发现婴儿有中暑的症状，应立即将婴儿移到通风、阴凉、干燥的地方，如走廊、树荫下，并用湿毛巾冷敷婴儿头部，或给婴儿洗温水浴降温。夏季带婴儿外出时要做好防晒工作。有空调的家庭，可将婴儿的房间温度控制在26℃，但因为凌晨气温下降，所以不能整夜开着冷气睡觉。

秋季

秋季，婴儿食欲有所改善，但要预防婴儿胃口大开后积食，注意控制婴儿奶量和辅食量。天气转凉后，婴儿因为气管分泌物增多，嗓子里会呼噜呼噜的，这是积痰表现，不是感冒、气管炎，更不是肺炎，爸爸妈妈不必紧张。饮食方面可以为婴儿准备一些有化痰作用的梨汁。

秋季易发生腹泻，婴儿感冒后若出现拉肚子，大便像水或蛋花汤样表现，应带婴儿就诊。秋季腹泻是一种自限性疾病，一般无特效药治疗，多数患儿在一周左右会自然止泻。不用药物治疗，只是靠口服补液，绝大多数的患儿也能痊愈。提前接种疫苗，能有效减少秋季腹泻的发生。

此外，秋季也是过敏性疾病好发季节，有过敏史的婴儿，其家长应高度提防。如果婴儿有发热、流口水、拒食、嘴里有小水泡等表现，要判断婴儿是否患了手足口病。9月份是手足口病发病的高峰期，爸爸妈妈需提高警惕预防。在手足口病流行季节，不要带婴儿去公共场所，加强婴儿的保健，可减少感染机会。如果婴儿维

生素 B_2 摄入不足，在干燥的秋季容易烂嘴角。婴儿出现烂嘴角，可多吃富含维生素 B_2 的食物，比如动物肝脏、牛肉、菠菜、油菜等。

冬季

冬季是感冒的高发季节。这个月龄的婴儿因为抗体减少容易感冒，爸爸妈妈要注意保持室内空气新鲜，定时开窗、开门通风，降低室内细菌浓度。家人若感冒，要注意和婴儿隔离；给婴儿喂奶、吃饭或抱婴儿时，最好戴上口罩，以免传染。在室内，不要给婴儿穿得过多，如果婴儿总是有汗，脸红红的，到室外就会受凉外感风寒。

6~7 个月婴儿常见问题

幼儿急疹

幼儿急疹又称婴儿玫瑰疹，好发于 2 岁以内的婴幼儿，特别常见于 6~12 个月的健康婴儿。在这个月龄的婴儿较为常见。幼儿急疹属于呼吸道急性发热发疹性疾病，通常由呼吸道带出的唾沫而传播，密切接触会传播此病，但它不属于传染病。

幼儿急疹的潜伏期为 8~15 天。发病之前婴儿没有明显的异样表现。由于人体被此病毒感染后会出现免疫力，所以很少出现再次感染。

幼儿急疹的临床表现

患上幼儿急疹的婴儿会在没有任何症状的情况下突发高热，并持续 3~5 天。其间服用退热剂后体温可短暂降至正常，然后又会回升。高热持续 3~5 天后，热度骤降，同时皮肤出现玫瑰红色斑丘疹，用手按压，皮疹会褪色，撒手后颜色又恢复到玫瑰红色。

皮疹主要散于颈项、躯干，偶见于面部和四肢，很少出现融合。发疹后 24 小时内皮疹出齐，经 3 天左右自然隐退，其后皮肤不留任何痕迹。

从皮疹形态上看，幼儿急疹酷似风疹、麻疹或猩红热，但其中最大的不同就是：

幼儿急疹为高热后出疹，而其他 3 种疾病则是高热时出疹。

幼儿急疹的护理

幼儿急疹是典型的病毒感染，预后良好，很少出现其他并发症，所以不必使用抗生素，治疗主要以针对高热和皮疹的护理为主。

婴儿生病后，饮水量会明显减少，造成出汗和排尿减少，服用退烧药后的效果会逐渐减弱，甚至无效。这时依赖静脉注射或肌肉注射退热，也不会达到理想效果。所以，要尽可能让孩子多喝水，保证体内水分充足，才利于药物降温。

在保证孩子尽可能多喝水或其他液体的前提下，可采用药物、物理联合降温的办法，将体温控制于 38.5℃以下。另外，要帮助婴儿每天至少排便一次，必要时可使用开塞露让婴儿排便。

患幼儿急疹的婴儿需要静养，不宜外出，同时要注意做好隔离工作。饮食方面要注意清淡饮食，如果婴儿食欲不佳不要勉强喂婴儿，以免造成婴儿胃肠不适。婴儿患病期间，可多为婴儿准备一些半流质食物，比如菜粥、米粥、稀面条等。

对于发疹，只需要观察即可，但要注意保持婴儿皮肤的清洁，避免继发感染。幼儿急疹既不怕风也不怕水，所以出疹期间，也可以像平时那样给婴儿洗澡，不要给婴儿穿过多衣服，注意保证皮肤得到良好的通风。

幼儿急疹的护理误区

频繁跑医院。幼儿急疹痊愈需要一个过程，但高烧会让许多爸爸妈妈乱了阵脚而频繁出入医院。从临床上看，幼儿急疹很少有并发症，所以不建议带婴儿频繁出入医院，以免造成交叉感染。

频繁更换退烧药。患幼儿急疹的婴儿会有高烧表现，为了让婴儿快些退烧，爸爸妈妈渴望找到特效药，结果婴儿很容易成为“试验田”。幼儿急疹没有特效药，不要胡乱给婴儿喂药，以免发生药物不良反应。

疹子涂药膏。婴儿出了疹子，爸爸妈妈因担心疹子造成婴儿痒痛，想到给婴儿涂药膏。其实幼儿急疹所发出的疹子不会造成婴儿不适，它们不痛不痒，没有色素沉淀，也不会出现脱屑、脱皮等表现，消失后不会留下痕迹，爸爸妈妈不必担心。

用抗生素治疗。有些爸爸妈妈觉得抗生素是万能药，特别是婴儿高烧不退时，不用抗生素治疗便不安心，偏偏幼儿急疹是由病毒引起的，用抗生素治疗没有一点效果。

食物过敏

食物过敏是指婴儿体内免疫系统对某种食物产生不正常的免疫反应，如果婴儿对某种食物过敏，身体就会把这种食物当作入侵者，同时产生一种叫作免疫球蛋白E（IgE）的抗体。当婴儿再次吃到这种食物时，抗体就会通知身体的免疫系统释放一种叫作组织胺的物质来抵抗“外来入侵者”。

食物过敏的原因

肠道屏障功能不完善。小婴儿肠道发育不成熟，肠黏膜上皮细胞排列不紧密，存在间隙，一些食物颗粒如牛奶蛋白分子很容易通过这一屏障，从肠腔进入血液，导致过敏。

免疫系统发育不成熟。人体免疫系统存在两个方向，一个是免疫保护方向，一个是容易引起过敏的方向。成熟的免疫系统，这两个方向是平衡的。但对于小婴儿来说，由于免疫系统发育不平衡，天生容易向引起过敏的方向倾斜，一旦受到牛奶、鸡蛋等大分子异性食物蛋白的刺激就容易出现过敏表现。

遗传因素。如果爸爸妈妈双方都有过敏史，婴儿发生过敏的概率是60%~80%，一方有过敏史，婴儿的过敏概率有20%~40%。没有过敏家族史的婴儿，过敏风险相对较低，但过敏概率也高达15%左右。由此可见，所有的婴幼儿都应该预防过敏，而不仅仅是有过敏家族史的婴儿。

添加辅食贪多贪快。小婴儿肠胃功能发育不全，对乳糖耐受不良，如果添加辅食的种类过多，添加的时间较早，也容易导致婴儿过敏。添加辅食时，要一样一样地添加，数量从少到多，以便仔细观察，筛分可能出现的过敏原。

挑食引发过敏。让婴儿尽可能接触多种天然食物，可减少过敏现象。当婴儿长久不吃某种食物，身体中开始缺少消化这种食物的酶，那么，一旦吃到这种食物就可能引发过敏。这就是有些婴儿对菠菜、大豆、小麦和鱼也会过敏的原因。

加工食物易致敏。有些婴儿吃新鲜的土豆没问题，但如果吃加工过的土豆泥就会出现过敏，其实婴儿不是对食物本身过敏，而是对加工食物中的香精、色素、防腐剂等成分过敏。所以，爸爸妈妈应该尽量让婴儿食用天然绿色食物，减少过敏概率。

过敏的危害

婴儿期的过敏会为婴儿的未来埋下健康隐患。

曾患过敏性湿疹、食物过敏的婴儿，日后罹患哮喘和过敏性鼻炎的风险是一般婴儿的3~8倍。

婴幼儿期的过敏不仅影响婴儿的生长发育，还会影响其心智发育，并且容易出现情绪和行为问题，还可能导致婴儿注意力缺陷或增加患多动症概率。

容易出现反复呼吸道感染及哮喘反应，严重时可出现过敏性休克，需要立刻送医院治疗。

食物过敏的典型症状

食物过敏症状可表现在皮肤、肠胃和呼吸道等多方面，有时甚至发生全身性的过敏反应。多数反应只是持续几分钟或几个小时；少数可能持续几天，症状则因人而异。

胃肠道表现。出现恶心、呕吐、腹泻乃至消化道出血，有时口腔及其周围也会出现红疹、发痒和肿胀等症状。严重的全身性过敏反应比较罕见。

皮肤表现。最常见的是荨麻疹，这些发红肿胀且非常痒的皮疹来得快消失得也快，通常是一小片一小片地出现，可合并血管性水肿，也可单独发生或合并其他症状。婴儿如果有异位性皮肤炎，还可能因食物过敏而引起症状恶化，更需要小心。

呼吸系统表现。可引起类似喘鸣的症状，表现为呼吸困难和喘鸣声，也可能引起鼻子和眼睛过敏，表现为流鼻涕、打喷嚏、眼睛红肿瘙痒等。

其他症状。食物过敏的婴儿还可能出现不明原因的哭闹、烦躁等表现。

婴儿易对这些食物过敏

婴儿可能对任何食物过敏，但 90% 左右的食物过敏多为以下食物造成的：蛋、奶、花生、小麦、大豆、坚果（如核桃、腰果等）、鱼（如金枪鱼、三文鱼、鳕鱼等）和甲壳类水产（如虾、蟹、贝类等）。

婴儿长大后，对某些食物过敏的现象可能会消失。大约 85% 曾对奶、蛋、大豆和小麦等食物过敏的婴儿到上学的年龄后对这些食物过敏症状会消失。而对花生、坚果、鱼和甲壳类水产等食物过敏的婴儿，除少数婴儿到上学年龄过敏症状会消失外，大部分婴儿可能仍会出现过敏表现。

学会排查食物过敏

详细记录。仔细观察婴儿的饮食状况，将所吃的每一样东西都详细记录下来，包括正餐、点心以及其他食品，至少连续记录 4 天。

持续跟踪。排查可疑食物首先从婴儿最常吃、最爱吃的食物开始，乳制品是最常见的过敏原。如果没有发现怀疑食物，可从乳制品开始排查。找出可疑过敏原后要进行持续跟踪测试。每次测试只针对一种食物，连续 2 个星期不要让婴儿吃这种食物，并随时记录下所观察到的状况。在一种食物经过测试之后，再彻底更换另外一种，直至把所有可疑食物测试完毕。

再度试验。基本确认过敏食物后，为了确定过敏症状的出现不是巧合，要进行二次试验。可采用循序渐进、少量给予的方式，让婴儿分别再吃这些可疑食物，每隔 3 天或 4 天就增加一点分量，以确认过敏症状是否会再度出现。最后，分别记录下婴儿所吃的可疑食物、出现的过敏症状、停掉该食物的反应等，以方便掌握婴儿对不同食物的适应情况，对于再度试验认定的过敏食物要短时间内杜绝食用。

注意交叉反应

食物中所含的过敏原，可能存在一定的相互交叉性。简单地说，就是对某种食物过敏的婴儿，很可能也对另一种食物过敏，因为这两种食物含有相同的致敏原，从而导致进食不同的食物会发生相同的食物过敏反应，比如对牛奶过敏的婴儿可能对羊奶也过敏，爸爸妈妈要提高警惕。

预防食物过敏的方法

尽量延长母乳喂养的时间，母乳中含有多种对过敏有制约作用的免疫球蛋白及抗体，对防止过敏很有好处。当妈妈母乳不足或无法母乳喂养时，早期避免大分子异种蛋白质（牛奶蛋白）的另一个方法，是尽早食用适度水解蛋白配方粉，以减少婴儿对牛奶蛋白过敏的风险。

婴儿出生后第一年的饮食要以低过敏食物为主，同时辅食添加不宜过早。每周逐步给婴儿增加一种新食物，从蔬菜、米饭、谷类食品、水果开始。

过敏体质的婴儿，或是有家族食物过敏病史的婴儿，添加辅食的时间可稍晚一些，可推迟到 6~8 个月时再添加，蛋和鱼可在 18 个月后再添加。

添加固体食物时，要一次只添加一种，观察几天，如果婴儿没有不良反应，再添加另一种。这样即使婴儿对某种食物过敏也较容易发现。

关于婴儿牛奶过敏

婴儿喝完配方粉后出现腹泻，这种情况有多种原因，比如感染因素、食物不耐受、牛奶过敏等，其中牛奶过敏是主要因素。

牛奶过敏属于过敏性疾病，是机体对牛奶产生的过强反应，它导致组织损伤，可产生轻重不等的临床症状。目前已知大约 5%~10% 的婴幼儿在摄入牛奶蛋白时会出现异常反应，并表现出临床症状。因为未经过处理的牛奶和普通配方粉含有 32 种以上具有高抗原性的蛋白，而这些高抗原性蛋白比较容易导致孩子出现过敏反应。

对牛奶过敏的婴儿，在进食牛奶后，通常有全身反应及胃肠道、皮肤、呼吸道反应，比如持续性不适或腹痛、呕吐、腹泻、便秘、血便、缺铁性贫血、慢性咳嗽、气喘、荨麻疹、湿疹、口唇或眼睑水肿等。一般情况下，对牛奶过敏的婴儿会表现出一种或几种上述症状。

对牛奶过敏婴儿的喂养重点

母乳喂养是最佳选择。母乳是最安全的，可以避免婴儿对牛奶过敏。如果实在无法喂母乳，最好给婴儿选用水解蛋白配方粉。

如果婴儿是轻、中度的牛奶蛋白过敏，可选用饮食回避 + 深度水解蛋白配方粉 2~4 周喂养的方法。

如果婴儿是重度牛奶蛋白过敏，那么要选用氨基酸配方粉至少 2~4 周。最好不要选用豆类、米糊或其他动物奶来代替牛奶。因为婴儿对牛奶过敏时，对这一类食物也会出现交叉过敏的反应，如婴儿对牛奶过敏，很可能对羊奶、马奶也会过敏。对鸡蛋过敏，对鸭蛋、鹅蛋也可能过敏。

如果经过过敏检测，确诊婴儿为牛奶蛋白过敏，至少要给婴儿喂 6 个月的深度水解蛋白配方粉，如果效果仍然不好，再改喂氨基酸配方粉。如果因为各种原因无法做过敏检测，可以给婴儿喂 2~4 周的深度水解蛋白配方粉，看看婴儿腹泻的情况是否有好转。有好转说明婴儿确实是牛奶过敏，没有好转的话，要再找找引起婴儿腹泻的其他原因。选择深度水解蛋白配方粉时，深度水解乳清蛋白的配方比深度水解酪蛋白的配方要好。

确认牛奶蛋白过敏的方法

如果怀疑婴儿对牛奶蛋白过敏，可以带孩子做个皮肤点刺试验。另外，更精准的检测办法是做食物激发。通过这两种检测方法，就能确诊孩子是否是牛奶蛋白过敏了。

牛奶过敏不会伴随终生

大部分在婴儿期对牛奶过敏的婴儿，都不会终生对牛奶过敏，一般在18个月以后，对牛奶过敏的表现会逐渐消失。

在 0~1 岁的婴儿中，大约有 5%~10% 的孩子对奶过敏。不过，到 3 岁时，其中 80% 的孩子对奶已经脱敏，不会再引起过敏反应。总而言之，会有 3% 的 4 岁以下的孩子对奶中的蛋白质过敏。

感冒

感冒又称为上感，顾名思义就是上呼吸道感染，主要由病毒所致。通常包括医院临床诊断的急性鼻咽炎、急性咽炎、急性扁桃体炎。

感冒是婴儿最容易得的一种病，一般婴幼儿每年平均感冒 4~5 次。婴儿患呼吸道疾病后，除了让他按照医嘱吃药以外，尽量让他身体舒适、好好休息，这是其早日康复的关键。这个月龄的婴儿因为还有来自母体的抗体，所以即便有感冒症状通常也不会很严重。

感冒的典型症状

发热、咳嗽、流涕、咽痛等是感冒典型症状，不同年龄段又各有特点：小婴儿表现为轻微发热或不发热，但会因鼻塞症状较突出而出现哭闹不安、张口呼吸、吸吮困难、拒奶，有时还伴有呕吐及腹泻；稍大点的婴儿表现为局部症状不明显而全身症状重，如突然高热，持续 1~2 天，有的还可能发生高热惊厥；而大婴儿一般症状较轻，有鼻塞、流涕、咳嗽或咽痛等症状，多不发热或低热，有的还会出现腹痛，这可能与肠蠕动增强、肠系膜淋巴结炎等有关。

感冒的发病原因

感冒大多是由病毒引起，病原体主要侵犯鼻、咽、扁桃体及喉部而引起炎症。

婴儿感冒时不能随便用药，尤其是小婴儿，要先区分病因，看是病毒感染还是细菌感染，再针对病因用药。如果婴儿感冒合并发烧，不要急着退烧，只有体温超过 38.5℃时才需要使用退烧药物。适当的发烧对人体是有利的，它可以帮助人体消灭体内的细菌或病毒。但当婴儿体温持续不退时，要到医院查明病因。

感冒的护理要点

提升室内空气质量。家里要常通风，保持空气清洁、湿润，不要再让污浊、干冷的空气刺激婴儿的呼吸道。

适当退烧。婴儿发烧时，要每隔 2~4 小时测一次体温。必要时给婴儿吃退烧药，以避免高热惊厥，同时也利于婴儿更好地进食和休息。

科学饮食。婴儿发热时胃口比较差，可以根据具体情况减少进食，给婴儿吃一些清淡、易消化的食物，如稀粥、面片汤、蛋羹等。

多喝水。多饮水有利于排尿和发汗，使体内的毒素和热量尽快排出，帮助婴儿退烧和促进疾病好转。

保持大便通畅。大便通畅有利于把体内的毒素顺畅地排出体外，同时也能起到降温的作用。如果婴儿大便燥结，可以考虑用一些开塞露，帮助其排便。

保持呼吸通畅。婴儿鼻塞会影响吃奶或睡眠，可以适当用一些儿童专用的滴鼻剂；如果婴儿有喘的现象，可以按医嘱用扩张气管的药物。

注意鼻周皮肤护理。婴儿感冒时常常流鼻涕，鼻周皮肤会发红、疼痛。可以用温湿的毛巾给婴儿敷一敷，然后涂一些消炎药，比如金霉素药膏。

保证睡眠质量。患呼吸道疾病的婴儿常常会咳嗽，容易睡不踏实，可以适当垫高婴儿的上身，减少气管分泌物对咽部的刺激，减少咳嗽。

促进痰液排出。咳嗽是人体的一种防御机制，是呼吸道往外排病菌和分泌物的过程。因此，绝大多数情况下，咳嗽是好事而不是坏事。治疗咳嗽的目的不是止咳而是化痰。除了使用化痰的药物外，还要注意使居室保持一定的湿度，有利于痰液稀释和排出。

如何预防婴儿感冒

定时开窗通风。户外虽然灰尘较大、病菌种类多，但每种病菌的密度比较低，不易引起人体发病。如果居室门窗紧闭，空气不流通，会导致居室内病菌迅速繁殖，致使病菌密度增加，从而增加婴儿患呼吸道疾病的概率。所以，在空气指数良好的情况下要注意定时开窗通风，降低每种病菌的密度，从而降低呼吸道感染的危险。

与婴儿亲密接触前先做清洁。爸爸妈妈外出回家与婴儿近距离接触时，通过呼吸可将成人口、鼻、咽内的病菌直接传给婴儿。为了避免交叉感染，爸爸妈妈回家后应先洗手、换衣服，有可能的话，不妨用淡盐水漱口和清理咽部，清洗鼻腔。

衣服不必穿过多。婴儿在玩耍过程中，经常会出汗。出汗后，内衣潮湿，再遇到风吹，便容易着凉感冒。所以，衣服适当薄厚即可，不要给婴儿穿得过多。

亲近户外空气。爸爸妈妈每天都应让婴儿在户外适当活动一定的时间，以感受天气变化。婴儿适应天气的变化就减少了着凉的机会，当然也就减少了呼吸道感染的机会。

婴儿反复感冒的原因

呼吸系统各器官发育不成熟。婴儿呼吸道短小，黏膜柔弱富有血管容易引起感染，且黏液分泌不足，纤毛运动能力差，免疫功能发育不成熟，所以很容易反复感冒。

调节体温能力差。这个月龄的小婴儿皮肤调节体温能力还较差，不能很好地适应外界不断变化的气温，容易发生呼吸道感染。

爸爸妈妈照顾过细。因为担心婴儿感冒，许多爸爸妈妈会对婴儿过度保护，婴儿因为缺乏必要的体格锻炼，使得免疫力降低，变得更加容易感冒。

不遵医嘱治疗。婴儿生病了，医生会根据婴儿病情合理用药，但有些爸爸妈妈却没有遵医嘱为婴儿服药，爸爸妈妈自行用药或用药不合理，很容易造成婴儿免疫力下降，导致反复感冒。

如何避免婴儿反复感冒

感冒本身可以刺激儿童免疫系统的成熟，即使婴儿感冒了，爸爸妈妈也不要惊慌失措。在医生的指导下，合理用药，注意休息，婴儿很快就能痊愈。但有些婴儿却会反复感冒，医学上将反复呼吸道感染的婴儿称为“复感儿”。婴儿反复感冒会严重影响其成长发育，科学远离复感，爸爸妈妈要注意以下方面：

合理饮食。母乳可提升婴儿抗病能力，妈妈们应尽可能用母乳喂婴儿。婴儿添加辅食后，妈妈要注意婴儿营养均衡，帮婴儿养成良好的饮食习惯，提升抗病能力。

适当运动。运动是预防急性呼吸道感染的最好方法，爸爸妈妈带婴儿多做运动可提升婴儿抗病能力。但与成人相较，婴儿皮肤较薄嫩，皮下脂肪少，对体温的调节能力较差，婴儿运动出汗后，如果受到冷风刺激会使得原本不协调的体温调节中枢与血液循环中枢失衡加重，造成抵御病毒和细菌的能力下降，容易感冒。所以，婴儿运动后，爸爸妈妈要注意为婴儿擦干汗，从而避免婴儿感冒。

流感易发期不去公共场合。感冒多发季节，在一些空气流通性差、人员嘈杂的公共场合，致病菌和病毒会非常多。爸爸妈妈应避免带婴儿去各种公共场合，远离致病菌，可更好地预防感冒。

注意调节婴儿情绪。婴儿情绪不佳时也容易感冒，比如紧张、上火，或是不适应新环境时。爸爸妈妈要注意婴儿情绪变化，帮婴儿调节情绪，以免感冒乘虚而入。

睡觉时被子、衣着要适当。婴儿睡觉时不要给盖太厚的被子，婴儿因为感觉热而踢被子，待下半夜气温下降时很容易因受凉而感冒。

感冒时要留心宝宝的听力

由于宝宝在耳部感染时仅出现听力障碍，而没有其他症状。所以，需要关注以下这些行为，特别是宝宝感冒期间或之后，发生异常情况应及时就诊。

说话声音和平常不一样，比平时声音更大或更轻。

对于正常大小的声音，总爱以“嗯”或“什么”提出疑问。

对声音没有反应。

在吵闹的房间中，对于语音的理解有困难。

看电视或听收音机将声音调得很大的时候，宝宝也没有反应。

咳嗽

咳嗽是人体的一种保护性呼吸反射动作。从表现来看分为干咳和湿咳。干咳是指没有痰的咳嗽，它往往是刺激性咳嗽，比如得了喉炎、突然闻到一股特别强烈的气味、大哭之后或吸入了异物，都是对上呼吸道的一种刺激，会引发咳嗽。湿咳是指咳嗽带痰，咳嗽是往外排分泌物。不管是干咳还是湿咳，都是人体的一种防御机制。这个月龄的婴儿由于来自母体的免疫力逐渐降低，感冒后很容易出现咳嗽症状。

咳嗽的分类

上呼吸道感染引发的咳嗽。多为一声声刺激性咳嗽，好似咽喉瘙痒，无痰，不分白天黑夜，不伴随气喘或急促的呼吸。婴儿可出现嗜睡、流鼻涕、发热等感冒症状，但体温通常不超过 38℃。感冒症状消失后，咳嗽仍会持续 3~5 日。

支气管炎引发的咳嗽。上呼吸道感染 3~4 天后出现咳嗽，起初为干咳，之后有痰。常见于病毒感染。婴儿可伴有发热，腹泻，呕吐物中有黏液等表现，但全身症状不明显。由支气管炎引发的咳嗽通常会在 3 周内缓解，超过 3 周应怀疑有继发感染，如肺炎。

急性感染性喉炎引起的咳嗽。婴儿会发出喀喀的似小狗叫的咳声，声音嘶哑，这种咳嗽也被称为“犬吠样咳嗽”。白天病情较轻，夜间加重。这种咳嗽爸爸妈妈不可自行在家解决，应带婴儿及时就医。

过敏性咳嗽。表现为持续或反复发作性的剧烈咳嗽，多呈阵发性发作，清晨较为明显，婴儿活动或哭闹时症状加重，痰很少。夜间咳嗽比白天严重，通常会持续 3 个月，花粉季节发病最为常见。

肺炎引发的咳嗽。小儿肺炎四季均易发生，以冬春季居多。表现为发热、咳嗽、呼吸困难，同时婴儿还会伴有精神萎靡、烦躁不安、食欲不振、腹泻等全身症状。咳嗽表现可持续两三日至一周左右。小儿肺炎只要及时治疗，预后良好。

吸入异物引发的呛咳。婴儿误吸入异物后会出现剧烈呛咳，并有憋气、呼吸不畅等症状。而当异物进入支气管后，咳嗽症状可略减轻。婴儿误吸入异物应及时就医。

支气管哮喘引发的咳嗽。这类咳嗽可达数周之久，夜晚症状加重，多见于有哮喘家族史的婴儿。治疗这类咳嗽需找到引起哮喘的过敏原，远离过敏原，对症治疗有助于婴儿尽快痊愈。

区别浅咳和深咳

依照咳嗽的性质，婴儿咳嗽还可分为浅咳和深咳。浅咳和深咳的部位不一样，性质也不一样。浅咳咳声短而急促。浅咳一般就在嗓子里咳，而深咳则在气管、支气管或是肺里头，一听就像是从胸腔里发出的。浅咳和深咳有一个比较容易区别的特点，就是看一次咳的声音是长还是短，浅咳时咳的频率很快，听起来很短促，而深咳一次咳的时间则相对长。

痰多、鼻涕多时浅咳居多，但千万不要仅以分泌物的多少来判断婴儿是浅咳还是深咳。因为我们从鼻子、咽喉到气管、肺部，整个呼吸系统都是分泌腺，浅咳、深咳都会有分泌物。而且，往往浅咳的时候会让我们觉得婴儿病情比较严重，痰多，一咳就会带出一些痰，而且有很多鼻涕，其实情况正相反。因为上呼吸道的分泌物被咳出来比较容易，所以病情并不严重。而深咳因为部位靠下，婴儿往往没有能力把痰咳出来。这时爸爸妈妈会觉得婴儿咳得很费劲，或者咳完以后并没有轻松的感觉，这种时候病情才是比较严重的。

白天不咳晚上咳的是浅咳。如果婴儿是浅咳，往往是白天咳嗽的时候很少，以流鼻涕为主，但是夜间咳嗽比较厉害。这是因为婴儿平躺着时，嗓子处于低位，鼻腔里的分泌物无法通过流鼻涕的过程排出来，就会倒流到嗓子里，刺激嗓子，引起咳嗽，使婴儿晚上经常咳醒，让爸爸妈妈觉得孩子病情加重了，其实不然。深咳则是不分白天、黑夜都一样咳，甚至有的婴儿白天咳得更重，晚上相对较轻，所以深咳的孩子反而能睡得很好。

嗓子红肿并不一定有炎症

婴儿咳嗽时，嗓子都是红肿的，但并不意味着就是细菌感染，炎症是一个大的概念；细菌感染只是其中的一小部分，炎症和细菌感染并不是等同的。病毒刺激呼吸道也会导致婴儿咳嗽、嗓子红肿。所以，婴儿嗓子红并不一定是有炎症，不可盲目使用抗生素。婴儿使用抗生素时一定要在医生的判断和指导下使用。

咳嗽治疗的根本是化痰

我们治疗咳嗽的目的不是止咳而是化痰，如果这些分泌物在呼吸道里没有被排出来，细菌进去后，就会附着在痰液上，导致继发感染。所以，治疗的目的主要是化痰，让分泌物变得稀一些，这样才能比较容易地被排出，不给细菌繁殖的机会。

简单易行的止咳方法

夜间抬高婴儿头部。如果婴儿入睡时咳个不停，可将其头部抬高，咳嗽症状会有所缓解。此外，爸爸妈妈还要经常调换婴儿睡觉的姿势，最好是左右侧轮换着睡，有利于呼吸道分泌物的排出。

蒸汽止咳。如果婴儿咳嗽严重，可让婴儿吸入蒸汽，或者抱着婴儿在充满蒸汽的浴室里坐 5 分钟，潮湿的空气有助于帮助婴儿清除肺部的黏液，缓解咳嗽症状。

热水袋敷背止咳。热水袋中装满 40℃左右的热水，外面用薄毛巾包好后敷于婴儿背部靠近肺的位置，以加速驱寒达到止咳目的。

热饮止咳。多喝温热的水可使黏痰变得稀薄，缓解呼吸道黏膜的紧张状态，促进痰液咳出。可以多让婴儿喝温开水或温热的菜汤、米汤。

咳嗽日常护理

婴儿咳嗽时急速气流会从呼吸道黏膜带走水分，造成黏膜缺水，因此，要注意保持室内湿度适宜，可以使用加湿器，或在房间里放一盆清水等方法来增加空气湿度。

让婴儿远离尘土、油烟，室外空气质量较差时要避免带婴儿外出。

让婴儿保持侧卧姿势睡眠，以免呼吸道分泌物反流到气管引起咳嗽，影响婴儿睡眠质量。

远离花草、宠物，以免造成过敏。

饮食注意事项

婴儿在咳嗽期间饮食要清淡，鱼、蟹、虾等荤腥、油腻食物会助湿生痰，甚至引起过敏反应，加重病情，这类食物应避免食用。

多喝水，充足的水分可以帮助稀释痰液，使痰液易于咳出。

高热惊厥

婴儿在成长过程中，因为脑神经的功能还不是很稳定，当有脱水、低血糖、脑部病变、外伤等表现时都可能出现惊厥。但其中最常见的是高热惊厥，即随着婴儿体温的急遽升高而出现的惊厥现象。

高热惊厥好发年龄在 6 个月 ~5 岁之间，最易罹患的时期为 6 个月 ~3 岁之间。

婴儿感冒出现发烧症状后最易出现高热惊厥。

高热惊厥的常见表现

发烧。婴幼儿出现高热惊厥时体温至少为 38℃，常见于 39~40℃。婴儿高热惊厥不一定发生在发烧后，个别婴儿可能先出现惊厥，之后才开始发烧。

惊厥。惊厥常在婴儿体温急遽上升时出现，但也可能在退烧时出现，爸爸妈妈切记不可大意。婴幼儿出现惊厥时常有这些表现：对刺激没有反应，呼吸不规则，皮肤颜色变暗，牙关紧闭，或是突然全身松软无力，等等。惊厥时间，可从数十秒到十几分钟，大部分在 10 分钟以内会停止。

高热惊厥很少在 24 小时内反复发作。

高热惊厥的处理

- 婴幼儿出现高热惊厥时，应立即采取措施，避免受伤。
- 将婴幼儿放到地板或床上，远离坚硬物品。
- 将上衣纽扣、皮带及其他带子松开，将头抬高，使呼吸道畅通。
- 将身体翻转成侧卧姿势，以免口腔分泌物呛到气管内。
- 尽快就医。

高热惊厥的就医标准

- 当婴幼儿出现下列任何一种情况时，爸爸妈妈应带婴幼儿立即就医。
- 惊厥发作后，婴幼儿出现呼吸困难表现。
- 一次惊厥发作后，马上接着另一次发作。
- 婴幼儿惊厥发作时有撞伤或其他外伤。
- 这是婴幼儿的第一次惊厥发作。
- 惊厥发作时间超过 5 分钟以上。

高热惊厥的治疗

对于因高热出现高热惊厥的婴幼儿，医生会详细询问婴幼儿惊厥时间的长短、惊厥表现及家族史，需配合详细看诊及血液检查，必要时会安排脑脊髓液检查或脑部断层扫描，以便排除脑膜炎、电解质不平衡和代谢性疾病。急性发作期，医生会以静脉注射或直肠塞剂方式给予婴幼儿抗癫痫药物来停止惊厥，严重反复惊厥者需安排住院治疗。

对于单纯性的高热惊厥，医生一般不推荐吃药预防。对于惊厥持续时间较长或反复发作的婴幼儿，医生会给出不同的治疗方案。

总的来说，对于高热惊厥，爸爸妈妈不用过度担忧。这种惊厥不会导致将来的健康问题，对婴幼儿来说危险不大。

高热惊厥的居家呵护

如果婴儿有高热惊厥史，生病时应尽早就医。如果婴儿每次发烧都会出现高热惊厥，爸爸妈妈可遵医嘱在婴儿感冒发烧时给予抗痉挛药物治疗。

家中常备退烧药品，婴儿发烧超过 38.5℃时应借由药物退烧，避免因体温持续上升引起高热惊厥。

高热惊厥不是癫痫

高热惊厥与癫痫不同。癫痫一般反复不定期地发作，需要经过脑波或脑部电脑断层扫描等相关检查来确定，此外，癫痫发作不一定是在高烧的情况下才发作。因此，只能说有一小部分的癫痫病婴儿可能会以高热惊厥形式呈现病征，爸爸妈妈不需要太过担心。

温馨提示：愤怒性惊厥

有的婴儿在大吵大闹、拼命哭喊以后也会发生惊厥，这种惊厥叫作愤怒性惊厥，是由于婴儿哭闹太凶后，只呼气、不吸气而处于呼吸停止状态，体内缺氧而引起的。对于容易出现愤怒性惊厥的婴儿，爸爸妈妈在婴儿情绪激动时可带婴儿换个环境，或转移其注意力，以避免惊厥发生。

哮喘

哮喘的症状

支气管哮喘是小儿呼吸系统慢性疾病，孩子患哮喘后，主要表现为反复喘息、咳嗽、呼吸困难、胸闷等症状，常在夜间和（或）清晨症状加重。哮喘急性发作时，孩子会表现为烦躁不安，端坐呼吸，并大多出现明显的呼气性困难，面色苍白，鼻翼扇动，口唇及指甲青紫，全身冒冷汗。孩子长期反复咳嗽也是哮喘的一种临床表现，常表现为反复咳嗽，抗感染治疗无效，而哮喘药物治疗有效。这种以咳嗽为主要表现的哮喘称为咳嗽变异型哮喘，往往起病较早，多在孩子 3 岁前就有表现，如果得不到治疗会发展为典型哮喘。

哮喘会遗传吗

过敏性疾病的发生是环境因素与基因相互作用的结果，哮喘有一定的遗传倾向，如果父母一方有哮喘，子女患哮喘的概率就很高，如果父母双方都患有哮喘，子女患哮喘的概率则更高。家族成员中有哮喘、过敏性鼻炎病史，孩子有湿疹、荨麻疹、血管神经性水肿等疾病，哮喘的发生概率可增大 10~20 倍。

引起哮喘的原因

引起哮喘的原因目前不完全清楚，可能与多方面的因素有关，是孩子本身特殊体质的内在因素和环境致敏原等外在因素综合作用的结果。

遗传过敏体质：患哮喘的孩子常可查到有皮肤和黏膜的渗出性病变倾向，如患过湿疹、荨麻疹、血管神经性水肿等病，且家族成员常有类似病史。

致敏原：引起感染的病原体及其毒素；吸入物和刺激物的吸入；某些食物如海产品、牛奶、冰冻食物等也可引起哮喘发作，但为数较少，孩子 4~5 岁后通常逐渐减少。

孩子小时候得过湿疹、过敏性鼻炎，以后一定会得哮喘吗

湿疹、过敏性鼻炎、鼻窦炎、腺样体肥大、支气管哮喘，这是一组相互关联的疾病。患有湿疹的孩子，患过敏性鼻炎和哮喘的发病率明显高于其他孩子。患有过敏性鼻炎的孩子，在儿童期哮喘的发病率也会升高。而孩子患有过敏性鼻炎，常合并各种类型的鼻窦炎并伴有腺样体肥大。

通过对哮喘孩子的问诊，常常能了解到他们在婴儿期有过湿疹史，但伴有过敏性鼻炎的孩子比例更高。目前越来越多的学者倾向于过敏性鼻炎和哮喘是同一种病，过敏性鼻炎是最先出现的症状，然后在环境等因素的进一步作用下发展成哮喘，最后导致肺功能障碍及气管慢性炎症。已有流行病学资料表明，过敏性鼻炎的患者中哮喘的发生率为 20% ~38%，明显高于普通人群的 2% ~5%。反过来，哮喘患者中过敏性鼻炎的发生率为 78%，也远高于一般人群的 5% ~20%，且两种疾病的伴发现象在儿童中更为常见，其中绝大多数（43% ~64%）表现为先发生过敏性鼻炎，随后发生哮喘；较少数（21% ~25%）表现为两病同时发生。

孩子小时候没得过湿疹和过敏性鼻炎，为什么会患哮喘

过敏性鼻炎往往是哮喘的早期表现，在哮喘发作前，先表现为鼻痒、打喷嚏、流清涕、鼻塞，接着出现喘息、咳嗽，其本质都是气道慢性变应性炎症。哮喘是变态反应性疾病，常伴有其他全身特应性疾病，如皮肤湿疹和过敏性鼻炎。体质（遗传）因素在哮喘发病中虽然占有 70%的主要作用，但是环境因素也起一定作用。所以并非每个哮喘孩子都有过湿疹和过敏性鼻炎。

哮喘一定要用激素类药吗

哮喘的本质是气道非特异性慢性炎症，这种炎症可引起反复的喘息、气促、胸闷或咳嗽等症状。虽然哮喘发作是突发性的，但气道炎症可以长期存在，是一种需要长期治疗的慢性炎症。到目前为止，最有效的抗感染治疗药物就是吸入性糖皮质激素，它能减轻症状，缓解急性发作，提高生活质量，防止气道功能下降。长期治疗甚至可以使部分孩子的哮喘完全治愈，因此对哮喘的治疗首先应该选择吸入激素。

用哪些治疗方法副作用最小

孩子患哮喘后应该按照“哮喘防治方案”规范长期治疗，在哮喘的治疗方法中，吸入治疗的副作用最小，吸入性糖皮质激素是最有效的治疗药物，它能减轻哮喘症状，改善肺功能。常用药物为丙酸氟替卡松（辅舒酮）和布地奈得（普米克）等表面皮质激素。

长期使用激素会不会影响孩子生长发育

由于吸入激素与我们常用的全身激素（如地塞米松等）有很大的不同，孩子每日用量仅 200~400 微克，比全身激素用量缩小 100 倍，加之吸入后仅有 20%进入血循环，其可能产生的副作用微乎其微，不会影响孩子的生长发育。

哮喘孩子的家长需要注意哪些问题

尽可能避免诱发因素，例如受凉、淋雨、过度疲劳、激动等刺激以防诱发哮喘。

居室温度要适宜，空气应清新。尽量避免吸入尘埃、油烟、煤气等。

平时尽量少吃刺激性食物和过冷、过热的食物。哮喘发作期间要吃半流质食物或软食，以免使哮喘严重。

哮喘发作时，要将枕头抬高，让孩子呈半卧位，并且要及时用药，如万托林气雾剂等。药物可以及时有效地控制哮喘的剧烈发作。同时要减少对孩子的精神刺激，消除他的精神负担，鼓励他树立抗病的信心。

平时注意加强孩子的体格锻炼，常去户外活动，增强体质，提高抗病能力。

坚持早期、长期和规范的治疗。儿童时期是哮喘治疗的重要时期，儿童哮喘如果得不到规范化的治疗，会使疾病反复发作，造成肺功能严重损害。相反地，在儿童时期如果得到正确的规范化治疗，可使疾病得到良好的控制，甚至完全治愈，因此，早期诊断、早期治疗是哮喘治疗的关键。

温馨提示：积痰

有些婴儿嗓子内常发出咝咝的痰鸣声，偶尔有呼吸困难表现，吸气时两肩上抬，呼气时有尾声，有些爸爸妈妈觉得婴儿是哮喘，其实不过是婴儿积痰的表现。对于这类婴儿应该以气管分泌物多少来对待。胸内有痰鸣声的婴儿中只有极少数患有哮喘病，所以，当婴儿出现“哮喘”表现时，一定要看医生，爸爸妈妈不可自行判定，擅自给孩子服用药物治疗。

耳部感染

绝大多数宝宝在 3 岁前至少出现过一次耳部感染，不过它具有一定的隐蔽性，需要爸爸妈妈细心观察才能发现！

急性耳部感染

耳部感染是仅次于感冒的常见儿童时期疾病。多数情况下，这种感染恢复后不会遗留任何问题。

耳部感染的病因

耳朵由 3 个部分组成——外耳、中耳和内耳。中耳和鼻腔后部由一个狭窄的通道（欧氏管）连接。当宝宝出现感冒、鼻或咽喉感染、过敏等疾病时，黏液和分泌液会通过欧氏管进入中耳，形成中耳分泌液。如果细菌或病毒感染这些分泌液，就可能导致耳部红肿和疼痛，这种耳部感染为急性中耳炎。

通常情况下，急性中耳炎症状消失后，分泌液仍存在于耳内，导致渗出性中耳炎。这种情况除了造成分泌液增多和一定程度的听力损伤外，宝宝不会感到疼痛，所以比急性中耳炎更难发现。这些分泌液可能持续存在几个月，然后会慢慢消失，随后宝宝的听力也会恢复正常。

耳部易感染人群

年龄较小的宝宝更容易出现耳部感染，这是由欧氏管的大小和形状所决定的。6 个月 ~3 岁是儿童耳部感染的高发年龄段，曾发生过耳部感染的宝宝更容易反复出现。

如果爸爸妈妈或兄弟姐妹有反复耳部感染的病史，这样的宝宝更容易反复出现中耳感染。

感冒常会导致耳部感染。

接触二手烟的宝宝更容易出现包括耳部感染在内的健康问题。

耳部感染的症状

疼痛。耳部感染最常见的症状是疼痛。年龄较大的宝宝会主动诉说耳朵疼，小宝宝可能表现为烦躁和哭闹，而且在喂养的时候这些表现更加突出，这是由于吸吮和吞咽会导致中耳内压力改变而加重疼痛症状。

食欲下降。耳部疼痛会令宝宝食欲下降。

睡眠障碍。耳部疼痛会影响宝宝睡眠。

发热。体温会在37.8~40℃之间波动。

耳部流液。有黄色或白色的分泌液，甚至可能是淡血色的分泌液从宝宝的耳中流出。这些分泌液气味难闻，并且看上去与正常的耳垢不一样（正常耳垢多数是橘黄色或深褐色）。这些液体流出后，耳部疼痛会有所减轻。出现这些情况要带宝宝去看儿科医生。

听力障碍。在耳部感染期间或之后的数周，宝宝可能存在听力障碍。这一现象多是暂时的，并随着分泌液从中耳引流后逐渐消失。

耳部感染的治疗

止痛。由于疼痛是耳部感染最初和最常见的症状，所以止痛药很重要，对乙酰氨基酚和布洛芬是最常用的非处方止痛药，要按宝宝的体重和年龄服用。不要给宝宝服用阿司匹林，这一类药物可能导致瑞氏综合征（一种可能影响肝脏和大脑的疾病）。也可以用滴耳液缓解耳部疼痛，但需要咨询耳鼻喉科医生。需要注意的是，感冒药对减轻耳部感染和疼痛没有帮助。

必要时看医生。对于不到2岁的宝宝存在耳部渗液，体温超过39℃，疼痛严重，不能进食或正患其他疾病，要带宝宝看医生。如果宝宝2岁以上，并且症状轻微，可以观察几天，等待症状改善。通常宝宝耳部疼痛和发热症状在发病3天内可以改善或消失，如果 3 天内情况并没有好转，或在任何时间出现加重，要及时看医生。

注意抗生素的使用

并不是所有的耳部感染都需要使用抗生素。如果宝宝平时较少生病，烧得也不高，可以先观察，不用抗生素。一旦确认需用抗生素，就要按要求完成疗程，如果过早停用抗生素，一些导致耳部感染的细菌可能仍存在，会再次导致感染。

康复期呵护

随着感染清除，宝宝可能感觉耳朵里有“汽船音”，这是康复的正常表现。如果宝宝感觉良好，不必一直待在家里，可外出活动，但如果宝宝需要乘坐飞机或去游泳，要咨询医生。

预防耳部感染的方法

母乳喂养可以降低感冒和耳部感染发生的风险。

让宝宝远离二手烟，特别是在家中和车里。

尽量少使用安抚奶嘴或只在白天使用。

关注反复感染

对于年龄较小的宝宝，耳部感染为常见病，多数儿童时期出现的耳部感染很轻微，但容易反复出现。通过正确的护理和治疗，耳部感染可被控制，感染恢复后多不留后遗症。但是，如果宝宝已经在数月内反复耳部感染，就需要咨询耳鼻喉科医生，更换其他治疗方案。

亲密育儿

图画书的世界

婴儿会坐以后，爸爸妈妈抱着婴儿看书变得更容易了。可以购买几本色彩鲜艳、情节简单的图画书和婴儿一起看。比如，指着书上的花说“花”，指着树说“树”，用缓慢的语调给婴儿讲书上的故事。看图画书不仅可以促进婴儿语言的良好发展，也是密切亲子关系有效的方法之一。可以每天固定一个时间，或在固定的地点，和婴儿一起看图画书，帮助婴儿从小养成良好的阅读习惯。

适合这个阶段婴儿看的图书

婴儿视觉分辨力还比较弱，所以，给婴儿看的图书画面要简单，颜色鲜艳，人物或动物形象大，轮廓清晰，易于婴儿分辨。图书边缘要磨圆，不能有尖锐的角，防止划伤婴儿娇嫩的肌肤。形象单一的认物书、洗澡时可以玩的书、可以清洗的布书等，都适合这个阶段的婴儿看。

藏猫猫

藏猫猫是婴儿爱玩的游戏之一。这个游戏的好处也是非常多的，比如，它可以锻炼婴儿的记忆力，发展婴儿的延迟反应能力，形成物体永久性的认知意识等。藏猫猫游戏从婴儿２个月左右就可以玩了，随着年龄的增长，玩的花样可以逐渐丰富起来。

这个时期的婴儿，藏猫猫游戏可以这样玩：准备一块小手绢或小纱布，蒙在仰面躺着的婴儿脸上，然后马上拿开，同时发出哇的一声。第二次可以适当延长蒙的时间，当婴儿开始扑腾手脚时，再伴随哇的一声拿开小手绢或小纱布，让婴儿看到妈妈微笑的脸。

随着玩的次数的增加，婴儿会记住，当自己手脚扑腾时，蒙脸布就会被移开，妈妈的脸就会出现。这可以很好地促进婴儿的智力发育。

给婴儿找朋友

这个时期的婴儿开始表现出对小朋友的兴趣了。比如，和一个同龄的婴儿在一起时，婴儿会看着对方并伸手去摸，有时会试图伸手去抓对方的衣服或玩具。所以，爸爸妈妈应尽可能地创造机会，让婴儿与同伴相处，通过有意识地让婴儿接触小朋友，可以为婴儿今后开始真正的人际交往打下基础。比如，周围小区、同事、亲戚朋友中与婴儿年龄相似的，可以让婴儿们经常见面，在一起玩。

唱儿歌

儿歌短小精练、朗朗上口，具有音乐的韵律美和节奏感，非常适合念给小婴儿听。妈妈抱着婴儿的时候，可以念唱一些简短、节奏感强的儿歌；还可以边念儿歌边握着婴儿的小手拍打节奏，和婴儿一起表演儿歌的内容。这有助于提高婴儿对语言的敏感度，特别是一些摇篮曲还具有安抚婴儿情绪的作用。

比如，诙谐幽默的《小耗子》、朗朗上口的《排排坐》、意境优美的《小小的船》、可以边念边做游戏的儿歌《点点虫》、古诗里的《咏鹅》等，都非常适合念给小婴儿听。

培养亲密依恋

亲子依恋是婴儿与爸爸妈妈之间的亲密、信赖的关系，它就像婴儿的另一条脐带，带来信赖、安全和快乐，让孩子可以全身心地探索世界，增长知识和提高能力，积极适应环境。而且，亲子依恋也奠定了婴儿未来建立各种人际关系、发展情绪情感的基础，并且会转化为婴儿个性的重要部分。

这样帮助婴儿建立安全依恋

对婴儿的需求敏感。安全依恋的建立并不神秘，对大多数家庭来说也不困难，秘诀就在于照料的质量：是否对婴儿的需求敏感，能否及时、温柔地回应婴儿。平时要注意观察、了解并读懂婴儿发出的各种信号，并做出及时的反馈。比如婴儿哭了，妈妈及时去抱抱他，给他喂奶或者换尿布，婴儿就会感到愉快和满足。

陪伴婴儿，并和婴儿交流和互动。爸爸妈妈再忙，也要抽时间陪伴婴儿，和婴儿一起玩游戏、进行亲子阅读等。亲子间的交流互动，会使婴儿获得情感上的满足，从而建立起对周围世界的信任与亲近感，促进亲子关系的良性互动，形成安全依恋。

创设轻松和谐的家庭育儿环境。安全依恋的形成不能只靠妈妈一个人的教养行为，整个家庭环境也是重要的影响因素。家庭关系和谐，家人亲情浓厚、相互支持，可以形成一种教养的合力，进而帮助婴儿形成健康的亲子依恋关系。

7~8 个月

这个月龄的婴儿

体格发育

这个时期的婴儿，身体发育开始趋于平缓。男宝宝体重平均达到 8.76 千克，女宝宝体重平均达到 8.11 千克。

温馨提示：满 8 个月婴儿的体格生长指标的参照值范围

	男宝宝	女宝宝
体重（千克）	6.9~10.7	6.3~10.2
身长（厘米）	66.2~75	64~73.5
头围（厘米）	42~47	40.7~46

动作发育

这个月婴儿可以坐得很稳了，坐着时能自如地弯下腰取床上的东西。

认知与适应

这个月龄的婴儿开始用舌头与嘴来取乐，还知道用声音来吸引爸爸妈妈的注意，比如故意咳嗽。他知道自己的名字，叫他时会转向你；要抱他时，他会迎着你伸出双臂。他的独立性也已经有所表现，因为他想自己吃饭了；他开始模仿一些简单的动作并乐此不疲。

语言能力

这个月，婴儿开始会“说话”了，经常咿咿呀呀地说个不停，而且许多声音依稀可辨，如“ba”“da”“ka”，喊叫时他的声调有高有低，鼻音也出现了。

精细动作

婴儿能更准确地抓住一样东西，并且是用手指去抓。他能把一样东西从一只手换到另一只手，能在手里有东西的时候再去抓另一样东西。他能用玩具敲击桌子，自己用勺子吃饭也越来越准确了。他能自己吃一些简单的食物，比如饼干之类。

与人互动

婴儿开始想方设法吸引爸爸妈妈的关注，他对大人的情绪也变得敏感起来了，能看懂大人表扬或批评的态度；他还能用哭闹、叫喊来表达自己的情绪。跟婴儿玩躲猫猫游戏时，他会非常感兴趣，并能参与到游戏中去。

喂养的那些事儿

让婴儿爱上辅食

如果婴儿只吃母乳，不吃辅食，多半是添加辅食时没有正确添加，造成婴儿只习惯母乳，不习惯碗勺的喂养方式。为此，爸爸妈妈应耐心地使之逐渐适应并能接受。应以正确的方式使用小勺喂食，要有信心，不要紧张，不要性急生气，更不要强迫婴儿吃。因为你的紧张会影响到婴儿，致使婴儿也会紧张。加上小勺比奶头硬，勉强喂食，会碰痛婴儿，形成条件反射，婴儿对所有送到嘴边的食物都会产生怀疑，拒绝食用；或者含在口中就是不肯下咽，甚至一看到大人拿着杯碗勺就摇头，表示厌恶地用小手推开。此时若硬喂，他就会大哭大闹，影响了这一餐正常的喂食，对婴儿的身心发育将产生不良的影响。

正确的方法是，先从少量、每天只喂一次开始，而且在婴儿饥饿时，让他逐渐适应碗勺喂的方式。这样试喂两三天，婴儿适应了，就可以喂他一餐的全量，还可以变换辅食的种类花样。

粥类、面食类可以加菜泥、肉泥、鱼泥、肝泥、蛋羹等，但需要一定的时间和耐心。通过调换食品，使婴儿对辅食感到新奇，增加对辅食的兴趣。这样坚持一两个星期，婴儿会产生一种印象，凡用小碗勺哺喂的辅食都是美味的，他就会高兴地接受辅食了。

当婴儿能接受辅食后，爸爸妈妈应注意提高烹调技术，如做肉泥、菜泥、鱼肝泥、虾泥的粥、面食、小薄面片、龙须面等；也可购买多种类型的饼干、蛋糕、面包等变换花样喂，既营养全面婴儿又爱吃。如果孩子实在不适应碗勺喂，也可用筷子夹食稠粥、软饭。一般 8 个月的婴儿见大人用筷子吃饭，会接受筷子喂辅食。总之，爸爸妈妈应有耐心，想方设法培养孩子高兴受食，让他们始终在心情愉快的气氛中用餐。

辅食升级有原则

这个月还是辅食添加初期，只要婴儿吃就行。每个婴儿对于辅食的需要程度是不同的，不能要求婴儿吃太多。可以试着给婴儿吃些固体食物，如面包、磨牙棒、馒头。这个月辅食添加的方法，要根据辅食添加的时间、量、婴儿对辅食的喜欢程度、母乳的多寡、婴儿的睡眠类型等情况灵活掌握。

如果已经习惯了辅食，就按习惯做下去，只要婴儿发育正常，就不需要调整什么。

如果吞咽固体食物有困难，那就喂流质食物。

如果婴儿吃辅食很慢，喂一次辅食要花一个多小时，就不要增加辅食次数，并且尽快提高辅食喂养技巧，以保证亲子活动时间。

如果一天吃两次辅食，吃奶就减少至 3 次或 3 次以下。

如果半夜哭着要吃奶，就给婴儿奶吃。妈妈不要因害怕养成婴儿的坏毛病而任婴儿哭下去。

如果婴儿吞咽能力良好，就可以给面包或饼干（磨牙棒），让婴儿自己拿着吃，既可以增加婴儿进食兴趣，也可以锻炼婴儿用手能力。

食谱并不重要。妈妈要明白，添加辅食重要的是添加，是锻炼婴儿吃的能力，而不是吃什么好。因此，辅食食谱并不重要，妈妈对着食谱，累得满头大汗给婴儿做辅食，这是喂养误区，应该加以避免。在断乳之前，只要让婴儿练习着吃辅食就可以了，只要有营养，吃什么都行，妈妈不用花太多心思和太多时间。

创造好的进餐环境。这个时期的婴儿，对奶以外的食品会有兴趣，辅食的量仅是一点点，不是非要吃一小碗或一小杯。要让婴儿愉快地进餐，妈妈轻松地做和喂，布置一个轻松愉快的进餐环境。

日常生活护理

婴儿咬妈妈乳头怎么办

这个月龄的婴儿已经开始长牙了，即使没有萌出，也就在牙床里，咬劲儿不小了，尤其喜欢咬妈妈的乳头。有咬奶头习惯的婴儿，妈妈要多加注意，可给婴儿固体食物，让婴儿有磨牙的机会，让婴儿自己拿着磨牙棒或饼干吃。发现婴儿咬人工奶头，要把奶头拿出来。如果咬破了，要及时把咬掉的那块从婴儿口里取出来。

让婴儿好好睡

睡眠对婴儿发育的影响很大，如果婴儿的睡眠总是被打扰，进入不了深睡眠状态，就会影响他体内生长激素的分泌，进而影响婴儿的生长发育。

婴儿睡眠时间和踏实程度有明显的个体差异。大部分婴儿在这个月里，白天只睡两觉，上午 10 点左右，下午 3 点左右，能睡一两个小时，一般下午睡得时间长些。如果妈妈陪伴着睡眠，会睡得踏实些，时间也相对长些。傍晚不睡的婴儿，晚上睡得比较早，多在八九点钟睡觉。睡前能好好吃奶的婴儿，半夜多不再醒来要奶喝。喂养母乳的，多在半夜醒了要奶，但不能很彻底醒来。到这个月龄，很多婴儿饮食的营养密度已经比较高，如果喂养得好，晚上已经不需要再喂奶，具备了晚上睡整觉的条件和能力。妈妈尽量不要打断婴儿的睡眠，比如叫他起来喂奶或者把婴儿弄醒把尿。

给婴儿创造一个优质的睡眠

睡觉前不让婴儿兴奋。每天晚上到 9 点就关灯，保持安静。

尽量让婴儿白天多活动，少睡觉，这样他晚上会睡得踏实些，时间长些。

注意内衣或尿布有无污染，让婴儿保持清洁舒适。

晚上睡觉时，如果婴儿出现轻度哭闹或烦躁不安，可以轻拍或抚摸使他重新入睡。不要婴儿一哼哼就马上又哄又抱，或给他喂奶和喝水，这样会让婴儿养成夜间经常醒来的习惯。

给婴儿安排安静、舒适的睡眠场所，室温适宜、空气清新、被褥厚薄合适，灯光可暗些。

睡觉前洗澡，诱导更好的睡眠欲望，提高睡眠质量。

婴儿在妈妈子宫里离妈妈心脏很近，妈妈的心跳声是安抚婴儿最好的声音。哄婴儿入睡时若能让婴儿听到妈妈的心跳声，妈妈会发现他很容易安静下来。

婴儿晚上睡不安稳的原因很多，往往与睡眠时感到不适有关。比如饥饿、被子太厚、尿布湿了或纸尿裤太紧等。白天睡得太多，睡前过度兴奋或紧张，日常生活的变化，如出门在外，睡眠不定时、搬家、有陌生人来等，也会使婴儿睡眠不实。孩子的睡眠量和入睡时间会根据需要而改变，帮助孩子在早期养成良好的睡眠习惯很重要。

温馨提示：健康睡眠的标准

婴儿能按时自动入睡，入眠快，约 30 分钟即能进入深睡眠，而且睡得舒适、深沉。到了该醒来时，婴儿可以按时醒来，不哭闹。醒后精神饱满，无疲劳感，食欲良好，情绪愉快。

辩证看待安抚奶嘴

吮吸是婴儿的天性，吮吸有抚慰和镇静的效果。如果婴儿吃饱了还要继续吮吸，安抚奶嘴便可以满足他的需求。但频繁地给婴儿使用安抚奶嘴，也会给他带来不利影响。因此我们需要辩证看待婴儿使用安抚奶嘴，帮助婴儿合理使用。

使用安抚奶嘴的好处

减少婴儿哭闹，妈妈可以暂时休息，缓解疲劳。

安抚奶嘴对早产儿或宫内发育迟缓的婴儿是一种安慰性刺激，可促进婴儿体重增长。

有证据显示，安抚奶嘴有助于降低婴儿猝死综合征的危险性。

使用安抚奶嘴的负面影响

过度使用安抚奶嘴，容易形成乳头错觉，有可能影响母乳喂养的顺利进行。

长期频繁使用，有可能引起婴儿嘴部甚至牙齿变形。

大部分婴儿会随着年龄的增长自然而然地放弃吮吸安抚奶嘴的习惯。在这个过程中，爸爸妈妈不要用强制或责骂的态度来让婴儿改掉吮吸安抚奶嘴的习惯，因为这样会让他感到不安。婴儿不吮吸安抚奶嘴时，爸爸妈妈要表扬和奖励他；当婴儿吮吸解闷时，爸爸妈妈可用有趣的东西来吸引他的注意力。

温馨提示：这样使用安抚奶嘴

1. 母乳喂养的婴儿1个月大以后再使用安抚奶嘴。
2. 只有在确定婴儿不饿的时候才可以使用安抚奶嘴,不能用来替代或延迟用餐。
3. 不要强迫婴儿使用安抚奶嘴,让他自己决定要不要用。
4. 不要把安抚奶嘴绑在婴儿床上或套在婴儿的脖子或手上。

春夏秋冬护理要点

春季

春季，天气良好的情况下，也可以多带宝宝外出晒晒太阳。但如果太阳光比较强烈，可以给婴儿戴上一顶有檐的小帽子以遮挡阳光对眼睛的照射。

有的婴儿春季时湿疹会加重，随着夏季到来情况会有改善，爸爸妈妈不必过于担心。母乳喂养的妈妈要注意饮食清淡，以减少婴儿皮肤过敏反应的发生。

夏季

虽然夏季酷热，但不宜给婴儿吃冷饮消暑，以免造成胃肠不适。此外，夏季婴儿消化功能会减弱，食欲会有不同程度的下降。婴儿虽然食欲不佳，但只要他喜欢吃乳品以外的其他食物便不会影响发育。

夏季炎热，婴儿睡觉时很爱出汗，这是正常现象，并不是有病或缺钙的表现。婴儿汗流浃背时，不要马上洗澡，要先把汗擦干。

秋季

虽然秋季天气转凉，也不要早早地将婴儿关在家里，适当进行耐寒锻炼可以预防疾病发生。外出时衣着不要太厚，以免婴儿活动出汗反而会着凉感冒。

冬季

冬季婴儿发生冻伤的情况因人而异，有的婴儿较容易出现冻伤，有的则不然。冬季带婴儿外出要特别注意保暖，且要注意袜子口不要过紧，因为脚部血液循环受阻很容易引起冻伤。

7~8 个月婴儿常见问题

婴儿干呕

婴儿在 7~8 个月时会出现口腔敏感期，这个月龄的婴儿，唾液腺分泌旺盛，但吞咽动作还不灵活，唾液呛到气管里，或者爸爸妈妈喂食不当都容易噎着婴儿，易使婴儿出现干呕表现。但如果婴儿一天干呕的次数频繁，多于 4 次以上，且持续时间已有一两周则需要就诊，请医生找到原因后对症处理。

婴儿干呕的原因

喉咙若受到冷空气刺激，鼻腔里的鼻涕会流入咽喉部，从而造成干呕。

婴儿极度口渴时也可出现干呕表现。

更换了配方粉，或添加了新的米粉不适应，也会出现干呕。若是婴儿吃奶时吞入大量空气也会出现干呕。

患全身感染性疾病，比如患呼吸道感染、支气管炎、肺炎及败血症等，出现发烧、恶心、食欲减退时都会导致婴儿干呕。

婴儿有咽喉部炎症时。

患有神经系统疾病时，如脑炎、脑膜炎、头颅内的出血或肿瘤以及颅脑外伤等中枢神经系统疾病都会有干呕、恶心表现。

消化功能异常，如消化不良等易致婴儿干呕。

吃手时刺激软腭会发生干呕。

因为某些原因造成的精神过度紧张或焦虑时会干呕。

各种原因的中毒，如食物中毒、药物中毒等会让婴儿出现干呕。

婴儿食道下端括约肌的功能缺陷，会引起胃液或者胆汁反流，从而造成干呕。

婴儿干呕的改善方法

经常给婴儿喝白开水，但量不用过多，有助于消除因缺水而出现的干呕。

少量多餐。每次喂奶后，把婴儿抱直拍嗝。喂奶时勿让婴儿吸食太急，可减少婴儿干呕表现。

喂食后避免婴儿激动或任意摇动婴儿，以免婴儿因感觉恶心而诱发干呕。

积极治疗各种导致干呕的原发和继发疾病。

婴儿干呕的治疗注意事项

只要婴儿没有其他异常表现，干呕过后还能很高兴地玩耍便不要紧，也不用特别治疗。

婴儿干呕时，爸爸妈妈一定不要过分紧张，因为 7~8 个月的婴儿已经具备了察言观色的本事；爸爸妈妈的紧张情绪会传染给婴儿，加重婴儿精神负担，或加重婴儿心理性干呕症状。

部分婴儿干呕表现持续数月，如果干呕表现严重，导致营养不良、生长发育迟缓时应就诊消化科。

地图舌

地图舌又称游走性舌炎或剥脱性舌炎，是一种舌部浅层的慢性炎症，多为舌背部丝状乳头局限性萎缩增生。多见于学龄前婴儿，是较常见的口腔疾患。地图舌集中出现在舌背，有时也可出现在舌缘、舌腹、舌尖等位置，因其多为圆形、椭圆形的红色剥落区域形似地图而得名。地图舌的形态、位置会不断变化，但除了外观难看外，婴儿并不一定有不适感，也不一定损害婴儿的健康。

导致地图舌的原因

地图舌的具体病因暂不明确，但研究认为，它很可能与人体营养吸收不足或不平衡有关系，挑食、偏食、爱食冷饮的婴儿容易患地图舌，此外，有肠道寄生虫、缺锌的婴儿也容易患地图舌，而贫血、胃肠功能紊乱、精神情绪不稳定、过度劳累等因素也可能诱发地图舌。地图舌一般不会癌变。

地图舌的临床表现

地图舌好发于 6 个月 ~3 岁的婴幼儿，这个阶段的婴儿是易发人群。婴儿出现地图舌后，一般没有或只伴有轻微不适感，但是剥脱上皮严重的婴儿，在进食刺激性食物时会感觉不适。但有地图舌的婴儿常伴有挑食、偏食、胃口差、免疫力差、易感冒等表现。地图舌形态变化、位置改变也因人而异，有些婴儿可以清楚地看到，有些则不易发觉。

地图舌的护理

在医生指导下补锌。由缺锌引起的地图舌，及时补锌可以得到很好的改善，生活中应注重给婴儿添加海产品、牛肉、动物肝脏等含锌高的食物。如果缺锌比较严重，还可遵医嘱补充锌元素。补锌一般需要 3~6 个月时间，分为纠正期和巩固期，在不同时期，补锌的剂量不同。因此，要遵医嘱进行。

饮食调理。多给婴儿吃一些新鲜水果和蔬菜，膳食注意荤素搭配，防止婴儿偏食、挑食。

作息调整。合理安排婴儿的生活作息，保证充足睡眠，避免过度疲劳，同时适当加强锻炼，增强体质。

保持口腔清洁。患地图舌的婴儿要特别注意口腔卫生，爸爸妈妈应仔细检查婴儿牙齿、扁桃体及颊黏膜等有无感染，坚持饭后漱口，睡前刷牙或漱口的健康生活方式。

治疗寄生虫病。明确有肠道寄生虫感染的婴儿，应给予驱虫治疗。

纠正贫血。对于贫血的婴儿需遵医嘱借由食补和铁制剂来纠正贫血问题。

地图舌不需要服药

婴儿患有地图舌，爸爸妈妈不用太过担心，它不会恶化，除了外观难看外，婴儿并不一定有特殊感觉，对人体无大碍，一般不需要特殊药物治疗。只要婴儿没有特别的主观症状和难受表现，可以靠婴儿身体调节，等它自然消失。但爸爸妈妈要注意保证婴儿口腔内的清洁卫生，可用软毛牙刷自舌背向外轻轻刷 1~2 次，将剥脱上皮清除干净。若婴儿患上地图舌后遇到刺激性食物感觉不适且合并感染时，可遵医嘱使用抗生素治疗。

贫血

贫血是由于机体缺乏红细胞或血红蛋白，无法携带并运输氧气来满足身体各组织细胞的需要从而引发的疾病。血红蛋白是医生临床判断贫血的重要指标。当婴儿体内铁含量不足时，血红蛋白就会减少，使婴儿患上缺铁性贫血。这个月龄的婴儿因饮食不当、铁补充不足等原因很容易出现贫血。

婴儿贫血的表现

贫血可以引起以下症状和体征：

- 皮肤苍白、颜色暗淡，内眼睑和甲床颜色不够红润。
- 脾气暴躁。
- 身体轻度无力。
- 容易疲劳。

如果婴儿严重贫血，还可能出现下面这些症状和体征：

- 气短。
- 心率加快。
- 手脚肿胀。

缺铁性贫血成因

先天性储铁不足。正常情况下，孕妈妈每日提供给胎儿的铁不但足够生长之用，还有富余储存在胎儿的肝脏里面。如果妈妈在孕期患有严重的缺铁性贫血，婴儿就容易出现贫血。

婴儿对铁的需要量增加。生长发育速度快的婴儿，血容量增加也快，因此对铁的需要量也多。如果铁补充不足，就容易出现贫血。

饮食因素。食物中摄入铁量不足，这是发生缺铁性贫血的最主要原因。我们体内血红蛋白的合成需要铁元素的参与，如果铁严重缺乏，红细胞中血红蛋白的含量就会不足。如果婴儿不到 1 岁就让他喝鲜牛奶，就可能因为牛奶中铁相对缺乏而发生贫血。

其他营养素缺乏。饮食中其他营养素的缺乏也可以导致贫血。如叶酸摄入过少会导致贫血，不过这种情况很少见。羊奶中的叶酸含量较少，如果婴儿常喝羊奶，也有可能出现贫血。另外，维生素 B_{12}、维生素 E 或铜的缺乏都有可能导致婴儿贫血。

有些饮食中缺铁的婴儿会去啃食一些像冰块、泥土、玉米淀粉等奇怪的东西，这种特殊的行为称为“异食癖”，是缺铁性贫血的典型症状。虽然这种行为本身并无大碍，一般会随着贫血的改善和婴儿的长大而逐渐好转，但要防止婴儿去啃食一些像油漆碎片这样有毒的物体。如果婴儿有上述表现，要及时带他去医院检查，医生通过简单的化验就可明确诊断婴儿是不是患有贫血。

疾病和外伤。因为疾病或外伤导致的出血，也会使婴儿贫血。刚出生的婴儿体内会缺乏参与凝血的维生素 K，所以婴儿出生后，都要给他们注射维生素 K 针剂来预防出血。还有一种是较罕见的机体凝血功能异常，患这种病的婴儿即使出现很小的创伤也会导致严重出血。

溶血。红细胞由于某种原因被破坏后会出现溶血，从而导致贫血。比如，链状细胞性贫血是一种很严重的溶血性贫血，是由血红蛋白异常所引起的，患这种贫血的婴儿常常会因经历“贫血危象”或严重的疼痛而接受住院治疗。地中海贫血是另一种溶血性贫血，如果家族中有地中海或链状细胞性贫血的病人，要记得带婴儿去医院做这方面的筛查。

含铁丰富的食物

铁质可分为血红素铁（红肉和鱼类等动物性食品中含有的）和非血红素铁（海藻、蔬菜、大豆等植物性食品中含有的）。肉类如牛肉、羊肉，动物肝脏和血、鱼类等含铁比较丰富。蔬菜如苋菜、雪里蕻、小白菜、芥菜等深绿色蔬菜都是铁的良好来源。此外，如蛋、黑芝麻、全谷类、干果类等也是补铁的不错选择。

蛋黄并非补铁首选食物

婴儿 6 个月之后，母体带的铁质被婴儿利用殆尽，此后需要额外补充铁质。但在爸爸妈妈印象中补铁效果最好的蛋黄却不是真正的补铁首选食物，这是因为蛋黄里的蛋白质对于婴儿娇嫩的肠胃来说，是大分子物质，由于婴儿的肠道壁通透性非常大，就容易滤过蛋黄里的蛋白质，成为引起婴儿过敏的过敏原，造成婴儿的过敏反应；虽然蛋黄里的铁属于血红素铁，其被人体吸收利用率高些，但也不过在15%左右。因此，当婴儿需要额外补充铁质时，爸爸妈妈首先考虑的是让婴儿既能避免过敏，还能有效地补充铁质，提高铁质在婴儿体内被吸收利用的效率，有效地预防缺铁性贫血。所以，选择强化铁的婴儿米粉比蛋黄补铁效果更佳。

铁质补充注意事项

水煮食物时，煮的时间不要过久。因为当食物以水煮的方式烹调时，容易造成铁质的流失。

铁不是补充得越多越好。中国营养学会推荐铁的摄入量，0~6 个月，6 毫克 / 天；6~12 个月，10 毫克 / 天；1~3 岁，12 毫克 / 天。

对七八个月以上的婴儿来说，补充铁质的同时，可以适当喝些带酸味的果汁，如橙汁、猕猴桃汁、西红柿汁等等，这些带酸味的果汁富含维生素 C，能够促进婴儿体内铁质的吸收和利用，有效预防缺铁性贫血。

婴儿贫血的治疗

贫血的类型不同，治疗方法也不一样。所以，不要自己给婴儿购买铁剂、维生素或其他营养制剂服用，而要在医生指导下治疗，否则可能会因为不恰当的治疗而掩盖真正病因，使婴儿得不到有效而及时的治疗。

如果贫血是由缺铁引起的，医生会使用铁剂来给婴儿治疗。药物剂型有用于小婴儿的滴剂，也有大婴儿适用的混悬液和片剂。医生会通过定期监测婴儿的血液指标来决定用药的疗程，千万不要未经医生的允许就给婴儿停药或随意增减剂量。

预防婴儿贫血

只要保证宝宝的均衡饮食，无论是缺铁性贫血或是其他营养性贫血都能够预防，这是非常重要的一点。

宝宝 1 岁之前不要让他喝鲜牛奶。

如果宝宝是母乳喂养，在添加辅食时，要给他选择含铁的食物，比如婴儿米粉。虽然宝宝从母乳中也能获得一定量的铁，但如果从辅食中获取的铁过少，母乳喂养的孩子会出现铁摄入不足的问题。

如果宝宝是配方粉喂养，要选用含铁的配方粉。

年龄大点的宝宝要确保饮食均衡，并让他多摄食含铁丰富的食物。很多谷物和米粉中都富含铁。其他富含铁的食物包括：蛋黄、红肉、土豆、西红柿、葡萄干等。

要注意增加家庭饮食中铁的摄入，比如在果汁中添加果肉，烹调土豆时要带皮等。

亲密育儿

和婴儿说说“大人话”

我们成人在和婴儿说话的时候，经常会不由自主地使用一些“小儿语”，如猫猫、狗狗、车车、吃饭饭等等。但是，心理学家研究表明，经常采用这种方式和婴儿说话，对婴儿发展一套成熟的词汇和语法，起不到积极的作用。

我们知道，婴儿的语言学习，首先要通过大量听周围人说话来进行。因此，一开始就给婴儿听正常的话，对他掌握语言的特点、学习词汇和最终学会说话都是更有益处的。

因此，爸爸妈妈一开始教婴儿说话，就要使用正确的语言，和婴儿说“大人话”，而不要故意使用“小儿语”。但是，由于婴儿理解语言的能力还很弱，因此，大人在和婴儿说话的时候，要使用简短的词句，语速要慢一些，把想教给婴儿说的词句多重复几遍，便于婴儿更好地理解和记忆。

找一找

7~8 个月的婴儿能坐会爬，双手可以很灵活地玩玩具，活动范围也扩大了，好奇心和探索能力也随之增强。而且，他已经形成“物体永久性”的概念，也就是说，婴儿已经知道，即便一个东西不在自己的视线范围内，它也是存在的。因此，可以多和婴儿玩找东西的游戏。

比如，准备一个婴儿喜欢的玩具，先让他玩一会儿。然后当着婴儿的面，用布把玩具盖住，再引导婴儿去寻找。婴儿找到以后，要表扬他，然后再让他接着玩。婴儿会对这样的玩法非常感兴趣，通过自己的努力找到玩具，婴儿会感到兴奋、有趣。这个游戏可以反复地玩。

爬一爬

爬行对婴儿的发育有很多的益处：爬行可以使婴儿身体各部位的肌肉得到锻炼而逐步发达起来，为以后站立和行走打下基础；爬行可以增加婴儿的活动量，身体能量消耗增多，婴儿就能吃得多、睡得香，身体也会长得快而结实；婴儿会爬以后，可以扩大视野和接触范围，对大脑的发育和智力的开发有非常重要的意义。

在这个月龄，如果婴儿有兴趣、有意愿，就可以适当地练习爬一爬了。为了激发婴儿学爬的兴趣，可以在婴儿的面前，放上他最喜欢的玩具或食物。开始时，可以由妈妈拿着婴儿喜欢的玩具或食物，在前面逗引；爸爸在后面，双手托住婴儿的双脚，一左一右地向前推进。如果婴儿的肚皮着地，无法弓起背部的话，妈妈可以用毛巾或者学步带托住婴儿前胸，轻轻向上提，帮助他爬。

温馨提示：学爬注意事项

为了方便婴儿学爬，不要给婴儿穿太多的衣服。最好让婴儿在地板上学爬，床、沙发等一般都比较软，不太利于婴儿学爬。当然，事先要把地板擦洗干净，或者专门辟出一块干净的空地让婴儿练习爬行。还可以给婴儿穿一件便于清洗的小罩衫，防止弄脏衣服。

8~9 个月

这个月龄的婴儿

体格发育

出生后第九个月，婴儿体重月增长 0.23~0.34 千克，平均 0.29 千克；身长月增长 1.3 ~1.6 厘米，头围月增长约 0.5 厘米。

温馨提示：满 9 个月婴儿的体格生长指标的参照值范围

	男宝宝	女宝宝
体重（千克）	7.1~11	6.3~10.2
身长（厘米）	67.5~76.5	64~73.5
头围（厘米）	42.5~47.5	40.7~46

动作发育

婴儿会伸手去够玩具，身体经常前后摇晃。他的臀部和膝部变得更加强壮，他很热衷于直立着支撑自己的重量。如果从腋下托住他，他会不停地蹬腿、蹦跳。

认知与适应

这时候的婴儿总是表现出一副勇往直前的样子，比如不顾一切地扑过去拿够不着的玩具。他对游戏会表现出强烈的兴趣，对玩具也十分关注。这时候，可爱的小家伙已经会左顾右盼地寻找掉落的玩具了。

语言能力

婴儿开始懂得一些爸爸妈妈说出的单字或词的意思，并知道“不”的含义。

精细动作

婴儿已经学会敲敲打打了，他喜欢敲打玩具使它发出声音。他的精细动作也进一步完善，已经能够撕纸了，而且能用手指紧紧抓住某样东西。

与人互动

在看到其他的孩子时，婴儿会好奇地伸手去摸。他不仅能通过表情和姿势来表达自己的情感，还能用哭闹、叫喊来表达自己的情绪。

喂养的那些事儿

学会咀嚼

在婴儿辅食添加的关键时期，应该给婴儿适宜的锻炼，使婴儿的咀嚼能力得到发展。婴儿有寻觅和吮吸的本能，但咀嚼能力却不会随着年龄增长自然出现，必须经过训练学习获得。

一般认为，只要有上下咬的动作，就表示婴儿咀嚼食物的能力已初步具备。帮助孩子学习和训练咀嚼能力，爸爸妈妈首先应掌握有关咀嚼的知识。

咀嚼动作的完成需要舌头、口腔、面颊肌肉和牙齿彼此协调运动，这就要求爸爸妈妈应根据婴儿不同的月龄，在充分顾及营养均衡的同时，还要考虑到食物的硬度、柔韧性和松脆性，为口腔肌肉提供各种不同的刺激，使其得到充分发育。在婴儿4~6个月时，即给他尝试各种食物的滋味以刺激味觉，开始用勺喂食，用杯饮水(奶、果汁等），为摄取固体食物做好准备。根据月龄逐步更换食物性质，促进婴幼儿咀嚼吞咽能力协调发展，逐步发展自我进食等独立能力。

8 个月后逐渐开始训练咀嚼能力，这个阶段孩子刚开始学习，即使不爱嚼，也不要操之过急，但也不能就此放弃不让他练。逐渐增大食物颗粒，如从米粉过渡到烂粥、软饭，由菜泥到菜末再到碎菜。

做辅食的良方

婴儿已经习惯并喜欢吃米糊后，妈妈每周都可以给婴儿添加一种新食物。新的食物，带着新的滋味，让米糊不再单调。婴儿会在一点一点的尝试中，一点一点地接受。

营养丰富的土豆。土豆味道清淡，口感甜糯，婴儿的接受度很高。土豆的营养非常丰富。婴儿爱吃的做法：土豆蒸熟，去皮捣烂，加温水搅拌（如果是配方奶喂养的婴儿，可以用配方奶代替），一边加，一边搅和，拌匀即可。

营养全面的南瓜。南瓜外表可爱，容易被婴儿接受。南瓜营养丰富，含有丰富的维生素，能加强胃肠道蠕动，帮助食物消化。婴儿爱吃的做法：南瓜香甜可口，比较适合做成南瓜糊或者南瓜汁，兑在米糊里给婴儿食用。

提高免疫力的红薯和紫薯。红薯的氨基酸比例接近优质蛋白，生物利用率高，还能改善人体免疫功能，含有较高膳食纤维，促进胃肠道蠕动，预防便秘。婴儿爱吃的做法：蒸熟后加适量水，用勺碾碎成稠糊状。

补钙的豆腐。豆腐含钙高，正适合迅速生长的婴儿。婴儿爱吃的做法：选择南豆腐或北豆腐，碾成泥，兑上米糊。

补钾的香蕉。香蕉营养高，热量低，含有丰富的碳水化合物，香香甜甜，是婴儿爱吃的水果之一。婴儿爱吃的做法：半根香蕉和少许水或配方奶放入料理机，打成浓稠的糊糊。

有益大脑发育的深海鱼。常见的深海鱼，包括三文鱼、金枪鱼、沙丁鱼等都富含脂肪酸。婴儿爱吃的做法：剁成鱼肉泥蒸给婴儿吃，或者放在米糊、稠粥里。

助消化的苹果。苹果中有 17 种氨基酸，能够帮助婴儿增强消化能力。婴儿爱吃的做法：把苹果削成小块，用料理机打成糊糊，兑在米糊里，米糊也变得酸酸甜甜的。

补铁的肉泥和肝泥。肉泥和肝泥也是婴儿补铁的好选择。肉绞碎后蒸熟，用少量汤调成糊状，肝泥可选择鸡肝去筋去膜，剁碎成泥状拌入米粥中，为婴儿提供丰富的铁、锌等营养。

如何选购成品辅食

明确辅食的配料。辅食的配料表上一般都标明热量、蛋白质、脂肪、碳水化合物等基本营养成分，维生素类如维生素 A、维生素 D、部分 B 族维生素，微量元素如钙、铁、锌、磷，或者还要标明添加的其他营养物质。购买时，妈妈最好购买营养成分齐全、含量合理的辅食。同时，妈妈要留意配料表上是否有防腐剂、香料、抗氧化剂及增味剂等食品添加剂。给婴儿吃的最好是纯天然的食品，对于周岁内的婴儿，妈妈在选择时要谨慎选择含蔗糖和盐分量多的辅食。

正确挑选儿童强化食品。儿童强化辅食是把婴儿容易缺乏的几种营养素加到辅食中，制成一种新的辅食，以改善和提高辅食的营养价值，使它更适合各年龄段儿童的生长发育需要。妈妈在选购时，首先要根据不同年龄层的婴儿生长发育特点，选购所需的营养和适宜的辅食种类，其次注意营养强化量是否合理，以免强化量过大，超出儿童生理摄取量而引起中毒，或强化量太小，没有起到预防营养缺乏病的作用。

了解辅食制作工艺。质感是否细腻关系到婴儿的口感和吸收程度。现在好多辅食都有试用装，妈妈可以通过试用装来进行比较，看婴儿对哪个品牌的产品更喜欢。

知晓材料级别。婴儿吃辅食必须是真材实料，级别为绿色食品以上。比如，现在市面上有许多果汁是由果味饮料浓浆勾兑而成的，妈妈在购买时，要学会鉴别，尽量避免选择这些不健康食品。

辨认是否是转基因食品。转基因食品可能对婴儿存在潜在的危害，所以还是建议妈妈别购买转基因食品。

检查辅食的外包装。仔细查看该辅食的标示是否齐全，因为按照国家标准规定，在定型包装食品的外包装上必须标明厂名、厂址、生产日期、保质期、执行标准、商标、净含量、配料表、营养成分表及食用方法等项目。同时，购买时留意一下外包装标明的保质期与生产日期，别购买已经过期或很快将过期的辅食。

了解辅食生产企业的背景。在给婴儿挑选辅食之前，妈妈应该提前了解一下企业的规模与产品的质量，选择综合性排名较高的企业出厂的辅食。一般情况下，大企业技术力量雄厚，历史悠久，产品配方设计较为科学、合理，对原材料的质量控制较严，生产设备先进，企业管理水平较高，产品质量较有保证。

注意辅食外包装的说明。以婴儿米粉为例，国家相关标准规定，婴儿米粉应明示有“婴儿最理想的食品是母乳，在母乳不足或无母乳时可食用本产品；6 个月以上婴儿食用本产品时，应配合添加辅助食品”。如断奶期配方米粉，还应注明“断奶期配方食品”或“断奶期补充食品”等，这些声明是企业必须向消费者明示的内容。

日常生活护理

安全的居家环境

家是婴儿生活和玩乐的重要场所之一，居家安全建议至少 6 个月进行一次彻底的安全检查，以确保给婴儿一个安全的家居玩乐空间。

婴儿床

1 岁以下的孩子都可以自己躺着睡觉，无论是白天还是晚上。睡觉最安全的地方是婴儿床，有结实的床垫和合适的被子。不要在婴儿床里放毛绒玩具，它们会盖住婴儿的脸。

婴儿床上不要有任何带有绳子或者带子的东西。

确保婴儿床没有突出的柱子或者棱角，宽松的衣服会被这些东西剐住；另外，缝隙不能超过 5 厘米，过宽的缝隙会夹住孩子的头。

婴儿床使用的垫子大小要紧密合适，这样婴儿不会滑在婴儿床边被夹住。拧紧所有的螺丝、螺栓以及其他五金部件，防止婴儿床出现松动。

卧室的其他设施

夜灯。确保夜灯没有靠近窗帘或者被褥，以免引起火灾。只购买不会发热的“冷光”

夜灯。

窗户护栏。确保窗户护栏牢固，以防孩子跌落。

插座。婴儿喜欢探索各种孔洞，因此，家中要使用带插入保护设置的插座。

加湿器。经常清洁，以免细菌和霉菌生长。

客厅

尽量把桌子有尖角的边缘都包起来。

盆栽植物要远离婴儿，因为有些是有毒的。

确保电视机和其他重物（比如台灯）足够稳当，不会翻倒。

检查电线。及时更换老旧、磨损、破损的电线。插座绝不能超负荷。电线应该在家具后面走线，不能悬挂着，以免婴儿拉扯。

把火柴和打火机放在婴儿够不到的地方或锁在柜子里。

家里各处

经常检查家具里面、旁边和下边。确保所有房间都没有小东西、塑料袋、小玩具、硬币以及气球，以免婴儿吃进肚子里。

把所有楼梯都用栅栏挡住。

和家人共同确定着火时从家里逃生的方案，并经常回顾和练习。

在电话机旁贴上紧急求助电话号码。

孩子居住或者暂留地方的窗户都要用没有绳子的窗帘。

春夏秋冬护理要点

春季

婴儿穿衣的薄厚要根据气温而定，不能着凉也不能太热。婴儿盖的被子如果太热易出汗要及时更换薄被。风沙大或空气污染严重时，妈妈不要带婴儿到户外活动。

夏季

夏季婴儿爱出汗，汗液与空气中的尘土结合容易堵塞毛孔，引起痱子和脓疱疹，婴儿皮肤褶皱的地方容易因汗液浸渍发生糜烂，妈妈要勤给婴儿洗澡，尤其是超重婴儿。

秋季

秋季天气转凉，妈妈不要过早给婴儿穿太厚的衣服，让婴儿自己去适应天气的变化，带婴儿去户外活动要选择暖和的中午，同时缩短户外活动的时间。

冬季

坚持给宝宝洗澡，建议一周洗 2~3 次。室内空气要注意流通，婴儿在室内时，不要给他穿盖得太多。

8~9 个月婴儿常见问题

奶瓶龋齿

生活中一些小婴儿，乳牙还没长齐，便已出现了奶瓶龋齿。奶瓶龋齿多见于 1~3 岁的宝宝，是婴儿乳牙期发生的龋齿，主要发生于婴儿上颌的门牙和第一乳磨牙，下颌的门牙则较少被腐蚀，这可能与婴儿吸吮时下颌、下唇的运动、奶嘴所接触牙齿的位置等因素有关。

奶瓶龋齿产生的原因

含奶瓶睡觉。婴儿夜里吃奶喜欢含着奶嘴睡觉，使得残留在婴儿口腔中奶液里可发酵的糖类持续发酵，慢慢腐蚀乳牙，长此以往，便会造成婴儿牙齿表面脱钙，逐渐形成龋齿。由于婴儿乳牙钙化程度较低，一旦发生龋齿，病情进展迅速，破坏性非常大。

刷牙方式不当。刷牙是预防牙病最行之有效、方便易行的方法。刷牙方式不当，无法起到口腔清洁的作用，同样会诱发龋齿。这个月龄的婴儿还不会自己刷牙，爸爸妈妈帮婴儿刷牙时不要感觉婴儿没有几颗牙而敷衍了事，结果为患龋齿埋下隐患。

奶瓶龋齿的危害

婴儿患有奶瓶龋齿，会大大降低牙齿的切割和咀嚼功能，不利于食物消化和营养吸收。严重的奶瓶龋齿还会使细菌感染婴儿牙髓腔和牙齿周围组织，引发牙髓炎、牙根尖周炎等口腔疾病。若婴儿龋齿严重到无法治疗需拔除时还会扰乱恒牙替换的生理规律，导致恒牙萌出次序错乱。

预防奶瓶龋齿的方法

尽量母乳喂养婴儿。母乳喂养的婴儿，龋齿发病率比奶瓶喂养的婴儿要低近一半，可见母乳喂养对预防婴儿奶瓶龋齿大有益处。

控制使用奶瓶时间。婴儿每次使用奶瓶喝奶的时间应控制在 20 分钟左右，以降低奶液中糖类对乳牙的腐蚀程度。这个月龄的婴儿有些已学会使用杯子喝水，爸爸妈妈不妨锻炼婴儿用杯子喝奶。对于 1 岁 6 个月以上的婴儿应杜绝再用奶瓶喝奶。

远离甜水。蔗糖极易引起婴儿蛀牙，婴儿最好饮用白开水，爸爸妈妈应尽量避免喂婴儿甜味水，可降低奶瓶龋齿发生率。

注意口腔卫生。奶液、食物残渣会腐蚀乳牙，一旦牙齿表面的釉质受到破坏，便会失去对牙体的保护作用，如此一来只会使龋齿越来越严重。因此，婴儿长出第一颗乳牙后爸爸妈妈便应认真帮婴儿刷牙，每日至少 2 次。3 岁以下的婴儿可用清水刷牙，爸爸妈妈可用纱布缠绕手指将婴儿牙齿上的奶垢擦抹干净，也可借由手指牙刷帮婴儿清洁牙齿。除了定时刷牙外，爸爸妈妈也要帮婴儿养成饭后漱口的习惯，使口腔环境更健康。

定期检查牙齿。从婴儿长出第一颗乳牙开始，应每隔 6 个月带婴儿去看一次牙医，以便及早发现问题，及时治疗。

不要口对口喂食。有些爸爸妈妈本身有龋齿，当婴儿出现龋齿后会视为遗传表现，其实蛀牙本身不会遗传，但如果爸爸妈妈口对口喂婴儿食物，口腔细菌很有可能传染给婴儿，导致婴儿患上蛀牙。为此，爸爸妈妈要避免口对口喂婴儿食物。

温馨提示：如果乳牙出现龋齿，要及时治疗

因为乳牙会更换，所以出现龋齿后，一些爸爸妈妈会抱着乳牙会替换的想法拖延治疗时间，结果使婴儿龋齿越发严重，影响咀嚼功能，影响营养摄入。婴儿出现龋齿一定要积极治疗，以免增加以后治疗的困难，如进行较复杂的根管治疗，甚至拔除龋齿，那样只会让婴儿承受不必要的痛苦。

小儿肺炎

小儿肺炎四季均可发生，以冬、春季多见。随着外出机会增多，接触病原体的机会也大大增加，加上免疫力较低，容易患病。小儿肺炎多因细菌、病毒感染所致，如果治疗不彻底，易反复发作，引起多种并发症，影响婴儿生长发育。

小儿肺炎的症状

小儿肺炎症状典型，爸爸妈妈留意观察便可做到及早发现、及早治疗。

一般症状。婴儿发病前会有数日上呼吸道感染表现，体温可达 38~40℃，但少数婴儿可能不发烧，同时可伴有拒食、呕吐、呛奶等症状。

呼吸系统症状。开始为频繁的刺激性干咳，恢复期咳嗽增多、有痰，新生儿、早产儿可无咳嗽，仅表现为口吐白沫等。随着病程发展，咽喉部会出现痰鸣音，呼吸表浅增快，鼻翼扇动，部分患病婴儿口周、指甲轻度发绀，咳嗽时可伴有呕吐、呛奶。由于婴儿胸壁薄，有时不用听诊器爸爸妈妈用耳朵贴在婴儿后背肺的位置也能听到痰鸣音。

循环系统症状。轻度缺氧时可致心率增快，重症肺炎时可合并心肌炎和心力衰竭。

神经系统症状。婴儿精神状态不佳、口唇青紫、烦躁、哭闹或昏睡、惊厥。

消化系统症状。食欲显著下降、呕吐、腹胀，甚至腹泻，或者一吃奶就表现得哭闹不安。

小儿肺炎的检查方法

血常规。血常规是最基本的血液检验。通过观察血液的细胞数量变化及形态分布，可判断疾病，血常规检查是医生诊断病情的常用辅助检查手段之一。细菌性肺炎患儿白细胞总数大多增高，病毒性肺炎患儿白细胞总数多为正常或低下。

X 线胸片检查。通过 X 线胸片检查可直接反映患儿肺部病变情况，是诊断肺炎的重要依据，并且可通过 X 线所示，区分婴儿究竟患的是何种类型的肺炎。

痰培养及药物敏感试验。通过痰培养及药物敏感试验，可检查出致病菌的种类，从而有助于选择适当的药物进行治疗。

小儿肺炎的治疗

小儿肺炎因细菌和病毒感染源不同，使用的药物也不相同。头孢等抗生素可用于治疗细菌性肺炎，阿奇霉素、红霉素用于治疗支原体或衣原体引起的肺炎。利巴韦林等药物可用于病毒性肺炎治疗。此外，针对婴儿缺氧、痰多等方面的问题，医生还会给予吸氧、雾化等对症处理。

婴儿抗病能力较差，当爸爸妈妈发现婴儿呼吸快、呼吸困难、口唇四周发青、面色苍白或发绀时，说明婴儿已缺氧，必须尽快就医抢救。

小儿肺炎的护理

探视者逗留时间不要太长，污浊的空气不利于婴儿身体康复。

密切观察婴儿的体温变化、精神状态、呼吸情况，经常帮婴儿变换体位，减少肺瘀血，促进痰液排出，也可将婴儿抱起，轻轻拍打背部，使痰液容易咳出，有助于康复。如果婴儿鼻腔内有干痂，要用棉签蘸水使干痂软化，防止婴儿鼻腔阻塞引起呼吸不畅。

注意保持室内空气新鲜，适当通风换气。室内空气太干燥，会影响婴儿痰液排出，加剧呼吸困难。

婴儿得了肺炎往往不愿吃奶，喂奶时婴儿出现呛咳要立即停止再喂，稍后可换用小勺喂婴儿。

婴儿会因为发热、出汗、呼吸增快而失去较多水分，爸爸妈妈要注意给婴儿补水。必要时应适量补充糖盐水。婴儿发热时可多予流质饮食，退热后可加半流质食物。

小儿肺炎的预防

可接种肺炎疫苗。接种肺炎疫苗可以预防肺炎发生，但这个月龄的婴儿太小还不能接种。

注意卫生。经常洗手能够防止病原体传播。定期清洁婴儿的玩具、用品也可起到消毒杀菌的作用；婴儿餐具要日日消毒，可减少患病概率。

远离烟草。生活在香烟烟雾中的婴儿免疫力较低，不仅容易感染肺炎，同时也容易患上呼吸道感染、哮喘和中耳炎。

提升体质。让婴儿坚持户外活动，多晒太阳，增强对寒冷空气的适应能力，可以提升婴儿的抵抗力，预防疾病发生。

帮助婴儿学习和成长

安慰物的问题

有些婴儿哭闹的时候，吸吮安抚奶嘴就能安静下来，或者可以抱一个小毛毯来安慰自己。婴儿用安慰物自我安慰，可以看成情绪控制能力发展的一个阶段。安慰物上熟悉的气味、愉快的记忆，能缓解婴儿的不安情绪。因此，依恋物和安抚奶嘴可以适当地使用。2 岁前偶尔使用安抚奶嘴并注意清洁，一般不会给婴儿带来什么负面影响。但是，这里也要提醒爸爸妈妈注意：

如果婴儿对依恋物或安抚奶嘴强烈依赖，成人要反省自己对待婴儿的方式，有可能在婴儿感到恐惧、害怕时，常常没有人前来安慰。

爸爸妈妈要为婴儿创造一个安全、有条理、温暖的生活环境，并且多陪婴儿玩游戏，给他讲故事、唱歌，让婴儿体会到爸爸妈妈的爱和关怀。

多带婴儿走出家门，多接触周围不同的人。当婴儿有了应对各种人和环境的经验后，其调节情绪的能力得到发展，安慰物会慢慢退场，婴儿也会表现得更加独立。

9~10 个月

这个月龄的婴儿

体格发育

婴儿头部的生长速度减慢，腿部和躯干生长速度加快，此时，男宝宝身长平均达到 72.6 厘米，女宝宝身长平均达到 71 厘米。

温馨提示：满 10 个月婴儿的体格生长指标的参照值范围

	男宝宝	女宝宝
体重（千克）	7.4~11.4	6.7~10.9
身长（厘米）	68.7~77.9	66.5~76.4
头围（厘米）	42.9~47.9	41.5~46.9

动作发育

婴儿能用双腿支撑起身体全部的重量，但还需要有人扶着。他能独坐 10 分钟左右，能向前或向侧面倾过身体并保持平衡。他能够滚动或试着爬行，但从站姿改为坐姿对他来说难度还是很大。

认知与适应

婴儿可以认出熟悉的游戏和旋律，会在适当的时候欢笑并跟着动一动。听到别人叫自己的名字会掉过头来看。给他洗手、洗脸时，他会伸出双手给你洗，也会扭头避开毛巾，表示他不愿擦脸。也开始会用动作表示“欢迎”“再见”“谢谢”等。

语言能力

开始模仿发声，能发出一连串重复的音节。

精细运作

婴儿的精细动作进一步完善，用嘴接触东西渐渐减少。他开始能用食指指向感兴趣的目标。他能很轻松地向前俯身捡起很小的东西。能同时拿起两块积木，好像在把这一块同另一块做比较。他能用拇指和其他手指捡起小得像豌豆一样的东西。

与人互动

这个阶段的婴儿特别喜欢模仿，无论是动作还是表情都乐于跟着大人学。婴儿对于大人的情绪和态度非常敏感，他不仅需要大人的表扬和鼓励，还特别在意大人的批评和冷落。而且，他还会参照周围人的情绪来判断是非。另外，婴儿这一时期开始出现非常依恋妈妈的行为：当妈妈离开时，会表现出悲伤、哭泣；当看到妈妈或照料自己的人抱别的孩子时，会拉扯大人抱自己。婴儿已学会表示不要：吃饱后，如果把满满一勺食物再硬塞给他，他会用力推开。

喂养的那些事儿

婴儿能吃的辅食品种增多了

9 个月后，婴儿的消化能力明显增强，开始喜欢吃辅食了，与大人一起进餐，他会非常高兴，闻到饭菜的香味会急不可待地要到餐桌旁。

婴儿的辅食可以从黏稠、泥糊状的食物转变成切得很细碎的碎末状食物了。添加的品种也多了。妈妈可以多变换花样，让婴儿适应不同的口味。在添加新的食材时，每次只能添加一种，7~10 天后如果没有异常反应再添加另一种。天然、清淡的辅食最适合婴儿。

婴儿最初的饮食习惯

这个月龄的婴儿开始认识和接触更多的健康食物，通过让婴儿接触不同食物的味道和口感，可以促进婴儿对食物的鉴赏力。有些婴儿会拒绝从没吃过的食物，妈妈要多鼓励婴儿，让婴儿尝一小口试试看，哪怕他只吃了一小口，也要表扬他的尝试，让他高兴，下次妈妈再喂的时候，他会喜欢尝试。从出生开始就帮助婴儿培养良好的饮食习惯会使其一生受益。饮食选择与行为影响着婴儿的体重、牙齿及其他方面的健康。正确把握孩子的饮食结构，注重食物的多样化，让孩子养成不偏食、不挑食的良好习惯。

婴儿的进食次数较多，间隔时间较短，但随着其年龄的增长，进食次数逐渐减少，间隔时间应该延长，但不论正餐或两餐之间的进食都应该定时。

有些妈妈，为使婴儿不哭闹，让其吮乳并含着乳头入睡，有的将装有点心的盒子放在床边，边吃边睡。这种睡前吃东西，既不漱口又不刷牙的习惯极为有害。因此切忌睡前给婴儿进食。

注意保持婴儿的食欲，不要让婴儿将喜爱吃的食物一次吃得过多，以防暴食后的伤食伤胃；爸爸妈妈要培养婴儿自幼对各类不同口味食物的喜爱，婴儿就会自觉地形成正确的饮食行为。一旦拥有了良好的饮食习惯，健康的心理和身体素质，会令他受益终生。

切忌大人嚼烂食物喂婴儿

在人们的口腔中，正常存在着很多病毒和细菌，婴儿免疫力低，一旦食入被大人咀嚼过的食物，成人口腔里残留的细菌会通过沾在食物上的唾液不断地繁殖，婴儿将这些致病微生物带入体内，则有可能引起疾病的发生，不利于婴儿健康。

婴儿吃成人嚼过的食物，省去了自己咀嚼的动作，造成牙齿、咀嚼肌和下颌骨不能正常发育，也不利于正常的消化和吸收。自己咀嚼食物，可以刺激唾液和胃液的分泌，以利于食物的消化。如果婴儿的咀嚼能力得不到锻炼，他可能因不太会咀嚼而大块大块地吞咽食物从而加重了胃的负担，造成消化不良，甚至患胃病。

嚼喂对婴儿自身成长也不好，会养成依赖心理，自己不喜欢吃那些硬的食物。

孩子不会嚼或不能嚼烂的食物，最好切碎、煮烂，用小匙喂给孩子吃。1 岁 6 个月以后就可让他自己学着吃，这样不仅卫生，还可培养孩子独立生活的能力。

日常生活护理

婴儿白天也需要睡觉

虽然这个月龄的婴儿已经不是小婴儿了，但婴儿在 1 岁之前仍然应该白天睡 2~3 次，18 个月左右才会从一天两次小睡转变为一天一个午觉。大约有 25% 的宝宝到 3 岁时不用白天睡觉了；有 50% 的宝宝到 4 岁才会厌倦白天睡觉；而其余 25% 的宝宝长到 5 岁甚至更大一些的时候仍需要睡午觉。

白天小睡的重要性

心理学家研究发现，白天适当睡眠可以帮助婴儿记住早上所学的知识，对于巩固记忆有着重要的作用。研究人员发现，白天小睡的学龄前宝宝比白天不睡觉的宝宝记忆减退慢，这是晚上睡个好觉无法弥补的。而相较白天不睡觉的婴儿，白天小睡的婴儿精力更充沛，做事情也更专注。所以，对于小婴儿来说，养成白天小睡的习惯十分重要。

养成白天小睡的习惯

固定小睡时间。爸爸妈妈可以把婴儿白天小睡的时间固定下来，可分别安排在上午 10 点和下午 2 点左右。渐渐地婴儿就会知道上午吃过水果，中午吃过午饭就到了小睡的时间了。

培养睡前程序。白天的午睡程序可以安排得类似于晚上的睡前程序，如读睡前书或听睡前音乐等。

发现婴儿困意。爸爸妈妈通过仔细观察，可以发现婴儿的睡眠特点和需要睡眠之前的特定信号，如揉眼睛，闹小脾气，等等。在婴儿有困意时哄婴儿入睡，比他很有精神时哄睡要轻松许多。

适时安抚。婴儿白天闹觉不肯小睡时，对于这个月龄的婴儿建议爸爸妈妈在旁边陪伴入睡，不要再像小婴儿般抱在怀里摇晃着哄睡，边走边颠地哄婴儿睡觉反而会延长婴儿再次入睡的时间。

及时叫醒。当婴儿睡不醒时，比如下午睡到 4 点还没醒时，为避免影响婴儿晚上睡眠，爸爸妈妈应叫醒婴儿。建议尽量适当将婴儿下午觉提前，不要让婴儿下午觉醒得过晚，以免打乱正常的睡眠规律。

打造熟悉的睡眠环境。婴儿白天不爱睡觉，多因一些生活规律和习惯所致。白天可让婴儿在晚上睡觉的房间小睡，婴儿在熟悉的地方会更容易入眠。

晚上睡整觉

添加辅食后，婴儿饮食的营养密度较高，如果喂养得好，晚上已经不需要再喂奶了，以这个月龄的婴儿为例，他们已经具备了晚上睡整觉的条件和能力。

婴儿睡整觉的好处

婴儿睡眠质量的好坏直接关系到生长发育。一方面，婴儿睡眠充足可使大脑神经、肌肉等得到松弛，借以解除肌体疲劳；另一方面，夜里生长激素分泌旺盛，婴儿睡眠好有利于身高增长。因此，夜晚睡整觉对婴儿十分有益。

婴儿睡整觉难的原因

婴儿晚上睡不安稳往往与睡眠时感到不适有关，比如饥饿、被子太厚、尿布湿了或纸尿裤太紧等。白天睡得太多，睡前过度兴奋或紧张，日常生活的变化，如出门在外、睡眠不定时、搬家、有陌生人来等，也会使婴儿睡眠不安。

有些爸爸妈妈习惯晚上给婴儿喂奶或喂水，或婴儿醒来后马上抱起来哄，或不太注意培养婴儿昼夜活动规律，这些做法都不利于培养婴儿晚上睡整觉的习惯。

帮助婴儿睡整觉的方法

尽量让婴儿白天规律作息，不睡得过量，这样他晚上会睡得踏实些，时间长些。

晚上睡觉时，如果婴儿出现轻度哭闹或烦躁不安，不要马上又抱又哄，或给他喂奶和喝水，可以轻拍或抚摸他，使他重新入睡。

保证婴儿睡眠的房间室温适宜、空气清新，被褥厚薄合适，灯光可暗些。去除让婴儿分散注意力的物品，比如玩具等。

睡前不要让婴儿过于兴奋，每天晚上到 9 点就关灯，保持安静。

一旦形成睡眠习惯，就不要轻易破坏它。

建立规律的睡觉时间和固定的睡前程序。尽量让婴儿每晚都在相同的时间睡觉，营造同样的睡前程序，比如洗澡、讲故事，让婴儿清楚完成这些事就到了睡觉时间。

上床时间不宜太早，如果爸爸妈妈希望婴儿晚上 8 点入睡，但通常婴儿 9 点才能入睡，不妨让婴儿 8 点半上床，让他在上床后 20 分钟内入睡，之后逐步提前上床时间，直到建立一个适宜婴儿的睡眠时间。

当婴儿不想睡觉或哭闹时，不要让婴儿起床，爸爸妈妈可以抚摸婴儿，引导婴儿逐渐安静下来，避免婴儿因哭闹兴奋时间过长而久久不能入睡。如果婴儿实在无法入睡，妈妈可以进行哺乳，但要逐渐减少夜间哺乳次数，延长两次哺乳的间隔，直到完全过渡到晚上不再哺乳。

这个年龄段的婴儿生长很快，若微量元素未得到及时补充，会出现佝偻病表现。如夜间盗汗、哭闹、睡不安稳等表现，对睡整觉有直接影响。如果怀疑婴儿缺维生素 D，经医生检查确诊后，要遵医嘱及时补充维生素 D，并且多晒太阳，有助于婴儿夜晚睡整觉。

婴儿体重增长不足

标准体重指标

新生儿出生时的平均体重为3千克，但出生时体重达2.5千克就属正常；5个月体重达到6千克左右；1岁时体重平均为9千克。以后体重增加的规律为：体重（千克）=年龄×2+8。但婴儿存在个体差异，若体重与平均标准偏差较多，建议咨询医生，以便科学了解婴儿发育情况。

婴儿体重不足的原因

生活中许多因素都会影响婴儿体重增长。下面这些因素最为常见：

疾病因素。婴儿6个月后来自母体的抗体消失，自身抗体还没形成前很容易患病，疾病会导致婴儿体重过轻，比如耳部感染、哮喘、消化道疾病、新陈代谢紊乱、铁锌缺乏、寄生虫病、内分泌系统疾病等等。此外，还有一些药物，比如抗生素，也会影响婴儿食欲，导致体重下降。为减少婴儿患病，不妨多带婴儿进行户外活动，以提高免疫力。

喂养因素。喂养不当也是婴儿体重偏低的主要原因。婴儿辅食添加不及时、营养素摄入不足都会导致体重增长缓慢。同时，不论从量上还是从种类、营养上都需要遵守定时、定量原则，一来可避免消化不良，满足身体需要，二来也可以避免食物过敏；同时还需要保证食物的稠度和细腻度。添加辅食后的婴儿需要继续母乳喂养，不能完全母乳喂养时，需要添加婴儿配方粉。

心理因素。婴儿吃得好，睡得香，但体重增长不理想时要考虑心理因素所致。婴儿缺乏关爱，或爸爸妈妈过度关注婴儿，都会让婴儿因感觉紧张、焦虑而影响体重增长。

零食或水分摄入太多。婴儿在餐前吃零食，会影响正餐进食，爸爸妈妈应该调整零食添加时段，比如将零食时间安排在早、中餐之间或中晚餐之间。此外，如果婴儿在餐前喝了太多的液体，如果汁、水等也会在吃正餐时因肚子饱胀而不想进食，导致营养摄入减少。

单纯母乳喂养。这个月龄的婴儿，母乳中的营养已经不能满足其身体发育需求，但有些婴儿仍只对母乳感兴趣，如果任由婴儿只吃母乳，势必影响其他营养素摄入。所以，在营养摄入方面，爸爸妈妈要做好母乳、辅食以及其他食物的合理配比。

不定时进餐。婴儿需要有规律地进餐，饮食时间延迟过长会降低婴儿胃口，所以进餐应遵守固定时间。

不良习惯。有的婴儿边玩边吃，要爸爸妈妈追着吃饭，这样不仅饭吃得少，还不利于消化吸收，自然影响体重。婴儿吃饭时，爸爸妈妈要注意为婴儿营造安静的进餐环境，尽可能避免外界打扰，有利于婴儿安心吃饭。

增加婴儿体重的方法

要求他多进食是不现实的，那样只会导致婴儿更加反感进餐，甚至厌食。相反，少量多餐，每日大约进餐 6 次更有助于婴儿体重增长。不要给婴儿吃补品，以免补品中可能含有的激素导致婴儿性早熟。

注意呵护。婴儿衣着过厚，被子过厚都容易导致婴儿出汗、受凉，从而引发呼吸道感染，导致食欲减退，爸爸妈妈应根据气温情况给婴儿添加衣服。这个月龄的婴儿经常生病，许多时候就是因为衣着不合适出汗后受寒所致。

多做户外运动。婴儿多进行户外运动可提高机体代谢水平，促进食欲。

不必过于纠结婴儿的食量

爸爸妈妈都希望婴儿胃口好，但食量多少与遗传有一定关系。爸爸妈妈食量小，婴儿也可能食量小，如果婴儿没有任何疾病，只是吃得少，爸爸妈妈不必过于担心，随着婴儿长大食欲会有所增长。

婴儿体重偏低不等于不健康

婴儿体重的增长与身高增长密切相关，出生早期身高增长快，体重增长也较快，以后逐渐减慢。爸爸妈妈只以婴儿体重多少判定体重是高是低并不准确，必须加上身高因素，身高增长快的婴儿体重会有偏低表现，但这是正常表现，并非真正的体重偏低。

让婴儿爱上蔬菜

婴儿的口味是爸爸妈妈培养出来的，小时候不喜欢的食物，长大后接受也很困难。婴儿长到1岁后，对蔬菜会流露出明显的好恶感，不爱吃菜的婴儿会逐渐增多。为避免婴儿抗拒蔬菜，培养爱吃蔬菜的习惯一定要从更小时抓起。

婴儿多吃蔬菜的好处

蔬菜中富含维生素，丰富的维生素C可预防维生素C缺乏症，维生素A可保护婴儿视力，防止眼干燥症及夜盲。

蔬菜中含有钙、铁、铜等矿物质，钙可促进婴儿骨骼和牙齿发育，可防治佝偻病；铁和铜能促进血色素合成，防止婴儿贫血；矿物质可帮婴儿调节体内酸碱平衡。

蔬菜中丰富的纤维素，可促进新陈代谢，有利于废物排出，防止便秘。

一些蔬菜中特别的香气，如香菇等可起到刺激食欲的作用。

婴儿不吃蔬菜的坏处

诱发便秘。婴儿不吃蔬菜，纤维素摄取不足，会使肠肌蠕动减弱，粪便在肠道停留的时间过长，容易形成便秘。

破坏肠道环境。蔬菜中的纤维素可促进肠道中有益菌生长，蔬菜摄入少会破坏肠道内有益菌生长环境，影响营养吸收。

不利于牙齿、骨骼发育。蔬菜中的维生素C可促使钙质沉积，维生素C缺乏会影响婴儿牙齿、骨骼发育。

免疫力下降。蔬菜中的维生素A摄入不足，不但对婴儿视力发育不利，还有损皮肤、黏膜等功能，使婴儿容易患皮炎或反复患呼吸道感染。

影响未来饮食喜好。婴儿从小不吃蔬菜，会直接影响未来饮食偏好，长大后很难改变，无益于养成良好的饮食习惯。

影响社交。对饮食过分挑剔，会影响婴儿的人际交往能力。如家庭聚餐或外出就餐时，婴儿对食物的过分挑剔或拒绝进食，不仅会让爸爸妈妈尴尬，还会让其他小朋友嘲笑。进入幼儿园、学校后，饮食挑剔的孩子难免吃得很少，甚至没有食物可吃。

长大后更容易肥胖。通过对人群的长期追踪观察研究发现，小时候有挑食、偏食、厌食等不良饮食习惯的婴儿，长大以后发生超重和肥胖的比例会更高。这可能是因为幼年时的不良饮食习惯会伴随终身，使人体长期处于营养不均衡的状态中，反而容易诱发超重和肥胖。

培养婴儿吃蔬菜的兴趣

由于饭菜不合口味，一顿、两顿不吃蔬菜不是大问题，也算不上挑食、偏食、厌食。但如果婴儿完全拒绝吃任何蔬菜，便需要及时纠正了。

这个月龄的婴儿，独立意识开始萌芽，常常期望能自主挑选食物，自己吃饭，然而由于能力有限，常会弄得满地狼藉；如果爸爸妈妈帮忙，婴儿会因为无法享受到自己吃饭的乐趣而拒绝进食。所以，尊重婴儿的选择，培养婴儿吃的兴趣是纠正不吃菜的前提。

纠正婴儿不吃蔬菜的方法

态度坚决，但不要强迫。如果婴儿因为饭菜不合胃口而不吃，爸爸妈妈可以把饭菜拿走，让他等下一顿进餐时再吃；两餐之间不要给零食，让他明白只有好好吃饭、吃菜才能填饱肚子。在婴儿表现好时，要鼓励他。

和婴儿一起吃菜。一家人一起吃饭的气氛很有感染力，爸爸妈妈吃得津津有味，婴儿也容易嘴馋。在纠正婴儿不吃菜的习惯前，爸爸妈妈也要纠正一下自己的饮食习惯，以身作则，成人的行为对婴儿的影响很大，因为婴儿通常爱模仿成人的行为举止。所以进餐时，爸爸妈妈不妨大口吃菜，并表现出幸福满足的样子提升婴儿对蔬菜的好感。

培养新的口味。可以在三餐中选一餐做婴儿最喜欢的食物，其他两餐则以蔬菜为主。这样做一方面可让婴儿得到一定的满足；另一方面，婴儿不会因为顿顿都是自己不喜欢吃的食物而对蔬菜更加反感。

善用掩护。把蔬菜包进饺子里、煮进汤里，开始时，蔬菜可以放得少一点，然后逐渐增加。

分量少点儿。婴儿的胃容量很小，如果蔬菜分量太大，婴儿会因吃不完而有受挫感。因此，每次给婴儿夹菜时不要夹太多，块儿也不要太大，最好能让婴儿一次塞进嘴里。

把蔬菜做得漂亮可爱。婴儿对蔬菜的外观要求比较高，尽量把色彩搭配得五彩斑斓，形状做得美观可爱，有利于婴儿对蔬菜提升兴趣。

找到替代蔬菜。如果婴儿暂时无法接受某一两种蔬菜，爸爸妈妈可以找到与它营养价值类似的一些蔬菜来满足婴儿的营养需要。

去除蔬菜中的“怪味”。婴儿有敏锐的味觉，对一些蔬菜中的“怪味”比如苦味、酸味等不易接受，比如苦瓜等。爸爸妈妈要善于将这些不讨好的“怪味”借由烹调方法掩盖过去，以免婴儿抗拒。

给婴儿选择蔬菜的注意事项

选吃无污染的蔬菜。人工培育的食用菌及人工培育的各种豆芽菜大多没有施用农药，是较为安全的蔬菜；果实在泥土中的茎块状蔬菜，如土豆等也很少施用农药，而一些抗虫害能力强的蔬菜如芹菜、菜花等相对农药也较少。现在市售有许多有机蔬菜，农药残留少，爸爸妈妈可依婴儿口味酌情选择。

认真清洗蔬菜。农药易残留在蔬菜上，可以去皮的蔬菜要尽量去皮，不能去皮的蔬菜在清洗时要用流水反复冲洗干净。

尽量丰富品种。蔬菜的颜色与营养含量有直接关系。饮食上应该注意多种蔬菜合理搭配，以便营养价值互补，可促进婴儿身体健康。选菜时各种颜色的蔬菜都建议挑选给婴儿食用。

选择时令蔬菜。反季蔬菜为大棚蔬菜，和新鲜的时令蔬菜相比，营养价值和味道都要差一些，所以要给婴儿选择时令蔬菜。

注意保留蔬菜中的营养素

绿叶蔬菜在烹调时不宜长时间焖煮。不然，绿叶蔬菜中的硝酸盐将会转变成亚硝酸盐，容易造成食物中毒。

西红柿应该在餐后再吃，以免婴儿出现腹痛、胃部不适等症状。

苦瓜中的草酸会妨碍食物中钙的吸收。吃之前应先用沸水焯一下，去除草酸。

胡萝卜素对婴儿健康有益，但要注意适量食用。过多食用可能会引起胡萝卜血症，使婴儿面部和手部皮肤变成橙黄色，并出现食欲不振、烦躁不安等表现。

避免蔬菜的错误吃法

用水果代替蔬菜。新鲜水果富含维生素，但在储存中损失较多，特别是维生素 C。此外，水果中无机盐和粗纤维含量也少，含糖量却较高，多吃易使婴儿产生饱腹感，影响正餐摄取营养。而蔬菜中不仅含有维生素，还有许多粗纤维，利于肠肌蠕动，可预防婴儿便秘，蔬菜中的无机盐能够保证婴儿摄取生长发育中必需的钙和铁。所以，不可用水果代替蔬菜，两者各有好处，都应该摄取。

蔬菜生吃。蔬菜在经过煮、炒、涮后其维生素 C 含量会下降，有些爸爸妈妈为了最大可能地保留蔬菜中的维生素 C，想到让婴儿生吃一些蔬菜，这种做法并不科学。因为婴儿尚年幼，胃肠功能较弱，生吃蔬菜容易导致消化不良，影响胃肠功能。

奶瓶要用到什么时候

一般来说，大多数婴儿到 9 个月左右时，就已经具备用杯子喝奶的动作技能，1 周岁左右应习惯用杯子喝牛奶或水。和断母乳一样，婴儿戒掉奶瓶也需要循序渐进，不能太仓促。

婴儿长久用奶瓶的危害

导致蛀牙。奶液和果汁等甜味饮料是酸性的，婴儿含着奶嘴睡觉时，牙齿会受到腐蚀，导致釉质受损，使牙齿表面粗糙、空洞化，最终出现蛀牙，间接或直接影响到以后牙齿的发育。

造成耳部感染。如果婴儿躺着喝奶，奶水可能会顺着婴儿的嘴巴流进耳咽管里，形成滞留，从而引起感染。

咬合不正。如果宝宝 2 岁后还用奶瓶，会引起上牙槽骨和上颚变形，导致牙齿咬合不正形成龅牙、“地包天”、切牙突出，还会导致发音不准、说话漏风、马脸等不正常现象。

影响咀嚼能力发育。有些爸爸妈妈为了喂食方便，会把食物做成流食，把奶瓶当作“喂食器”，让婴儿吸取。结果使婴儿错失练习咀嚼的机会，不但对牙齿发育不利，还会导致营养无法足量供给，使婴儿出现营养不良的问题。

影响心理健康。如果上了幼儿园的宝宝仍无法戒奶瓶，在幼儿园也需要用奶瓶冲奶粉，这种“另类”表现会被小朋友嘲笑，甚至被排挤，影响心理健康。

婴儿过度依恋奶瓶的原因

获取安全感。吸吮奶瓶可以让婴儿感觉很满足、很享受，渐渐地奶瓶便成了婴儿获得安全感的来源，不仅是食物来源，更是安慰物品，甚至在临睡前把吸吮奶瓶当作让自己安静下来的一种方式，以致增加戒奶瓶难度。

获得满足感。婴儿对某种物品产生依恋，有可能是因为他喜欢的东西没有得到满足。当一种需求得不到满足时，他就会以其他方式来满足自己，依恋奶瓶是具体表现。

从奶瓶到学饮杯的前期准备

练习自己拿奶瓶。婴儿满 8 个月之后，手部抓握能力已得到较大发展，可以练习拿奶瓶自己喝奶。练习时可以选择带有把手的奶瓶以利于婴儿抓握。婴儿发展速度不同，如果婴儿的学习进度很慢或是缺乏兴趣，不要过于勉强，让婴儿慢慢练习不必急于求成。

学习使用学饮杯。从奶瓶到学饮杯是婴儿进食方式的重大改变。学饮杯可选择鸭嘴形学饮杯，这种学饮杯吸口较宽、可增强口腔上下腭的稳定度，使用方便，婴儿控制杯内液体也较容易。

练习用杯子。宝宝 1 岁后可以练习使用杯子了，选择杯子时要注意挑选婴儿喜欢的颜色或样式。刚开始练习时，可在杯子中放少量水，让婴儿两手端着杯子，爸爸妈妈可协助婴儿把杯口往嘴里送，让婴儿一口一口慢慢喝，喝完再加水。千万不要一开始就往杯中放过多的水，以免呛到婴儿。婴儿最初练习时可能会将水洒得到处都是，爸爸妈妈不要因此指责或批评婴儿，多鼓励婴儿才会让他对用杯子喝水产生兴趣，并愿意不断尝试，从而为用杯子喝奶打下基础。

用杯子替换奶瓶的注意事项

关注婴儿情绪。选择婴儿心情愉快的时候使用杯子，口渴、饥饿和疲劳时不适宜。

循序渐进。不要突然让婴儿改用杯子喝奶，这可能会使婴儿因为无法顺利喝奶而影响对杯子的好感。

持之以恒。婴儿学习过程中受阻，爸爸妈妈要鼓励婴儿，并持之以恒地练习，不要因为婴儿哭闹就重新让他用回奶瓶，以免前功尽弃。

多提供模仿机会。婴儿好奇心重，可利用婴儿的好奇心使他对杯子产生好感。比如将不易碎的杯子给婴儿当玩具。

选择最佳时间。不要拖到宝宝 2 岁才开始戒奶瓶。宝宝 1 岁 6 个月左右戒奶瓶相对容易。

给婴儿购买学饮杯的注意事项

通常水杯的包装上会注明洗涤与消毒的方法，要选择可消毒的杯子。

没有刻度的杯子用来冲调奶粉有些不方便，建议选择有刻度的杯子。

选择不易破碎的材质，同时要注意带有把手，以便婴儿抓握。

注意防漏功能，避免婴儿摇动时漏水。

杯子的选择要跟上婴儿成长的步伐，当婴儿学会用鸭嘴式学饮杯后，要过渡到吸管式学饮杯，练习用吸管饮水。

春夏秋冬护理要点

春季

这个月龄的婴儿，春季户外活动每天应在 3 小时以上，随着婴儿长大，他需要亲近大自然，接触自然景象，对婴儿智力及情感发育都更加有利。动物园、公园、游乐园都是不错的去处。但春季疾病高发，爸爸妈妈要注意依温度给婴儿添加衣物，避免感冒。有过敏史的婴儿要注意远离花粉，以免诱发过敏。

夏季

夏季天气炎热，婴儿容易患口腔炎、手足口病，爸爸妈妈要注意预防。饮食方面，因为夏季细菌容易滋生，不要给婴儿吃剩饭，以免患上细菌性肠炎。如果婴儿没有什么食欲，爸爸妈妈不要逼婴儿进食，以免导致其消化不良。还要注意多喝水，避免蚊虫叮咬。夏季衣着较少，要避免婴儿磕碰伤。

秋季

天气转冷后，易患咳嗽的婴儿会有积痰表现，喉咙里总是呼噜呼噜的，只要婴儿精神好，不发烧，不影响睡眠，爸爸妈妈不必过于担心。转年开春后，婴儿积痰现象会自然好转。对于这个月龄的婴儿，即使秋季天气转凉也不应减少户外活动。婴儿外出活动减少会影响睡眠，出现闹觉表现。过早闷在家里的婴儿来年春天时更容易感冒。此外，缺少日晒容易使婴儿患上佝偻病。即便秋季气温降低，爸爸妈妈带婴儿外出时也不要给婴儿穿得过多，这对提高婴儿耐寒能力没有好处，还会使本来就爱感冒的婴儿更易感冒。秋季腹泻多发，爸爸妈妈需要提前做好预防措施。

冬季

在寒冷的冬季，随着婴儿力气变大，南方家庭要特别注意婴儿意外推动或拽掉取暖设备而烫伤或碰伤。北方家庭则要预防暖气病。有些婴儿夏季已经学会了坐便盆，冬季又开始抗拒了，这可能与婴儿穿得多了有关。如果爸爸妈妈强迫婴儿坐便盆，只会造成婴儿逆反心理，同样道理，有些已经可以扶着东西站一会儿的婴儿也可能变得不爱站立了，这也与穿着厚重有关，爸爸妈妈不必大惊小怪。

9~10 个月婴儿常见问题

肠炎

大多数肠炎是感染细菌或病毒等病原体后引起的，其中以感染病毒最为多见。这个月龄的婴儿活动范围增大，饮食更为复杂，自身免疫力较弱，爸爸妈妈照料不周时，婴儿容易患上肠炎。

肠炎的类型

毒素引起的肠炎。最常见的是食物中毒性肠炎，婴儿因食用不洁的食物所致。一般而言，这种肠炎发病十分快，几个小时婴儿就可出现上吐下泻症状。

细菌引起的肠炎。因感染伤寒菌、痢疾菌、霍乱菌及某些大肠杆菌等所致，这些细菌进入婴儿体内后，可以在肠内繁殖，侵犯肠壁并分泌毒素，导致婴儿腹泻。如果进入血液，还会使婴儿出现发烧、畏寒等表现。

病毒引起的肠炎。以轮状病毒感染引起的秋季腹泻最为常见，患病的婴儿除了有水状腹泻外，还伴有发烧、呕吐、伤风等症状，腹泻持续时间较长。

肠炎的表现

肠炎依病程表现，可分为轻度、中度、重度 3 种。

轻度表现。婴儿大便次数比以前增多，一天排便 5~6 次，并伴随有轻微的发烧，全身症状不明显。

中度表现。大便次数较多，一天会排便十几次，大便可为水状，甚至血状。此外，婴儿还会伴有高热、脱水等表现，甚至出现痉挛、休克。

重度表现。婴儿出现严重脱水，同时伴有电解质、酸碱平衡紊乱及全身感染中毒症状，或伴有高烧不退、皮肤干燥、眼球凹陷、口渴、半昏迷等症状。一天排便在 15 次以上，可如水样喷射而出。

肠炎的检查方法

小儿肠炎通常根据症状即可诊断，如果症状严重或持续，还可通过大便培养检测细菌、病毒或寄生虫。严重脱水的婴儿应注意监测电解质及肾功能。

肠炎的治疗

患肠炎症状较轻者，应在医生指导下进行口服补液预防脱水。应继续喂养，特别是母乳喂养儿不能禁食。爸爸妈妈尽量给婴儿提供他爱吃、想吃的食物。选择易消化的流质食物为好，应少食多餐，每 3~4 小时喂一次。

当婴儿有严重脱水，无法进食、进水或频繁呕吐时，应给予静脉补液，以迅速补充血容量。补液除调节电解质外，还有止泻作用。

细菌性肠炎需要借由抗生素治疗。

肠炎的饮食注意事项

患肠炎婴儿的饮食要有规律，定时定量，避免暴饮暴食，以减轻胃肠负担。

可选用温和食谱，除去对胃肠黏膜产生不良刺激的因素。食物要注意细、碎、软、烂。

豆类和过多的牛奶会导致肠胀气，婴儿患病期间不宜食用。

甜点等含糖量较高，糖分在人体内发酵会产生胀气，不宜食用。

肠炎的预防

餐饮具不洁是引起肠炎的常见原因。所以，婴儿使用过的碗筷、奶瓶、奶嘴要及时清洗、消毒。

即使是夏季，爸爸妈妈也不要给这个月龄的婴儿喂食冰品降温，以免造成婴儿腹泻。同样道理，在冰箱中保鲜的其他食物也应在加热后再给婴儿食用。

帮婴儿勤洗手，培养良好卫生习惯。

避免经常带婴儿去公共场所，同时注意帮助婴儿锻炼身体，提高其抗病能力。

出牙晚

通常婴儿在出生6~7个月便会开始长牙，出牙早的婴儿在4个月便开始长牙，出牙晚的婴儿要到10个月左右才萌出，个别孩子要到1岁以后才长出第一颗乳牙，婴儿出牙的时间和速度是反映婴儿生长发育状况的标志之一。虽然由于气候、生活水平、体质等方面的差异，婴儿出牙的时间略有不同，但如果超过1周岁仍未有牙萌出，则应请医生诊治，以排除疾病情况。

疾病导致的出牙晚

婴儿患了佝偻病或营养不良会妨碍乳牙的发育和生长，佝偻病的发生往往与婴儿出生后日照不足有关。而营养不良往往是由喂养不当引起的，为使婴儿乳牙正常地发育生长，爸爸妈妈应积极防治婴儿患佝偻病和营养不良。此外，如果婴儿缺钙则会影响到牙胚的生成和钙化，造成牙齿钙化不良，萌牙过晚。有些婴儿虽然一直在补钙，但是缺乏维生素D的补充，也会影响钙的吸收，造成牙齿和颌骨发育不良、牙槽骨骨质疏松、牙周组织病变及影响牙齿的萌出。

但出牙晚并不一定全因缺钙所致，盲目补钙结果可能会让婴儿身体出现浮肿、多汗、厌食、恶心、便秘、消化不良等症状，严重的还容易引起高钙尿症。同时婴儿补钙过量还可能限制大脑发育，并影响生长发育。婴儿是否缺钙应请医生诊断。此外，婴儿出牙晚还与婴幼儿时期骨骼生长的快慢有关。

婴儿出牙晚怎么办

如果婴儿到12个月仍然没有出牙，应该带孩子到口腔科检查。如果婴儿牙床较硬，说明快出牙了，否则医生会建议拍一个片子，排除疾病情况。另外，婴儿的乳牙一般都是成对萌出，也有个别会一颗一颗地长。如果本应成对萌出的牙齿一颗长出后，另外一颗却迟迟长不出来，爸爸妈妈也最好带婴儿去检查一下。

排除健康问题，婴儿出牙晚也可能与饮食过于细软有关。一般情况下，婴儿从出生 5~6 个月后开始添加米粉、米糊、蛋黄等辅食。正常情况下，辅食会逐渐从最初的泥状食物，逐渐过渡到细碎食物，再到小块食物，逐渐增加硬度。过于细软的食物缺少对婴儿牙床的有益刺激，也不利于婴儿牙齿的萌出。

帮助婴儿学习和成长

带婴儿认识身边的事物

随着活动范围的扩大，这个阶段的婴儿所能看到的、听到的、接触到的事物越来越多了。而且，婴儿的记忆能力也有了较大的发展。因此，爸爸妈妈可以有意识地带婴儿多认识一些身边的事物。

这样教婴儿认识事物更有效

最好在婴儿看着某个事物的时候教他认，因为婴儿盯着看，表明他对这个事物感兴趣，而且注意力集中，这个时候教他，既可以帮助婴儿建立起语言和这个事物的联系，也有助于婴儿记忆。

教婴儿认识某个事物时，要用手指给他看。比如看见灯，就指着灯对婴儿说：“这是灯，灯……”当婴儿看到了或者能够用手指出这个事物了，爸爸妈妈要及时鼓励他，并且把事物的名称说出来。

平时婴儿盯着某件物品看的时候，爸爸妈妈也可以随机地告诉婴儿这是什么。如果是可以让婴儿触摸的物品，比如玩具小汽车，爸爸妈妈可以同时扶着婴儿的小手，边摸边说“这是小汽车，宝宝最喜欢小汽车了”，等等。

准备一些认知类的图书。婴儿在实际生活中看到过的事物，可以帮助他从图画书中找出来。这样做，可以帮助婴儿巩固记忆，还能培养婴儿再认事物的能力。

和婴儿玩认物游戏，最好是在婴儿看到或摸到具体的实物之后，再说出物品的名称。这样可以帮助婴儿把看到的实物与所听到的对应的发音联系起来。另外，爸爸妈妈把要教给婴儿的物品的发音放慢语速说出来，还可以让婴儿看着爸爸妈妈发音时的口型动作，这样可以方便婴儿模仿你的发音。

温馨提示：关于促进婴儿认知注意事项

1. 不管教婴儿认识什么，都要在婴儿情绪愉快的时候进行。

2. 要用游戏的方式教学，让婴儿感到学习是一种乐趣，而不是一种负担。这样才能引起婴儿的兴趣，也才能够让婴儿在不知不觉中吸收信息。

鼓励婴儿的进步

9个月的婴儿，在各方面都会有很大的进步。比如，大动作方面，很多婴儿已经能够坐稳，会爬，有些还可以扶着东西站立，甚至会扶着东西迈步了；精细动作方面，婴儿会用拇指和食指配合捏起细小的物品，会把玩具捡起来再撒手扔下；语言方面，婴儿已经能够听懂一些词，能够建立起词语和动作之间的联系，如挥手表示再见，拍手表示欢迎等。

对于婴儿的每一个进步，爸爸妈妈都要及时地鼓励婴儿，如亲一亲他，抱一抱他，对着他微笑、鼓掌，等。这样，婴儿会获得愉快的情绪体验，感受成功的乐趣。有研究表明，在同等条件下，情绪愉快的婴儿比不愉快的婴儿，学习东西更快，记忆力更好。

10~11 个月

这个月龄的婴儿

体格发育

经过一段时间的爬行，婴儿锻炼了腿部力量和协调性。如果这个月龄的婴儿还不能坐稳，就要警惕了，最好带他到医院检查一下。此时，婴儿体重平均增长数值为 0.22~0.37 千克，身长平均增长 1~1.5 厘米，头围平均增长 0.5~0.7 厘米。

温馨提示：满 11 个月婴儿的体格生长指标的参照值范围

	男宝宝	女宝宝
体重（千克）	7.6~11.7	6.9~11.2
身长（厘米）	69.9~79.2	67.7~77.8
头围（厘米）	43.2~48.3	41.9~47.3

动作发育

婴儿现在能移动身体了，他会利用手和膝盖的支撑向前挪动。他能自己站起来，并且热衷于自己从坐姿改为躺姿。他身体侧面的肌肉变得更加结实；坐着的时候，他开始能够扭动躯干却不会因为坐不稳而倒下。

认知与适应

婴儿对日常生活的程序熟悉起来，比如挥手说再见就要离开了，先穿袜子再穿鞋。他知道布娃娃或玩具熊是什么，会拍打它们；他清楚地记得拍肩、拍腿的游戏。他还会到角落里找藏起来的东西。要是你问他“爸爸在哪儿”，他也会跟着找。

精细动作

婴儿想用手指去抓另一个东西时，会有意识地放开手里原来的东西。他差不多能用积木搭起两层的塔了。他会很起劲地玩发声的玩具，如用手去捅铃铛的铃舌。

与人互动

婴儿很喜欢和爸爸妈妈交流，要是爸爸妈妈不注意冷落了小家伙，他会表示不满意！他还会分辨大人话里的意思，如果听到有人说自己的“坏话”，他会表现出明显的不高兴。

喂养的那些事儿

有母乳，就继续喂下去

并不是说宝宝 1 岁以后就要马上断奶，如果不影响宝宝对其饮食的摄入，也不影响宝宝睡觉，妈妈还有奶水，母乳喂养可延续到 2 岁。有的宝宝 1 岁以后，即使不断奶，自己对母乳也不感兴趣了，可吃可不吃的样子，这样的宝宝是很容易断奶的，不要采取什么硬性措施。即使 1 岁还断不了母乳，再过几个月，也能顺利断掉母乳，宝宝到了离乳期，就会有一种自然倾向，不再喜欢吸吮母乳了。

婴儿长牙期间的母乳喂养

喂奶时要感知婴儿的吮吸动作

首先，如果发现婴儿有长牙的征兆，就要在喂奶时尽量保持警觉。通常婴儿在吮吸乳房时，会张大嘴来含住整个乳晕。错误的吮吸动作是婴儿的嘴巴只含住乳头，这样就容易因姿势不良而导致妈妈的乳头破皮。所以，在婴儿吃得半饱时，不妨留意一下婴儿的吮吸位置是否改变，若婴儿稍微将嘴巴松开，往乳头方向滑动，就要留意了，要调整婴儿的姿势，避免乳头被咬。

舒缓婴儿牙龈肿胀的不适

如果妈妈感觉婴儿可能快要咬乳头了，一定要尽快把食指伸入婴儿嘴里，让婴儿不能真的咬到乳头。还有，婴儿已经吃够了奶，最好不要让婴儿衔着乳头睡觉，以免婴儿在睡梦中，因牙龈肿胀而起咬牙的冲动。建议在婴儿熟睡之后，将干净的食指或小指，缓缓伸入婴儿口中，让婴儿松开乳头。

此外，也可以让婴儿咬原料无毒的固齿器或磨牙棒，来缓解牙龈肿胀的感觉。冰凉的固齿器、小萝卜、冷冻过后的苹果切片或小手帕，也能帮助舒缓婴儿牙龈肿胀的不适。当然，必要时可以请教儿科医师，看看是否有缓解婴儿长牙时牙龈肿胀的牙龈药膏，以便婴儿不舒服时，涂抹在他的牙床上。

找个安静的角落喂奶

这个阶段的婴儿，开始变得容易受外界吸引，因此，在喂奶的时候，最好找个安静、较少受影响的角落来喂奶。如此一来，可以避免婴儿受到外界环境的吸引，突然转头而拉扯到乳头，否则妈妈的乳头会很容易受伤的。

日常生活护理

婴儿过早学走路的危害

容易造成骨骼变形。婴儿学走路过早，因下肢骨柔软脆弱，经受不住上身的重量，容易感觉疲劳，下肢的血液供应也会因此受到影响，容易导致下肢出现佝偻病似的X形腿或O形腿，甚至发生疲劳性骨折。

容易导致扁平足。婴儿在足弓尚未较好形成的情况下勉强练习走路，全身重量会压在足部，容易使足弓压力过重而逐渐导致扁平足。

耐心对待婴儿学走路

1周岁之前的婴儿期是婴儿感统调整阶段，这种调整过程需时多久没有统一标准。爸爸妈妈对于婴儿何时能开始走，应多一份耐心和等待。

婴儿10~11个月大时，扶站已经很稳了，甚至还能单独站一会儿，可以开始练习走路。12个月大时，蹲是这个阶段重要的发展过程，当婴儿可以做出站一蹲一站连贯性动作，说明他的腿部肌力已可承受行走需要，爸爸妈妈可以通过训练婴儿身体的协调度，让婴儿学习走路。当宝宝超过12个月时，大部分都能扶着物品行走。此时，爸爸妈妈可训练宝宝放开手走上两至三步，借以加强宝宝的平衡训练。13个月左右的宝宝已经基本掌握了行走方法，爸爸妈妈除了要继续训练宝宝腿部肌力，以及身体与眼睛的协调性，还要注意训练宝宝对不同地面的适应能力。而宝宝13~15个月大时已经能独立行走且行走良好，爸爸妈妈需要注意宝宝行走过程中可能出现的障碍，并帮他及时清除，避免幼儿意外受伤。

婴儿鞋的选购

这个月龄的婴儿扶着墙可以站得很稳了，有些婴儿甚至可以扶着墙走上一两步了。婴儿到了学走路的年龄，需要一双合脚的鞋子，鞋子合脚不仅有利于婴儿小脚的发育，也可避免不必要的运动伤害。

试鞋的方法

带婴儿买鞋。一个指头的富余度。这是最传统的、用得最多的一种给婴儿试鞋的方法。让婴儿穿上鞋后站好，如果后脚跟和鞋帮之间刚好能塞进大人的一根食指，说明鞋的号码是合适的。

自己买鞋。剪纸样，用鞋垫。拿一张硬一些的白纸，让婴儿光着脚站在纸上，然后沿着他的脚丫画出轮廓。买鞋时，将剪下的纸样放进鞋的里面选大小。要注意纸样不能刚好放进鞋里，要留出 1.5 厘米左右的空间。

选鞋注意事项

这个月龄的婴儿刚开始学走路，此时选鞋的要点是鞋面要软、包脚，这样的鞋子不容易脱落。

鞋底不要太薄，还要有防滑功能，用手折一下鞋底，如果很轻易就能折弯，说明鞋底太软了，婴儿穿上时脚不容易吃住劲儿；如果很费劲才能折弯，又太硬了，婴儿穿着也不舒服。质量好的品牌童鞋都是根据婴儿的生长发育特点来设计的，这样的鞋能保护婴儿的脚，也能让他穿得舒服。

鞋头部不应该软，太软不能够保护脚趾，走路踢到小石头时很容易伤到脚。

鞋后帮部分不能软，软了就不能保证脚处于正常的位置，走起路来不稳。

婴儿的脚在白天比晚上要大一些，下午去买鞋最好，不会出现买小了的情况。

婴儿的两只脚并不是完全一样大的，买鞋要以稍大的那只脚的尺码为准。

制鞋过程中经常使用含苯的粘贴剂，对健康不利，爸爸妈妈给婴儿选鞋时要注意环保无毒。

样式的选择

选择低帮的鞋，这样能让婴儿的踝关节活动自如，而且不会被磨到。不要给婴儿穿凉鞋，除非凉鞋的脚尖部是封闭的，以免小石头、沙子之类的异物进入鞋内硌脚。

检测合适度

当婴儿行走时，注意观察他接近脚尖部的折痕在鞋面上的印记，正常的折痕应该是一条直线，如果折痕是有角度的，要把鞋带再系紧些。如果折痕不是直线，说明鞋太大了。

买鞋禁忌

鞋号忌太大。婴儿的脚长得太快，许多爸爸妈妈给婴儿买鞋时会选大一号的，这种做法不可取。鞋不合脚，不仅婴儿穿着不舒服，还可能在行动时摔倒，导致扭伤。

鞋小别凑合。婴儿鞋小了要及时买新鞋，婴儿穿小鞋会影响脚部的血液循环和脚关节的活动。此外，因为婴儿脚的可塑性非常强，受到挤压会使脚变形，甚至形成嵌甲，脚趾也会变形。

不要穿二手鞋。不要让婴儿穿二手鞋，因为每个婴儿走路的着力点都不太一样，鞋子的磨损部位也不一样。如果发现婴儿穿上鞋后脚向一边倾斜，或者把身体的重心放在脚跟，说明鞋子不合适。

排便要规律

这个月龄的婴儿已经具备了自己坐便盆的本领，爸爸妈妈应注意帮婴儿养成良好的排便习惯。

排便不规律的危害

如果婴儿排便时间不规律，就不会形成排便反射，极易导致便秘。

婴儿便秘会使肠内毒素再吸收，毒素可通过血液循环到达大脑，刺激脑神经，使婴儿记忆力、逻辑思维和创造思维能力发育受到影响。

婴儿长期便秘会出现精力不集中，缺乏耐性，贪睡、喜哭，对外界变化反应迟钝，不爱说话，不爱交朋友等诸多不良表现。

培养规律排便的方法

把握时间。训练婴儿养成定时排便的习惯时，要先摸清婴儿每天大约什么时间排便次数多，到了这个时间要提前做好准备工作，比如准备好便盆。

发现排便信号。注意婴儿排便前信号，比如，小便时双眼凝视、打冷战、发呆，大便时吭哧、脸红、瞪眼、凝视等，爸爸妈妈要抓住时机，当婴儿出现排便信号时要让婴儿坐在便盆上，同时发出嗯嗯的声音，好像和婴儿一起用劲。每日坚持，可帮婴儿逐渐建立起条件反射。通常，只要婴儿吃、喝、睡有规律，大小便稍加训练就可形成规律。需要提醒爸爸妈妈注意的是，婴儿有排便信号时，爸爸妈妈一定要迅速做出反应，不能拖延，因为婴儿自我控制时间很短。

排便训练。爸爸妈妈摸清婴儿大概的排便时间，但婴儿却没表现出排便信号时，爸爸妈妈可每天在较固定时间、较固定地点，让婴儿坐在便盆上，同时发出嗯嗯的声音，刺激婴儿排便。如果婴儿超过3分钟仍无便意，可让婴儿起身，再观察排便信号训练规律排便，但通常排便时间较规律的婴儿在爸爸妈妈训练下都可顺利排便。

训练婴儿排便时，爸爸妈妈可一边告诉婴儿排便时间到了，一边让婴儿努力排便。这个月龄的婴儿已经听得懂爸爸妈妈的语言，如果真有便意会乐于听从爸爸妈妈的指示排便。每次婴儿顺利排便后，爸爸妈妈要及时给予表扬。

在安全的婴儿床上独立睡眠

让婴儿离开父母的大床，在婴儿床上独立睡眠的标准不是年龄，而是婴儿的情绪是否稳定。当婴儿能够接受和爸爸妈妈分开的事实、一个人也能安心睡觉的时候，就可以尝试分开睡了。这个月龄的婴儿已具备这样的条件，爸爸妈妈可尝试让婴儿独立睡眠。

婴儿不能独立睡眠的常见原因

尽管很多爸爸妈妈都意识到了让婴儿独睡的重要性，但实际操作中却并不顺利，大多数婴儿起初都会抗拒独睡。常见有以下原因：

依恋需求。婴儿对爸爸妈妈，特别是对妈妈的依恋是最原始的本能。对于婴儿来说，爸爸妈妈在身边，婴儿心里才会感觉踏实，才有安全感。而在妈妈怀抱中入睡可以满足婴儿的依恋需求。

恐惧心理。随着婴儿发育，会对许多现象和事物产生恐惧心理，离开爸爸妈妈的怀抱，恐惧感会更加强烈，以至抗拒独睡。

分步骤进行独立睡眠训练

先给婴儿准备一张安全舒适且他喜欢的婴儿床，并将其放在大床旁边，睡一段时间后婴儿逐渐适应，再把两张床分开一点，为下一步婴儿分房睡做好准备。

在婴儿床上放两件妈妈的小件衣服，因为有妈妈的味道，婴儿会睡得更安稳些。

增加婴儿白天活动量，疲劳在一定程度上有利于主动睡眠。但要避免婴儿晚饭吃太晚或太多，影响睡眠质量。

在睡觉前大约一个小时，进行一些安静、平和的晚间活动，可进行亲子阅读或给婴儿听轻柔的音乐，有助于婴儿睡得安稳。

在婴儿看似还醒着，但实际上已经要昏昏欲睡的时候，试着把他抱到自己的床上，爸爸妈妈可以在旁边多陪伴婴儿一会儿，待婴儿睡熟后再离开房间；待婴儿适应了这样的入睡模式后，爸爸妈妈在婴儿昏昏欲睡，躺到婴儿床上以后，可以慢慢离开床一段距离，但是仍然待在房间里，以提升婴儿的安全感；或同时播放轻柔的音乐帮助婴儿顺利入眠。这样循序渐进养成让他独睡的习惯。

如果婴儿已经形成习惯与爸爸妈妈同睡，分开睡婴儿一时难以接受，爸爸妈妈不要急于求成，这样只会适得其反。

婴儿刚刚开始独立睡眠时，可能会出现昨天睡得不错，今天却哭闹着不肯入睡的情况，这时候爸爸妈妈千万不能随便心软，要坚持让婴儿自己睡，但可以陪伴他、鼓励他重新入睡后再离开。

培养婴儿独立睡眠的注意事项

循序渐进进行。让婴儿自己入睡，爸爸妈妈不要急于求成，一定要把握分寸。更不要采取威逼利诱，甚至粗暴的方式对待婴儿，如此婴儿才可以逐渐习惯独立睡眠。

灵活把握。当婴儿生病或心情不好时最需要爸爸妈妈的关心和安慰，这时，爸爸妈妈可以与婴儿暂时同睡，以满足婴儿的生理、心理需要，也方便随时照顾婴儿。

积极鼓励。如果婴儿独睡适应得很好，爸爸妈妈应该及时给予婴儿积极的鼓励和表扬，让婴儿感受到爸爸妈妈的关爱，同时也能促进其独睡习惯的培养。

温馨提示：保持耐心，做好充分的心理准备

婴儿练习独睡大多是要经历一个反反复复、忽好忽坏的过程，爸爸妈妈不要焦虑、急躁，相反，要做好充分的心理准备。持续一周左右，爸爸妈妈会惊喜地发现婴儿自己入睡变得不再困难了。

让婴儿睡在大人中间不健康

爸爸妈妈和婴儿同睡一张床，对婴儿心理发育、身体健康等方面都会产生不良影响。婴儿睡在大人中间看似更方便照顾，其实是弊大于利。

婴儿睡在中间，爸爸妈妈要顾及婴儿的睡姿、习惯，难免会影响自己的睡眠。同时也会影响到夫妻生活。

婴儿不可能永远睡在爸爸妈妈中间，当婴儿习惯与爸爸妈妈同睡后，等他长大后让他自己独睡会是一项漫长而艰苦的工作。

这个月龄的婴儿和新生婴儿相较虽然活动能力大大增强，但仍不可排除被爸爸妈妈压在身下无法移动导致窒息的可能，特别是搂睡则更增加了发生意外的可能。不止如此，被搂睡的婴儿呼吸不到新鲜空气，吸入的是成人呼出的二氧化碳，也容易致病。

春夏秋冬护理要点

春季

开春后，对于一冬天都没出门的宝宝来说，容易因气候变化而感冒发烧，但这种感冒多为病毒性感冒，爸爸妈妈不要乱用抗生素，合并感染需要抗生素治疗时要遵医嘱进行，婴儿感冒的过程也是免疫力增加的过程。痊愈后爸爸妈妈不要限制婴儿出门。春季风大、气候干燥，爸爸妈妈要注意为婴儿补水，出门时做好防风工作，戴上小帽子、围上纱巾。

夏季

这个月龄的婴儿基本上可以正常饮食了。夏季气温高，饮食要注意安全卫生，不要随意给婴儿吃熟食成品。外出时要注意防紫外线，避免灼伤，同时多给婴儿喝水，可以预防中暑、脱水发生。夏季解暑不要给婴儿剃光头，以免紫外线直接照射头皮损伤毛囊。适度剪发即可。当然，防蚊、防痱子的工作也要做好，晚上气温会降低，不要让冷风直吹到婴儿，注意腹部保暖。婴儿解暑可少喝一些西瓜汁，但不宜吃冷饮。

秋季

秋季天气转凉，但早晚温差大，爸爸妈妈要注意及时为婴儿增减衣服，避免受寒感冒。秋季湿度下降，应多给婴儿喝水，也可做一些梨汁给婴儿喝，有清肺、降火的功效。婴儿感冒最大的诱因是出汗后受凉。这个月龄的婴儿运动量增大，很容易出汗。爸爸妈妈要注意及时帮婴儿擦汗，同时不要给婴儿过早穿上厚衣服，以免运动时造成不便。秋末是腹泻的流行季节，如果婴儿腹泻要及时看医生。

冬季

对于这个月龄的婴儿来说，即便是冬季每天也应该进行1小时的户外活动。特别是初冬时节进行耐寒锻炼，可提高呼吸道抵抗病毒侵袭能力，深冬天气过于寒冷时可适当减少外出时间。婴儿冬季外出要注意防冻疮，手脚和两腮是最容易受冻部位。除了做好保暖工作外，爸爸妈妈用手给婴儿搓搓小手和脸蛋也可起到预防冻疮的作用。如果婴儿今年冬天发生冻疮，明年再发生冻疮的概率会很高，所以避免冻疮十分重要。南方家庭冬季夜里取暖，婴儿不宜使用电热毯，如果婴儿因为感觉寒冷而夜啼，妈妈可再帮婴儿加一层被子。北方家庭则要注意预防婴儿患上暖气病，要注意调节室内温湿度，适当给婴儿补充水分。

10~11个月婴儿常见问题

吃饭难

婴儿吃饭困难，容易造成摄入营养不均衡而导致发育不良。让婴儿主动进食，爸爸妈妈需要科学正确的方法。

吃饭难的表现

边吃边玩。每次吃饭时，婴儿都是边吃边玩，如果不把婴儿放到餐椅上，根本完不成吃饭任务。

用手将饭菜打翻。婴儿很想知道自己的手还能干哪些事情，这个阶段抬手将饭菜打翻会是他乐此不疲的游戏。

只玩不吃。饭菜端到面前，婴儿会用小手抓起来把玩，但真正进到嘴里的却很少。

挑食。婴儿只吃几种喜欢的饭菜，绝不接受其他菜品。见到其他菜品会一股脑地推开。

吐饭。好不容易吃进去的饭，转眼就故意吐出来玩。

喂饭的弊端

婴儿吃饭都需要喂吗？不需要。喂饭这件事弊大于利。它的弊端如下：

使吃饭成为负担。婴儿不吃饭，有些爸爸妈妈喜欢追着婴儿喂。时间久了，会让婴儿觉得吃饭是种负担，觉得进食毫无乐趣，不但影响健康发育，更不利于培养良好的饮食习惯。

不利于建立动作平衡。婴儿自主进食，需要手、嘴、眼的相互协调配合，对促进协调与平衡能力发育十分有利。而成人喂饭无形中剥脱了婴儿的实践机会，不利于动作平衡与协调发展。

易致肥胖。有些婴儿肥胖是因为填鸭式喂饭过量造成的，爸爸妈妈给婴儿喂饭时，很容易以自己的主观判断来决定婴儿是否吃饱——哪怕婴儿反抗，也要喂完最后一口。而婴儿因摄入能量过多，不但可能导致肥胖，还可能引发消化不良等其他问题。

吃饭的注意事项

尽量固定婴儿吃饭的位置，婴儿的小餐椅最好放在大餐桌旁边，有助于吃饭时产生“吃饭了”的条件反射，并且和大家一起吃饭，也会让婴儿获得更多幸福感。

婴儿吃饭的环境应该尽量保持安静。看电视、人多吵闹，都不利于婴儿将注意力集中在食物上，更不利于爸爸妈妈与婴儿之间的交流，无形中会降低婴儿对食物的兴趣。

促进婴儿食欲的方法

养成良好的饮食习惯。如果爸爸妈妈希望婴儿吃饭不是难题，要让婴儿从小养成良好的饮食习惯，比如饭前一个半小时不吃任何零食，每次吃饭不超过半个小时，不要以任何理由强迫婴儿吃饭。

尝试饥饿法。如果婴儿这一餐饭没有吃，要让他等到下一餐再吃，这种饥饿法有助于婴儿在饥饿的刺激下更快地接受食物。

注意饮食多样性。食物的多样性能促进婴儿的食欲。利用颜色、形状、口味的变化，让婴儿每次吃饭都有新鲜感，营养也更均衡。

适当吃开胃食物。婴儿食欲不佳，爸爸妈妈可以为婴儿煮一点山楂水，或是在辅食中增加山药等健脾开胃的食物，以帮助婴儿提升食欲，增加饭量，还可促进消化吸收。

增加活动量。在适宜的天气多带婴儿进行户外活动，既可以提升婴儿饭量，还能够促进血液循环，增强婴儿的抵抗力。

鼓励婴儿独立进食

这个月龄的婴儿已经可以拿小勺子吃饭了。爸爸妈妈可鼓励婴儿独立进食，不要因婴儿将食物撒到外面而责备婴儿。婴儿独立进食不但有助于婴儿集中精力吃饭，也能提升对食物的好感，从而健康饮食。

反复扔东西

到了这个月龄的婴儿，扔东西成了家常便饭，爸爸妈妈频繁劝阻仍无济于事。其实，反复扔东西是婴儿探索世界的新方法，只要爸爸妈妈正确引导，婴儿可顺利度过这段有趣的探索期。

反复扔东西的原因

手眼协调力大增。这个月龄的婴儿，手的伸肌发育趋于成熟，能自然地向前方抛物。这标志着婴儿已经能够初步有意识地控制自己的手了。这是脑、骨骼、肌肉，以及手、眼协调活动的结果。反复扔东西，对于训练婴儿眼和手活动的协调大有好处，对于听觉、触觉的发展，以及手腕、上臂、肩部肌肉的发展，也有促进作用。

探索世界。婴儿通过扔东西，可以看到自己的动作能影响其他物体，使之发生形态上或位置上的变化，婴儿会因为这种好奇心理而不断重复动作，这是自我意识的最初萌芽，是身心发展的表现。

感知意识再发育。这个月龄的婴儿对外界事物的认知是依赖于感知印象的，婴儿会通过反复扔东西来加深对外界事物的感觉、知觉和认知，并使之有所提升。

当作一个新游戏。各个发展阶段的婴儿，有着属于他们不同的游戏行为。扔东西正符合这个月龄婴儿的心理发育水平，所以他们才会对这个新游戏乐此不疲。婴儿在不断重复的游戏动作中，会将短时记忆变为长时记忆储存，对促进认知发展很有好处。

为引起大人注意。当婴儿看到扔出去的东西在第一时间就被大人捡回来后，会觉得大人和他在玩游戏，所以接下来会反复进行这一动作。

婴儿反复扔东西的应对方法

可以给婴儿准备一些不怕摔，有弹性的小玩具，比如毛绒玩具、塑料玩具、积木等等，婴儿在扔东西时可体验每种物品的不同。注意不要给婴儿易碎物品。婴儿玩耍的周围也不要有玻璃等容易砸碎后伤到婴儿的物品。

加大婴儿的运动量，增加户外活动时间，婴儿会因为要做的事太多而忘记扔东西这个新游戏。

设计亲子游戏，比如准备一个玩具投篮筐，引导婴儿把手中的物品扔进篮筐。这种小游戏不仅能增进亲子关系，还能促进婴儿手臂肌肉的发展。

有的婴儿扔东西是为了听到不同的声音，爸爸妈妈可以给婴儿买一些可敲击的木琴等玩具，以满足婴儿的好奇心和求知欲。

对于扔东西表现强烈的婴儿，爸爸妈妈"冷处理"的态度能有效制止婴儿的"过激"行为，还有利于养成婴儿自省的能力。爸爸妈妈可以不去捡拾婴儿丢弃的东西，当感觉这种方法不受关注，婴儿的兴趣自然会降低。当然，爸爸妈妈还可以采取转移目标的方法引导婴儿去关注其他事物，从而忘记扔东西这件事。

面对婴儿反复扔东西的注意事项

婴儿还没有分辨能力，常是看到什么就扔什么，所以玻璃器皿、贵重物品等要收好，以免伤害到婴儿或他人。

有时婴儿扔东西只是为了引起爸爸妈妈注意，对于这样的婴儿，爸爸妈妈要给予婴儿足够的关注度，可减少婴儿乱扔东西的行为。

如果婴儿是因为生气、发泄不满而扔东西，爸爸妈妈应先和婴儿进行沟通，了解婴儿生气的原因，给予婴儿适度的安慰和教育。

如果婴儿扔东西已严重影响其他人休息、工作等，要及时制止婴儿，让他意识到自己的错误。

婴儿超重

婴儿1岁以内是形成儿童肥胖的第一个高发期，这个月龄的婴儿活动范围相对较小，睡眠时间较长，若加上喂养不当等不良因素叠加，很容易造成肥胖。

婴儿超重的主要原因

喂养习惯不良，主要是过度喂养。婴儿哭闹时，有些爸爸妈妈认为是因饥饿所致，经常以吃东西的方式来安抚婴儿的情绪，结果造成营养过剩。而渐渐地，婴儿也会养成在情绪波动时借由吃东西来调节的不良习惯，以致造成肥胖。

婴儿超重的危害

肥胖的婴儿容易患呼吸道疾病，如上呼吸道感染、肺炎等。重度肥胖的婴儿，由于胸腹部、咽部脂肪增多，不仅会妨碍正常呼吸，患呼吸道疾病时也不易很快治愈。

婴儿肥胖会增加循环和呼吸系统的负担，肥胖程度越重，心肺负担越重，心肺长期超负荷工作必然会导致功能下降。

肥胖婴儿的糖耐量试验容易出现异常，不注意控制体重，会为将来患糖尿病埋下隐患。

肥胖对婴儿心理的影响比身体伤害打击更大，会影响婴儿的个性、气质和性格的形成，严重者甚至会影响到将来的升学、就业和生活。

此外，婴儿的肥胖状况持续到成年，还容易患胆结石、骨关节病、皮肤病、静脉曲张、痛风、癌症等疾病。

超重婴儿的喂养原则

饮食要注意调节蛋白质、脂肪、碳水化合物的比例，同时不要忽视各种维生素和矿物质的摄入。

婴儿食欲不佳时，不要强迫婴儿进食。

这个月龄的婴儿，爸爸妈妈要教婴儿正确地咀嚼食物，多咀嚼食物比囫囵吞枣吃东西更有利于大脑发出吃饱信号，以避免婴儿摄入过多热量。

两餐之间尽量不要给婴儿东西吃。一日三餐应选择含蛋白质丰富、脂肪和热能低的食物，严格控制谷类、糖类食物，尤其是中餐和晚餐要少吃。

如果婴儿体重每天增长大于 20 克，应从减少奶量入手，不要超量喂养。

预防婴儿超重

按生长发育需要供给食物，不要过早、过多地给婴儿添加淀粉类谷物食物，以免婴儿摄入较多热量。

婴儿处在生长发育时期，可以控制饮食，但不能采用饥饿方法，可以多做户外运动，注意锻炼身体可消耗过多脂肪，让婴儿做运动既能增强婴儿体力，又不会损害婴儿发育。但爸爸妈妈要选择合理的运动强度、运动频率、持续时间，并持之以恒才能收到良好的效果。做运动时尽量给婴儿穿柔软的衣服，以不妨碍婴儿自由活动为原则。

爸爸妈妈若有填鸭式喂养习惯应马上予以纠正。

帮助婴儿学习和成长

多带婴儿到户外活动

户外活动可以让婴儿适应不同的温度变化，增强身体的适应能力，还可以让他有更多的机会接触不同的人和新鲜事物，促进认知和情感发育。

每天至少带婴儿在户外活动一两个小时，最好是一天几次外出，而不是一次在外面待上太长时间。一次活动时间过长，会影响婴儿的作息规律。

适合这个月龄婴儿的户外活动推荐

可以用婴儿车推着婴儿在户外走走、看看。看到新鲜有趣的事情时，停下来让婴儿观察一会儿。不过要尽量远离车来车往的马路，避免汽车尾气对婴儿的健康造成危害。

可以扶着婴儿在小区周围平坦的地方走一走，摸一摸大树，闻一闻花香，看一看其他小朋友在玩什么，和熟悉的邻居打打招呼，等等。

如果小区周围有干净的草地或街心公园，可以带一块毯子铺在草地上，让婴儿坐在上面玩。要是能约上一两个同龄的婴儿一起玩就更好了。

引导婴儿模仿

婴儿一出生就会模仿，模仿是婴儿重要的学习方式之一。10 个月以后，婴儿的模仿行为表现得十分明显。比如，他喜欢模仿妈妈的一举一动：妈妈低头，婴儿也低头；妈妈扔球过来，婴儿也会把球扔出去。

爸爸妈妈可以这样引导婴儿模仿

多和婴儿面对面地交流，多和婴儿玩“变脸”游戏：微笑、惊讶、张嘴、眨眼睛、吐舌头等，让婴儿学习情绪的理解和表达。

坚持和婴儿做游戏，引导婴儿模仿游戏中的各种动作。

给婴儿示范如何做事，如漱口、洗手、擦桌子等。

做婴儿的好榜样，讲究卫生、举止端正、态度温和、处事积极、坚持阅读等，时刻记着，爸爸妈妈在给孩子传递你认可的处事原则和价值观。

自由行动

这个阶段的婴儿可以自由地爬来爬去了。他会发现，自己现在可以决定做点什么了。比如，他对什么感兴趣，就可以自己过去观察和探究一番。这会让他感到兴奋，并感觉自己的独立和自由。他开始从一个无助、被动的个体，成长为一个自由、主动的人了。

从此，婴儿的世界一下子变大了，但危险也增加了，因为在探索中婴儿很容易遭遇意外伤害。但是，如果为了安全过多限制婴儿的活动，不仅会影响婴儿的认知和动作的发展，还会让他感到挫折、烦躁，对他的情绪发展不利。所以，最好是让家里的环境变得安全一些，尽量保证婴儿自由探索的空间。

让婴儿自由行动的安全策略

爸爸妈妈可以像婴儿那样在家里爬一圈，用婴儿的视角去检查家里的各个地方是否存在潜在危险，并消除各种安全隐患，给婴儿一个安全的探索环境。

居室空间。浴室和厨房的门是否关好、锁好？阳台上的杂物是否清理掉了？是否装了安全护栏？

家具。硬的边角是否加了防护？抽屉是否装上了安全锁？

电源。电源插座是否盖好？电线是否收好？

物品。是否所有锋利的物品（刀具、别针、剪刀等），小物品（纽扣、珠子、发卡等），以及塑料袋、软垫、热汤、热水、熨斗、暖水瓶等，都放在婴儿够不着的地方了？各种洗涤用品、化妆品都收好了吗？

引导婴儿扶东西站立和行走

大多数婴儿会在10个月左右的时候，开始练习扶东西站立，11个月左右试着扶东西行走。这些都是婴儿独立行走的前期练习，可以锻炼他的腿部肌肉力量和身体的平衡协调能力。

爸爸妈妈可以这样做

给婴儿提供一个适宜的空间，如带围栏的小床，沙发、床前、墙壁等空出的一块地方，让婴儿练习扶着或靠着练习站立和行走。

准备一把带靠背的椅子，让婴儿推着椅子迈步。爸爸妈妈可以在不同的位置呼唤婴儿，或者用婴儿喜欢的玩具、食物等，逗引他扶着东西走过去够取。开始时距离近一些，让婴儿容易拿到，以增加他的信心，逐渐地再加大距离。

还可以准备一根小棍子，让婴儿牵着小棍子的一头，成人牵着另一头，带着婴儿慢慢地行走。

温馨提示：供婴儿练习的场地周围一定要安全

供婴儿练习的场地周围一定要安全，清除尖锐的物品、水壶、花盆等，防止婴儿摔倒时发生意外。同时，成人要做好保护，避免使婴儿对迈步行走产生恐惧的心理。

11~12 个月

这个月龄的婴儿

体格发育

出生后第十二个月，婴儿的体重平均增长 0.3 千克左右，身长月平均增长 1.2 厘米左右，出牙 6~8 颗。

温馨提示：满 12 个月婴儿的体格生长指标的参照值范围

	男宝宝	女宝宝
体重（千克）	7.7~12	7~11.5
身长（厘米）	71~80.5	68.9~79.2
头围（厘米）	43.5~48.6	42.2~47.6

动作发育

婴儿坐着的时候已经能够随意活动了，他的爬行能力也很强，放在地板上，他能很敏捷地到处爬。当他站着的时候，会把脚抬起来，尝试着迈步。

认知与适应

婴儿的注意力这时还不会太持久。他会不断地把玩具车丢出童车，然后又四下里寻找，让爸爸妈妈给他捡起来。他开始懂得里和外，这儿和那儿的意思。

语言能力

婴儿除了能说一两个不太标准的字以外，他还会指着书里的某些东西，嗯嗯地示意爸爸妈妈看。

精细动作

婴儿能很轻松地把东西放开，而且他能花比较长的时间把东西从容器中取出来和放进去。如果爸爸妈妈向他伸出手去，他会把东西递给你。他还喜欢玩拍手游戏。

与人互动

这个月龄的婴儿已经很清楚地知道他自己的名字，而且婴儿有了一些幽默感，他喜欢让爸爸妈妈笑。他会用脸和头贴着爸爸妈妈，表示喜欢你、依赖你。

喂养的那些事儿

“乳”变辅，“辅”变主

母乳提供的能量和营养素已经不能完全满足婴儿生长发育的需要，添加辅食能弥补母乳的不足。随着婴儿咀嚼和消化食物能力的增强，婴儿的辅食从泥糊状逐渐过渡到固体食物。这时，母乳在婴儿的喂养中变为辅助位置，而辅食变成了婴儿饮食的主角。

如果婴儿夜间哭闹时可以给他吃奶，以便婴儿很快入睡。夜间吃奶没有什么危害，也不会造成以后断乳困难。这个月龄的婴儿，除母乳以外，每天需要约300千卡热量，每日喂养3~4餐。

让婴儿自己吃东西

婴儿一天天长大，他不再乖乖地让妈妈喂水吃饭，自己拿勺子或者叉子来吃东西。婴儿喜欢用手抓。成人要重视孩子独立性的培养，要鼓励他，让他尝试着自己吃东西，不要怕他弄脏衣服，对于婴儿来说，这是全新的尝试，是自我成长的一部分。

饭前做好准备。先把盛蔬菜泥的碗、手指饼干或水果、小勺子放在餐桌上，让婴儿坐在他的小餐椅上，围上小围嘴。

让他自己抓东西吃。婴儿刚开始自己吃的时候，还拿不好勺子，那就让他用手指抓着吃，给他准备一些手指食物，比如饼干、水果条，方便他拿着送进嘴里。也可以购买专门为婴儿设计的装小饼干的盒子，让他自己伸手去取，既能锻炼他小手的精细动作，又能让他学吃饭。

和勺子第一次接触。给婴儿准备一把小勺子，大小以能轻松放进他嘴里为好。刚开始时，爸爸妈妈先把着他的手，教他把食物舀起来送进嘴里，然后让他自己吃。婴儿的手有时候还不太听指挥，把东西弄到勺子里再送进嘴里不是一件容易的事，婴儿做到后，要表扬他。

喝水前的准备。准备好饮料吸管、杯子。带手柄的、底座比较宽的杯子很适合这个年龄段的婴儿用，拿着方便，放到桌子上也不容易倒。

帮他学会用吸管。用杯子装半杯水，放入吸管，然后当着婴儿的面将吸管含在嘴里，夸张地做出吸吮的动作。然后给婴儿的杯里装小半杯水，让婴儿拿在手里，帮他把吸管送到嘴里，让他学着大人的样子吸。

让他拿杯子喝水。让婴儿拿着杯子，妈妈在旁边帮他扶好杯子，再扶着他的手把杯子举到嘴边。教婴儿慢慢将杯子倾斜，把水倒入嘴里。杯里放一杯底的水就可以了，如果水太多，婴儿掌握不好力度会被水呛到。

婴儿挑食

添加辅食的时期，是培养婴儿良好饮食习惯的开始，这时爸爸妈妈的作用很关键。

婴儿刚开始吃新食物时，因为不习惯会抗拒，一定要坚持。吃饭时先给他喂新食物，如果婴儿拒绝，不要强迫，可以过一会儿再喂一口试试，或者过几天再喂。婴儿的口味要慢慢培养，不断地给他尝试新的口味，爸爸妈妈自己不喜欢的食物也要给婴儿尝试，这样婴儿才会接受更多的食物，不挑食。

这样纠正婴儿挑食

放轻松。婴儿饮食不是很稳定，要仔细观察婴儿的每日进食量，如果婴儿这两天食欲差吃得少，不要着急，婴儿过两天食欲恢复就会补回来。

态度坚决，但不要强迫。当婴儿对饭菜没有食欲，可以先把饭菜拿走，让他等下一顿，两餐之间不要给零食，让他明白只有好好吃饭才能填饱肚子。在婴儿表现好时，要及时鼓励他。

和婴儿一起进餐。一起吃饭的气氛会感染婴儿，看到大人吃饭会嘴馋。开始的时候餐桌上要准备几款婴儿爱吃的食物，会让婴儿容易接受多种口味的食物。在婴儿主动吃东西的时候，要给予鼓励。

培养新的口味。在三餐中选一餐做他最喜欢的食物满足婴儿的食欲，而其他的两餐可以准备新口味食物，婴儿比较易于接受。

巧用搭配。将婴儿喜欢和不喜欢的食物混在一起做成食物，可以变换不同的烹调方法，让婴儿不知不觉地接受不喜欢的食物。

树立好榜样。爸爸妈妈挑食，婴儿很可能会模仿爸爸妈妈的进食习惯，进而变得挑食。

保持进餐心情愉快。如果婴儿抗拒，不要勉强喂食以免造成他对食物的不良印象。

婴儿不喜欢的食物喂食技巧。如果婴儿第一次吃不接受，可以过一段时间再试一次。对于婴儿真的不喜欢的食物，可以找有同样营养价值的替代品。

要不要给婴儿单独做饭

婴儿的辅食要单独制作，少糖、无盐、不添加调味品。因为婴儿的肾脏功能还很弱，成人的饭菜有丰富的调味品，口味过重的食物会给婴儿的肾脏造成负担，另外，饭菜颗粒也比较大，不适合婴儿娇弱的胃，给婴儿单独做饭对婴儿的营养均衡和良好消化有很大意义。

单独给婴儿做饭可以保证婴儿的食品安全和卫生。婴儿的食物要新鲜、安全，制作过程要卫生，以免婴儿吃了不干净的食物而生病。不要给婴儿吃剩菜、剩饭或者过期、保存不当、包装损坏的食物。婴儿吃的粥、泥糊的浓稠度要适中，太稠的食物容易使婴儿发生噎食窒息。

给婴儿制作辅食既费力又费时。这里有一些办法可以方便快速地做好辅食，并且保证营养丰富。

配备一些得力的小帮手，比如搅拌机或电子炖盅。

事先做好准备，如炖一些汤，做一些芝麻粉、虾皮粉等婴儿调料，坚果烤后磨成粉备用。

充分利用成人饭菜中可以用来做辅食的东西。

把各种辅食食材用小碗放在电饭煲里与米饭一起蒸。

温馨提示：注意豆类和坚果类辅食

注意豆类和坚果要加工成泥糊或粉末后再加到辅食中喂给婴儿，直接喂食容易发生窒息的危险。

日常生活护理

如何给婴儿顺利喂药

喂婴儿吃药是件令人头疼的事，但只要掌握正确的方法，问题便会迎刃而解。

选对药剂

药剂分为药水类、冲饮剂、片剂等许多类型，3 岁以内的宝宝尽量不要选择片剂，应首选药水类制剂、泡腾片、干糖浆剂、冲剂，即便选择片剂也建议爸爸妈妈先将药剂捣成散粉状，以冲饮剂方式喂给婴儿，以免婴儿卡喉。特别是这个月龄的婴儿更需要注意防止服药不当而造成呛咳。

喂药姿势有讲究

舒服、顺手的喂药姿势，既能让婴儿有安全感，喂起药来也很轻松。下面这几种喂药姿势，爸爸妈妈都可以采用。

让他斜躺在婴儿躺椅上或者婴儿车上，这样婴儿不容易呛着，并在婴儿的胸前垫上一块小毛巾。

让婴儿躺在爸爸妈妈的肘弯里，这样婴儿会感到很安全。

让婴儿躺在床上，在他的头部垫个小垫子或者小毛巾，最好用毛巾被裹住婴儿，这样他的手不会乱舞，干扰爸爸妈妈喂药。

喂药方法

用奶瓶喂。如果给婴儿喂的药需要用少量水化开，可以用小奶瓶来喂。先用一点水将药完全溶解，再倒入奶瓶中。不要直接把药溶解到装有水的奶瓶里，因为奶瓶里的水如果放多了，婴儿可能喝不完。最好选用大瓶口的小奶瓶来喂，这样可以尽量少地使药剂留在瓶壁上。

用小勺喂。这个月龄的婴儿可以选择小勺给他喂药了。先用小量杯量好药量，再倒在小勺里喂。如果药太多的话，可以分几次喂，而不要一次倒得太满。

轻轻弹击婴儿的下巴，让他张开嘴，然后将小勺按在他的下嘴唇上，倾斜小勺，让药流到他嘴里。这样的方法比较适合于喂果味的糖浆药，因为这种药味道好，婴儿比较容易接受，不会吐出来。

用喂药器或滴管喂。如果药的味道比较苦，婴儿不好接受，可以用针管式喂药器喂婴儿吃，这样可以避免药洒出，确保婴儿服下准确的药量。将合适的剂量吸进喂药器后，把针管头放在婴儿的嘴里，向前推活塞，要伸得靠里一些，将药送入婴儿的舌头后部，这个部位的味蕾比较少，苦的感觉不会很明显。推活塞的时候不要太用力，否则会使药水溅出来。

用手指喂。如果用小勺、奶瓶和喂药器都不管用，就干脆用爸爸妈妈的手指给他喂药。把手洗干净，将手指蘸上药后放入婴儿嘴里，让他吸吮爸爸妈妈的手指，一次次地直到把药吃完。这种方法适合量少的药。

喂完药要漱口

喂完药后，婴儿的嘴里会残留一些苦味，给他喝几口水或奶，可以冲掉嘴里的药味，让他好受些。

喂药注意事项

婴儿将药吐出。喂药时发生呕吐、咳嗽是最常出现的服药意外，再喂一次就可以了。不用担心再喂一次会造成药物过量，呕吐通常是在孩子刚吃完药后几分钟到几十分钟内出现，药物还没有被吸收或只吸收了很少的一部分。而常用药物都有很大的安全用药范围，又是分次吃的，所以再喂一次也是安全的。

出现皮疹要停药。婴儿一旦发生药物性皮疹应该立即停用该药物。药物过敏性皮疹是药物常见的副作用，药物性皮疹多发生在服用某些药物后，时间短的数分钟就出现，长的几周甚至几个月才出现。这种皮疹形态多样，可表现为麻疹样红斑、猩红热样红斑和多形及结节红斑，多为全身性对称性分布，伴随明显的瘙痒，停药后可很快好转或迅速消退，再次服用相同药物又会出现。几乎所有的药物都有可能发生过敏性皮疹，以抗生素类、解热镇痛、镇静药和抗癫痫药物多见。

药物性皮疹多数都比较轻，仅见皮肤出现皮疹，少数会发展为剥脱性皮炎而危及生命。如果皮疹不严重，停服引起皮疹的药物即可。较重时也可以口服抗过敏药物，局部用激素外用剂止痒及促进消退。

应按时间喂药。有些爸爸妈妈没有按医生要求的时间给婴儿喂药，多种情况下晚一些时间给婴儿喂药不会有太大影响，但是有些特殊的药物必须按时间服用，否则会导致药物疗效降低，甚至还会出现一些副作用。如多数青霉素类和头孢类抗生素需要在空腹时服用，但是红霉素、阿奇霉素等大部分西药或中成药等应在饭后服药，利用食物来减少药物对胃肠的刺激。

注意依剂量给婴儿喂药。对于抗生素如青霉素类、头孢类药物，一次剂量用错，而且量不是特别多，对婴儿影响不大，可以多喝水，促进药物排泄。但有些药物使用过量将产生严重影响，如镇静药、抗癫痫药物、平喘药物等。多吃了这类会有严重影响的药，或吃的药量大大超过了安全系数，就要赶紧去医院，让医生做专业处理、治疗。另外要提醒的是，孩子对药物剂量的反应非常敏感，爸爸妈妈不要自行增添药量。

注意服药顺序和时间。每日口服一次的药物，应在每日清晨或晚上吃，并保持每天都在同一时间吃。大多数药物的常规用法是每日服 3~4 次，以维持药物在体内的有效浓度，保证药物效果。

有时需要口服多种药物。安排的服药顺序通常应该先服中药，然后服西药，先服用味道苦的药物，再服用味道甜的药物，以免发生呕吐，把之前喂的药物吐出。在哮喘治疗时应先吸入支气管扩张剂，再用表面皮质激素类药物。如果婴儿口服药较多，可以暂时停用铁剂、钙剂和维生素类药物的补充，这样可以减少用药的种类。

避免错误的喂药习惯

强行灌药。婴儿吃药时不配合，有些爸爸妈妈喜欢捏住婴儿的鼻子，强迫其张开口，以便把药灌进去。这种行为其实非常危险，药水极易因呛进气管和支气管，引起剧烈咳嗽，或导致吸入性肺炎，严重的还有可能引起窒息。

让婴儿躺着服药。有些爸爸妈妈为了安抚婴儿达到顺利服药的目的，喜欢让婴儿躺着服药，之后便睡觉，其实这种姿势吃药对婴儿的危害很大。躺着服药，药物容易黏附于食道壁，不仅影响疗效，还可能刺激食道，引起婴儿咳嗽或局部炎症，严重的甚至损伤食道壁。

与牛奶、果汁同服。婴儿嫌药苦，有些爸爸妈妈习惯用牛奶、果汁喂药，殊不知牛奶、果汁会与药物发生相互作用，影响药物吸收。

服药期间注意饮食调节

婴儿服药期间不合理的饮食会降低药效，不只油腻食材对婴儿恢复健康不利，一些生活中常见的调味剂，也会影响药物作用。比如婴儿服用补铁药物时，便应少吃油炸食品，因为油脂会抑制胃酸分泌，减少胃肠道对铁的吸收。而助消化的药，和甜食不合，会影响药效。所以，婴儿吃药期间，爸爸妈妈需要根据婴儿服用的药品情况调整饮食，具体可向医生咨询，有助于婴儿早日康复。

纠正婴儿不良睡眠习惯

这个月龄的婴儿每天睡眠时间需要 13~14 小时，其中白天要小睡 2 次，一般上下午各一次。这么大的婴儿一多半晚上可以一觉睡到天亮，但仍有些婴儿因为睡眠习惯不良而影响睡眠质量，需要爸爸妈妈及时帮婴儿纠正不良睡眠习惯。

摇晃睡

当婴儿哭闹或睡不安时，有些爸爸妈妈会将婴儿抱在怀里不停地摇晃，直到婴儿入睡为止，摇晃睡不仅会延长婴儿入睡时间，过度摇晃还容易使婴儿受到不必要的伤害。如果婴儿不愿入睡，爸爸妈妈可以坐在小床边，握着婴儿的小手，哼唱《摇篮曲》帮助婴儿尽快入睡。

陪睡

这个月龄的婴儿应让他习惯独自入睡，陪睡时爸爸妈妈呼出的气体不仅对婴儿健康不利，若妈妈一直陪着婴儿睡，还可能养成婴儿的过分依赖心理，即便上幼儿园晚上也要妈妈陪睡。婴儿入眠困难时，爸爸妈妈可将他的小床拉到大床边，妈妈可以躺在大床上，让婴儿看到妈妈在身边，这样既能给婴儿安全感有助于他更好地入眠，也方便大人照顾婴儿。

开灯睡

为了照顾婴儿，有些爸爸妈妈喜欢让婴儿开灯睡，婴儿对周围环境的调节能力较差，若室内通宵亮着灯，不但会影响生长激素在夜间的分泌，使身高增长减慢，在光亮的刺激下，婴儿还很容易惊醒。所以，婴儿晚上睡觉尽量不要开灯，在喂奶或换尿布时可打开床旁的小灯，完事后立即关掉。

含着妈妈乳头睡

有些婴儿有含着妈妈乳头或奶瓶睡觉的习惯，醒来时就吸两口奶，这种坏习惯容易导致胃肠功能紊乱发生消化不良，还会影响婴儿牙床正常发育，且易生蛀牙。所以，妈妈不要让婴儿含着乳头睡觉，哪怕婴儿哭闹不休也不能妥协。而有些断奶的婴儿会有吮手指睡觉的习惯，这些婴儿因为断奶后没有奶头衔着睡，转以借由自己的手指来安慰自己。对于这样的婴儿，爸爸妈妈要逐步纠正吮手指的习惯，以免对口腔和手指发育不利。

拍睡

有些爸爸妈妈习惯拍婴儿入睡，习惯这样入睡的婴儿，爸爸妈妈一旦停止轻拍，睡不多久后就会醒来，因为担心爸爸妈妈离开他，一直会处于浅睡眠状态。长此以往，婴儿会形成娇气、胆小的性格，影响心理正常发育。爸爸妈妈要鼓励婴儿独自睡觉，可在婴儿有困意时放一些轻柔的音乐，有利于婴儿睡得更香。

晚睡

有些婴儿晚上到了睡觉时间就是不肯入睡，晚睡会造成婴儿睡眠不足，影响正常的生活。对于这样的婴儿，爸爸妈妈要注意在白天适量增加婴儿活动量。婴儿白天玩累了，晚上睡觉自然会很香。

理解正常睡眠表现

- 有一些疑似睡眠问题其实属于正常睡眠现象，爸爸妈妈不必多虑。
- 婴儿睡觉时不老实，总是翻来覆去的。
- 婴儿爱趴着睡，有时会突然抽泣几声。
- 睡觉过程中有时会睁开眼睛看看。
- 睡觉时会突然惊炸。
- 不枕枕头睡觉。

要帮婴儿纠正不良睡眠习惯，爸爸妈妈要帮助婴儿建立健康的睡眠作息规律，白天不要让婴儿睡得太多，临睡前不要让婴儿太兴奋或太疲劳。拥有优良的睡眠质量对于婴儿的健康和成长都有好处。如果婴儿在睡眠方面存在不良的习惯或做法，爸爸妈妈千万不要因为心软而不予矫正，以免对发育不利。

童车上路要注意安全

在城市里，童车是非常实用的，它能让爸爸妈妈省去很多力气。不过，推着童车走在大街上，爸爸妈妈要牢记两个字：谨慎！

过马路时要注意

一定要走人行横道，而且要等绿灯亮了再通过，以便很早就给婴儿树立一个守规矩的榜样。

在等待绿灯时，千万不要急着把童车先推下马路，要让童车在人行道上等待。

如果没有红绿灯，要先看看马路上有没有来往的车辆，然后大人自己先下马路观察，把童车留在人行道上，手始终要扶着童车。

不要在车多的马路上推着婴儿散步，因为汽车尾气排放管正好与童车高度差不多，这样会使婴儿吸入更多的尾气。

注意人行道上的汽车出口

如果人行道比较宽，要尽量走在人行道的中间，这样视野广，司机也很容易发现你们。

路过停车场的出口，要检查有没有出来的汽车。停下童车，身体稍微朝前倾去观察，这样如果有汽车出来，司机能够看到你（他看不见童车，因为童车太低）。

不要选择上下班时间推着童车出门，这时交通拥挤，容易出事，而且空气也不好。

有汽车停在人行道上

人行道上经常有汽车停着，或堆着许多垃圾桶，这时爸爸妈妈只能把车推到马路上绕过去。

先把童车留在人行道上，一只手扶着童车，走下马路，看看有没有汽车正在通过。

上下台阶请人帮忙

如果没人主动提出帮助你，一定要自己开口请人帮忙，别不好意思。让帮忙的人抓住童车宝宝脚的方向的支撑栏杆，你抓住童车的手柄，保持水平，轻轻地抬起童车。

如果没有人行道

你要走在靠近机动车道的一侧，这样就能及时发现来往的车辆。同样，司机也能马上看到你，放慢车速。这条规则也适用于马路相对狭窄的地方。

如果要转弯，在转弯的时候你的身体要在外侧。

绕开施工工地走，那种地方既有尘土又不安全。

最好乘坐升降电梯

很多自动扶梯上都会有安全提示，婴儿推车是禁止通行的，因为台阶宽度很小，婴儿推车不能四轮全部落地，容易出现意外。所以像在商场或者地铁里，爸爸妈妈推童车上下楼最好乘坐升降电梯。

春夏秋冬护理要点

春季

春季，对于这个月龄的婴儿来说可以去稍远的一些地方游玩了，比如说市郊，一些风景优美的地方，但要注意路途安全。随着户外活动增加，对于过敏体质的婴儿来说，咳嗽、喘息等问题会随时出现；有些婴儿在手足等处会长出一些红色的小丘疹，对于春季出现的这些湿疹，虽然有明显的瘙痒感，但并不需要特别处理。春季气温变暖，婴儿出汗量会增加，小便次数会减少，对于小便间隔长，已学会坐便盆的婴儿可以不用穿纸尿裤了，但前提是爸爸妈妈要掌握婴儿排便时间，提醒婴儿排便。在天气转凉后，这个月龄的婴儿外出仍需要使用纸尿裤。

夏季

宝宝1岁左右饮食已和大人没太大区别了，即便是夏季，爸爸妈妈也不要喂婴儿冷饮，以免造成婴儿胃肠道疾病。当然，也不要给婴儿吃现成的熟食，夏季细菌容易滋生，现成的熟食难保卫生，同样需要注意的是不要给婴儿吃剩菜。夏季天气炎热会影响婴儿胃口，只要婴儿精神状态良好，不爱吃饭也没关系。带婴儿外出郊游时要特别注意预防蚊虫叮咬，这个月龄的婴儿皮肤娇嫩，被蚊虫叮咬后，局部会出现严重的红肿，甚至发烧。夏季防晒不要忽视对婴儿眼睛的保护。涂抹防晒霜也要注意产品质量和防晒系数。使用空调时，要注意预防婴儿患上“空调病”，进入商场等带有空调的场所，爸爸妈妈要多备上一件衣服，随时为婴儿添加。这个月龄的婴儿活动量增大，夏季炎热时出汗会更多，除了注意给婴儿补水外，还要注意让婴儿多休息，确保午觉睡得安稳，以补充体力。

秋季

夏秋交替时节，气温变化不定，日温差较大，注意提防婴儿感冒。天气转凉后也不宜给婴儿穿太多衣服，正常添加衣服即可，以免婴儿运动中出汗着凉感冒。婴儿出汗时，不要马上脱掉衣服，要及时帮婴儿擦干汗水，之后再脱掉一件衣服。婴儿出汗时不要让他到风口处玩耍，多给婴儿喝白开水，可以预防感冒。此外，预防秋季腹泻仍是护理重点。秋季腹泻是由轮状病毒引起的感染，易发于2岁以内的宝宝，在腹泻流行季节，不要让婴儿接触患病儿，也不要带婴儿到人多的场所玩耍。要保持室内空气新鲜、流通。秋季仍需要给婴儿勤洗澡，这是预防秋季生痱子最简单又实用的方法。

冬季

冬季气温寒冷，初冬时仍要坚持带婴儿到户外活动，深冬可减少外出时间，但在阳光、风力都适宜的中午时分仍建议带婴儿外出活动。带婴儿外出要注意防冻疮。这个月龄的婴儿正处在学步阶段，南方家庭要注意将取暖设备安置好，以免烫伤婴儿。北方家庭则要注意预防暖气病，多给婴儿喝水。定时通风换气。冬季也是感冒的高发期，爸爸妈妈要预防婴儿感冒，保证排便正常，同时注意饮食健康合理，避免婴儿暴饮暴食，因为积食导致胃肠不适，影响睡眠。

11~12 个月婴儿常见问题

便秘

这个月龄的婴儿因为辅食添加日渐丰富，出现便秘表现时原因比较复杂，爸爸妈妈对症处理才能真正解决便秘问题。

婴儿便秘的表现

婴儿是否便秘，不能只以他几天拉一次作为标准，而是要对大便的次数和性状进行总体观察，并且要看对婴儿的健康状况有没有影响。

不同年龄阶段和不同饮食结构的婴儿，每天排便的次数和性状也有差别。母乳喂养的婴儿，每天排便 3~4 次，大便呈黄色或金黄色，稠度均匀，药膏状，可有小颗粒，偶尔稍稀薄，可以带少量绿色。用配方奶及其他代乳品喂养的婴儿一般每天排便 1~2 次，或 2~3 天排便 1 次，大便为淡黄，质地较干燥，有明显的臭味，有少量白色奶块。婴儿再大一些，饮食结构接近成人，大便的性状也接近成人。

温馨提示：婴儿便秘的具体症状

1. 大便量少、干燥。
2. 大便难于排出，排便时有痛感。
3. 腹部胀满、疼痛。
4. 食欲减退。
5. 大便干燥如羊粪蛋，排便困难，即便一天排便一次，也是便秘。

婴儿便秘的原因

对于这个月龄的婴儿，因为添加了辅食，比起单一吃奶的婴儿便秘原因更为复杂。多与以下原因有关：

婴儿进食少。各年龄段的婴儿进食量过少，都会造成食物残渣过少，不易产生便意。婴儿长期饮食不足会引起营养不良，腹肌和肠肌张力减低甚至萎缩，收缩力减弱，形成恶性循环，加重便秘表现。

解决方法：婴儿添加辅食后，爸爸妈妈可以适当给婴儿吃些粗粮、蔬菜，比如红薯、胡萝卜等。改变不良的进食习惯，尽可能减少饮料、零食的摄入。设法多改变菜式，将饭菜做得好看一些，增进婴儿食欲。

婴儿被动偏食。爸爸妈妈给婴儿准备的饮食结构不合理，或给婴儿准备的饮食过于精细、食物种类单一，造成婴儿被动偏食，也会引起婴儿便秘。如果食物中含大量蛋白质而碳水化合物不足，肠道菌群对肠内容物发酵的作用减少，大便就容易干燥。如果缺乏膳食纤维素，结肠内容物少，肠道缺乏刺激，也不容易产生便意。在碳水化合物中，吃面食较谷类食物更容易便秘。

解决方法：多给婴儿吃些菜泥、水果泥，蔬菜、水果的量与肉食的比例至少在3:1。对于不爱吃菜的婴儿，可以把菜切碎与肉放在一起，包成小饺子，也可以用菜煮粥，增加蔬菜的进食量。忌吃辛辣燥热的食物，如辣椒、羊肉等，饮食宜清淡。适当吃些瓜类水果，如西瓜、香瓜、哈密瓜，以消除体内燥热。

饮水不足。水是膳食纤维功能发挥的基础，饮水不足会造成膳食纤维所引起的腹胀，导致便秘。

解决方法：如果婴儿小便的颜色发黄，就表示缺水了，爸爸妈妈要注意给婴儿补水。婴儿补水可安排在两餐之间。早上起床吃早饭前及睡前喝水对婴儿排便都有帮助。水量要随季节、气温及运动量适度调节。

没有养成良好的排便习惯。如果婴儿每天定时排便，粪质在结肠内停留的时间短，大便就不会太干，容易排出。有的婴儿因为大便干，排便疼痛而不敢排便，间隔时间越长，便秘也就越严重。

解决方法：排大便是反射性运动，婴儿经过训练是可以养成按时排便的习惯的。

婴儿能坐稳并能理解大人的意思后，可以开始训练他坐便盆排便，吃饭后肠蠕动会加快，常会出现便意，所以可以选择在进食后让婴儿排便，每次 10 分钟左右。连续按时执行半个月到一个月就能养成习惯，养成后不要随意改动时间。

肠胃蠕动减弱。运动可以增加身体的循环代谢，帮助肠胃蠕动。现在很多婴儿吃得多，动得少，造成肠胃的蠕动减弱，大便在肠腔积聚时间延长，使大便干结。

解决方法：每天让婴儿在户外活动，以增加运动量。也可以每天以肚脐为中心，按顺时针方向轻轻帮婴儿推揉按摩腹部 3~5 分钟，可以让排便更顺畅。适当地按摩婴儿的肛门，也可使婴儿产生便意，促进排便。

关注婴儿其他便秘症状

急性便秘。当粪块嵌塞或多日没排便时，婴儿常有急性腹痛，以左下腹痛为主，疼痛较剧烈，有时左下腹还能触摸到硬硬的粪块。

解决方法：用开塞露 5~10 毫升注入肛门内，或将湿润的小肥皂条塞入肛门，帮助排便。操作时要让婴儿平卧，在背部垫上枕头等物，使臀部抬高。药物挤入后夹紧臀部，3~5 分钟后方可松开，即会排便；爸爸妈妈用戴橡皮手套的小指蘸少量液状石蜡或凡士林，或用涂油的肛门表插入肛门通便。

顽固的功能性便秘。顽固性便秘的婴儿在治疗初始阶段，除注意改善饮食结构和生活习惯外，还可在医生的指导下服用一些缓泻剂：如小麦纤维（非比麸）、乳果糖、微生态调节剂、胃肠动力剂以及有清热解毒、润肠通便功效的中药等。但这些导泻药不能常服，否则会使肠壁活动依赖于药物，导致肠道功能失调，反而会使便秘加重。经过一段时间的药物引导，婴儿的排便情况改善后，可以通过完全的基础治疗来维持规律的大便习惯。

病理性便秘。如果婴儿仍有难以纠正的便秘，或者有腹部剧痛、呕吐、精神懒散、尿量减少等症状，要考虑有疾病或药物影响的可能。

1. 先天性巨结肠。婴儿自出生后大便就不正常，有时好几天不排便，有时又拉出大量稀便，腹胀严重。

2. 先天性甲状腺功能不全。除婴儿出生后不久即出现便秘外，还表现为皮肤粗糙、体温低下、少吃懒动等。

3. 佝偻病、营养不良。除便秘表现外，还有枕秃、肋外翻、消瘦、发育迟缓等表现。

4. 肛裂、肛门周围炎症。婴儿大便时肛门口疼痛，粪便表面带血。

“空调病”

夏季，因为担心婴儿中暑或是热出痱子，爸爸妈妈常会打开空调，认为这样婴儿会感觉舒适，可没过几天婴儿却出现了感冒症状。这就是夏季里婴儿最容易患上的“空调病”。

“空调病”患病原因

室内外温差大，会造成人体内平衡调节系统功能紊乱，导致婴儿头痛，易患感冒。

低温环境会使婴儿血管急剧收缩，使关节受损受冷导致关节痛。冷刺激会使交感神经兴奋，导致胃肠运动减弱，让婴儿感觉胃肠不适。若冷气突破呼吸道脆弱防线，婴儿轻则会出现咳嗽、打喷嚏、流鼻涕等上呼吸道感染症状，重则会引起下呼吸道感染，如肺炎等。

房间开空调时会关紧门窗，空气不流通，容易导致室内细菌含量增加，二氧化碳等有害气体浓度增高，增加婴儿患病概率。

空调机的风管、吹风机容易藏污纳垢，病菌和病毒被空调吹送出来容易导致婴儿患病。

骤然吸入冷空气会诱使原本有呼吸道过敏症的婴儿气道收缩，出现过敏反应。

预防“空调病”的方法

注意保湿。在空调房间里待久了，常常会口干舌燥，这是因为身体中的水分被冷气蒸发所致，使用空调时，爸爸妈妈要注意多给婴儿喝水，同时要注意增加室内湿度。

注意衣着。婴儿温度调节能力较弱，在空调房间，不要给婴儿穿得太单薄。同时要避免空调风直接吹到婴儿。吃奶或者临睡前容易出汗时要及时帮婴儿擦干汗水。

注意运动。早晚温度不高时，应当进行适当的户外运动，增强婴儿体质。

注意时间。不要让婴儿长时间待在空调房中。每天清晨和黄昏室外气温较低时，最好带孩子到户外活动，可让婴儿呼吸新鲜空气，进行日光浴，加强身体的适应能力。

注意温差。婴儿从户外进屋时不能贪图一时的舒适马上开空调或将空调温度开得过低。出空调房时最好先关了空调，打开门窗，等到身体适应后再出门。

“空调病”的治疗方法

婴儿患了“空调病”，出现流鼻涕、鼻塞、咳嗽、发烧等症状时要及时就医，控制住病情。

体温超过 38.5℃要在医生指导下服用退烧药，体温在 38.5℃以下时要进行物理降温，不要随便使用抗生素。

因为婴儿患病是受凉所致，所以要让婴儿多出汗排出寒气，多给婴儿喝温水是不错的方法，可以帮助婴儿排汗。

婴儿有腹泻表现可遵医嘱吃益生菌调节肠胃功能。

不要再让婴儿待在空调房内，保持室内空气通流，有利于婴儿早日康复。

正确使用空调

家庭空调要做好清洁工作，定期检查空调器的过滤膜，并及时更换，空调器中的冷却盘也需要定期清洗。

空调温度要以皮肤不感到冷最为适宜，室内外温差应控制在 5~7℃ 。

空调开机1~3 小时后应关机休息一会儿,然后打开窗户换气,以确保室内空气质量。

温馨提示：“空调病”并非只在空调房间才会得

夏季爸爸妈妈驾车带婴儿外出也要防止车上开空调导致婴儿患病。带婴儿驾车时，不要把车内空调温度开得太低，车厢内外温度相差 7℃左右为宜。车内开启空调时，不要让婴儿在车内睡觉，如果婴儿睡着了，要将空调关闭或避免直吹婴儿，可给婴儿盖个小被子。车辆在烈日下长时间暴晒后，应开启车门放出热气后再关闭车窗打开空调，调至适宜温度。

呼吸道感染

呼吸道疾病分为上呼吸道感染和下呼吸道感染。因为感染部位不同，临床表现也各有异。一般来讲，上呼吸道感染病征较轻，下呼吸道感染病征较重。

上呼吸道感染

上呼吸道感染是指自鼻腔至喉部之间急性炎症的总称，90% 因病毒引起，也就是我们通常说的感冒。上呼吸道感染，细菌感染常继发于病毒感染之后，经过含有病毒的飞沫、雾滴，或经污染的用具进行传播，但该病预后良好，一般 5~7 天患病婴儿即可痊愈。医院临床诊断的急性鼻咽炎、急性咽炎、急性扁桃体炎均统称为上感。

症状：轻症表现：婴儿可有低热、鼻塞、流涕、打喷嚏、轻咳、轻度呕吐或腹泻等表现；婴儿精神状态良好，但咽部稍红，鼻黏膜充血水肿，分泌物增多，颌下或颈部淋巴结轻度肿大。重症表现：除轻症症状外，婴儿还会有头痛、呕吐、咽痛、畏寒、乏力等表现；会出现高热，常在 39℃以上。此外，婴儿还会表现为精神萎靡、食欲下降，咽部充血明显，扁桃体红肿，可见斑点状白色或脓性分泌物。少数婴儿在起病 1~2 天内可合并高热惊厥。

并发症：上感炎症还可能波及鼻窦、中耳和气管，造成鼻窦炎、中耳炎和气管炎。

治疗和护理：感冒没有特效药，用来治疗感冒的药物主要是用来缓解感冒症状的，并不能缩短病程。除非有炎症，一般不需要使用抗生素，所以对患上感的婴儿来说护理更为重要。

1. 如果婴儿体温超过 38.5℃可以服用退热药；如果体温不到 38.5℃，可采用洗温水澡、贴退热贴等方法物理退热。

2. 保持房间温度适宜，避免婴儿过热或着凉，多喂婴儿水喝，以加速新陈代谢。同时，保证婴儿睡眠。

3. 婴儿鼻塞，应帮助他抬高上身，以缓解呼吸困难，还可以让孩子侧身躺着，用一个鼻孔呼吸。

4. 如果病情不严重，饮食可依平日安排，但要注意清淡易消化，如果婴儿没有食欲，不要强迫婴儿吃东西。

5. 咳嗽治疗以化痰治疗为主，咳嗽不停时可遵医嘱服用止咳药，有利于减轻症状。

下呼吸道感染

下呼吸道感染是指声门以下，包括气管和支气管受到了感染。下呼吸道感染包括急性支气管炎、慢性支气管炎、肺炎、支气管扩张等。是由病毒、细菌、支原体、衣原体、军团菌等微生物感染引起。

症状： 下呼吸道感染症状较重，婴儿会有高热、剧烈咳嗽、多痰、喘息、出气困难等较严重不适。

治疗和护理：

1. 下呼吸道感染可引起高热，超过 38.5℃要吃退热药，同时注意预防高热惊厥。

2. 对于婴儿流鼻涕、鼻塞、打喷嚏、流眼泪等症状，可遵医嘱服用各类感冒药缓解症状。

3. 咳嗽可分有痰和无痰。无痰为干咳；有痰又分两种，白色泡沫样痰，多由病毒感染引起，黄痰，多为细菌感染引起。咳嗽以去痰治疗为主，严重时可以服用止咳药缓解症状。多帮婴儿翻身拍背，可促进呼吸道分泌物排出。

4. 合并细菌感染时需要使用抗生素治疗。

5. 注意保证婴儿充足饮水和睡眠，饮食要科学合理。

以下情况需要及时带婴儿就医

哮喘婴儿、复感婴儿或患有先天性心脏病的婴儿，一旦发现有感冒症状要尽早就医。

患病期间拒绝任何食物，烦躁不安，尤其是有高热惊厥病史的婴儿，应当立即就医。

咳嗽超过 3 天，症状没有好转，甚至出现呼吸短促、音哑、发热等情况，应当立即就医。

呼吸道感染的预防

远离病源，不要带婴儿去人多密集场所，雾霾天气应尽量避免户外活动。

加强锻炼，多让婴儿接触新鲜空气和阳光，提高呼吸道黏膜抗病能力。当然，锻炼也要注意适度和循序渐进，长时间、高强度的运动，会让婴儿的身体劳累过度，反而导致婴儿的免疫力下降。

对 0~12 个月的婴儿要坚持母乳喂养。母乳富含免疫球蛋白 SIgA、乳清铁蛋白、巨噬细胞等免疫成分，可提升婴儿免疫力。

平时注意防寒保暖，遇有气候变化，随时添加衣服。

居室要经常通风换气，保持适宜的温度和湿度。

家中成员如果有人患了感冒要注意与婴儿保持距离，以免感冒病毒在打喷嚏或者咳嗽时通过飞沫传染给婴儿。

避免让婴儿与感冒的小朋友一起玩耍，防止交叉感染。

咽炎

因病毒等感染，婴儿会患上咽炎。这个月龄的婴儿患病后会出现厌食、拒奶、哭闹等不同表现。一般咽炎症状不会很严重，治疗方法得当，很快便可痊愈。若婴儿出现口腔溃疡、持续发烧 38.5℃以上，或者咽喉看起来红肿、有脓性分泌物、吞咽食物有困难、无法张大嘴、呼吸困难、极度烦躁不安时，需要及时就医。

咽炎的类型

咽炎因类型不同，症状也会有所不同，但咽部不适、干燥，有疼痛感等为最常见表现。

慢性肥厚性咽炎。婴儿的咽黏膜增厚，呈暗红色，咽后壁出现颗粒状淋巴滤泡增生散在突起，甚至融合成片。婴儿会有咽部不适、痛痒或干燥感，有时还会有灼热感、异物感，婴儿会出现刺激性咳嗽。

链球菌性咽炎。起病急，起初婴儿只会感觉咽部干燥、灼热，随后会感觉咽痛，进食时更加明显，症状严重的婴儿甚至伴有畏寒、高热、头痛、全身不适、食欲不振，背及四肢酸痛等表现。当咽痛逐渐加剧，炎症侵及的部位也将出现不适症状，比如波及咽鼓管时，婴儿会有耳闷、耳鸣及重听现象；若侵及喉部，则会有咳嗽、声嘶、呼吸困难等症状。

慢性单纯性咽炎。单纯性咽炎以局部症状为主，表现为咽部不适、有异物感、灼热感或刺激感，还可能有些微痛。此外，婴儿还会有咳嗽、恶心等表现。

急性咽炎。起病急，起初婴儿会感觉咽部干燥，灼热，继而感觉疼痛，就连吞咽唾液都会感到咽痛。婴儿会有厌食、拒食表现，还可伴有发热，头痛，四肢酸痛、声嘶和咳嗽等表现。

咽炎的治疗方法

局部涂药有助于消炎和收敛，也可遵医嘱服用含片或进行超声雾化吸入治疗。

针对累及的鼻及鼻窦疾病恢复鼻呼吸。

针对增生淋巴组织炎症进行相关治疗。

针对全身反应症状，如发烧等进行针对治疗。

咽炎的护理及预防

婴儿患咽炎后，饮食方面要注意清淡，可多吃一些新鲜的蔬菜水果。

远离烟草环境，注意防粉尘，多喝水，少让婴儿说话。

多进行户外运动，可增强婴儿体质，增升免疫力。

咽喉不适并非都是咽炎

婴儿患有龈口炎或者因手足口病而导致口腔黏膜破溃时，也会出现吞咽食物困难等表现。

婴儿嗓子疼也可能是患上了扁桃体炎。

对于一些过敏体质的婴儿来说，因烟草、尘螨、花粉等刺激同样会出现咽喉不适的感觉。

如果婴儿有张着小嘴睡觉的习惯，因为口腔干燥，隔日清晨起来也会有吞咽困难，咽部不适的感觉。

咽炎一般不需要看急诊

咽炎临床上很少会出现紧急情况，但因炎症诱发会厌炎时除外，好在它并不多见。会厌炎是指防止食物和水分进入气管的会厌瓣发炎，从而导致婴儿呼吸和吞咽非常困难。患有会厌炎的婴儿会出现高烧、呼吸有啰音、口水增多等表现，需要及时就医。

特别关注疱疹性咽炎

在众多咽炎类型中，这个月龄的婴儿更易患上疱疹性咽炎。婴儿临床表现为不同程度的发热、咽痛，重者可影响吞咽功能，但不影响发声。此外，婴儿还可伴有恶心、呕吐与咳嗽等症状。

疱疹性咽炎诊断并不十分困难，难在疱疹未显现之前易被误诊为普通感冒或咽炎。患疱疹性咽炎婴儿可见咽部出血，有数个灰白色的小疱疹，周围有红晕，若疱疹破溃会形成黄色溃疡。疱疹性咽炎因病毒感染所致，使用抗生素无效，使用抗病毒药物治疗效果较好。若无并发症，一般服药 3~5 天即可见效，若有并发症应适当延长服药时间并积极对症处理。

婴儿患病期间，爸爸妈妈要注意加强护理，多给婴儿喝水、吃清淡易消化食物，保持大便通畅。早发现、早治疗可有效控制婴儿体温，缓解咽痛症状，缩小疱疹范围并可减少疱疹破溃概率。

夏秋季是疱疹性咽炎高发季节，爸爸妈妈要注意避免婴儿淋雨、过度疲劳，防止中暑及便秘，以免因机体抵抗力下降而患上疱疹性咽炎。

帮助婴儿学习和成长

害怕

这个月龄的婴儿出现害怕反应常被爸爸妈妈认为是胆小，为了帮婴儿练习胆量会花费不少心思。其实，婴儿这种害怕是正常的心理发育表现，并非所谓的胆小。

不同月龄、年龄段宝宝的害怕表现

出生~6个月：对高分贝声响或突然的噪声以及快速的动作会感到害怕。

6个月~1岁：对高分贝的噪声、面对陌生人、陌生的环境、从高处向下望时会感到害怕。

1~2岁: 对高分贝的噪声、和爸爸妈妈分离、与陌生人独处、去医院时会感到害怕。

2~3岁：对高分贝的噪声、和爸爸妈妈分离、与陌生人独处、做噩梦、日常习惯改变、在打雷和闪电的天气、因想象中可怕的事物，以及黑暗都会感觉害怕。

害怕情绪产生的原因

未知事物产生恐惧。害怕是婴儿社会化过程中出现较早的情绪之一，因为这个世界有太多他们不熟悉的事情，这些恐惧体验，有的来自于本能，有的来自于想象而产生。

爸爸妈妈过度呵护。这个月龄的婴儿随着自主能力增加，越发喜欢根据自己的心意去探索周围的环境。当爸爸妈妈出于安全考虑，处处给婴儿设限，动辄一惊一炸地呵斥婴儿，会让婴儿产生这个世界很可怕的印象，增加对事物的畏惧感。

爸爸妈妈教养方式不当。当婴儿因为某件事受到过伤害，自我保护机制会不断提醒他，某件事或某件东西不能做或触及，而此时如果爸爸妈妈借由此事在婴儿不听话时威胁婴儿，会使得相同的负面情绪不断累积，让婴儿越发害怕。

不良环境所致。当婴儿在电视或图片中看到他认为可怕的景象，画面会深深烙印在脑海里，并随着想象力不断发展，容易在头脑中再造组合出可怕的形象，以致感觉害怕。

应对害怕情绪

认真关注。无论婴儿的害怕表现多可笑，爸爸妈妈既不要过度紧张，也不要熟视无睹。及时给婴儿以安抚，会让婴儿意识到自己并不孤单，从而增强对抗恐惧的信心和力量。

做个好榜样。爸爸妈妈的情绪会直接影响婴儿的情绪，当婴儿第一次接触某件事物出现害怕表现时，爸爸妈妈应及时给予正面的回应，笑着向婴儿解释这并不可怕。

正面的能量有助于婴儿缓解不良情绪。

避免负面影响。不要让婴儿接触电视或图片中恐怖的画面，注意给婴儿提供自由探索的空间，让他做力所能及的事情，增强婴儿内在的力量，当婴儿可以掌控周围环境时，做起事情来自然就会充满自信。

缓解害怕的方法

认真陪伴。当婴儿想做一件事情而又因为害怕而畏首畏尾时，如果这件事没有危险，爸爸妈妈不妨陪婴儿一起做，这样可以减少婴儿的恐惧，并有利于婴儿在未来面对同样事情时可以放手自己去做。

贴心接纳。肯定婴儿的情绪反应，同时给予婴儿安抚，让婴儿感受爸爸妈妈温暖的怀抱，从而缓解不良情绪。

仔细交流。当婴儿表现出害怕情绪后，恐惧情绪会得到一定的释放，根据婴儿的表现，爸爸妈妈要揣摩出婴儿害怕的原因，认真做好解释工作。婴儿害怕是因为认知水平有限，这个年龄的婴儿已经可以听得懂爸爸妈妈的言语，爸爸妈妈耐心地解释有助于婴儿缓解害怕情绪。

做游戏。用婴儿能理解的方式把“害怕”表达出来，之后告诉婴儿遇到这样的事情应该怎样做，借以安抚婴儿的情绪。

婴儿害怕这件事是他成长过程中很自然的阶段和现象，爸爸妈妈没有必要把它放大。当爸爸妈妈能够很淡定地面对婴儿的情绪时，爸爸妈妈的态度本身就会给婴儿一种力量和安全感，对婴儿逐渐缓解害怕情绪更为有利。此外，爸爸妈妈不要指望婴儿很快就会克服害怕心理，这个过程可能需要几个月，也许要更长的时间才会有所变化，爸爸妈妈要有足够的耐心，帮助婴儿一起变得勇敢。

和婴儿一起分清“对”与“错”

快 1 岁的宝宝，已经能听懂不少话了，并且会从成人的表情、动作和说话的语气中，判断什么是对的，是被允许的；什么是错的，是被禁止的。比如，宝宝懂得，成人的笑容代表“认可”，怒容代表“责备”。

爸爸妈妈要在日常生活的具体事件中，教宝宝分清“对”与“错”，帮助他逐渐养成好的行为习惯。比如，宝宝把脏东西放进嘴里，你一边说“不”，一边用摇头摆手的动作表示制止。如果宝宝听懂了，把脏东西从嘴里拿了出来，爸爸妈妈就及时鼓励他：“嗯，好宝宝！”如果宝宝接着做不对的事情，爸爸妈妈要板起面孔说“不好”“不要”。

温馨提示：要防止不良的逗引方式影响婴儿对是非对错的判断

要防止不良的逗引方式影响婴儿对是非对错的判断。比如，婴儿偶尔打了一下成人的脸，成人笑着把脸凑近婴儿让他打。这样的逗引会无意中鼓励了婴儿的打人行为，因为在婴儿的意识里，成人的笑脸是鼓励和赞赏。而且，家中成员对婴儿的教育态度要一致，如果成人间的态度都不一致，婴儿将无所适从。

鼓励婴儿表达

快 1 岁的宝宝已经能听懂很多话，也能表达不少意思了。接下来，宝宝的语言表达能力将进入显著发展的阶段，而爸爸妈妈的回应和鼓励能够很好地帮助婴儿发展语言表达能力。

爸爸妈妈可以这样帮助婴儿表达

为婴儿的表达做补充。婴儿刚开始说话时，会用一个词表达很多意思，比如“帽帽”

可能是“我的帽子”，也可能是“我要戴帽子”或“把帽子给我”。爸爸妈妈可以按自己的猜测帮婴儿把话说全，向婴儿求证，婴儿认可后再帮他做。这一点点延迟，会成为婴儿努力表达的动力。

鼓励婴儿用语言表达。婴儿用手势表示什么时，可以替他说出来，并鼓励他自己说。比如，婴儿指着饼干，爸爸妈妈可以拿着饼干问他：“想吃饼干，对吗？”如果他能发出“干”的声音，要表示赞许。

做婴儿的听众和对话者。有时候，婴儿会独自“演讲”，语调抑扬顿挫，富有节奏感，手势丰富。这时候即便听不懂，爸爸妈妈也要认真听；猜猜他在说什么，适时接一下话茬儿，和他“对话”，婴儿一定会更兴奋、更爱说。

教婴儿学走路

前几个阶段的踢腿、蹦跳、爬行、站立等动作的练习，都是宝宝在为以后学会走路而锻炼腿部肌肉力量和平衡、协调能力。特别是扶着东西学迈步，说明宝宝已经为最终的独立行走做好了充分的准备。一般地，宝宝会在 12~15 个月左右开始独自迈步走路。

爸爸妈妈可以这样帮助婴儿学习走路

爸爸妈妈要敢于放手。教婴儿学走路，最重要的还是要敢于放手，做好保护，不要害怕婴儿摔倒。

练习控制重心。刚开始时，可以让婴儿练习控制重心。爸爸妈妈蹲在婴儿面前，拉住他的双臂往后退，引导婴儿往前迈步。

用玩具吸引婴儿。当婴儿快要自己迈步了，可以让一个人在伸手就能够到婴儿的地方蹲下来，用玩具吸引婴儿向前走；另一人在婴儿后面保护他，防止婴儿向后倒。

逐渐拉长距离。当婴儿能够迈步走了之后，前面的人可以拉长和婴儿的距离，引导婴儿一步一步地往前走。

温馨提示：婴儿学习独立行走的发展过程

每个婴儿会走路的具体时间可能不同，其中既有个体差异的原因，也可能与婴儿学走路时的季节有关，比如正在冬天，婴儿穿得较多不太利于练习行走。另外，如果婴儿以前经常抱着或者坐着，腿部力量锻炼得少，会走路也会晚些。

以下是宝宝学习独立行走的发展过程：

能扶走：通常在 10 个月左右，年龄跨度在 6~14 个月之间。

学会独站：通常在 12 个月左右，年龄跨度在 7~17 个月之间。

学会独走：通常在 12~13 个月，年龄跨度在 8~18 个月之间。

第四章

幼儿期

（1~3岁）

01 1岁~1岁2个月

这个年龄段的宝宝

运动能力

宝宝的小手越发灵活了，会把2块积木摞起来了；会自己拿勺吃饭；还能用食指和拇指捏起线绳。对各种物品都感兴趣，希望通过触摸认识不同物品。

刚刚学习走路的宝宝，为保持平衡，胳膊习惯张着，等宝宝走稳，胳膊就会自然放下来了。

语言能力

说话早的宝宝现在已能说出一两句由3个字组成的语句了，可以有意识地叫爸爸、妈妈。尽管宝宝发音还不是太清晰，但语言含义越来越清晰，比如，需要帮助时会清晰地叫妈妈。还能说出身体各部位的名称。

认知能力

宝宝对食物种类会表现出明显的好恶感，观察力和注意力进一步提升，能记住事物的特点。看到东西放倒了，可以将它正过来。

社交能力

宝宝开始用自己喜欢的方式来和爸爸妈妈交流和游戏，比如，故意将玩具扔在地上，并希望爸爸妈妈拾起拿给他，并反复几次。

喂养的那些事儿

关注宝宝的营养需求

这个阶段，宝宝长得仍然很快，需要大量的营养。但他的消化、吸收能力还比较弱，因此奶类食物仍然非常重要，每日需要喝母乳或配方粉约 500~600 毫升。除了保证奶量以外，还要注意饮食均衡、搭配合理，以保证各类营养成分的供应。

营养喂食要点

- 继续给予母乳喂养或其他乳制品，逐步过渡到食物多样。
- 选择营养丰富、易消化的食物。
- 采用适宜的烹调方式，单独加工制作辅食。
- 在良好的环境下规律进餐，重视良好饮食习惯的培养。
- 鼓励宝宝多做户外游戏和活动，合理安排零食，避免过瘦和肥胖。
- 每天足量饮水，不喝含糖高的饮料。
- 确保饮食卫生，餐具严格消毒。

教宝宝用杯子喝水

很多宝宝习惯用奶瓶喝水，这样确实比较方便。但长期用奶瓶喝水，会影响宝宝口腔和牙齿的发育，同时，也不利于宝宝手眼协调等能力的培养。因此 1 岁宝宝要逐渐脱离奶瓶，学会用杯子喝水。这是一个循序渐进的过程，需要爸爸妈妈耐心指导。

用吸管喝水

爸爸妈妈示范用杯子装水，用吸管夸张、用力地做出吸吮的动作，让宝宝观察。帮他把吸管送到嘴里，给宝宝小半杯水，让他拿在手里；要帮他固定好吸管，让宝宝模仿大人不断地重复吸吮动作。

用杯子喝水

帮宝宝把围嘴围好，刚开始宝宝还控制不好，可能会把水弄洒，所以要给他围上防水围嘴。帮宝宝把杯子送到嘴边，让他自己拿着杯子，爸爸妈妈帮他扶着杯子，再扶着他的手把杯子举到嘴边。教宝宝慢慢将杯子倾斜，把水喝到嘴里。

温馨提示：耐心教宝宝喝水

教宝宝用杯子喝水的时候，爸爸妈妈的动作可以夸张些；让宝宝好好观察，然后让他跟着学。这个时候，爸爸妈妈要有耐心，宝宝才有兴致好好学。

断奶要讲究季节

夏季是肠道疾病的高发季节，而断奶需要婴儿的胃肠道有一个逐渐适应的过程。在一段时间内，断奶会影响婴儿的食欲和进食习惯，从而影响婴儿对营养素的吸收。如果感染肠道传染病，会加重对婴儿胃肠道消化吸收功能的影响，甚至可因腹泻等疾病而影响到婴儿的生长发育。冬季是呼吸道疾病的高发季节，婴儿的抵抗力较低，也不宜断奶。理想的断奶季节应该是春季和秋季。另外，断奶还应该避开婴儿生病的时期，病愈后至少坚持母乳喂养 2~3 周，再考虑开始断奶。

不管是在什么季节断奶，必须选择在婴儿身体状况良好时断奶，否则会影响婴儿的健康。因为断母乳，改喝牛奶和吃辅食后，婴儿的消化功能需要有一个适应过程，此时婴儿的抵抗力有可能略有下降，因此断奶要考虑婴儿的身体状况，生病期间更不宜断奶。

如果母乳充足，婴儿的体质又不够好，那么迟一些断奶也是可以的。世界卫生组织推荐母乳喂养可坚持到婴儿 2 岁以后。

为了婴儿的营养健康，妈妈最好选在春秋两季给婴儿断奶。另外，为使婴儿能顺利断奶，在断奶前应及时添加各种辅食，使婴儿对饮食和消化有一个适应过程。

日常生活与保健

宝宝要开始说话

宝宝的语言发展从出生时就开始了，从听到说，到顺畅地表达，宝宝经历了一个漫长的积累过程。宝宝是通过大量的语言输入掌握母语的语音特点，通过与人的交流互动学习语言的。

宝宝天生具备学习语言的能力，语言发展遵循着一定的规律：先会听，后会说，半岁左右开始理解语言，1 岁时开始咿咿呀呀学习说话，2 岁左右掌握基本的母语。这个月龄的宝宝能说出一连串类似母语的音节，配合着手势和表情，可能还会夹杂着真正的词语，懂得一些日常用品的名称，能说出几个词和自己的名字；会按照成人的话去做一些简单的事情，比如，把东西放回原处等。

多交流，多回应

经常与宝宝交流，并对他发出的各种信号做出反应，尤其是对声音信号做出及时的回应，以支持和鼓励他表达。爸爸妈妈要面对面，清晰地与宝宝讲话。多用愉快的口气和表情对宝宝说话，看到什么就说什么，正在做什么事情就讲什么，比如，“吃奶了”“妈妈抱”“洗澡了”等。与宝宝说话时，保持一个高度，让宝宝看清爸爸妈妈的口型，注意你发音时口型的变化，这会极大地刺激宝宝尽早发音说话。同时，爸爸妈妈要专心倾听宝宝说话，鼓励他继续发音或表达意愿。此外，爸爸妈妈跟宝宝说话时，应放慢速度，话尾可留一段空白时间，让宝宝有机会练习说话。

爸爸妈妈还可以多为宝宝朗读，或者和他一起读书。

去旅游，请带上宝宝

在旅行中会遇到很多新鲜的人和事，爸爸妈妈带上宝宝一起去探索，去沟通，宝宝见得多了，他的性格会非常开朗。同时对亲子关系的建立也有很大帮助。

带宝宝旅游的好处

常带宝宝旅游，有助于发现他的个性和天赋，培养他从小做一个独立自主的小大人。从旅行的各种观察当中，向他人学习待人处事之道；在与来自不同背景的朋友的相处中，练习包容与尊重；和小动物美丽的邂逅，认识不同物种的生存智慧，从而懂得更加尊重生命，宝宝自然就能获得最真实的体验，并会受到无形的影响。

旅游是一种很特别的教养与思考的方式，通过旅游，可以开阔宝宝的视野。同时让宝宝变得懂事、勇敢，让他学会适应不同的环境并照顾好自己，这对宝宝建立信心与培养独立自理能力有很大好处。

视力发育

视觉是宝宝发育较晚、出生时较不成熟的一种感知觉。宝宝的视力需要几年时间才能发育到接近成人的水平。1 岁宝宝约有 0.2~0.25 的视力，立体视觉较好，可以分辨远近，有深浅感。

呵护宝宝眼睛要注意生活细节

注意宝宝眼睛的清洁卫生，教育宝宝不要用手揉眼睛，如果有异物进入眼睛要及时请成人帮忙处理。

发现宝宝眼睛发炎，要及时就医。

多带宝宝在户外活动。

观察宝宝是否有视力异常，爸爸妈妈应注意观察宝宝的双眼是否对称，及早发现内斜视。内斜视大多会影响视力的发育，造成弱视，也会影响立体视等高级视功能的发育。问题发现越早越好，矫正的可能性越大，治疗的效果也越好。

定期带宝宝去检查视力。3 岁以下的宝宝通常不会配合医生检查视力，但是爸爸妈妈可以在家里观察，通过宝宝日常生活中的一些习惯和细节，初步判断宝宝的视力情况。

随着宝宝的成长，他的活动能力越来越强，活动范围越来越大，发生眼外伤的可能性也随之增大。所以，爸爸妈妈除了关注宝宝的视力外，还要注意避免眼外伤的发生，不要让宝宝独自拿锥子、小刀等尖锐的物体玩，燃放烟花爆竹时注意安全。

温馨提示：需要带宝宝去医院检查的情形

如果宝宝有下面这些表现，说明他的视力可能有些问题，要带宝宝到医院检查。

1. 动作比同龄宝宝明显笨拙，走路经常跌跌撞撞，躲不开眼前的障碍物。
2. 看东西时经常眯眼、歪头、往前凑，看书、看电视时总是离得很近。
3. 有的宝宝甚至对色彩鲜艳、变化多端的电视都不感兴趣。

常见问题与护理

营养不良

婴幼儿期是宝宝生长发育最快的时期，所需蛋白质、热能均比成人相对要高。如果营养充分，可为宝宝健康打下良好的基础；而营养不足及缺乏均可导致疾病。其中，营养不良就是因为宝宝对营养素摄取不足或吸收不良导致的营养缺乏性疾病。

如何预防宝宝营养不良

按月龄合理喂哺，按程序添加辅助食品。喂养要按顿数、荤素各半；进食水果也要适量，少摄入饮料，少吃冷饮、零食及油炸食品；不要让宝宝暴饮暴食；尽量规律作息，按时睡觉。

不要忽视宝宝的饮食和胃口问题

当各种疾病愈后产生厌食，或暴饮暴食引起积滞后，爸爸妈妈不要强迫宝宝进食，平时要根据宝宝自身的基本情况定量。同时产生厌食或积滞，要及早带宝宝去医院治疗。

O 形腿

O 形腿俗称罗圈腿。表现为当宝宝站立或下肢自然伸直时，脚踝能够碰到一起，但膝盖却不能并拢。

罗圈腿的产生有两个原因

一是由于缺乏维生素 D 导致的佝偻病；二是爸爸妈妈让宝宝过早地行走、站立，导致宝宝腿部骨头变弯。爸爸妈妈发现宝宝出现罗圈腿时，可以带他去医院检查，如果是由于缺乏维生素 D，及时治疗。如果是由于不适当的生活习惯导致的，就要尽早矫正。一般情况下，一两岁的宝宝出现罗圈腿都是暂时性的，因此爸爸妈妈不要过于担心。

检查宝宝是否有罗圈腿

先让宝宝仰面躺，爸爸妈妈轻轻地把宝宝的双腿拉直，并且尽可能让宝宝的两条腿并拢。正常情况下，膝关节和踝关节都是可以靠在一起的，如果中间有缝隙，需要及时带宝宝去医院检查，以便尽早发现和治疗。

如何预防罗圈腿

宝宝出现罗圈腿的原因多数是因为宝宝体内缺乏维生素 D，这样，宝宝体内钙和磷的代谢就会不正常，从而造成宝宝骨骼发育发生障碍。等到宝宝 1 岁左右可以站立、走路时，他的小腿由于受到重力作用就会变得弯曲。为了预防由于缺乏维生素 D 而导致的罗圈腿，爸爸妈妈应多让宝宝晒太阳，不让他过早站立、行走，同时为宝宝补充所需的维生素 D，提供均衡的食物。

情感、思维、智力、性格的养育

和宝宝一起涂鸦

宝宝涂鸦不仅是指用笔画，他划拉洒在桌上或地上的东西留下自己动作的痕迹，也是一种涂鸦。

刚开始的时候，宝宝涂鸦没有什么目的。但仔细观察，爸爸妈妈会发现，宝宝涂鸦的笔道有的粗犷，有的纤巧，有的随意，有的谨慎，这与宝宝当时的状态甚至与他的性格是有关的，是宝宝的某种自然的表达。随着动作和认知能力的发展，当他能够更好地控制手的动作后，就渐渐能够按照自己的想法来涂鸦，真正开始有意识地表达了，而且会表达得越来越清晰、具体、细致。

宝宝的语言能力有限，难以细致、准确地表达。而通过涂鸦，宝宝能够自由地表达他的内心世界，宣泄和释放各种情绪、情感，并更好地了解自己。因此，爸爸妈妈不要只关注宝宝画面是否整洁与清晰，而忽略他表达的愿望和想表达的感受，更不要批评他、限制他，或者超越他的发展阶段去教他画，否则，宝宝会很受挫，久而久之就不愿、不敢画了。

为了鼓励宝宝涂鸦，爸爸妈妈还可以和宝宝一起涂涂画画。这样做可以激发宝宝涂鸦的兴趣，让他更大胆地去画。

爸爸妈妈可以创造条件让宝宝涂鸦

可以给宝宝准备一个高度适宜的小桌子，给他一些画笔和白纸，让他随意地涂鸦。

为了防止宝宝在墙上乱涂乱画，还可以事先在墙上贴一些白纸或报纸，让宝宝在这个范围内涂鸦，而不随意地破坏墙面的整洁。画满之后，再换新的纸张让他涂涂画画。

宝宝有时兴致上来，会到处乱涂。为了避免宝宝把床单、被罩等弄脏，可以购买那种颜料能够被清洗的画笔，供宝宝使用。

宝宝总爱发脾气

对小宝宝来说，坏脾气是成长中的正常现象。宝宝总爱发脾气，原因主要有：

爸爸妈妈不知道他的小心思。1 岁以后，宝宝能听懂的话越来越多，对世界也已经有了一定的认识，但是表达能力还十分有限。当表达不出自己的需要、大人又不能解读时，宝宝就很容易产生挫折感并发脾气。

他要自己拿主意。1 岁的宝宝运动能力发展迅速，活动的范围增加，他开始想要独立，他对世界的认识非常有限，考虑问题是以自己为中心的："自己吃！""我要到那儿！""给我，我想要这个！"但是，宝宝很快就会发现这是个不能任由他主宰的世界，大人不断规定宝宝做什么和不做什么，而宝宝不能得到所有想要的东西，不能去所有想去的地方……在了解自身和探索外部世界、寻求独立的过程中，挫折是一个不可缺少的部分，而失望常常会触发宝宝的坏脾气。

宝宝遇到困难了。宝宝没有发展出像成人一样的控制力和抑制能力，也还没有学会应对挫折的多样化方法和策略。因此，遇到问题或挫折的时候，只会用发脾气来表达。

宝宝不舒服了。宝宝身体不舒服了，比如困了、饿了的时候，也容易烦躁和哭闹。

这样预防宝宝发脾气

做个好榜样。如果爸爸妈妈常常因为一点小事就发怒，宝宝就会模仿。

增加对宝宝的关注。体贴宝宝的需要，当感到宝宝累或饿时，最好不要带他去购物或出去玩；当宝宝生病时，理解他的不舒服，体贴地与他玩，转移他对身体不适感的注意。给宝宝足够的爱和关注，保证宝宝每天的大部分时间里有积极、放松的体验，有足够的空间可以活动或探索。多表扬、鼓励宝宝好的行为，不要让宝宝为了得到爸爸妈妈的注意而发脾气。许多宝宝发脾气之前，会有很多迹象，爸爸妈妈要善于观察并及早准备，转移他的注意力或是与他一起做些放松的事。

给宝宝适当的自由和满足。反思一下，爸爸妈妈对宝宝限制是否过多？不能拿水杯，不能弄脏衣服……当宝宝感到没有自主权时，常常会生气，因此，当宝宝要做什么时，仔细考虑下这个要求过分吗？爸爸妈妈需要清楚在什么事情上必须坚守原则，而在其他的大多数情况下尽可能放手让宝宝探索。减少宝宝的挫折感，玩具和游戏要适合宝宝的年龄，使宝宝更多地体验到自信而不是挫败。

宝宝发脾气时怎么办

无论多么努力地预防，宝宝发脾气的事情还是会发生。下面这些技巧可以帮助爸爸妈妈处理宝宝的坏脾气。

尽可能保持平静。面对宝宝的坏脾气，爸爸妈妈也会有压力，尤其在公共场合，爸爸妈妈会觉得尴尬或有挫败感。如果爸爸妈妈非常生气或难受，可以闭上眼睛数 5 下，或者做 5 个深呼吸，先让自己平静下来。

转移注意力。可以利用宝宝注意力容易转移的特点，当他发脾气时，给他一个新颖的玩具，或者他喜欢的食物，宝宝可能马上会被吸引而停止哭闹。

冷处理。在处理一些小脾气的时候，走开或者假装没有注意到能产生不错的效果。当不涉及原则性问题的时候，惩罚宝宝只会增加他的困扰，有时还会让小脾气变成大风暴。另一方面，如果宝宝一发脾气爸爸妈妈就妥协，是在奖励宝宝的坏脾气，有些宝宝会把发脾气当成实现自己的意愿的方法，从而变得更有意为之。

有时，宝宝喜欢自己玩耍

学会独处是自我认识智能发展的一种表现。自我认识智能较高的宝宝常常以深入自我的方式来思考。对他们而言，理想的学习环境必须有自己的独处的时间，并允许他们自我选择、自定计划和自我决策。

其实，很小的宝宝就具有独处的能力。在宝宝身体感觉良好的情况下，他是能够自己玩的。他会把小手放到嘴里，尝一尝，拿出来看一看，再放进嘴里尝一尝。这个时候，他正在认识自己的身体，这是他自我认识的一个开端。长大一些以后，当他刚会爬、会扶着东西走路的时候，独处的时间将给他一个机会，让他尝试着运用这些能力，同时进行自我的探索——了解自己的能力，估计自己能不能够得到面前的玩具，能不能跨过眼前的门槛；并且通过尝试验证自己的判断，建立起对自己的认识和信心。

很多爸爸妈妈唯恐宝宝无聊，不断地逗他，甚至在他自己玩得很高兴的时候，也去打扰他。长期这样做，会影响宝宝发展独处的能力，以后在没有玩具、游戏或玩伴的时候，他可能就会坐立不安、无所适从；很难独处，不会沉思，也不利于他发现和了解自己。

因此，爸爸妈妈要给宝宝留出一些独处的时间和空间，让他感受自我、享受自我、发展内心世界。而不是不停地让宝宝干这干那，用各种游戏、玩具和活动填满宝宝的时间和空间，这样会让宝宝陷入信息的旋涡，难得独处，难得清静，难得沉入思考。

02 1岁2个月~1岁4个月

这个年龄段的宝宝

运动能力

会走的宝宝，到了这个月龄，会扶着栏杆或其他物体将脚下的球踢开，身体的平衡能力也明显增强。

一般来说，1岁3个月的宝宝走路已经比较稳了，向前走、向后退都较为自如，要开始学跑了。牵着妈妈的手已能上好几级台阶。

1岁4个月的宝宝，有些已经可以不扶任何物体自己弯腰拾起地上的物品。但有些宝宝可能两三个月后才会弯腰拾东西。

这个年龄段的宝宝喜欢有孔的玩具，可以轻松将手指伸入孔中。现在，他们非常喜欢涂鸦，可以画出简单线条，但还不能模仿爸爸妈妈涂鸦。

语言能力

宝宝还不能复述爸爸妈妈的话，或会重新整合了他听到的语言。但当别人问起熟悉的人或物时，他能够很快指出来。

宝宝开始学会用单音字代表句子，可有意识地给宝宝听一些押韵的词诗，可促进语言发育。

认知能力

1岁4个月的宝宝已开始对挫折和失败有了鲜明的体会，他们会用自己的方式表达受挫后的情绪。

现在，他们懂得“2”的意义，能分清“1”以及哪些物品比“1”要多。

站在镜子面前，他会试图去触摸里面的宝宝，他已简单了解，自己是个独立的个体。

对于一些简单的形状他们已能分清，一般先认识圆形，之后是方形和三角形。

社交能力

这么大的宝宝开始愿意主动与外界交流。但遇到陌生人会寻求亲人的保护。当然，尽管他有些害怕陌生人，但仍能勇敢直视对方。

和小朋友们在一起时仍是各自玩自己的，缺乏交流，因为在这个年龄，他们还没有分享、合作的意识。

喂养的那些事儿

自然断奶

对于宝宝来说，断母乳，不单是不让他吃妈妈的乳头，而是有和妈妈分离的感觉，因此多数宝宝在情感上是不能接受的。温和、自然的断奶方式能更好地保护宝宝的情感。

最佳自然断奶时间

世界卫生组织建议在宝宝出生后 6 个月内进行纯母乳喂养，并继续母乳喂养至 2 岁或更长时间。但因为各种原因不能继续进行母乳喂养的宝宝，在满 1 周岁后可以喝配方粉。宝宝在 1 周岁后胃肠消化功能基本完善，加上对各种营养素需求不断增加，即便妈妈不再喂母乳，所需营养也可以从其他食物中获得补充。提醒妈妈注意的是，断奶最好选择春、秋、冬 3 季，不要在炎热的夏季或在宝宝生病时断奶，以免宝宝上火，引发或加重疾病。

自然断奶原则

自然断奶应遵循循序渐进的原则，即逐步减少喂母乳的时间和母乳量，代之以牛奶和辅食，直到完全停止母乳喂养。相反，若突然断奶不但容易造成妈妈乳房胀痛，甚至患上乳腺炎，宝宝也会因为极度不适应而哭闹不休，甚至生病。妈妈只要遵循前后有序的原则，给宝宝断奶并不困难。

自然断奶的具体方法

逐渐让宝宝远离母乳。妈妈减少进食促进乳汁分泌的食物。逐步减少给宝宝喂母乳的次数，并缩短哺乳时间，延长哺乳时间间隔。尽量不用乳头哄宝宝入睡或哄哭闹中的宝宝。不喂哺时，尽量不在宝宝面前暴露乳头，尽量不用喂奶的姿势抱宝宝。妈妈乳房发胀时，用吸奶器吸出乳汁，吸乳过程不要让宝宝看到。

转移宝宝对妈妈的注意力。增加爸爸或家里其他看护人看护宝宝的时间，以此减少宝宝对母乳的想念和对妈妈的依恋。

把宝宝的食欲转移到辅食和配方粉上。在宝宝的玩具中增加餐具玩具，或给宝宝玩食物餐具。加大力度准备宝宝喜欢的食物，让宝宝的饮食兴趣转到饭菜上去。给宝宝准备一个配有仿真人工乳头、带握把的奶瓶，让宝宝喜欢自己拿着奶瓶喝奶的感觉。

改变宝宝喝奶的习惯。宝宝会有习惯性的喝奶需求，比如，刚起床或快睡觉时，妈妈要慢慢改变宝宝这种喝奶习惯。

提升宝宝对辅食的兴趣。宝宝断奶的过程也是增加辅食的过程。妈妈在宝宝断奶期要注意多变幻辅食花样，借以提升宝宝食欲，将宝宝的饮食兴趣转到饭菜上来，以便降低宝宝对母乳的依恋。

让宝宝自己动手进食。为了减轻宝宝对母乳的依恋，喂宝宝辅食时，妈妈可刻意增加宝宝自己用餐具进餐的机会，让宝宝自己吃饭可淡化他对吸吮的心理依赖，有助于增加他自己动手进食的乐趣，减轻对母乳的依赖。

一日饮食安排

这个月龄段的宝宝牙齿陆续长出，食物种类几乎可以和大人吃得一样了，但因为宝宝消化系统还很脆弱，所以爸爸妈妈要根据他的生理特点和营养需求，为宝宝制作美味可口的食物，确保均衡营养。

具体一日饮食安排

主食：米粥、面食（面条、馄饨、饺子等）、软饭。

辅食：母乳 / 配方粉、水果、肉类、鱼类、豆制品、蛋类、蔬菜、健康小零食等。

餐次：母乳或配方奶 2 次，辅食 3 次。

安排饮食注意事项

这个月龄段的宝宝胃容量有限，宜少吃多餐。而且餐、点时间不要距离过近。注意不要给宝宝吃过多零食，以影响正餐进食，长此以往容易造成营养失衡。

宝宝饮食中要确保蔬菜、水果摄入量，烹饪时可做成菜粥、果汁等以改善宝宝口感，切记蔬菜水果不可互相取代。这个月龄的宝宝每天摄入蔬果应该在 150~200 克左右。

动植物蛋白要适量摄入，肉类、鱼类、豆类和蛋类不可缺少，烹调时宜选择清淡的烹饪方法，利于宝宝消化吸收。

在这个月龄段，奶及奶制品是宝宝不可缺少的食物，每天应保证摄入 500~600 毫升母乳或配方粉。

爸爸妈妈要给宝宝适量吃些粗粮，以免宝宝患维生素 B_1 缺乏症。

日常生活与保健

宝宝生病不要随意吃药

这个月龄的宝宝免疫力还比较弱，容易生病。其中以感冒最为多见，但因为宝宝各脏器发育还不健全，感冒药抑制各种不适症状的同时也会对心血管、呼吸、神经系统等方面造成一定的副作用，爸爸妈妈不应忽视。大部分感冒由病毒感染所致，宝宝依靠自身抵抗力经过一段时间也可将病毒杀灭。从这方面来说，药物并不是治疗疾病唯一和必需的手段。

怎样情况不必吃药

宝宝患病了，如果是上呼吸道感染所致的发热，体温在 38.5℃以下，精神状态很好，也有食欲，爸爸妈妈可加强护理，适当进行物理降温，让宝宝多喝水，可先不必吃药。

因喂养护理不当所导致的腹泻不必马上吃药。爸爸妈妈帮宝宝热敷腹部，适当进食易消化的食物，很快可以恢复。

因接触过敏原出现的腹泻、少量荨麻疹、皮疹等病征，脱离过敏原后，症状很快会得到缓解，也可暂不用药。

具体症状巧应对

咳嗽。宝宝感冒引发咳嗽，若喝止咳药水通常会使宝宝出现口干、眩晕、困倦等副作用，对幼嫩的咽喉也是一种刺激；而梨水可以缓解咳嗽，改善宝宝睡眠，应对咳嗽的效力甚至比一些止咳药水还好。此外，热饮，比如热果汁等自榨饮品也具有稀释黏液的作用，有助于宝宝将痰咳出，从而缓解咳嗽症状。

借由加湿器和拍背也有助于宝宝排痰止咳。拍背时，爸爸妈妈要使手掌呈空心状，轻轻使用一定力度，一下一下慢慢进行，切忌在宝宝刚进食后拍背。

鼻塞、流鼻涕。用湿热的毛巾给孩子敷在鼻子上，鼻腔会比较通畅。天冷时可以用空调或暖炉改变室温，缓解孩子鼻塞、流鼻涕的症状。使用蒸脸器产生的蒸汽可以湿润鼻腔，将大量鼻涕快速、自然地排出。使用时要注意防止烫伤皮肤，一次使用的时间不宜太长，约 3~5 分钟即可。

如果孩子的鼻腔内有干痂，可以用棉花棒蘸水清洁或用生理盐水清洗浸泡，待干痂变软后再取出。

发烧。宝宝发烧，说明免疫系统正在发力，如果体温没有超过 38.5℃，可以借由物理降温退热，比如洗个温水澡。

发烧时身体会消耗大量水分，要注意给宝宝补水，有助于退热；也可以给宝宝喝些葱白水，取一根约手指长的葱白加 100~200 毫升水煮开，放一些冰糖，适量给宝宝服用。如果宝宝高烧超过 38.5℃，需要使用退烧药。

普通感冒症状多见鼻塞、流鼻涕、咳嗽、打喷嚏等，若没有细菌感染，通常 3~7 天就能康复。但爸爸妈妈要注意观察宝宝病情，这个月龄的宝宝身体各方面机能还未发育成熟，很容易因感冒引发各种并发症，比如心肌炎、肺炎等，应高度警惕。

这些情况需要带宝宝看医生

- 高热，体温高于 39℃。
- 呼吸困难、鼻翼翕动、呼吸时锁骨上、肋骨间、胸骨上皮肤向下凹陷。
- 呼吸急促。
- 口唇、指甲甚至皮肤发青、发紫。
- 嗜睡或无法安抚地哭闹。
- 持续咳嗽超过 1 周。
- 持续流鼻涕超过 10 天。

避免走极端

宝宝患病后症状较轻可暂不吃药，进行物理治疗，但爸爸妈妈不要从一个极端走向另一个极端。这个月龄的宝宝患病，具有起病急、病情变化快的特点，若忽视关键的异常症状或体征可能错过最佳治疗时期。仅感冒而言，对于体质好的宝宝来说不吃药可能三五天就痊愈了，但对于体质弱的宝宝很可能因为治疗不及时而引发其他并发症。此外，这个月龄的宝宝，有些疾病会以感冒症状为表象，如过敏等。所以，宝宝患病后，爸爸妈妈要密切观察宝宝情况，当发现宝宝出现精神不好、食欲差等症状时，最好送医院，适时、合理用药可以让宝宝早日痊愈。

常见问题与护理

鼻炎

小儿鼻炎包含许多分类，比如，小儿急性鼻炎、小儿慢性鼻炎、小儿过敏性鼻炎等等，这个月龄的宝宝以急性鼻炎和过敏性鼻炎最为常见。

鼻炎的致病原因

鼻炎是由于急性或慢性鼻黏膜被病毒、细菌感染，或在刺激物的作用下受损而导致的。

小儿急性鼻炎：主要为病毒感染或者在病毒感冒的基础上继发细菌感染所致。常见的诱发原因为受凉、过于劳累、维生素缺乏等。

小儿慢性鼻炎：若急性鼻炎的反复发作，炎症反复刺激鼻腔，或未彻底治疗鼻腔及鼻窦的慢性疾病便可导致宝宝患上慢性鼻炎。

小儿过敏性鼻炎：宝宝本身是过敏体质，接触如汽车尾气、粉尘等过敏原后容易诱发过敏性鼻炎。过敏性鼻炎经常伴随着感冒发作，此外，宝宝因患病期间使用了抗生素等药品也会间接诱发过敏性鼻炎发作。

鼻炎的症状

小儿急性鼻炎：起病时宝宝会有轻度发热，鼻咽部会有灼热感，鼻内发干、发痒，有打喷嚏症状，之后会出现鼻塞、流清水样鼻涕、嗅觉减退，头痛等表现。若继发感染时，分泌物会转为黄脓鼻涕且不易擤出，以致鼻塞表现更加严重。

小儿慢性鼻炎：宝宝会出现长时间的间歇性或交替性鼻塞，会严重影响睡眠、生活。若脓鼻涕倒流入咽腔时还会使宝宝出现咳嗽、多痰等表现。同时可伴有头痛、头昏、嗅觉减退等症状。

小儿过敏性鼻炎：遇到粉尘、花粉、冷风等过敏原，宝宝会连续打喷嚏，同时出现鼻痒、鼻塞、流清涕、耳闷、耳鸣等表现。

鼻炎的治疗及护理

小儿急性鼻炎：进行针对全身症状治疗，比如服用抗病毒药物，或使用抗生素进行抗感染治疗。宝宝患病期间，爸爸妈妈要注意让宝宝多饮水，饮食要清淡且容易消化。

小儿慢性鼻炎：以病因治疗为主，局部可借由激素治疗，同时还可进行鼻腔冲洗、使用滴鼻药物等。

小儿过敏性鼻炎：避免接触致敏原和刺激性物质，常见的过敏原是尘土、螨虫、真菌、羽毛等。此外，还需要配以全身及局部抗过敏药物治疗。

鼻炎的预防

宝宝患有鼻炎，会导致鼻腔狭窄而影响通气，使全身各组织器官不同程度缺氧，出现记忆力减退、智力下降、周期性头痛、头昏等症状，对身心健康会造成较大影响。相对于治疗，积极预防宝宝患病更为重要。

注重鼻腔卫生，不要让宝宝养成抠鼻孔习惯，以免损伤鼻腔内部黏膜。

宝宝有鼻涕时，要帮他擦干净。用纸巾捏着宝宝的双鼻孔擤鼻涕的方法不可取，这种擤鼻涕方法容易造成鼻涕倒流进鼻窦，使细菌感染鼻窦，患上鼻窦炎，要注意避免。正确的方法是，分别堵住宝宝一侧鼻孔，一个一个地把鼻涕擤干净。

室内要经常通风，注意家居卫生，远离过敏原。对于过敏体质的宝宝，室外活动时要避免接触花粉等常见过敏原。

多带宝宝外出活动，以加强锻炼增强体质，但同时要注意防寒保暖，以防感冒。

避免宝宝精神压抑，不要过度劳累。

饮食方面，不要喂宝宝油腻辛辣的食物，平日里要注意多饮水，多吃蔬菜水果，不吃或少吃甜食品或甜饮料，保持大便通畅。过敏体质的宝宝尽量避免食用海鱼、海虾、河蟹等容易引起过敏的食物。

冬季天气干燥时可在宝宝房间内放置加湿器，以免室内空气过于干燥而引发鼻腔不适。

小儿鼻炎容易诱发许多并发症，最常见的并发症是中耳炎、鼻窦炎、咽炎和支气管炎，爸爸妈妈要注意谨慎提防，发现异常要及时带宝宝就医。

情感、思维、智力、性格的养育

安抚心情不好的宝宝

我们都常常需要得到安慰，尤其是当我们生病、受伤或经历了糟糕的一天后。同样，宝宝在生病、不安或是难过的时候，也需要安抚。安抚宝宝并不会宠坏他，而是让他知道你很在乎他，你会一直陪伴在他身边，你的每一次安抚都会增加宝宝对你的信任。

有些宝宝很容易安抚，而另一些则很难。作为爸爸妈妈，你经常需要判断哪里出了问题、怎样帮助宝宝。或许一段时间这样的安抚方式有效，再过一段时间就要用另一种安抚方式了。

安抚宝宝的方法很多，以下方法可以供爸爸妈妈参考：

- 轻轻地摇晃宝宝。
- 唱歌给他听。
- 放在背带里带他走走。
- 给他一个安抚玩具。
- 用平和的声音和他说话。
- 了解宝宝的需要。
- 亲密地抱着他。
- 轻揉他的后背或肚子。
- 将宝宝放在手推车里带他出去散散步。

淘气宝宝

宝宝会走了之后，开始喜欢到处探索。有些宝宝更是十分好动，什么都想摸一摸、动一动，甚至抓到什么都往嘴里塞。爸爸妈妈要是阻止他，不让他动，他会发脾气。因此，爸爸妈妈会觉得宝宝变得很淘气、越来越难对付。

这个时期的宝宝，非常考验爸爸妈妈的耐心。首先，爸爸妈妈要意识到，宝宝现在喜欢自由活动，这是他成长的需要。因此，要顺应宝宝的发展，给宝宝提供合适的玩耍和探索的环境，而不要过多地限制他。可以把家里收拾好，最好开辟出一块专门的空间，在那里放上宝宝的玩具、图书等，让他能够自由、安全、尽情地活动和玩耍。还可以给宝宝一些可替代的东西玩，或者让他把想做的事情用另一种可接受的方式来做，以满足宝宝的好奇心和探索的欲望。

宝宝好动且精力充沛，妈妈温柔的方法、协商的口吻常常会失效。而此时，男性的力量、理智、鬼点子通常可成为“制服”淘气宝宝的“法宝”。

用幽默转移注意力。宝宝无端哭闹，妈妈柔声细语地哄劝已不起作用，这时爸爸的搞怪动作往往可以转移他的注意力。比如用低沉的男声夸张地跟宝宝说话，拍手、跺脚、咂舌、做鬼脸等，都可能会使宝宝转哭为乐。

高难度大动作。爸爸可以直接发挥男人的优势——高难度抱宝宝。比如把宝宝放到肩上，抱在臂弯里转圈等，这会让宝宝一下子开心起来，并好奇地左看右看。这样的身体体验，还能锻炼宝宝的前庭功能和本体感觉，有利于空间感、探索欲、适应能力等的发展。

黏人

这个月龄的宝宝对爸爸妈妈的依恋感很强，这种依恋感来自于强烈的安全需要，适度依恋是宝宝发育正常表现，是宝宝成长过程中的必经阶段，随着年龄增长和心智成熟，这种黏人表现将一点点淡化。但如果宝宝表现得过于黏人则需引起爸爸妈妈关注。

宝宝黏人的原因

一种情感表达方式。黏人对这个月龄的宝宝来说是一种情感表达的方式，希望从爸爸妈妈那里获得足够的爱与关注。所以，爸爸妈妈在精神层面要注意和宝宝认真沟通、交流，在感情上给予宝宝足够的关注，满足宝宝对情感的渴望。

遇到困难时需要援助。这个月龄的宝宝独立意识增强，但在尝试独立的过程中可能感到害怕和需要爸爸妈妈的关注，这种现象是正常的，不会持续太长时间。当宝宝想独立完成某件事却无法完成时，他会黏着爸爸妈妈，寻找安全和保护。爸爸妈妈需要让宝宝时刻感受到爸爸妈妈对他的支持，这样宝宝才会获得足够的安全感。当然，在宝宝遇到困难时，尽可能鼓励他自己完成，同时要给他必要的帮助，完成后及时给予表扬和赞许，有助于宝宝获得安全感。

警惕心加强。随着活动空间增大，接触的人也越来越多，当宝宝身处陌生环境时，他会紧跟着爸爸妈妈，片刻不离，以确保自己的安全，这是安全意识提升的表现。

养育态度不一致。宝宝虽小，但也有初步与外界交流的愿望，包括身体接触、对视微笑、爱抚等等。如果爸爸妈妈心情好时，任由宝宝黏着；心情不好时，便将宝宝推开。这种前后不一致的态度，不但会对宝宝心灵造成伤害，反而会增强宝宝的“黏性”，让宝宝因为害怕失去而更加黏着爸爸妈妈。

问题黏人宝宝的表现

- 只要妈妈在，就不跟别人，只黏着妈妈。
- 经常希望妈妈抱着。
- 不愿意自己玩儿或者做任何事情，凡事都要妈妈陪着才安心。
- 假如宝宝一刻不停地需要妈妈的关注，对外部其他事情都没有太大兴趣，爸爸妈妈应高度关注，及时纠正、调整教育方法和对宝宝的态度。

应对黏人宝宝

总体上来说，宝宝对亲人的依恋可以分为两种类型：安全依恋型、不安全依恋型。过分黏人的宝宝就属于不安全依恋型，有较多的不安全感，非常害怕与妈妈分开。因此，只要妈妈一离开视线，就会紧张慌乱甚至大哭大叫，自理能力也会受影响，性格方面容易表现为不够自信，情绪暴躁又懦弱。当宝宝表现得过于黏人时，爸爸妈妈可通过以下方法加以纠正。

在家里玩分离游戏。爸爸妈妈和宝宝一起玩过家家游戏时，可以假装出门后再回来，让宝宝清楚有时分开只是暂时的，这种渐进式的分离，对宝宝接受与妈妈分离会有一定帮助。

让宝宝自己做事。这个月龄的宝宝已经可以帮爸爸妈妈做一些简单的事情了，爸爸妈妈创造机会让宝宝做力所能及的事情，会让宝宝发现自己的能力，增加自信心，从而减少对爸爸妈妈的依赖。

注重情感的交流。与宝宝建立安全的依恋关系，爸爸妈妈要认识到和宝宝的情感交流是至关重要的，重视与宝宝的情感交流，才会让宝宝感到安全，有助于彼此建立正常的依恋关系。

多培养宝宝的兴趣。多带宝宝接近大自然，开阔视野，当宝宝发现身边竟有这么多有趣的事时，黏人的表现会有所减弱。

给宝宝足够的安全感。在宝宝没有适应离开爸爸妈妈时，爸爸妈妈要尽量避免丢下宝宝，让他一个人独处。当不得不离开时，要用宝宝能懂的方式让他明白，爸爸妈妈的离开只是暂时的。平时，爸爸妈妈要多给予宝宝关爱，及时回应宝宝，满足他的心理需求。比如尽可能抽时间陪宝宝玩耍，经常以温柔的目光、话语或者抚摸、搂抱、亲吻来与宝宝交流，让他充分感受到爸爸妈妈的爱。

注意培养宝宝的独立能力。宝宝若从小习惯一直由大人陪伴着玩，就会缺乏自己玩的能力，从而凡事依恋爸爸妈妈。因此，爸爸妈妈在给予宝宝足够关爱的同时，应该放手给宝宝自己玩。当宝宝习惯了独自玩耍后便不会过分黏人了。此外，爸爸妈妈要有意识地培养宝宝自理能力，宝宝若不需要帮助，不要主动帮忙，随着宝宝独立能力增强，黏人的表现会逐渐减少。

这个月龄的宝宝黏爸爸妈妈是非常正常的，因为这个年龄段正处于分离焦虑最厉害的时期，对妈妈会格外黏，非常害怕见不到妈妈，爸爸妈妈帮宝宝缓解黏人表现时不要心急，要让宝宝一点点找回安全感，有勇气和胆量去探索外部的世界。

03 1岁4个月~1岁6个月

这个年龄段的宝宝

运动能力

宝宝行走更加自如，喜欢爬台阶，但还不能独立上下楼梯；能够自己蹲下站起但不稳，平衡能力还比较差；到了1岁6个月时，走路更加稳了，有时还想跑，更加喜欢爬上爬下，可以倒退走了，喜欢学着爸爸妈妈的样子踢皮球。

宝宝可以立定跳，在爸爸妈妈的搀扶下，可以从一个台阶上跳下。

1岁6个月的宝宝跑步比较僵硬，还不能绕障碍物跑；可以蹲下站起，但不是很稳；会蹲下来找东西。

语言能力

会说出3~5个词，会说爸爸妈妈的名字、自己的小名；能用词表达自己想要的东西，如食物和玩具；会说出常用东西的名称（至少4件）；会用声响给日常生活中常见的物体命名，如把“狗”称作“汪汪”；会说出3~4句的儿歌，会用代名词“他”和“你”；能用简单的语言正确表达自己的要求，如“要吃”“喝水”“上街”“不要”等等；能理解1~2个方位性语句，比如“把小汽车放在桌子上”“把洋娃娃放在盒子里”等。

在语言发展方面表现的特点仍然是以词代句，词汇量较前一阶段有了增加，并逐渐向简单句过渡。在1岁6个月左右，宝宝已经能够开始看着图画听爸爸妈妈讲简单的故事了。这时，宝宝会突然开口说话，而且进步很多，从说单个词到能说出含有3~5个词的简单句子，这是宝宝语言发展的一个明显的转折点，为之后词语取代手势的表达方式做好了很好的铺垫。词汇量逐渐增加，可以增加到50个左右。

认知能力

1 岁 4 个月 ~1 岁 6 个月的宝宝对红色的感知更加熟悉，而且开始对蓝色和黄色有了更加明确的认知。从多种颜色中辨认出红色的游戏，对他们来说已经不是很难的问题了。除此以外，他们开始对蓝色和黄色有了更加明确的认知，如可以指认蓝色和黄色了。

在空间知觉方面，对不同形状如圆形、正方形、三角形的感知都有了进一步的发展。他们可以将两个完全相同的简单图形进行配对了；还可以完成一些简单的“动物嵌板”游戏。但是，在完成形状配对和嵌板的游戏中，他们还不懂得变通，需要在爸爸妈妈的引导下来转动方向后正确放入。所以对此时的“探索家”而言，放入圆形是最容易的，正方形和三角形都会有所困难。规则的动物嵌板也可以增加宝宝自我探索的信心，形状不规范的嵌板就需要爸爸妈妈的辅助了。

这个年龄段的宝宝，在触摸觉方面也有了进一步的提升，他们开始用自己的身体、手或者脚来感知物体的外部特征，比如软硬、光滑、粗糙等。他们喜欢玩水，尤其是在洗澡的时候，喜欢嬉戏玩耍；更加喜欢光着脚丫在地面上游走，用小脚丫来感触世界；喜欢玩土、玩沙；等等，这些都是宝宝乐此不疲的游戏。正是这样的亲近大自然，才可以使宝宝感触到丰富多彩的世界，才可以更好地促进他们身体智能的协调发展。

社交能力

这个年龄段宝宝的社会性游戏明显多于单独游戏。和妈妈或者其他抚养者相比，宝宝更加喜欢与自己的同伴游戏。此阶段宝宝在社会性游戏中，还表现出一个明显的特点，就是很少有宝宝会喜欢和陌生人一起玩。

这个阶段的宝宝独立能力逐渐增强，要坚持自己独立做事情，而且会有无理行为、发脾气等。性别意识有所发展，能够分辨周围伙伴的性别，但是不能理解性别的本质。他们会认为穿上花裙子就是女孩，剃成短发就是男孩；能够将自己的形象和外在形象上的东西区分，如知道手镯是加在身上的东西，而不是身体的一部分。

喂养的那些事儿

固定吃饭的时间和地点

爸爸妈妈帮宝宝养成良好的就餐习惯，有助于宝宝获得足够的营养，更好地成长发育。而良好的就餐习惯中，固定宝宝吃饭的时间和地点是最基本的要素。

宝宝吃饭的固定时间和地点

这么大的宝宝一天需要三餐两点，早餐可以在 10 点前完成，中午吃过午餐后，下午 3 点左右可吃午点。之后傍晚时分吃晚餐，临睡前用母乳或配方粉充当晚点。

宝宝进餐时，爸爸妈妈要注意营造良好的就餐氛围，可将宝宝的餐桌放到大人餐桌旁边与大人一起就餐。

经常告诉宝宝，吃饭时要坐在自己的小椅子上，只有吃饱后才可以离开。

对于这个年龄段的宝宝来说，爸爸妈妈让他定时定点进餐，宝宝逐渐会形成就餐条件反射，到那个时间就会分泌胃液，有利于食物更好地消化，对生长发育十分有利。

提升宝宝的进食兴趣

这个年龄段的宝宝正是贪玩的时候，如果进餐时间到了宝宝仍不肯吃东西，可以饿他一顿，这有助于他下一餐按时进餐。不要因为宝宝不吃饭而用强迫的方法逼他吃饭，那只会让他更反感。

尝试让宝宝自己真正参与到吃饭中来，比如让他自己握着小勺自己吃饭，宝宝自己吃饭可体会到成功感，这有助于提升宝宝进餐兴趣。

改掉宝宝进餐的坏习惯

边吃边看电视。为了能让宝宝安心吃饭，有些爸爸妈妈在就餐时会打开电视让宝宝一边看电视一边吃饭，结果宝宝眼睛一眨不眨地盯着屏幕，干脆不肯吃饭了。对于这样的情况，爸爸妈妈要尽量改掉餐前看电视的习惯。开餐前爸爸妈妈也要放下手中的事，聚在饭桌前，可表现出很期待用餐的样子，以便将宝宝注意力吸引到餐桌上。

边吃边玩玩具。吃饭时玩玩具容易使宝宝分散注意力，爸爸妈妈吃饭前要给宝宝充分玩玩具的时间。开饭前可提前告诉宝宝马上要开饭了，并提醒他收拾玩具。若宝宝心思还在玩具上可以将他的餐具递给他，让他把玩，借以告诉他现在到吃饭的时间了。

边吃边追着喂。有些宝宝吃饭吃到一半就坐不住了，离开座位后到处乱跑。这时爸爸妈妈如果追着喂，会对宝宝消化吸收非常不利，所以当宝宝不好好吃饭时不妨饿他一顿，有助于下一餐好好吃东西。饿一顿是不会饿坏宝宝的。

吃饭要有规矩

所谓没有规矩不成方圆，宝宝良好的饮食习惯是一点一滴养成的。当宝宝可以听懂爸爸妈妈的话后，爸爸妈妈应正确指导宝宝了解餐桌上的规矩，不但有助于良好的进餐习惯，也有助于食物更好地消化吸收。

爸爸妈妈做榜样。宝宝的模仿能力很强，因此爸爸妈妈必须做出好的榜样，让宝宝明白在餐桌上吃饭是有规矩要遵守的。比如口里有饭时不开口说话、不边吃边看电视等等。

只在餐桌进餐。宝宝如果吃饱了可以离开餐桌，若是宝宝没吃饱就跑开了，爸爸妈妈也不要因为担心宝宝吃得少而在后面追着喂饭，这不但不利于食物消化吸收，也不利于让宝宝遵守吃饭的规矩。

爸爸妈妈注意言行。宝宝不肯吃饭时，爸爸妈妈不要摆出唉声叹气、愁眉苦脸的样子，这只会让宝宝把吃饭当成一种压力，不利于健康饮食习惯的形成。

吃饭要专心。吃饭时，爸爸妈妈要注意为宝宝营造一个良好的进餐环境，吃饭时不要让宝宝玩玩具，更不要一边看电视一边吃饭。同时，需要提醒的是，不要在就餐时训斥宝宝，以免影响宝宝进餐的情绪。

宝宝食量小怎么办

宝宝1岁多了，还是食量小，爸爸妈妈难免会心急，提升宝宝食欲需要找出原因并对症改变现状。

影响宝宝食量的常见原因

对食物不适应。宝宝不能吃太过刺激性的食物，若宝宝的食物中有过辣、酸、咸的食物，则会直接影响宝宝的进食量。

宝宝身体不适。当宝宝身体不适，比如感冒、腹泻、便秘时常会没什么食欲，甚至拒绝进食。特别是服用一些药物后，因为药物作用也会对宝宝的食欲造成一定影响，吃饭时明显提不起兴趣。

天气原因。在炎热的夏季，宝宝食欲会明显减少。这是由于宝宝机体为了调节体温，较多血液流向体表，内脏器官供应相对会减少，以致影响胃酸分泌，导致消化功能减低，饭量会变少。

吃饭气氛不佳。宝宝相当敏感，若家中气氛不好，爸爸妈妈吵架了，或是自己受到责骂都会产生负面情绪，从而会间接地影响食欲。

零食吃太多。如果平时宝宝零食吃太多，胃会一直处于“工作”状态而没有足够的食物排空时间，宝宝会因为感觉不到饥饿，以至于到了吃正餐的时间提不起食欲。

生活作息不规律。这么大的宝宝消化器官发育尚未完善，胃容量较小，消化能力还较弱，适应性差，如果饮食不定时定量会影响胃肠功能正常运转，也会让宝宝对食物提不起食欲。

就餐环境嘈杂。就餐环境嘈杂，宝宝会因为不能集中精神吃饭而匆匆跑下饭桌。

营养素缺乏。钙、铁、锌，以及维生素C、维生素D、维生素E和叶酸，这些营养元素都和宝宝成长发育息息相关，缺乏这些营养素同样会影响到宝宝的食欲。

增加宝宝食量的方法

喝奶和吃主食时间要有规律，宝宝肠胃娇嫩，需要充分排空和休息，如此才能保证消化、吸收功能正常运作。

宝宝睡前妈妈可以按顺时针方向按摩宝宝腹部，腹部按摩有利于提升宝宝肠胃的消化和吸收，促进功能完善，提升食欲。

这个阶段的宝宝消化功能还较弱，适量多喂食宝宝一些流食有助于提升食欲。

宝宝喜欢千奇百怪的食物，爸爸妈妈用心改变一下食物的造型，可提升宝宝的进食兴趣。

想提升宝宝食欲，爸爸妈妈要注意多给宝宝换口味，多让宝宝尝试一些新鲜的味道。

宝宝食欲不好时，可以给宝宝煮些山楂水喝，山楂水可以开胃，有助于提升宝宝食欲。

温馨提示：关于宝宝吃饭

1. 不要和别的宝宝比较。由于遗传、环境、体形、活动量等方面的因素影响，宝宝对营养的需要量个体差异较大，因此，爸爸妈妈不要拿自己的宝宝与人家宝宝做比较。

2. 宝宝食欲并不稳定。宝宝的食欲有时可呈现周期性轻度增减的情况，这阵子食量少，过阵子食量可能就上来了。爸爸妈妈不必过于担心。

3. 不要逼宝宝进食。宝宝吃得少，爸爸妈妈不要逼宝宝进食，因为你越施加压力，宝宝就会越反抗，吃得会更少。事实上，如果能吃到各种各样的食物，几乎所有宝宝的饮食都能满足身体的营养需要。

4. 宝宝可能天生饭量小。宝宝饭量小也可能是爸爸妈妈的自我感觉，爸爸妈妈需要了解的一点是，宝宝正常发育便是营养充足的最好证明。所以，只要是宝宝身高体重的增长速度正常，便说明摄入量充足。

谨慎对待宝宝的点心

宝宝一天只吃三餐是不能保证其生长发育所需的营养的，因此，有些爸爸妈妈会给婴儿添加一些点心。这个月龄的宝宝能用手灵巧地捏起食物塞到嘴里，点心味道香甜，手捏取食很方便，因此，多数宝宝喜欢吃，但喂宝宝吃点心需谨慎对待。

多吃点心的坏处

从营养学的角度上分析，点心的主要成分是碳水化合物，同粥、米饭、面食一样，只要婴儿吃米、面食，就没有必要吃点心。但由于点心好吃，婴儿爱吃，点心可以作为一种增进婴儿生活乐趣的调剂品给予他，最好在和妈妈讲话，调教时喂他，但不能作为主要食物。

另外，宝宝长牙后，含糖多的点心往往会导致婴儿龋齿。夹心点心中奶油、果酱、豆沙，有时还会造成细菌繁殖，引起腹泻、消化道感染。大量吃点心，会影响婴儿的食欲，不利于婴儿良好饮食习惯的形成。

这样喂宝宝吃点心

给宝宝吃点心要因人而异，不能随时喂，不能随意给。面对超重宝宝，尽量不要给他吃点心，可以用水果代替点心，来满足他旺盛的食欲；对于瘦小的宝宝，如果他喜欢吃点心，可在饭后 1~2 小时适量给他一些点心，但不能过量。

吃点心也要有规律，比如，上午 10 点、下午 3 点，不能给耐饥的点心，否则，下餐饭婴儿就不想吃了。

日常生活与保健

早晚要刷牙

宝宝清洁牙齿可不仅是为了除口气，更重要的是消除牙菌斑、保持口腔卫生、预防蛀牙。

早晚刷牙的理由

宝宝需要早晚刷牙，是基于对刷牙清除牙菌斑效果的研究实验数据得出的。牙面经过清洁后，残留的牙菌斑重新恢复到刷牙前的水平需要 8 小时左右，所以，8 小时后，宝宝需要再次刷牙。

牙菌斑是导致龋齿发生的条件之一，也是导致牙周病的因素之一。而牙菌斑一经形成，会牢固地吸附在牙齿表面，一般的口腔清洁无法清除牙菌斑，而刷牙是清除牙菌斑和控制牙菌斑数量最有效的方法。

温馨提示：糖果不是龋齿的主要成因

有些爸爸妈妈认为糖果是造成幼儿龋齿的主要原因，其实，糖果并没有爸爸妈妈想的那么有害，糖果被唾液溶解后会被唾液冲走，及时漱口便可。而其他的“糖”，比如面包、糕点、饼干等食物中所含的糖分则更容易导致幼儿龋齿，因为它们会长时间粘在幼儿牙齿上而不溶解，从而诱发蛀牙，所以爸爸妈妈要注意让幼儿养成吃甜食后漱口的习惯。

刷牙的时间

宝宝出生后便应认真进行口腔清洁，从长出第一颗乳牙起，爸爸妈妈便需要认真帮宝宝刷牙。一般来说，宝宝长到 2 岁半左右，20 颗乳牙都会萌出，可以教宝宝自己学着刷牙。3 岁以后的宝宝不仅应该学会自己刷牙，还要养成早晚刷牙、饭后漱口的习惯。爸爸妈妈还应每日给儿童刷牙 1 次（最好是晚上），保证刷牙效率。刷牙最佳时间为 3~5 分钟。

刷牙的方法

第一步：漱口。使用牙刷之前，宝宝要先漱口。漱口能够漱掉口腔中部分食物残渣，是保持口腔清洁最简便易行的方法。教宝宝将水含在口内、闭口，然后鼓动两腮，使口中的水与牙齿、牙龈及口腔黏膜表面充分接触，利用水的力道反复来回冲洗口腔内各个部位，借以去除食物残渣。

第二步：刷牙。宝宝刷牙需要清洁内侧面、外侧面以及水平的咀嚼面 3 个牙面。要特别注意清洁后磨牙和上磨牙，因为这些地方最易被遗漏。

教宝宝刷牙时，应采用正确的刷牙方法，即“画圈法”，具体的方法是，将牙刷毛放在牙齿的表面上，轻压牙刷使牙刷毛屈曲，在牙面上画圈，每部位反复画圈 5 次以上，牙齿的各个面，包括唇颊侧、舌侧及咬合面，均应刷到。

爸爸妈妈教宝宝刷牙千万不要使用拉锯式横刷法，不仅容易损伤牙齿和牙龈，刷牙的效果也不理想，长期下去会造成宝宝牙齿近牙龈部位的楔形缺损并对冷热酸甜刺激过敏。

牙刷的选择

帮宝宝清洁牙齿，首先应给宝宝选择一支合适的牙刷。牙刷的类型应根据宝宝的年龄、出牙多少等具体情况进行选择。

牙刷柄要直且粗细适中以便宝宝把持。

牙刷头和柄之间的颈部要稍细些，牙刷毛要软硬适中、富有弹性。牙刷毛太软不能起到清洁作用，太硬又容易伤及牙龈、牙齿。

毛头应经磨圆处理。

刷头要小，以便可以刷到所有牙齿。

刷面要平坦，这样才不会刮伤宝宝牙龈。

刷牙注意事项

牙刷出现磨损，比如刷毛散开时，要及时更换。

不要给宝宝选择成人牙刷，成人牙刷刷头太大，宝宝用起来不舒服，过硬的刷毛还会磨损宝宝牙齿和牙龈。

3 个月要换一支牙刷，宝宝生病后一定要换牙刷，以避免感染牙刷上的细菌。

这个月龄的宝宝刷牙时不用使用牙膏，用清水仔细刷牙就可以。待宝宝长到 3 岁左右，可以选择无氟牙膏，以免误吞对健康不利。现在有一些幼儿用的牙膏是可吞食的，爸爸妈妈也可酌情选择。

牙刷使用后要竖直放置，并保持干燥。

远离伤牙习惯

喝止咳糖浆不漱口。止咳药大多数含糖，宝宝服止咳糖浆后，一定要刷牙或漱口。

冷热交替。热的食物和生冷食物会刺激牙龈，引起牙痛，爸爸妈妈要避免宝宝冷热交替地进食。

睡前喝奶。有些宝宝有在睡前喝奶的习惯，若喝奶后直接睡觉很容易腐蚀牙齿。

暴饮暴食。暴饮暴食会给宝宝带来过量的糖和酸，导致蛀牙。另外，吃零食时口腔分泌的唾液较少，食物更容易残留在牙齿上，尤其是淀粉类食物。所以，宝宝要避免暴饮暴食，少吃零食，进食后注意漱口，有利于牙齿保健。

定期去看牙医

一般来讲，当宝宝刚长出第一颗牙或者在满 1 周岁时就应该带宝宝去看牙医；6 个月后再去复查，有助于宝宝口腔保健。

鼓励宝宝自理

对小宝宝来说，自己的事情自己做是件了不起的事，同时也是一门生活必修课。这个月龄的宝宝已具备了一定的自理能力，爸爸妈妈应鼓励宝宝自理，从而养成健康良好的生活习惯。

吃饭能力

宝宝吃饭需要手眼的协调能力，平日里爸爸妈妈可以多与宝宝玩一些舀豆豆的游戏，但要注意避免宝宝误食，借以训练宝宝手眼协调能力。吃饭时，爸爸妈妈可把勺子递给宝宝，让宝宝尝试自己用勺子舀起来放进嘴里，起初宝宝可能将饭菜弄得到处都是，多次努力后，便可顺利完成任务，爸爸妈妈要给予及时表扬。

刷牙能力

这个月龄的宝宝还不能自己清洁牙齿，但并不妨碍练习刷牙。爸爸妈妈可以将手指牙刷套套在宝宝手指上，让他把手指牙刷放到嘴里，之后由爸爸妈妈轻轻运动宝宝手指练习刷牙。这种刷牙练习与爸爸妈妈每天早晚给宝宝刷牙无关，可选在宝宝精神状态好的时候练习。刷牙需要手、眼、嘴相互配合，宝宝练习刷牙不但可促进精细动作发育，对未来养成良好的清洁牙齿的习惯也十分有益。

继续培养独立睡眠能力

这个月龄的宝宝无论从心理还是生理上都已经发育到完全可以自己睡觉了，爸爸妈妈要注意纠正宝宝不良的睡眠习惯，坚持鼓励宝宝独自入睡。之前就开始独立睡眠训练的爸妈，现在已经有些收获了。也有些爸爸妈妈一直忽视宝宝独自入睡，对于这样的宝宝可先从让他独自睡小床，再慢慢过渡到分房间睡觉的完整独立睡眠训练。宝宝独自入睡不仅对保证睡眠质量有益，对养成独立的性格也大有好处。

坐便盆能力

这个月龄的宝宝已能初步控制排便了。走路、坐下、起立等动作运用也较自如，爸爸妈妈应鼓励宝宝想排便时主动坐便盆，虽然宝宝从开始学习直至独立排便需要较长时间，但早一天进行排便自理，便可早一日养成良好的排便习惯。

培养宝宝自理能力注意事项

自理能力的培养，为的是让宝宝尽力去做自己能做的事情。这个月龄的宝宝有了初步的自理能力，可以自己做好一些事情，如果能够从爸爸妈妈身上获得认可与赞同，对养成良好的行为习惯，建立自信、独立的性格十分有益。爸爸妈妈在鼓励宝宝自理时，要特别注意以下事项：

避免溺爱。宝宝的自理能力，直接取决于爸爸妈妈对宝宝的态度，细致入微的照顾，饭来张口衣来伸手的生活都不利培养自理能力。

注意从小事做起。宝宝还小，这个月龄的宝宝还不能完成太复杂的事情。爸爸妈妈鼓励宝宝自理时要让他从小事做起，可以分环节进行，以免宝宝因为行动受阻而不愿尝试。

长期坚持。当自理能力成为一种习惯，事情会变得简单许多。对于宝宝可以做的事情，爸爸妈妈不要包办代替，那样只会打击宝宝做事的积极性，刚刚培养起的自理能力也会半途而废。

增加趣味性。在鼓励宝宝自理的过程中可适当增加一些趣味性的活动，让宝宝乐于自己的事情自己做。宝宝喜欢模仿大人的动作，爸爸妈妈不妨多让宝宝模仿自己做事，宝宝会因为感觉这是有趣的事而乐于主动学习。

练习坐便盆

宝宝从在羊水里毫无顾忌地小便，到坐到便盆上自己排便，这期间要经过四五年的时间，这是一个复杂的过程，它取决于宝宝的自我控制能力，也取决于爸爸妈妈的态度，甚至于不同地区、不同国家的文化背景都会影响宝宝坐便盆的进程。

这个月龄的宝宝已经能够意识到要小便或者大便，但还不能做到及时提醒爸爸妈妈。宝宝要到 2 岁左右，他控制括约肌的神经系统才会慢慢地成熟。但并不是所有宝宝都会在同一个时期获得这种能力,有的宝宝早些,有的则晚些。爸爸妈妈不必过于心急。

宝宝什么时候可以控制自己大小便，爸爸妈妈可通过细心观察了解。当他摔倒后能够自己起来，或者快摔倒时身体能够往前探以保持平衡，避免自己摔倒，就像他上下楼梯能找到平衡一样，这些举动说明他已经能够用动作来控制自己的身体，达到自己的目的，包括可以自由地控制排便。

这个月龄的宝宝虽然还不能自主控制排便，但并不妨碍爸爸妈妈训练宝宝练习坐便盆。

帮宝宝练习坐便盆的基本步骤

熟悉便盆。便盆买回后，爸爸妈妈可将便盆放在宝宝游戏的地方，允许他当作小椅子用，借以和便盆建立熟悉感。起初，爸爸妈妈可鼓励宝宝每天在便盆上坐一会儿，同时告诉他便盆的作用，以便宝宝慢慢明白便盆的用途。

观察排便规律。让宝宝练习坐盆，爸爸妈妈要先摸清他每天大约什么时间排便次数多，到了这个时间，如果发现宝宝出现脸红、瞪眼、凝视等神态时，可将他抱到便盆前，并用“嗯、嗯”的发音帮宝宝形成条件反射，有利于宝宝产生便意，顺意排便。

反复强化。宝宝练习坐便盆时，爸爸妈妈要及时给予宝宝鼓励，宝宝顺利排便后，爸爸妈妈要及时给予称赞，以增强宝宝主动坐便盆的欲望。此外，爸爸妈妈需要反复强调坐便盆的好处，以增加宝宝对便盆的认同感，有助于宝宝渐渐养成坐便盆排便的习惯。

让宝宝爱上便盆的方法

爸爸妈妈可以带宝宝一起去选购便盆，让宝宝挑选自己比较喜爱的颜色和款式，有助于增加宝宝对便盆的好感。

面对训练过程中宝宝出现的问题，爸爸妈妈应持正确态度，要有耐心，多鼓励少责骂，克服焦虑情绪，以免给宝宝带来太大的心理和精神上的压力。

用一些有关描写宝宝坐便盆的图画书或动画片，让宝宝了解其他小朋友坐便盆的情形，有助于提升宝宝的模仿兴趣。

训练宝宝坐便盆时的注意事项

训练的季节最好选择在夏季，这时衣着简单，换洗方便，即使训练失败也无妨。

训练最好选择在宝宝生活比较规律的时间段，这样爸爸妈妈较容易掌握和摸索宝宝的排便规律。小便的时间一般应安排在刚睡醒、喝水一段时间以后；大便一般应安排在餐后。

允许宝宝出现退步现象。因为退步是宝宝在学习排便控制过程中的一种正常现象，但并不预示着训练的失败。

在训练过程中，爸爸妈妈和宝宝应建立起互相信任和相互协调的良好关系。如双方关系紧张则应暂停训练。

训练宝宝坐便盆时，不能让宝宝久坐，开始时每次不能超过 5 分钟，宝宝兴趣不高时，不可强迫宝宝练习。

便盆高度要合适，应根据宝宝的身高等情况选择，避免让宝宝感觉坐起来不舒服。

让宝宝按照自己的规律排便，爸爸妈妈要做的只是观察和诱导，不可强迫。

不要给宝宝穿太复杂的衣服，以免穿脱不便。

注意冬天便盆不要太凉，以免刺激宝宝大小便不净。

平日里不要把便盆当椅子，让宝宝坐在便盆上吃饭，或是把便盆当玩具把玩，要注意从小培养宝宝良好的卫生习惯。

宝宝排便后要先用纸巾把屁股擦干净，为减少细菌感染机会，便后最好再用清水清洗，以保持宝宝臀部和外生殖器清洁。之后用流动的清水给宝宝洗手。

粪便倒掉后要彻底清洗便盆，定时消毒。

不要把便盆放在黑暗的偏僻处，以免宝宝害怕而拒绝坐便盆。

常见问题与护理

口腔溃疡

口腔溃疡是宝宝最易患的一种口腔黏膜疾病，若宝宝患口腔溃疡，爸爸妈妈应仔细了解真正原因和治疗方法，因为宝宝口腔溃疡有时并非是上火所致。

口腔溃疡的致病原因

单纯的口腔溃疡可能是自身原因引起的，比如上火了，也可能是外部刺激造成的，比如食用过硬的食物导致口腔黏膜破损形成溃疡。若宝宝有咬嘴唇的坏习惯，黏膜也会因反复受刺激而形成溃疡。

口腔溃疡的症状

溃疡多发生于口底、舌部、颊部、前庭沟、软硬腭、上下唇内侧等处，为圆形、椭圆形及簇拥成束或不规则形。溃疡边缘会呈色红，中心有溃烂点，轻者只溃烂一两处，重者可扩展到整个口腔，甚至会引起发烧以及全身不适。宝宝因口腔不适会变得烦躁不安、哭闹、流涎，甚至拒食。

预防口腔溃疡的方法

首先要保证宝宝口腔卫生，每天帮宝宝彻底清洁口腔；勤给宝宝喂水，以保持口腔黏膜清洁湿润，防止细菌繁殖。

避免宝宝吃容易上火的食物，多吃蔬菜、水果。此外，宝宝生活起居要有规律，保证充分睡眠，同时保持大便通畅，防止便秘。

不要让宝宝吃太多糖果。太硬的食物会划伤宝宝口腔黏膜，尽量不要给宝宝食用。

宝宝的口腔溃疡并不是单纯由于上火或吃硬物引起的。普通感冒、消化不良、精神紧张、心情郁闷等情况都会诱发宝宝口腔糜烂。因此，爸爸妈妈在日常生活中要注意帮宝宝养成良好的生活方式，提高免疫力，保持心情愉悦。

宝宝口腔溃疡也可能是因为缺乏维生素 B_2 所致，饮食方面要注意粗细粮搭配，以保证营养摄入。

口腔溃疡的治疗

因为刺伤、擦伤等原因导致的口腔溃疡属于单发性口腔溃疡，属于自愈性疾病，宝宝可自己痊愈，只是时间快慢的问题，因此不提倡爸爸妈妈给宝宝用药。

如果口腔溃疡周期性复发，很可能属于复发性口腔溃疡，因病毒感染所致，可遵医嘱用药治疗。

症状较重时可考虑全身治疗

遵医嘱补充维生素 B_1、B_2、B_6 及维生素 C 和锌，提高机体自愈能力。

有继发感染时，可遵医嘱服用抗生素。

溃疡复发时，可考虑调整免疫功能，具体情况需遵医嘱。

口腔溃疡的护理

饮食镇痛。不要给宝宝吃酸、辣、咸的食物，以免加重患处疼痛。可给宝宝吃流食，不但能减轻疼痛，也有利于糜烂处愈合。

保持口腔卫生，早晚刷牙，饭后漱口。

宝宝口腔糜烂容易发脾气或哭闹，爸爸妈妈此时要多关心宝宝，及时转移宝宝注意力，尽量为宝宝创造愉快的生活环境。

磕伤、擦伤和扎伤

好玩耍是宝宝的天性，特别是这个年龄段的宝宝，正是对世界充满热情的时候，在探索世界的过程中磕磕碰碰自然难免。宝宝出现各种轻微磕碰外伤时，因伤口处理方法和要点不同，爸爸妈妈要注意分别对待。

磕伤、擦伤和扎伤的处理要点

当宝宝受伤后，爸爸妈妈首先要安慰宝宝，对他的受伤表示同情，尽量让宝宝情绪安稳下来。爸爸妈妈切忌显得紧张、惊呼，那样只会让宝宝更紧张，哭闹不休。

磕伤。一般磕碰皮肤通常没有伤口，皮肤表面发青说明皮肤内的毛细血管破裂，有内出血。爸爸妈妈取凉毛巾敷在宝宝被撞的部位，可使毛细血管收缩，减少出血。24 小时后，被撞的部位会出现明显的青紫，此时可用温毛巾热敷，借以缓解症状。

宝宝皮肤因磕伤而出现瘀血、血肿时，爸爸妈妈不要为宝宝揉伤处，以免导致皮下血管扩张，增加出血量，加重症状。

擦伤。先冲洗伤口的污物，然后做如下处理：

对于很浅、面积较小的伤口，先用清水冲洗干净伤口，之后可用碘伏、医用酒精涂抹伤口周围的皮肤，然后涂上抗菌软膏，或暴露，或用干净的消毒纱布包扎好小的创口也可贴上创可贴。

如果擦伤面积大、伤口上有污物，必须用清水冲洗干净伤口，然后用碘伏涂抹伤口及周围组织，再涂上抗菌软膏。如果受伤部位肿胀明显、渗血较多，要及时寻求外科医生帮助。

扎伤。宝宝被扎伤后，爸爸妈妈首先判断是否有刺伤物残留，如果有，要做如下处理：

如果扎进皮肤的刺能看得到，可以用小镊子或小钳子把刺拔出来。

如果刺断在皮肤里面，可以先清洗伤口，多清洗几次，以防止伤口感染，然后带宝宝去看医生。

如果发现宝宝被扎的部位变红，疼痛，可能是伤口感染了，要带他去看医生。

如果伤口较小而且深，有感染破伤风的危险，应及时就医。

需要及时带宝宝就医的磕碰伤

如果伤口出血很多，说明有可能伤到了较大血管，用纱布包紧伤口后要迅速就医。

如果宝宝的伤口过深或被生锈的钉子或木头弄伤，有可能引起破伤风，需要注射破伤风疫苗。

如果受伤第二天，若宝宝伤口疼痛明显，说明有感染可能。

擦伤面积比较大，伤口上沾有无法清洗掉的沙子、脏物。

如果宝宝肢体无法活动，有可能骨折。

如果宝宝若出现昏迷、头晕、口吐白沫等症状，或者疼痛持续1小时以上。

宝宝身上出现瘀青并伴随发烧症状。

护理注意事项

宝宝在玩耍过程中容易将包扎的纱布弄脏或弄湿，爸爸妈妈要注意防范，以免造成伤口细菌感染。

定时换药和纱布。

预防碰伤、擦伤

家中的玻璃门窗要选择硬度强的，以免宝宝撞上后玻璃破碎导致刮伤。

家中若有玻璃鱼缸，要放到宝宝无法接触到的地方。

夏季爸爸妈妈最好给宝宝穿七分裤，以免运动中膝盖受伤。

和宝宝玩游戏时不要总是追赶他，宝宝越跑越快很容易因为无法控制平衡而摔倒、磕伤。

让宝宝尽量在软的地面玩耍，比如在草地或铺了塑胶的地面玩耍。

家中有尖角的家具可软布包好，以免宝宝碰伤。

消化不良

幼儿长期消化不良，会造成营养素摄入不足，影响生长发育。特别是这个年龄段的宝宝正是身体发育最旺盛的时期，若消化功能得不到改善，势必影响身体发育。

消化不良的原因

这个年龄段的宝宝消化器官发育还不完善，消化液分泌不足，酶的功能也不完善，胃及肠道内黏膜非常柔嫩，容易导致消化不良。

尝试新食物时进餐量过大。比如宝宝第一次吃排骨，觉得味道好，结果吃了许多，很容易导致消化不良。

除喂食不当外，胃肠道炎症、滥用抗生素、天气变冷、身体抵抗力低以及肚子受凉都可能引发消化不良。

消化不良的症状

宝宝食欲减退、腹胀、肠鸣音亢进，有时不用听诊器便可听到宝宝肚子的叫声。

口腔有异味，特别是晨起口腔异味更为明显。

大便恶臭，且可能伴随少许不消化食物的残渣。

治疗消化不良的方法

因疾病导致的消化不良，找到原发病因后可对症治疗。

若是因吃了较难消化的食物所致，在接下来的几餐要注意给宝宝准备一些容易消化的食物，比如各种米粥，同时忌食油腻食物。此外，苹果泥、胡萝卜汁都是不错的促进消化的食物，可酌情给宝宝吃。

如果因进食过杂过多所致，可遵医嘱吃一些健胃消食的药品，以促进食物消化吸收。

这样预防消化不良

宝宝的饮食应有规律并且符合他的体质。每顿饭要定时定量，不要吃太多，也不要吃太过油腻的食物。

告诉宝宝吃饭的时候要细嚼慢咽。尽量将食物充分咀嚼后再下咽，这样更有利于食物的消化吸收。

改变不良的饮食习惯，比如不要边看电视边吃饭，不要在饭前吃糖果，等等。

让宝宝养成定时排便的习惯。

注意营养要全面，荤素配合要适当。少吃零食。

对于这个月龄的宝宝来说，所添加的辅食一定要烂、细、软。

给宝宝尝试新食物时，一次的量不能太多，以便宝宝胃肠可以慢慢适应。

警惕错误就餐方式导致的消化不良

餐前喝饮料。有些宝宝饭前有喝酸甜饮料开胃的习惯，这种做法不可取。这个年龄段的宝宝胃很小，喝下饮料后会直接影响正餐进食量，不但容易导致消化不良，还容易造成宝宝营养不良。

先吃肉后吃菜。肉类含有大量的蛋白质和脂肪，当宝宝的胃被肉类塞满便很难再吃下青菜，而肉类较难消化，食用过多容易导致宝宝消化不良。

吃饱后喝点汤。宝宝吃饱饭后若再喝汤，只会加重肠胃负担，不仅容易营养过剩、消化不良，还容易导致宝宝肥胖。

情感、思维、智力、性格的养育

给宝宝讲故事

这个阶段的宝宝对语言的理解能力迅速发展。给宝宝讲故事，可以增强他对语言的理解能力，帮助宝宝扩大知识经验，丰富词汇，增强记忆力，还可以密切亲子关系。

这个时期的宝宝知识和语言理解能力还很有限，注意力也容易转移，爸爸妈妈在讲故事的时候，要多想办法帮助宝宝理解，吸引他的注意力。比如，使用象声词，来烘托气氛；使用丰富、夸张的表情、动作和语调，引起宝宝的兴趣；鼓励宝宝参与讲故事的环节，如让宝宝学故事里动物的叫声，做出故事里提到的动作，或者时不时地向宝宝提问，请他在书上指出故事里的人物、东西等。这些方法都可以帮助宝宝理解和吸引他的注意。另外，爸爸妈妈在给宝宝讲故事前，不妨做些准备，熟悉故事内容，并设计好让宝宝参与的环节。

爸爸妈妈在讲故事时，宝宝可能会打断你。比如，虽然宝宝可能还不会说，但他可能会指着书上的东西要你讲。看上去这是给爸爸妈妈讲故事制造麻烦，实际上是好事，表明宝宝开始积极思考了，所以爸爸妈妈要鼓励他，千万要对宝宝有耐心。

什么样的故事适合这个阶段的宝宝

这个阶段的宝宝对语言的理解能力还比较弱，积累的生活经验还比较少。因此，在选择故事书的时候，情节要非常简单，人物形象要少。语言方面，句子要简短，词句重复次数多，方便宝宝记忆和理解；多一些象声词，可供宝宝模仿发音，等等。

提高宝宝的阅读兴趣

亲子阅读是爸爸妈妈与宝宝亲密交流的绝好机会，也是培养宝宝阅读能力和阅读习惯的重要环节。通过亲子阅读，宝宝逐步掌握阅读、学习和认知的技能，并拥有更好的自控能力、更长的注意时间、更强的记忆能力，这将会成为宝宝一生享用不尽的财富。

培养阅读习惯。最重要的是帮助宝宝养成听故事爱读书的习惯，更好地进入阅读环境。

爸爸妈妈要以身作则。让宝宝经常看到爸爸妈妈醉心于书籍、杂志、报纸和其他阅读材料，这样宝宝也会去模仿。

随时随地阅读。在一天中的各个时间段，只要有机会，都可以即兴为宝宝朗读。

边玩边读。宝宝活泼好动，可以把动作和演示加入阅读中，一起演示书中的内容，边玩边读。比如，当宝宝看书兴奋得手舞足蹈时，爸爸妈妈可以让他表演书中的内容，甚至和他一起表演。

让朗读变得生动有趣。可以尝试对同样的内容用不同的口音、声调讲，并配合相应的手势、表情，可以在读到关键的时候暂停一下，让宝宝产生预期，等等。

阅读日常生活中的语言材料。平时看到广告牌、报纸、包装盒或店面名称的时候，可以指给宝宝看，念给宝宝听，帮助宝宝体会阅读在现实世界中的意义。

04 1岁6个月~1岁8个月

这个年龄段的宝宝

运动能力

这么大的宝宝已经会跑了，姿态没有上一阶段那么僵硬，但跑得还不太稳。此外，宝宝已能很好地控制自己的身体，完成蹲、站姿势。

大多数宝宝需要在爸爸妈妈的帮助下才能够完成双脚离地跳，下楼时也需要爸爸妈妈的辅助。

自己一只手可以扶着扶手上楼梯了，但在下楼时仍然需要爸爸妈妈的帮助。

能够由站姿坐到小椅子上或者从站姿转换至蹲姿，控制自如不会跌倒。

语言能力

这个阶段宝宝说话的积极性很高，词语大量增加，出现了“词语爆炸现象”。

能够以主动的方式参与语言交际活动，但是主要使用独词句、双词句和短句。

能够将一到两个词连在一起，并进行有目的的交流，如说“再见”“谢谢”等。

到1岁7个月时，宝宝开始正确使用主格和所有格的“我”，但是在语言表达中会在宾语位置上出现“我”“你”代词的倒置现象，这种现象一般会持续到宝宝1岁11个月左右。

这个时期的宝宝对语言感知能力的发展早于对语言的理解。这就是为什么很多宝宝虽然不识字，也不懂儿歌的意思，却能够一字不漏地将整首儿歌或者古诗背下来的原因。

认知能力

随着宝宝独立性和自我意识的增强，宝宝开始有了很强的自豪感和挫败感。爸爸妈妈会发现宝宝情绪波动非常大，看起来真是“喜怒无常”，闹脾气的现象经常发生。

由于依恋的发展，宝宝有可能对某一件玩具或者毯子产生依恋。具体表现为宝宝走到哪里都喜欢把这件物品带在身边，否则就会产生不安全感，也有可能伴有哭闹的情绪。

宝宝的同情心得以发展，他们更加会通过自己的方式来安慰自己的同伴或者爸爸妈妈。

随着宝宝思维的发展，他的解决问题能力也得以提升。可以通过之前的多次操作，达到自己的目的。

社交能力

在社会交往中，交往的主动性逐渐提高，但是需要爸爸妈妈在自己身边。

在社交游戏中会表现出了一定的友好行为，比如向同伴表示关心等。但是也经常会与小伙伴发生矛盾和冲突，这是因为宝宝“自我中心化”和“占有欲”所致，现在宝宝还没有规则意识。

喂养的那些事儿

适合宝宝吃的饭

这个年龄段的宝宝绝大多数都已长出 12 颗牙了，到 1 岁 9 个月的时候，出牙快的宝宝已经有 20 颗牙齿了，出牙较慢的宝宝也将长出 16 颗牙齿。随着宝宝咀嚼功能日趋完善，消化能力提高，饮食也越来越成人化了。

这个年龄段宝宝的膳食特点

- 以食物为主，以适量的奶类作为营养补充。
- 已从半流食过渡到软饭了。
- 食物仍以细、软、烂为主。
- 每天以 4~5 餐为宜。

多吃含钙食物

这个年龄段的宝宝尚处于易患佝偻病的年龄。特别是北方，冬季晒太阳机会大为减少，易引起维生素 D 缺乏，所以，在饮食方面应该多摄入一些牛奶、鸡蛋、芝麻、排骨汤、海带等食物，以补充体内钙质。当然，虾皮、鱼松及豆制品也是很好的补钙食物，也要适量给宝宝食用。

多吃含铁食物

这个年龄段的宝宝微量元素缺乏的现象依然十分普遍，注意给宝宝补充含铁的食物，比如瘦肉、动物内脏等。

配方粉不能少

对于这个年龄段的宝宝来说，营养均衡的配方粉仍然占据食物摄入的主要部分。奶类食品与固体食物的比例应为 2:3。有些爸爸妈妈觉得宝宝大了，可以喝鲜牛奶了，这种想法并不可取。鲜牛奶的维生素 C、维生素 D、维生素 E，尤其是铁质含量很低，并不是幼儿的理想奶类食品，而专为幼儿配制的营养全面的配方粉才是理想的选择。这个年龄的宝宝每天应保证吃到 400 毫升以上的配方粉。当然，对于仍没有断母乳的宝宝来说，现在仍可尽情地享受母乳。

宝宝饮食注意事项

宝宝的饮食要注意卫生，以防病从口入。爸爸妈妈每次为宝宝准备食物或者喂食前一定要先洗手，家中的餐具要定期消毒。

肉类、鱼、海鲜、家禽等食物要煮到十分熟，以消灭有害细菌。

宝宝的食物要注意新鲜，避免食物放置的时间过长，尤其是在室温下。同时要记得不要给宝宝吃剩饭。

日常生活与保健

安稳睡眠

这个月龄的宝宝神经系统发育已较完善，夜里惊醒情况已明显减少，如果宝宝夜里睡觉不安稳，多与生活习惯和环境因素影响有关。

常见的影响宝宝睡眠的因素

环境因素。宝宝睡觉时，室内光线过强，被子过厚，感觉过冷或过热时容易睡不安稳。

疾病因素。肠寄生虫病是宝宝睡觉不稳的常见原因。寄生虫病会引起宝宝消化不良与营养不足，出现贫血、易惊等症状，若宝宝患佝偻病睡觉也易醒。

生活习惯因素。宝宝白天疲劳过度，睡前玩得时间太长，兴奋过度，若是出现紧张、恐惧、焦虑等情绪，夜里也容易睡不安稳。睡眠饮食排便时间安排不合理或无规律，同样容易导致宝宝睡不安稳。

睡眠习惯养成方法

养成规律睡眠。这个月龄的宝宝睡不好多因习惯不好、没有形成生物钟所致。爸爸妈妈要注意帮宝宝养成睡整觉的习惯，如果宝宝早晨过了平常醒来的时间还在睡，最好把他叫醒，每天早晨在同一时间叫醒宝宝，有助于宝宝建立生物钟。

养成午睡习惯。宝宝午睡习惯与晚上的睡眠质量有很大关系。若午睡时间过长或者睡得过晚便不利于晚上顺利入睡。所以，宝宝的午睡要定时定点，可安排在中午或下午早些时候。如果宝宝午睡醒来后很有精神，说明午睡质量较高，且是适合宝宝的。

创造良好睡眠环境。想宝宝睡得安稳，爸爸妈妈要根据季节变化调整宝宝的被子，不要太厚，要保证室内温度适宜，不要太高，要保证室内空气的新鲜，良好的通风可以促进宝宝的安眠。此外，利用卧室的灯光和声响也可帮宝宝建立良好的生物钟。晚上宝宝入睡前一两个小时，把室内的光线调暗，不要让门缝透光或传进嘈杂声。

遵循就寝程序。有规律的就寝过程对宝宝规律睡眠习惯的养成很有帮助。通过程式化的就寝方式让宝宝渐渐明白做完这一切就该睡觉了，比如在刷牙、洗脸、讲故事后，便安排宝宝睡觉。当宝宝熟悉这一睡眠模式，便可养成良好的睡眠习惯。在睡前至少 1 小时，不宜让宝宝剧烈活动，待宝宝逐渐安静下来后，让他自己躺在床上入睡。不要把宝宝抱在怀里，等哄着了再放到床上，以免宝宝因为担心爸爸妈妈离开一直处于浅睡眠状态，频繁惊醒。

建立正确应答。宝宝睡着后，若突然惊醒，爸爸妈妈不要立即去拍哄宝宝，这是深、浅睡眠自然交替的结果。爸爸妈妈可进一步观察宝宝反应，若宝宝开始哭闹，爸爸妈妈再轻轻抚摸宝宝即可。

尊重宝宝睡姿。1 岁以后的宝宝已形成了自己的入睡姿势，爸爸妈妈要尊重宝宝的睡姿，只要宝宝睡得舒适，无论仰卧、俯卧、侧卧都是可以的。如果宝宝晚上刚喝完奶便睡觉，宜采取右侧卧位，有利于食物消化吸收。

警惕这些哄睡方法

宝宝与爸爸妈妈同睡，特别是夹在大人中间，虽然照顾上方便一些，但大人睡眠时呼出的二氧化碳会整夜弥漫在宝宝周围，使宝宝得不到新鲜的空气，出现睡眠不安及夜啼现象。

宝宝一有动静，有些爸爸妈妈马上就去安抚宝宝，结果人为地打断了宝宝深睡眠和浅睡眠的自然交替，会破坏宝宝睡眠规律。如果宝宝持续哭闹，爸爸妈妈再进行下一步安抚也不迟。

有些宝宝夜里睡觉会打呼噜，爸爸妈妈以为宝宝睡得香，其实，如果宝宝偶尔打鼾无关紧要，但经常打鼾可能与某些疾病有关。宝宝长期打鼾不但会使睡眠质量下降，还会影响身体发育，应引起爸爸妈妈警惕。

对于因疾病所致的睡眠不安，爸爸妈妈要及时带宝宝就医，宝宝身体康复后自然会提升睡眠质量。若宝宝没有疾病困扰，建议爸爸妈妈根据宝宝自身情况，从培养良好的睡眠习惯入手，让宝宝睡得安稳。

常见问题与护理

乳牙外伤

在婴幼儿意外伤害中，乳牙外伤较为常见，发生概率约为 4%~30%。1~2 岁宝宝最容易出现乳牙外伤，宝宝学会走路后，独自行动能力逐渐增强，但平衡能力还较差，不能很好地控制自己的身体，摔跤后很容易伤到乳牙，特别是乳前牙。

乳牙受伤的 4 种影响

宝宝乳牙受损，生活中有些妈妈觉得，既然乳牙反正要换掉，伤了就伤了，等它自己换掉就行，不用特别处理。这种想法其实是非常错误的，因为，宝宝乳牙外伤往往会导致很多问题。

影响面部美观。宝宝摔倒磕伤牙齿时，很有可能会出现嘴唇的软组织损伤，严重的还会造成面部皮肤受伤。如果伤口比较大、比较深，就有可能留下疤痕，影响面容美观，对宝宝今后的心理发育也会造成影响。

对乳牙和继承恒牙造成的直接伤害。乳牙受伤后，可能对下面的继承恒牙造成伤害。因为宝宝即使还没到换牙的时候，恒牙也早已潜伏在乳牙下面了，也就是在骨头里已经有将要替换这些乳牙的继承恒牙，而且这些继承恒牙往往正处于不同的发育阶段。乳牙在受到外力的撞击时，瞬间的外力就会传导到恒牙胚，直接波及下面的继承恒牙，对继承恒牙造成不同程度的影响。而且通常有这样的规律：乳牙外伤发生的年龄越早，对下面继承恒牙牙胚发育的影响就越大。

对继承恒牙的“隐形”影响。宝宝乳牙受伤时，除了当时的外伤力对继承恒牙有直接影响之外，还会有“延迟”反应，也就是外伤发生以后过一段时间，甚至过几年才出现的影响。这种情况通常是因为宝宝的乳牙受伤后，因为没有得到及时、适当的治疗，使受到外伤的乳牙出现继发炎症，对乳牙下方的继承恒牙胚的发育产生不良影响。这种不良影响造成的伤害要比当时看到的伤害大得多，治疗起来也麻烦得多。

影响宝宝进食和语言发育。宝宝乳牙外伤会影响宝宝进食，容易导致宝宝消化不良，此外，宝宝正处于学习语言的关键时期，而牙齿与语音发出息息相关，乳牙外伤不处理对宝宝语言能力也会造成不利影响。因此，即便乳牙最终会换成恒牙，损伤时也需要积极治疗。

乳牙受伤的两种“延迟反应”

延迟反应一：钙化不全和发育不全。宝宝的乳牙受到外伤后，会导致继承恒牙钙化不全和发育不全，而这种影响要到继承恒牙萌出后才能表现出来。牙齿钙化不全和发育不全的外在表现是：新长出的牙齿表面出现白垩色或黄褐色斑块，或者牙齿出现坑状凹陷，牙齿表面粗糙、不光滑，好像缺了一块东西。

延迟反应二：恒牙出现弯曲牙。正常情况下，牙根都是直的。但如果乳牙有过外伤，撞击会波及恒牙，导致继承恒牙出现牙根弯曲，形成弯曲牙，使牙齿不能萌出或萌出异常。弯曲牙通常是由于乳前牙挫入（磕进牙床里去）或者移位（牙齿出现唇向或舌向的位置改变）后，使正在发育中的继承恒牙发生自身扭转或者弯曲，并在这个新位置上发育而造成的。有的宝宝乳牙长得很整齐，可换牙后有的牙齿却长得很怪，就是由于乳牙曾受过伤所致。

乳牙外伤的处理

宝宝的小乳牙受伤后，如果第一时间处理得当，可以将受伤的程度降低，甚至有补救的可能。所以，处理乳牙外伤，时间很关键。

清洗伤口。乳牙外伤发生后，往往出现周围软组织活动性出血或渗血。这时候，要马上用流动的水给宝宝清洗伤口，然后用干净的纱布或手绢等压在伤口上一段时间，进行压迫止血。止血之后要迅速到口腔医院的儿童口腔科或外科就诊，或者到儿童医院或综合医院的口腔科就诊。

如果宝宝的乳牙外伤是发生在晚上，也不要等到第二天才去正常门诊检查，可以去口腔医院的急诊科、综合医院的口腔科急诊就诊，以便医生能尽快做出处理。

保护好脱落的乳牙。牙齿受到外伤后，如果完全磕掉（全脱位），一般再植时间在伤后半个小时之内预后效果比较好。从外伤开始到进行再植，随着间隔时间的延长，效果会越来越差，成功率会越来越低。

再植主要针对恒牙进行，对乳牙不主张再植，因为乳牙再植的效果往往不好。当然，如果乳牙脱落发生在半个小时之内，可以考虑再植。

如果乳牙外伤是牙齿完全被磕掉了，这时候要保护好被磕掉的牙齿。如果牙齿是掉在比较干净的环境中，比如掉在了家里的地板上，可迅速将牙齿用生理盐水冲洗干净，如果没有生理盐水，也可以用流动的自来水、矿泉水等进行简单的冲洗。在冲洗过程中，要注意用手拿着牙冠部分，也就是我们平常能看得到的牙齿部分，最好不要碰到牙根。冲洗干净之后，迅速将脱落的乳牙植入孩子的牙槽窝，也就是把牙齿再放回去。放回去的时候，可以以相邻的牙齿作为参照，以保证牙齿植入的位置和深度是正确的。做完这些事之后，马上到口腔医院或口腔科就诊。如果全脱出的牙齿掉在比较脏的环境中，如室外的地上，可将牙齿简单冲洗后放入生理盐水或牛奶中保存，然后带着孩子和乳牙迅速到医院就诊。

乳牙外伤常见表现及应对方法

乳牙震荡。宝宝牙齿没有损坏，只是有些松动，此时爸爸妈妈应注意观察宝宝牙齿是否有变色，或是有没有牙龈红肿等情况，感觉到异常需要及时就医。如果乳牙没有松动，可暂时先观察再决定是否就医。对于乳牙震荡的宝宝，爸爸妈妈应定期带宝宝复诊，以便发现问题及时解决。

乳牙折断。宝宝乳牙外伤使乳牙折断时，因折断部位、程度不同，医生的治疗方法也不一样，建议爸爸妈妈听从医生建议，配合医生帮宝宝治疗乳牙。

乳牙移位。宝宝乳牙嵌入牙龈中或发生了移位，很容易影响恒牙胚发育，医生会根据情况决定是否将乳牙拔除。

乳牙脱位。如果宝宝乳牙部分脱位，结扎固定痊愈情况会较好；如果宝宝乳牙脱位需要拔除，拔除后不需要进行再植。

爸爸妈妈一定切记乳牙外伤对继承恒牙的潜在影响。如果宝宝乳牙曾经受过伤，在这颗牙齿该替换的时候，一定要及时到医院检查。如果发现异常，医生可以通过及时的治疗，最大限度地避免和减少乳牙受伤对恒牙造成的影响。

情感、思维、智力、性格的养育

教宝宝自己收玩具

培养宝宝自己收拾东西的习惯，最好从收拾玩具开始。可以利用宝宝爱玩游戏的特点，在玩玩具快结束时，爸爸妈妈和宝宝一起玩“送玩具回家”的游戏：拿起一个玩具，问宝宝它应该回到哪里？让宝宝把它放回去，或者把放积木的盒子当作车，让宝宝“开车”送“积木宝宝”回家。

刚开始的时候，爸爸妈妈要教宝宝，并且和他一起收拾，比如把相同的玩具放在一个盒子里；从哪个盒子里拿的玩具，玩完之后放回哪个盒子里。经过一段时间，宝宝熟悉这个过程以后，爸爸妈妈就可以只提醒他收拾，让他自己独立做了。每次宝宝这样做后，爸爸妈妈要记得表扬宝宝，让他为自己做的事感到自豪，这会鼓励他继续这样做。

从收拾玩具开始，逐渐引导宝宝自己收拾其他物品，比如，可以让宝宝把自己的衣服、裤子、小袜子、文具等“送回家”。久而久之，宝宝就能养成自己收拾东西的好习惯和能力，这会让宝宝以后十分受益。

和宝宝聊聊情绪

这个时期的宝宝，随着自我意识、交往能力、认知的进一步发展，将逐渐产生更加丰富的情感体验，如羞愧、自豪、骄傲、内疚等高级而复杂的自我意识情绪。最初的情绪反应，如快乐、伤心、恐惧等也不断分化发展。比如伤心由最初的饥饿、寒冷、疼痛、困倦等引起，发展到由玩具被拿走、成人离开、成人批评等引起；恐惧也由物理、机械刺激如刺耳的高声、身体突然失去平衡等引起，发展为与经验相联系，并越来越多地与人际交往、想象、语言联系在一起。

教宝宝认识自己的情绪。虽然宝宝有了各种情绪体验，但他还不能很好地识别和表达自己的情绪，所以，爸爸妈妈要教宝宝认识自己的情绪，和宝宝聊聊他的情绪，帮助宝宝更加清楚地知道自己的感受是什么、引起这种感受的原因是什么，并且更好地处理和控制它。比如，宝宝吹泡泡时，不小心将泡泡水吹进了眼睛，大哭起来，爸爸妈妈可以一边安慰他，一边对他说：“泡泡水进到你的眼睛里去了，很疼是吗？用水冲一下，很快就会不疼了。”下一次如果泡泡水再进眼睛，宝宝可能就会对妈妈说：“疼，妈妈冲。”他的情绪反应不会那么大，因为他知道是怎么回事，也知道如何求助和解决问题了。

爸爸妈妈要懂得识别宝宝的情绪。与宝宝聊他的感受和情绪，要从对宝宝情绪的理解开始。当爸爸妈妈观察到宝宝有情绪时，无论高兴、生气还是伤心，都可以和他谈谈：“宝宝看到大老虎很高兴是不是？”“宝宝生气了？小嘴撅得这么高。”得到爸爸妈妈的理解，宝宝会更愿意与你交流。爸爸妈妈可以接着和宝宝聊：“妈妈给老虎拍张照片，让宝宝天天都能看到好不好？”“宝宝为什么生气呀？小朋友拿走你的玩具了？”通过交流，宝宝会学着分辨自己的情绪，搞清楚自己有这些感受的原因，并且更容易了解怎样来应对和调整。同时，宝宝也开始学着用这些词，最终他不再用拍打或哭泣来表达，而是会对你说“我生气”或者“我伤心”。

引导宝宝学习交往

1岁6个月左右是宝宝交往能力发展的转折点，从此之后，宝宝的社交性游戏能力迅速增长。宝宝之间相互影响的持续时间增长，其内容和形式也更为复杂，出现了宝宝之间合作的游戏，互补或互惠的行为也逐渐增多。研究表明，16~18个月宝宝的社会性游戏明显多于单独游戏。和妈妈或其他抚养者相比，宝宝更喜欢与自己的同伴游戏，交往的主动性也逐渐提高。

这个时期的宝宝，开始可以知道别人需要什么和喜欢什么，所以在交往游戏中，他们会表现出一定的友好行为，向同伴表示关心等。但是，由于“自我中心”和“占有欲”的心理特点，再加上宝宝还没有形成规则意识，所以在与同伴的游戏中也经常出现矛盾和冲突。在游戏中受到侵犯或者被人打时，有的宝宝就会表现出生理上的侵犯性，开始和同伴“争抢”，或者表现出一定的“攻击性”。所以，这个时期的宝宝在和同伴游戏时，爸爸妈妈一定要陪伴在身边，防止出现意外，同时要正确对待宝宝间的矛盾冲突。

正确认识和处理宝宝间的矛盾冲突

宝宝间的矛盾冲突是正常现象，不必紧张。人际交往中，了解别人、站在别人的立场想问题的能力是十分重要的。而小宝宝的思维是自我中心化的，在和小朋友玩耍时，冲突是不可避免的。其实正是这些矛盾和冲突，让宝宝有机会发现别人和自己的不同，促使他去考虑别人的立场，并且学着协调双方的需要，进而学会关心别人和与人交往。

爸爸妈妈要放松心态。有些爸爸妈妈对宝宝在交往中的表现抱有过高期望，比如希望宝宝会主动分享，小朋友之间不发生冲突；有些爸爸妈妈担心宝宝受欺负，或者欺负别人，可能会过度干预宝宝之间的交往。这些想法和顾虑多少会对宝宝之间的交往造成影响。所以，爸爸妈妈要放松心态，以开放和发展的眼光来看待这些问题。

在保证安全的前提下，鼓励宝宝交往。爸爸妈妈只要注意保障安全，制止宝宝的危险行为就可以了，不要为了避免宝宝之间的矛盾和冲突，而去干涉他们的自然交往。

平时，爸爸妈妈可以从以下这些方面来帮助宝宝提高与人交往的能力

引导宝宝考虑别人的感受和需要，比如挨打了会疼，玩具被抢了会伤心等。

教给宝宝基本的交往规则，用游戏的方式让宝宝练习，比如使用礼貌用语，轮流或交换玩玩具等。

对宝宝表现出来的良好行为，比如帮助别人、与人分享等给予鼓励。

自己的言行举止有礼貌，友好待人，做宝宝的榜样。

05 1岁8个月~1岁10个月

这个年龄段的宝宝

运动能力

宝宝已经能自如地跑动了，但不容易停下来，动作不是很协调；能够自己不扶着栏杆上下楼梯；大多数宝宝学会了双脚离地跳起；会用脚尖踢球，能够跨越8~10厘米高的竹竿。总之，宝宝各种基本动作在此阶段都已经发展得比较稳健。

语言能力

宝宝已掌握了最初的语言，能够简单地表达出自己的主要意愿，如“妈妈喝奶”（妈妈，我要喝奶）。他们说出的语言多为简单句，也就是电报句，语法结构比较简单，主要是一些简单的主谓句，谓宾句或者主谓宾句。这些句子都很短，没有修辞，而且还经常出现词序颠倒、宾语前置的现象，如“宝宝要鞋穿”（宝宝要穿鞋）。这是因为宝宝对语法的学习还处于起始阶段，对词语的排列和语法的掌握还不够熟练，所以运用起来常会出现一些语法错误。2岁以后，宝宝才开始慢慢使用起复合句来，但也是两个简单句的组合，还不会使用连词，如“不要你，我自己吃”。

认知能力

对颜色的认知更加明确。大部分宝宝不仅能够正确指认红色、黄色、蓝色，还能够正确辨认，语言发展好的宝宝还可以说出红色。在颜色配对游戏中，此阶段的宝宝也可以完成得很好，比如红色的小球放入红色的家，蓝色的小球放入蓝色的家，黄色的小球放入黄色的家。有的宝宝能够将同一个颜色的小球或者玩具放在一起，但是还不能完成“把红色的玩具都放到这里来”的任务，这是因为虽然宝宝的颜色知觉发育充分，但语言发展还没有跟上，父母不妨多引导，多跟宝宝聊一下颜色的名字。

随着宝宝认知能力的发展，宝宝对形状的感知能力也有所提升。他们可以正确指认和辨认正方形、圆形、三角形。在嵌板游戏中，宝宝的能力也有明显的进步，从最简单的圆形开始到最难的三角形，他们学会了转动形状的角度来尝试放入。

社交能力

开始向独立生活迈出了新的一步，他们已经能体会各种情绪。但是由于宝宝独立意识很强，行动的目的性很明确，什么事情都要自己来，喜欢受到关注。

喂养的那些事儿

轻轻松松吃饱饭

宝宝吃饭看似简单，可问题却不少，宝宝厌食、挑食、食量少是常见问题。想让宝宝轻松吃饱饭，爸爸妈妈需要了解宝宝的需求。

宝宝不好好吃饭的原因

高蛋白摄入过多。有些爸爸妈妈觉得只有宝宝摄入大量高蛋白食物才有利于成长，可事实上却是宝宝摄食过多富含蛋白质的食物，因为不能及时消化，反倒没了食欲。

吃饭时间过于随意。如果宝宝饮食没有时间观念，想什么时候吃，想吃什么都很随意，长此以往不利于宝宝养成健康的饮食习惯。

轻微积食。宝宝的食欲也有高峰或低谷的时候，不可能天天都是好胃口，如果宝宝对饭菜没兴趣，也可能是因为有些积食所致。

有挑食毛病。宝宝不好好吃饭还可能与挑食有关。爸爸妈妈没有及时给宝宝添加辅食，或者给宝宝添加辅食的数量与种类不够丰富，都会导致宝宝出现厌食表现，以致宝宝不好好吃饭。

让宝宝轻松吃饭的方法

学习像大人一样吃饭。宝宝吃饭时最好坐在他自己餐椅上，安安静静地吃。定时、定点、固定就餐位置都有助于宝宝吃饭更安心。

吃东西不是游戏。爸爸妈妈要让宝宝清楚，吃饭不是做游戏，不可以吃饭时做与吃饭无关的事。若宝宝抗拒强烈，爸爸妈妈可以通过限制宝宝零食，严格控制就餐时间等方式来进行调整，必要时可以饿宝宝一顿。

关注进食时间和饮食结构。宝宝不好好吃饭，爸爸妈妈不妨看看宝宝是否饮食次数偏多，正餐和点心之间的时间间隔过短或零食、甜食吃得太多。若存在这些情况，可根据宝宝的特点调整饮食时间和饮食结构。

增加运动时间和强度。如果宝宝活动量偏少，体能没被消耗，宝宝会因为不感觉饥饿，对饭菜没兴趣。所以适当增加宝宝的运动的时间和强度有助于宝宝轻松进食。

不要过分限制宝宝行为举止。对宝宝来说，吃饭也是探究新鲜事物的好时机，比如有些宝宝会想尝试用勺柄舀饭吃。对此爸爸妈妈不必过度限制，可以让他去尝试，以免影响宝宝就餐兴趣。当宝宝发现这种方法不可行后，自然会调整就餐方式。

日常生活与保健

消除家中的安全隐患

家是宝宝最主要的活动场所，可对于宝宝来说也暗藏安全隐患。这个月龄的宝宝是一个一刻也停不下来的探索家，家就是他的好奇世界，总要一一探索，如果爸爸妈妈疏于关注，很容易导致意外发生。同样的家居环境，对已这个月龄的宝宝来说，潜伏的安全隐患和小婴儿的时候可不一样了哦！

卧室中的安全隐患

家具。有些可以开关的家具，在宝宝看来更似大玩具。可尖尖的桌椅角、高装的柜子、玩具架等都可能对他们造成伤害。为防止意外发生，宝宝用的桌椅角建议选择圆滑的，误买尖角桌椅要注意安上防护角。安装较高的衣柜等家具要特别固定好，以防坠落伤及宝宝；玩具架不要安装太高，以免宝宝取放玩具时意外摔倒、摔伤。

床。床边的栏杆太宽、摆放离窗太近都可导致宝宝发生意外。床边栏杆距离不要超过爸爸妈妈一拳宽，栏杆过宽容易卡住宝宝头部；小床要远离窗子、能爬上去的家具，以防宝宝攀爬到窗台，引发危险；宝宝的床上不可放置塑料袋或塑料布，以防意外窒息。

客厅中的安全隐患

家具。茶几、桌子、柜子的棱角很容易碰伤宝宝，轻者碰出小包，重者甚至导致流血。对于这些凸起、坚硬的边角，爸爸妈妈应专门购买一些防撞桌角、防撞条，将它们都包起来。宝宝在客厅玩耍时，爸爸妈妈可将体积小的茶几、桌椅搬开，以避免磕碰到宝宝。

小物件。客厅里常会放置许多小物件，比如打火机等。这些小物件也很容易对宝宝造成伤害。为此，爸爸妈妈要注意将一切危险的小物件都收纳到盒子中，放在宝宝触碰不到的地方。

地板。客厅的地面多为地板或大理石设计，光滑的地面容易导致宝宝摔倒、摔伤。爸爸妈妈可在宝宝活动范围内铺上泡沫地垫，这些泡沫地垫拼拆方便，可根据需要随意拼合，非常实用。

门边与把手。客厅与各房间相连，各房间的门边与把手众多，这些门把手大多都是金属材质且带有棱角，为防宝宝剐碰，或夹伤手指，爸爸妈妈可用棉布将这些门把手缠起来，门边可安装安全门夹。

厨房中的安全隐患

地面。厨房地面难免时常有水迹或油渍，宝宝出入时很容易滑倒。爸爸妈妈除需要经常清洁地面外，可在厨房门口处放置一块防滑垫，让好奇心强的宝宝在厨房外看妈妈做事。但爸爸妈妈离开厨房时要记得将门关上，以避免宝宝乱闯发生意外。

电源电线。厨房中烹调用电器很多，相配套的电源插座也多，对于这些电源电线，爸爸妈妈要合理布局，电线应该缩到最短，不用电器时要记得拔掉插头，把电线收好。

可以购买一些安全电线夹，将多余电线好好收起。至于插座，建议安装安全电源插座护盖。

清洁用品。厨房清洁用品比较多，这些清洁用品都含有一定的化学物质，若宝宝误食容易引发意外，所以，所有清洁用品要统一收纳到宝宝碰触不到的地方。

桌布。在宝宝眼里，桌布是拉扯玩具，可厨房餐桌上却常会放置许多物品。为了以防万一，爸爸妈妈可将厨房餐桌上的桌布去掉，热水杯、暖壶等危险品切忌放在桌边、灶台边，以免砸伤、烫伤宝宝。

卫生间中的安全隐患

水龙头。如厨房一样，卫生间也是湿滑、电源、清洁用品较多的地方，爸爸妈妈可参照厨房指南改进，除此之外，水龙头也具危险性，如果家里是旋转式的水龙头，不用时尽量将热水的出水口关闭。若是抬启式水龙头要注意将方向朝向冷水口，以免宝宝自己尝试时被烫伤。

马桶。宝宝对水有着无穷的探索精神，马桶也不例外。为避免意外跌入马桶，爸爸妈妈切记使用马桶后要盖上盖子。

阳台上的安全隐患

不便外出时，阳台是宝宝晒太阳的好地方，但也是较危险的地方。未经安全设施安装的窗户、随手可拉扯的窗帘都是安全隐患。所以，有宝宝的家庭阳台窗户要加设栏杆，缝隙不要过大；窗帘的拉绳不可垂落到宝宝能触碰到的位置，阳台窗户下面不要放置可帮助宝宝攀爬的物品，以免引发危险。

谨防误食

居家安全中宝宝发生误食的情况并不鲜见，在关注大环境安全的同时，爸爸妈妈也不要忽视小物件对宝宝造成的伤害。

很多时候，宝宝都是在大人没有察觉的情况下吞进异物的。如果爸爸妈妈发现宝宝吞咽困难，比如发现他在呻吟或者像被什么东西卡住了似的干呕、流眼泪，就要想到他有可能是把什么东西吞进去了。

容易被宝宝误服的物品。有些物品容易被宝宝当作好吃的东西放进嘴里，造成中毒。比如：

药片：被当作糖果误食。

香皂：被当作点心误食。

洗涤剂、化妆水：被当作饮料误食。

因此，爸爸妈妈要把这类物品放到宝宝够不到的地方，避免误服。

吞进异物后处理。如果宝宝还能正常呼吸，爸爸妈妈就不用过分惊慌。但为谨慎起见，还是要带宝宝到最近的医院检查，让医生来判断异物在哪里，是不是要取出异物。

如果异物较小而且光滑，宝宝也没有表现出任何不适的感觉，可以吃些芹菜、韭菜等含纤维素多的食物，促使异物从大便排出。每天注意观察宝宝的大便，如果两三天后异物还没排出，要去医院检查、处理。

如果宝宝吞进的是尖锐的异物（如针、铁丝），要立即到医院去处理。

常见问题与护理

烧烫伤

每年的5~10月是婴幼儿烫伤的高发期。这一时期天气较热，婴幼儿穿得比较少，再加上婴幼儿皮肤细嫩、敏感，稍不注意就会被烫伤。而8个月~2岁的婴幼儿又是最容易被烫伤的人群，因为这个年龄段的婴幼儿大动作发育日渐成熟，手眼协调力明显增强，正处于学步或刚掌握稳步前行的阶段，因此对周围世界的好奇心明显增强，很容易误接触热源而烫伤。

烧烫伤的处理方式

热液烫伤。在各类烧伤中，以热液烫伤最为多见。热液烫伤包括沸水、稀饭及热油等各种热液烫伤，绝大多数发生在家中。婴幼儿被热液烫伤后要以流动的自来水冲洗受伤处，以达到皮肤快速降温的目的，之后小心除去烫伤处皮肤的衣物，可用剪刀帮忙，但要保留有粘连的部分。为减轻疼痛可将伤处继续浸泡于冷水中10~20分钟，但烫伤面积大或年龄较小的婴儿，则不要浸泡太久，以免体温下降过度造成休克，而延误治疗时机。最后用干净纱布或保鲜膜覆盖伤处，不要任意涂外用药或偏方，以免伤口感染。需要提醒的是，即使婴幼儿只是轻微烫伤，也建议简单处理后去医院请医生做进一步处理。

化学性灼伤。受伤后立刻用流动的自来水冲洗受伤部位，之后马上送医院治疗。

接触性烫伤。皮肤为红色或有水泡时，需经过冲水、泡水的过程，再送医院治疗。若皮肤为焦黑或变白如蜡状时，说明是深度烧伤要马上送医院治疗。

火焰烧伤。婴幼儿身上着火时，可用棉被或大布单包住婴幼儿灭火，还可用布单裹住婴幼儿后卧倒滚动以灭火，等火熄灭后，再依热液烫伤处理方法处理。

电灼伤。先切断电源，若婴幼儿失去知觉应先检查呼吸、心跳，若心跳停止，应立即施行人工心肺复苏术，同时尽快送医院治疗。

烧烫伤的护理注意事项

婴幼儿被开水、热汤、火焰等烫伤后，不要帮他脱衣服，以免烫伤的皮肤随衣服一起被撕脱。也不能在烫伤处涂药或其他东西，如酱油、牙膏、食盐等，否则会加重创面损伤。

由于烫伤非常疼痛，需要做好婴幼儿的情绪安抚工作。成人要保持镇静，以免情绪激动影响到婴幼儿。

婴幼儿烫伤后尽量不要让其乱动，以免碰到伤口，同时要注意保持伤处的清洁。

烫伤后起大水泡时容易弄破，为了防止发生感染，要到正规医院处理。

婴幼儿被烫伤后如果发烧，局部疼痛加剧、流脓，说明创面已感染发炎，应及时请医生处理。

头、面、颈、手、臂等部位的轻度烫伤，经过清洁创面涂药后，不必包扎，使创面裸露，与空气接触，保持干燥，有利于加快创面复原。

凡烫伤总面积大于10%或需手术治疗；严重烫伤的婴幼儿应立即送往专科医院就诊，以免贻误最佳治疗时机。

伤口脱痂后一周左右是瘢痕康复治疗的最佳时期。为避免留下难看的瘢痕，需要将婴幼儿送到正规医院,接受正规的瘢痕康复治疗,能在较大程度上防止或减轻瘢痕增生。

避免婴幼儿烧烫伤方法

热水、滚烫食物不要放置在婴幼儿可触及的地方。

家里的电磁炉、热得快、开水煲等都要放置在婴幼儿不能触及的地方。

炒菜做饭时，最好不要让婴幼儿进入厨房。

给婴幼儿倒洗澡水时先放凉水再兑热水，测好温度，避免婴幼儿入盆后因水温不合适再加热水。

电熨斗用完后，要放到安全处，以免婴幼儿用手去碰，造成手部的烫伤。

别忽视咽喉烫伤

除热源烫伤外，对于不会说活的婴幼儿来说，咽喉烫烧伤同样不可忽视。婴幼儿咽喉烫伤后，局部很快会发生水肿，在 4~8 小时内可达到高峰，并伴有呼吸不畅、喘息、哭声嘶哑，严重者还会引起发烧，甚至水肿遍及咽喉而阻塞气道，导致窒息。因此，婴幼儿入口的食物切忌温度过高，以免造成咽喉烧烫伤。一旦婴幼儿咽喉烫伤，若症状较轻，饮食方面要以软、凉食物为主，让婴幼儿多休息，避免啼哭。对咽喉水肿严重，已影响呼吸的婴幼儿应立即送医院诊治。

情感、思维、智力、性格的养育

扩充宝宝词汇量

这个阶段的宝宝，语言将要进入一个快速发展的时期。宝宝会的词多了，表达就会更丰富、更顺畅。因此，爸爸妈妈要想办法扩充宝宝的词汇量。

在日常生活中扩大宝宝的词汇量

一般来说，宝宝最先学会的词都是对他来说非常重要的东西。比如，重要的人：爸爸、妈妈；喜欢的食物：牛奶、饼干、果汁；想做的事情：不、打开、出去，等等。

所以，从宝宝熟悉、感兴趣的事物着手，在日常生活中丰富宝宝的词汇，效果最好。

让宝宝身处丰富的语言环境，平时听到丰富的词汇和表达，能促进宝宝词汇量增加和语言发展。他们听到的越多，就能学会越多。所以，爸爸妈妈要多陪宝宝玩，多跟宝宝说话。在真实的生活情景中，宝宝可以更好地理解和掌握词汇。比如做饭时，爸爸妈妈可以跟宝宝说："今天做沙拉吃好吗？你想放些生菜，还是放些黄瓜呢？"爸爸妈妈还可以把想着重教给宝宝的词汇，用重音说出，并且重复一两遍，方便宝宝记忆。另外，可以多带宝宝出去接触各种人和事，拓展宝宝的经验和见识，也有益于扩大宝宝的词汇量。

通过阅读扩大宝宝的词汇

除了多跟宝宝说话、玩耍之外，阅读也是一个扩大宝宝词汇量的好方法。这个时期的宝宝通常都会对朗朗上口的童谣感兴趣。爸爸妈妈可以选一些童谣、谜语等语言类的书，注意内容要尽量切合宝宝的生活，而且词句要浅显易懂、朗朗上口，结合看图片、讲解内容，教宝宝说。还可以给宝宝讲一些情节简单、语句重复的故事，比如《拔萝卜》，故事中多次重复"xxx，快快来，快来帮我们拔萝卜""来啦来啦""嗨哟哟嗨拔不动"等等，宝宝会很快记住其中的词汇和句式。

玩一玩皮球

皮球可以滚动，又有各种各样的漂亮花纹，玩法也是多种多样的，因此成为宝宝们最喜欢的玩具之一。1 岁 6 个月以后的宝宝绝大多数都能走得很好、很稳，甚至会小跑了。这个阶段的宝宝玩皮球，可以锻炼走、跑、跳等能力。比如，皮球可以滚着玩，让宝宝去追，追上以后踢一踢，再往前滚；可以让球从桌子、椅子腿之间滚过去；可以由大人拿着皮球，让宝宝往上跳一跳去够取；宝宝和大人面对面坐着来回滚皮球，等等。

温馨提示：玩皮球注意事项

皮球大小要合适，最好是宝宝容易抱起来的，不要太大。

皮球的气不要打得太足，防止滚得太快，宝宝追不上。

如果在室外玩，要注意场地平坦，远离马路，避开人多、车多的地方，最好在草坪上玩。同时，成人要做好看护。

06 1岁10个月~2岁

这个年龄段的宝宝

运动能力

宝宝手指动作发展得更快，可以更加顺利地完成一些精细动作了，如穿珠子、扣纽扣、画直线等；在生活中能够自己穿脱一些简单的衣服和鞋袜；能够用拇指和食指把豆子和小木珠之类的东西一个一个地捡起来。

语言能力

现在宝宝的词汇量成倍增长，到2岁时，宝宝基本已经能掌握至少200个词汇。

宝宝最初掌握的词汇主要是常见的名词和动词，最常用的动词有吃、喝、睡、喂、洗等；最容易掌握的动词有打、抱、谢谢、再见等；较不易掌握的动词有玩、找、给、掉等。宝宝出现“我”“你”代词的倒置现象从1岁7个月开始，会一直持续到1岁11个月，2岁之后的宝宝就开始能正确使用“我”和“你”了。

认知能力

这个阶段的宝宝对上下里外的方位概念也有一定的感知。比如和宝宝玩游戏时，我们说小手上面摇一摇，下面摇一摇，宝宝都可以跟随语言的指令来进行。在生活中，如果宝宝经常自己整理玩具，他们对里外的概念会更加明确；可以听懂爸爸妈妈的指令，将玩具放到里面或者拿到外面。

宝宝时间感知也有了发展，能够知道白天黑夜，还可以使用一些和时间有关的词语，比如“现在”“一会儿”等。总之，在感知觉方面均有所提升，而且更加深刻，不光感知事物的外在，也开始能够感知内在的自我。

1岁10个月~2岁的许多宝宝能够准确地说出自己是男孩或女孩，而且会发现这时的小孩很注意观察男孩和女孩的身体部位。但是此年龄段的宝宝对性别的辨别仍然是简单化、标签化的。

社交能力

此时宝宝之间的交往很简单，经常是一个宝宝对另一个宝宝发出的微笑、语言或非语言的声音，抚摸、轻拍或递给玩具的动作，能引起对方的反应。比如，对方会报以微笑，发出声音，注视他的行动，等等。近2岁时，宝宝发生了“哥白尼式的革命”，即宝宝“自我中心化”思维的发展。比如两个宝宝在有兴趣地交谈一个现象，但有趣的是说者并不关心如何让别人听自己讲话，听者也并不企图弄懂别人所讲的东西，他们形式上看似在交流，实际上却是自己对自己讲话。

喂养的那些事儿

让宝宝自主进餐

这个年龄段的宝宝已经有了一定的独立能力，喜欢尝试自己做些事情，爸爸妈妈应趁此时机鼓励宝宝自己的事情自己做，比如让宝宝自主进餐。

培养宝宝自主进餐方法

爸爸妈妈放开手。宝宝多大能够自己吃饭，很大程度上取决于爸爸妈妈的态度。爸爸妈妈放开手，宝宝才有机会去学习。爸爸妈妈应有意识地，循序渐进地训练宝宝自己用勺、筷、碗进餐，并熟悉每一件餐具的用途，逐步养成独立进餐的习惯。

给宝宝选喜欢的餐具。如果有宝宝喜欢的餐具，可以增加对吃饭的好感。给宝宝选购餐具时不妨带宝宝一起去，除了要注重环保外，还要注意选择不易摔坏的材质。

尊重宝宝的进度。宝宝学习吃饭进度不同，爸爸妈妈应因势利导，可以先试着让宝宝独立吃完一部分食物。比如，当碗里饭菜所剩不多时，让宝宝自己吃掉它们，如果宝宝能够独立完成，爸爸妈妈给予积极鼓励，这会让宝宝产生一种成就感，也有助于自信心的培养。爸爸妈妈千万不要因为宝宝进步慢而着急，这个年龄段的宝宝对爸爸妈妈的反应格外敏感，爸爸妈妈焦急会增加宝宝压力，甚至拒绝自己吃东西。相反，想让宝宝尽快掌握这个新本领，要善于营造就餐时的快乐气氛，让宝宝愿意逐步学习独立进餐。

教宝宝正确进餐姿势。让宝宝自主进餐，爸爸妈妈要教宝宝正确拿餐具的姿势。起初，宝宝握餐具时可能是用手掌握，之后变成用手指握，最后是像大人一样用 3 根手指握。送食物入口时也常是从平行着送进口中，慢慢发展到以 45° 以下的角度送入口中。让宝宝多模仿大人的动作，他很快就能学会如何把饭菜一口一口送进嘴里。

让宝宝随心所欲地吃。宝宝开始自己吃东西时，无论是吃得到处都是，还是把饭放到了果汁里，爸爸妈妈都不要过激地去制止他，这是宝宝探索自主进餐中常会遇到的现象。不管他的吃法如何，最后他都会发现正确的进餐方法，从而轻松地将食物吃进肚子里。

不要心急代替。有些爸爸妈妈爱干净，不想让宝宝把餐桌弄得脏乱不堪，觉得与其让宝宝自己吃，不如喂他来得省事。殊不知这样做实际上是扼杀了宝宝自主学吃饭的萌芽，时间长了，宝宝会认为吃饭就是一个被动接受的过程，与自己无关。为避免宝宝把饭菜弄得到处都是，爸爸妈妈可在宝宝椅子四周铺上一层报纸，以便收拾散落的食物。当然，爸爸妈妈应该让宝宝清楚怎样吃得斯文，如果宝宝照做，要记得及时表扬他，以便宝宝将这种好习惯保持下去。

不要强迫宝宝吃东西。当宝宝吃饱后会将食物推开，爸爸妈妈切记不要强迫宝宝再吃东西，以免宝宝对进餐产生压力。宝宝绝不会让自己挨饿，这一点请爸爸妈妈放心。

理解偶尔的边吃边玩。边吃边玩是每个宝宝都会经历的阶段。这么大的宝宝已能听懂爸爸妈妈的话，爸爸妈妈可以和宝宝沟通，让他吃饭时不要边吃边玩；但如果宝宝偶尔任性，爸爸妈妈也应给予理解。

增加户外活动时间。户外活动能令宝宝放松，同时适当地运动又会促进宝宝体内新陈代谢，运动休息后宝宝通常能够更快乐地进餐。

注意量不要多。让宝宝自己吃饭，一次给予的食物量不要太多。给宝宝提供容易吃完的量会增加宝宝吃饭的成就感。所以，以多次给予的方式，再加上言语的鼓励，会提高宝宝主动进餐的积极性。

日常生活与保健

分床睡眠到分房睡眠

顺利进行分床独立睡眠的宝宝已经可以很安稳地在自己的小床里顺利睡觉了。这个月龄的宝宝如果还不肯自己睡小床，需要引起爸爸妈妈重视，并积极予以纠正。

循序渐进开始分房睡眠的训练

进一步创造良好的睡眠环境。宝宝房间的光线不要太强，温湿度要适宜。到了睡觉时间，让宝宝躺在小床上，同时播放一些轻柔的音乐当催眠曲，此时爸爸妈妈不要离开房间，可以握着宝宝的小手，帮助宝宝入眠。如果宝宝夜间醒来，不要急于哄拍宝宝，尽量让他自己独立进入下一个睡眠周期，哭闹严重时爸爸妈妈再哄拍也不迟。

让宝宝随时能够听到爸爸妈妈的声音。拥有安全感，宝宝才能自己入睡。小床没搬到宝宝房间时，宝宝夜里惊醒，妈妈可哼唱摇篮曲帮宝宝再次进入梦乡。小床搬到宝宝房间后，宝宝房间和大人房间的门不必关紧，以便宝宝惊醒后，爸爸妈妈可以听到声响，适时回应宝宝，增加宝宝的安全感，确保睡小床生活顺利进行。

注意一定要先分床后分房。宝宝的小床可先放在爸爸妈妈房间，待宝宝完全适应睡小床后，再把小床搬到宝宝房间。如果宝宝一个人睡小床成功，第二天清早爸爸妈妈应予以表扬、奖励，以强化宝宝意识。

选择过渡性小床。对于极难适应独自睡眠的宝宝，爸爸妈妈先不必要求宝宝睡小床，睡单人床即可，但单人床要做好防摔落措施。妈妈可先陪宝宝一起睡在单人床上，使宝宝对大床的眷恋慢慢转移到“小床”上来，待宝宝睡着后，妈妈再离开。只是这种陪睡时间越短越好，否则对宝宝习惯自己睡小床不利。

出门在外时安全要第一

宝宝会走后户外玩耍时间增多，出门在外时的安全问题需要爸爸妈妈特别关注。看似安全的公园、游戏场、商场、超市等地都可能引发意外，需要爸爸妈妈提高安全防范意识。

安全逛商场和超市

宝宝大一些后，爸爸妈妈常会带他去商场、超市购物。在这些地方，宝宝很容易被琳琅满目的商品所吸引，注意不到危险的存在。加上宝宝自我防护能力还很弱，如果爸爸妈妈过分注意购物，疏忽了对宝宝的关注，他就很容易陷入危险中。所以爸爸妈妈要从宝宝的角度考虑问题，注意防范各种危险。

商场、超市的安全防范要点

电梯门。最好坐封闭式的电梯，进出时要抱起宝宝，或牵着宝宝的手教他如何迈步，要护在他的身边迅速进出，不要让宝宝在电梯门口处停留。

滚梯上、下端。上下扶梯时，要告诉宝宝不要踩在电梯的缝隙处，也不要让宝宝把头或小手伸到扶手之外，以防装货物的盒子划伤宝宝的手，或者被滚梯旁边的墙壁碰伤。

旋转门。进出旋转门时，一定要牵着宝宝，并把宝宝的手拢在胸前，别让他到处摸。

货架。不要让宝宝离货架太近，周围人多时，最好把他抱起来。在卖玻璃器皿等易碎品的地方要看好宝宝，以防宝宝打碎器皿而受伤。

散装食品区。一定要看牢宝宝，不要让他把小食品"私吞"到嘴里而导致异物吞入甚至窒息的危险。

推车。如果想让宝宝坐在推车上，要选一辆轮子转动自如、车体平稳的推车，并叮嘱他扶着前面的把手，而不要扶车的两边。

安全逛游乐场

游乐场是宝宝常去的场所，但一些游乐设施对宝宝来说却存在着一定的安全隐患。

蹦蹦床。如果玩蹦蹦床的宝宝比较多，宝宝会在蹦跳间撞到一起，因为无法平衡重心，很容易撞伤头部。如果被撞在胸口上，有可能使胸口软组织受伤，严重者甚至会造成肋骨断裂。发生碰摔后，因为蹦蹦床特殊的构造，宝宝不易马上起来，而是容易一个压一个地压在一起，最下面的宝宝很容易被上面的宝宝压伤，甚至造成骨折。所以，如果玩蹦床的宝宝较多，爸爸妈妈可让宝宝稍等，待只有两三个宝宝玩时再去玩，以免引发意外。此外，宝宝玩蹦蹦床时，爸爸妈妈应先检查床体与网兜是否有缺损，护栏是否结实，以确保宝宝安全。

秋千。秋千是儿童乐园中最普通的游乐设施，同时也是最易让宝宝受伤的一种器械。荡秋千时，如果宝宝没坐稳，或是使用方式不对，很容易从秋千上跌落，造成摔伤。若宝宝在别的宝宝玩耍时靠得太近，荡起的秋千也容易将宝宝撞倒、撞伤，引发意外。对于这个月龄的宝宝，荡秋千时，爸爸妈妈一定要陪伴左右，同时避免一个秋千上坐多个宝宝一起玩耍，当然也要告诉宝宝，不玩时与秋千保持一定距离，不要在正在荡的秋千周围跑动或走动，以免被碰伤。

跷跷板。跷跷板是这个月龄宝宝较喜欢的游乐器械，这个月龄的宝宝手臂力量较小，为防意外，爸爸妈妈要在宝宝身边看护，适时给予宝宝外力帮助。宝宝玩耍时，爸爸妈妈不要只关注自己的宝宝，还要注意对面的宝宝的行动，提前和两个宝宝沟通，谁不想玩了，要提前和大人说，在爸爸妈妈的帮助下慢慢下来，避免对方先下来，特别是对面坐的是比你家宝宝大的宝宝，突然离开时，若跷跷板下面没有防震橡胶，会使跷跷板直接接触地面，容易颠伤宝宝，造成尾椎骨损伤。

滑梯。宝宝们玩滑梯时若第一个宝宝滑下后还没离开，第二个宝宝就冲下来了，会导致在滑梯口叠罗汉，这样玩滑梯很容易导致宝宝受伤。爸爸妈妈要帮助宝宝滑下后马上离开。此外，宝宝玩滑梯时，爸爸妈妈要告诉宝宝，脚朝下滑，两腿不要分得太开，上半身要保持竖直，不要让宝宝头朝下滑。

如果宝宝在游乐场跌倒或坠落，宝宝某部位出现大伤口，或是头部受伤导致意识不清，应马上叫救护车。如果宝宝发生骨折或关节脱位，千万不要随意地移动或搬动宝宝，要等救护车来后请医生处置。

谨防小区附近安全

小区附近是宝宝最经常出入的地方，小区附近的安全问题不可忽视。

小区的停车场、道路等地方，可能会有各种车辆行驶，容易发生交通事故。在室外活动时，要让宝宝知道躲避汽车。爸爸妈妈可亲自做示范，比如，当汽车过来时，爸爸妈妈不要只想着急忙抱起宝宝，而是要牵着宝宝的手，避到近侧的路边，让宝宝能亲身体验车来时要怎么做。

居所附近可能有水塘、水池，宝宝容易掉进去发生溺水。

路面上可能有各种管道井、深坑等，如果没有遮盖好，宝宝可能会跌落。

如果居所附近有山坡、高地或未完工的建筑物，也容易发生跌落事故。

地面上可能有钉子、玻璃等尖锐的物品或不洁净的东西，同样容易对宝宝造成伤害或危害其健康。

因此，宝宝到户外玩耍一定要有成人监护，并且要选择相对安全的地方。让宝宝自由玩耍前，一定要检查一下附近的情况，消除各种安全隐患，并且要让宝宝始终处于成人的视线范围内。

常见问题与护理

挑食

挑食是幼儿进餐中常见的问题之一。挑食会导致宝宝营养摄入不均衡，造成体重下降、面黄肌瘦、皮肤干燥等问题，甚至出现贫血、低血糖、血压下降等表现，影响健康成长。而宝宝之所以会挑食，则与自身因素与家庭因素密不可分。

宝宝挑食的自身因素

宝宝 1 岁以后，自我意识迅速发展，对于大人给予他们进食上的一些安排有时会很抗拒，他们更愿意按照自己的意愿进食。

随着宝宝味觉发育，对于食物会产生自己特有的喜好，从而排斥其他食物。

因天生的自我保护机能，为避免一些新食物对自身造成伤害，会本能地产生拒绝心理。

宝宝挑食的家庭因素

忽视对宝宝正常饮食习惯的培养，对宝宝过于迁就与放任，助长了挑食的坏习惯。

家庭成员本身就偏食，宝宝潜移默化地受到影响，并加以模仿。

用强迫的方法应对宝宝偏食，结果让宝宝对一些食物更加反感。

在添加辅食最初阶段，为宝宝准备的辅食过于单调，以至于宝宝的味觉对其他食物接受、适应较慢。

辅食烹饪方式单调，制作方法简单，导致宝宝对进食缺乏兴趣。

零食吃得较多，对主食不感兴趣。

宝宝挑食的纠正方法

情绪法。喂宝宝新食物，需要选择宝宝情绪愉快时，爸爸妈妈面带微笑，先吃给他看，并给宝宝建立一个放松的环境。如果宝宝不吃，不要强迫他，立即把食物拿开，过一两天再试试。经过几次甚至十几次“试吃”之后，宝宝会逐渐接受新的食物，爸爸妈妈一定要有足够的信心和耐心。另外，可以把新的食物掺在他已经接受的其他食物里面。有时即便宝宝喜欢新的蔬菜食物，可能也只吃几勺，这是十分常见的。如果宝宝完全拒绝某种蔬菜食物，那么爸爸妈妈也不要强迫，可以几天后再尝试，宝宝可能令人惊讶地欣然接受了。

隐藏法。宝宝偏食，爸爸妈妈可以采取一些变通的方式，可以把蔬菜做成馅，还可以在他喜欢的食物里加一点蔬菜，把红色的蔬菜和绿色的蔬菜一起榨成汁，等等。在吃饭的时候，我们先大口地吃蔬菜，而且吃得很香，一段时间之后，宝宝可能就经不住诱惑，也开始吃起来了。

注意烹调方式。爸爸妈妈可多变换烹调方式，比如宝宝不爱吃肉，除了蒸肉丸、做馅、炒肉以外，还可以在给宝宝煮粥时放些肉进去，做成好吃的鸡肉粥之类的。另外还可以做些蔬菜火腿沙拉，把宝宝喜欢吃的蔬菜和肉放在一起。同时可改换一下装盘方式，比如将肉馅放到用冬瓜做成的容器里面，做成好看的冬瓜盅蒸肉，或者用火腿片摆成好看的孔雀尾巴的造型，小小的改变便可增加宝宝食欲。

变换主食。有些宝宝对主食米饭不感兴趣，爸爸妈妈可经常变换一下主食的种类，比如可以尝试做一下小豆沙卷、葱油饼，包些小馄饨、小饺子之类的，让宝宝可以经常变换一下口味。即使是米类的主食，也不一定就是蒸米饭和米粥，还可以把它做成米粉、猫耳朵等等。

做游戏。纠正宝宝偏食，爸爸妈妈还可以通过一些情景游戏来增加宝宝的兴趣。比一比看谁吃得快，看谁盘子里的菜少得快，方法看似简单，却很管用，尤其是对3岁以下的宝宝常会取得明显的效果。

请宝宝帮忙。准备饭菜时，不妨请宝宝一起参与，这个月龄的宝宝正处于喜欢自己尝试事物的阶段，让宝宝做一些力所能及的事情，比如帮你把菜放到盆里，爸爸妈妈可同时告诉宝宝这些蔬菜的名称、营养价值，以培养他们对这些食物的兴趣，对纠正偏食很有益处。

餐具引导法。把宝宝不喜欢的食物放到可爱的容器中，不仅可以吸引宝宝的注意力，也可增强宝宝吃东西的意愿。

一起进餐。爸爸妈妈和宝宝一起进餐，可避免宝宝依照自己的喜好只选择单一食物，爸爸妈妈适时给宝宝夹菜，有助于宝宝纠正偏食习惯。同时要避免一边进餐，一边看电视，还要确保宝宝有固定的吃饭时间。

3 岁以前的宝宝饮食较无规律，昨天吃得多些，今天吃得少些，属正常现象，爸爸妈妈不必过于担心。另外，宝宝的口味也在不断地发生变化，今天拒绝的食物，没准两天后就会接受，所以爸爸妈妈不要轻言放弃，持之以恒便会改掉宝宝挑食的毛病。

纠正宝宝挑食的原则

不要强迫进食。要努力克制自己的急躁情绪，静下心来，慢慢引导。

不要轻易放弃。不要发现宝宝拒绝某些食物，以后就不再做。而是要通过引起兴趣、改变烹调方法等来逐渐予以纠正。

树立好榜样。爸爸妈妈要为宝宝做出榜样，尽量不要在宝宝面前议论哪种菜好吃，哪种菜不好吃；更不要因为自己不喜欢吃什么食物，就不做给宝宝吃。为了宝宝的健康，爸爸妈妈应该尽量改变和调整自己的饮食习惯。

情感、思维、智力、性格的养育

害怕去医院

宝宝小的时候，感冒发烧看医生，几乎是不可避免的事情。随着记忆力的发展，宝宝开始害怕上医院了，因为医院总是和打针、吃药等不好的记忆相联系。

下面这些方法，可以缓解或者消除宝宝看病时的紧张情绪。

去医院之前，让宝宝知道大概要去做什么，让他心理上有所准备。比如，带宝宝打预防针之前，给他讲“细菌大作战”的故事，让他了解打预防针是怎么回事。告诉宝宝疫苗里有好多“士兵细菌”，针管把它们送到宝宝的身体里，这样，如果有“坏蛋细菌”想要伤害宝宝，“士兵细菌”就会跟“坏蛋细菌”战斗，保护宝宝不得病。

利用榜样的作用。给宝宝讲一些小朋友、小动物坚强勇敢、不怕困难的故事来鼓励他。

转移注意力。去医院时，带一两样宝宝喜欢的玩具或图书，在等候时陪他玩或看；就诊时让医生先给他的玩偶检查，打针时温和地和他说话、念歌谣、讲故事等，都可以缓和宝宝的紧张情绪。

事后给一些奖励。去医院之前跟宝宝说好，如果他表现好就会得到奖励。要明确地说明做到什么程度可以得到什么样的奖励，越具体越好。比如“打针的时候没有动”“跟医生说了谢谢”，妈妈就会奖励“买那个小汽车”“去玩一次摇摇椅”等，而且一定要兑现承诺。

平时和宝宝玩扮演医生的游戏，或者读一些看病的图画书。给宝宝准备一套医生的模拟玩具，让宝宝穿上“白大褂”来当医生，给毛绒玩具听诊、打针。多玩几次，宝宝就会对医生和常见的医疗用具感到熟悉，不那么害怕了。遇到宝宝不听话，一定不要用医生和医院来吓唬他，不然宝宝会把他们和恐惧联系起来。

另外，宝宝的情绪很容易受爸爸妈妈的影响。如果爸爸妈妈自己对宝宝看病打针就很紧张，尤其听到宝宝哭，焦虑、心疼都写在脸上，宝宝一定会更紧张和害怕。所以爸爸妈妈首先要稳住自己的情绪，平静、放松地面对宝宝，抱住他，让他安心，这能让宝宝更容易接受就医过程。

突然“变小”

宝宝本来已经会坐便盆、会自己拿勺吃饭了。可是突然间，宝宝又“变小”了。比如，以前带他出去时都能自己走一大段路，现在却开始总要你抱着了；本来有一段时间他都不那么黏妈妈了，现在又突然变得离不开妈妈了。这是怎么回事?

为什么会发生“倒退行为”

“倒退行为”几乎每个宝宝都会有，所以爸爸妈妈不必担心。

有时宝宝“倒退”，是因为对学会的技能失去兴趣或者感到困难，比如坐便盆的新鲜劲儿过去了，他就不爱坐了；会走的兴奋劲儿过去了，觉得自己走累，等等。另外，宝宝能够自己走了以后，会突然感到自己不像原来那样能够紧密地依附着爸爸妈妈了，他会焦虑不安，所以更喜欢黏着妈妈，想找回原来的亲密依恋的感觉。

另外，一些突发事件也会导致宝宝“倒退”，比如受到惊吓、亲近的人离开，甚至是生病以后。这些时候的宝宝需要安慰，重新确认自己是安全的。

还有，随着二胎政策的逐渐放开，现在很多家庭可以生第二个宝宝了。这种情况下，老大也会表现出“倒退行为”，他想通过这种行为向爸爸妈妈表明自己还是个小宝宝，仍然需要爸爸妈妈的爱和关注。

如何应对“倒退行为”

宝宝“倒退”很多时候是源于安全感的需要。所以如果爸爸妈妈能理解宝宝，像原来那样疼爱、关心他，对他的需要保持敏感并及时满足他，多陪伴他，宝宝就会重新找回安全感。

另外，要鼓励宝宝的长大表现，及时称赞他的各种进步，比如能走得更远、肯自己吃药等等。亲热地拥抱他，让他把亲密感与他的进步和成长联系起来，体会到成长的快乐。

爸爸妈妈也可以经常带宝宝接触外界，比如去游乐场，新奇的东西和游戏会吸引宝宝的注意，引诱他去探索和参与，在这个过程中增长知识、技能和自信，建立对环境的信任。同时，爸爸妈妈需要陪着宝宝，保护他，并让他随时可以看到爸爸妈妈，这样他才能安心、投入地探索。

如果爸爸妈妈有了第二个宝宝，那么你要让老大感受到你仍然爱他，仍然会花时间陪伴他、关心他，这样他就不会因为害怕失去爸爸妈妈的爱而让自己“变小”了。

在公共场所发脾气

宝宝在公共场所发脾气、哭闹，常常会让爸爸妈妈感到手足无措，甚至感到尴尬或有挫败感。其实，宝宝发脾气通常是有原因的，比如累了、饿了；坐车的时间太长了，感觉无聊或不耐烦，等。那么，该如何应对宝宝在公共场所发脾气和哭闹？

事先防范。尽量少带宝宝去容易使他发脾气的场所。如果要带着宝宝去一些不宜大声喧哗和吵闹的地方，可以事先嘱咐他，并带一些能让他安静玩耍的玩具或图书，或者带一些宝宝喜欢的小零食。而且尽量在宝宝吃饱睡足、心情愉快的时候带他出去。

转移注意力。比如在超市里，可以请宝宝帮着挑选小物品，并放到手推车里或款台上，宝宝会感到欣喜和自豪，而忽略超市里的嘈杂和烦闷；在医院候诊时，可以让他玩玩具或看书，以免他无聊和感到紧张。

尽可能保持心情平静。当宝宝失控时，如果爸爸妈妈也非常生气，可以闭上眼睛数 5 下，或者做 5 个深呼吸，让自己平静下来，避免用喊叫、打骂的方式回应宝宝。

冷处理。给宝宝一段安静的独处时间，让他自己恢复平静。或者直接把宝宝抱离现场，等待他平静下来。

身体安抚。身体安抚对宝宝平复情绪很有效，可以抱着宝宝，抚摸他的身体。宝宝情绪失控的时候，更需要从爸爸妈妈那里得到确认：情绪是可以控制的，而且即使自己表现不好，爸爸妈妈也不会抛弃自己。

坏脾气过后及时安慰。情绪平复之后，拥抱宝宝，并表扬他恢复了平静。让宝宝明白，我们都有脾气不好的时候，不过很快就会好的；虽然爸爸妈妈不喜欢他发脾气时候的样子，但爸爸妈妈仍然是爱他的。

呵护好奇心

宝宝的好奇心常常表现为破坏或捣乱行为，比如，把垃圾桶倒扣过来，把垃圾撒一地；把鸡蛋扔到地上；拿妈妈的口红在床单上涂涂画画。这些让爸爸妈妈头疼不已。

其实，宝宝的这些破坏、捣乱行为，主要是宝宝在好奇心的驱使下进行的探究活动。他想知道究竟，所以会去检查、试验，结果把事情搞得一团糟。

但是好奇心是很重要的。宝宝与生俱来

的好奇心是他学习和解决问题的动力，创造型人才一定有很强的好奇心。所以，虽然爸爸妈妈对宝宝的捣乱和破坏行为很生气，但是为了保护他的好奇心，爸爸妈妈要理智应对。

呵护宝宝的好奇心，支持宝宝的探索行为

宝宝的好奇心虽然与生俱来，但是如果不注意鼓励和呵护，也会渐渐消退的。相反，如果得到鼓励和支持，好奇和探索行为就会逐渐变成习惯，成为性格的一部分。

所以，爸爸妈妈首先要对宝宝的各种捣乱行为保持平静，采取合理的容忍态度。当然也不是说你要让他随意破坏，而是可以给他一些替代品，比如旧闹钟、不用的电源开关和电话机等。

另外，给他自由探索的时间，为他提供一些帮助，对他的探索行为和发现表示赞赏，等，这也会鼓励宝宝的好奇心和探索行为。

爸爸妈妈也可以向宝宝提问，比如，“你猜盒子里装的是什么？”“如果我们把红色和黄色混合在一起，会变成什么颜色？”“你觉得柠檬是什么味道的？”这会激发宝宝的好奇心，让他乐于去探索。

当然，最好的方式，是爸爸妈妈和宝宝一起去探索、发现、试验。这就需要爸爸妈妈同样具有好奇心。

常对宝宝说鼓励的话

宝宝对自己的看法，更多地依靠别人对他的评价。爸爸妈妈的反应就像一面镜子，让宝宝从中看到自己的样子。宝宝是很敏感的，有时候大人的一句话，甚至表情、手势或语气，都可能会影响到宝宝的自我感受。所以，爸爸妈妈要正面引导宝宝的行为，多使用鼓励的语言。

充满信任、鼓励的环境和氛围对宝宝的成长非常重要。宝宝成长中肯定会出现各种问题，与其埋怨和责备宝宝，不如多关注他的优点和进步，及时鼓励他，从积极的方面去引导。如果宝宝经常得到爸爸妈妈的肯定和鼓励，他不仅会更自信，行为处事也会朝着积极的方向发展。

不过在表扬宝宝时，不要总用“你真棒”这些笼统的话，而是要表扬他具体哪一点做得好，指出宝宝做的好的地方，指出宝宝的优势，这样他就知道该向哪个方面努力。不要给宝宝贴不好的标签，比如对他说“你真笨”等伤及人格的话。这样会打击宝宝的自信，让他形成对自己的消极评价。

这样做可以更好地鼓励宝宝

帮助宝宝建立积极的自我认同感。肯定宝宝的优点，鼓励宝宝的具体做法，爸爸妈妈不仅要注意自己的语言，也要重视表情、语调等非语言表达的作用。比如温柔的注视、点头、微笑、鼓掌、拥抱、亲吻、抚摸等。

帮助宝宝感到自己有价值、有能力，对自己充满自信。多鼓励宝宝做事，让他感受到自己的能力。

帮助宝宝获得成功，让他从成功中肯定自己。爸爸妈妈既要表扬宝宝，也要给宝宝提出适当的目标，让他通过努力可以达到。新的成功会反过来增强宝宝的自信，让他勇于面对新的挑战，这样的正向循环会让宝宝对自己的看法越来越积极。但也不能对宝宝提过高的要求，如果他通过努力不能达到，会挫伤他的自信。让他看到自己的每一点进步，他会越来越自信，成长得越来越好。

另外，当宝宝做事遇到困难或者事情没有做成的时候，要鼓励宝宝，要指出他的进步和做得好的地方，帮助他看到，虽然他暂时还没有完全成功，但已经有了进步，也掌握了一些方法。告诉他，遇到困难的时候可以请大人帮忙。如果宝宝需要，大人可以适当地帮助他，教他怎么做。千万不要对宝宝说“真笨”“这点事都做不好”之类的话。

宝宝的“十万个为什么”

对宝宝来说，生活中的一切都是新鲜的。随着宝宝的长大，接触的环境越来越丰富和复杂，他好奇的事情也越来越多，会冒出各种稀奇古怪的问题。

提问是宝宝必备的重要技能，是学习的动力和好奇心的重要表现。因此，宝宝会提问是件值得高兴的事，说明宝宝对自己他不了解的东西有求知的欲望，并且正在探索它。这是他学习的起点。

经常提问题能帮助宝宝更好地学习和思考，所以爸爸妈妈要用欣赏和珍视的眼光来看宝宝的提问，耐心解答。宝宝会把获得的信息拼接成他的“知识地图”，逐渐展开对世界的认识。

爸爸妈妈应如何应对宝宝的问题

首先要对宝宝的提问保持耐心。如果爸爸妈妈表现出厌烦或打断宝宝，会让他受挫，打击他思考和探索的积极性，这对宝宝的学习和成长是很不利的。

不用担心被宝宝问住，宝宝的提问也是促使爸爸妈妈不断学习的动力。爸爸妈妈可以平时多学习、多积累，让自己的学识丰富起来。

如果爸爸妈妈不知道答案，也可以诚实地回答宝宝，并且和他一起查资料、找答案。宝宝不会因此看低爸爸妈妈，反而会学到一种学习的方式。

如果爸爸妈妈觉得宝宝的问题不好回答，不妨反过来问他觉得是怎么回事，说不定他心中有一个很有趣的答案。其实，有时候宝宝问问题并不是想知道事情的来龙去脉，只是想和爸爸妈妈聊聊。

有时，宝宝会重复一个问了多次的老问题。爸爸妈妈可以每次都给出相同、简单的回答，只是谨记，要对宝宝的提问保持足够的耐心，因为不断重复是宝宝的学习方式。他是在努力学习新知识呀！

性别意识的培养

2 岁左右的宝宝大多能够准确地称呼自己是男孩或女孩了，而且会对男女的差别感到好奇。但是，他们对性别的辨别仍然是简单化、标签化的，比如爸爸会刮胡子、系领带，妈妈会穿裙子、涂口红；女宝宝玩娃娃，男宝宝玩汽车；男孩剪短发，女孩留长发，等等。他们虽然能正确说出自己是男孩还是女孩，但他们并不理解性别的真正社会性意义，也不能理解社会上对不同性别的一般期望，如男性要勇敢、女性要温柔等。

以后，宝宝还要花很长时间来了解很多两性的深层次的区别，比如男人和女人的分工，大家对男人和女人的不同期望，等等。同时，他还要学会喜欢自己的性别。这些对于他以后与人交往、适应社会都是很重要的。所以，从现在开始，爸爸妈妈就要注意培养宝宝的这些意识。

怎样培养宝宝的性别意识

平时，宝宝可能会对异性的装扮感兴趣，比如男孩想要穿裙子，女孩想戴爸爸的领带。遇到这种情况，有些爸爸妈妈，特别是希望自己的宝宝是另一个性别的爸爸妈妈，会觉得有趣，而流露出欣赏的态度，甚至会鼓励宝宝进行异性装扮，这些多少会影响宝宝性别意识的发展。

让宝宝清晰地了解和接受自己的性别是很重要的。平时，爸爸妈妈不要因为觉得有趣，就鼓励宝宝“反性别”着装。如果宝宝表现出喜欢异性打扮的倾向时，比如男孩想穿裙子，女孩想要像男孩一样穿着，爸爸妈妈也不要大惊小怪，可以让宝宝观察同性别小朋友的穿着打扮，多和同性别的宝宝玩，也可以利用图画书中相同性别的形象引导宝宝，让宝宝看到自己性别的优点。爸爸妈妈自己也要注意装束和打扮，给宝宝一个清晰的性别形象。

如果爸爸妈妈自己或家里其他人有性别偏爱，不要当着宝宝的面说，可惜他（或她）不是女孩（或男孩），这样可能会使宝宝不喜欢自己的性别。正确的做法是，要对宝宝表示自己喜欢他（或她）是男孩（或女孩），让宝宝对自己的性别有积极、正面的感觉。

如果男宝宝胆小、女宝宝大大咧咧，不要把这些性格特点和他的性别联系起来，比如，不要说“你胆子这么小，一点也不像男宝宝”“你是女宝宝，要斯文一点才好”之类的话。要知道，男孩胆小并不会影响他发展其他方面的男性特征，比如他将来可能性格稳重，善于思考；女孩大大咧咧，她的性格可能会更开朗，不斤斤计较，因此在与人交往中更受欢迎。所以，不管是男宝宝还是女宝宝，都要鼓励他发展性格中好的一面，克服不利的一面，让他成为快乐的、独特的、优秀的自己。

与小朋友吵架了

快到 2 岁时，宝宝会更加积极主动地与同伴交往，喜欢和自己的同龄人一起“交流”和“游戏”。虽然他们不在乎对方是否理解或者在听自己的话，但是他们很喜欢这样的“交流”。

虽然宝宝这时候很渴望和小朋友交往，但他还缺乏社交技能，和小朋友玩的时候，经常会出现推人、捏人、争抢玩具等现象。遇到这种情况，很多爸爸妈妈会感到紧张，特别是弱小宝宝的爸爸妈妈甚至会因为担心宝宝吃亏，而不让宝宝和小朋友玩。其实，宝宝和别人交往时的冲突是正常现象，也是他们学习交往技能的必不可少的阶段。

怎样帮助宝宝减少与小朋友间的冲突

教宝宝用语言表达。告诉宝宝：“妈妈知道你很喜欢小朋友，如果你想跟小朋友玩，最好先跟小朋友打招呼。”爸爸妈妈可以和宝宝谈谈怎么和小朋友打招呼，给他一些建议，比如，对小朋友笑，引起他的注意；叫小朋友的名字；主动把自己的玩具给小朋友玩，等等。

教宝宝与小朋友身体接触的合适方式，比如握手、抚摸等，最好能在家里演一演，让宝宝找找感觉，学习掌握分寸。

教宝宝从观察中学习。可以引导宝宝观察社交能力强的宝宝是怎样跟人交流的，让宝宝在模仿中得到提高。这同时也是在教宝宝怎样通过观察来学习。

如何引导宝宝学习处理与小朋友的关系

平时要多带宝宝出去，让他接触不同的人和环境，多和小朋友玩。

宝宝和小朋友玩的时候，如果没有安全问题，尽量让他自己处理与小朋友的矛盾。而爸爸妈妈要在一边观察，确保安全。如果宝宝求助，可以给他一些建议。比如他想玩别人的玩具，鼓励他自己去协商；如果他愿意分享自己的糖果，让他自己去分发给大家；鼓励他保护自己，捍卫自己的权利，等等。宝宝会在玩乐、争吵、妥协中学习人际交往技能，增强自信。

当宝宝们发生肢体冲突、打起来的时候，爸爸妈妈要立即制止。首先要护住被打的宝宝，把他们分开。如果宝宝哭了，要先抱着宝宝，好好安慰他。对打人的宝宝，可以抓住他的手，夺下他手中用来打人的东西，严肃地看着他，告诉他你不喜欢他这样做。但不要对宝宝大声责骂，只要让宝宝知道你不喜欢他打人就可以了。

事后要和宝宝讨论他与小朋友的冲突，引导他考虑别人的感受和需要，想想怎么处理会更好。通过交流，爸爸妈妈能够向宝宝传递自己的价值观和处事原则，并帮助宝宝提高理解别人、沟通协商等处理人际关系的能力。

另外，爸爸妈妈是宝宝最重要的生活榜样。宝宝的许多行为都来自爸爸妈妈潜移默化的影响。如果爸爸妈妈在与亲戚朋友、邻居交往中友好、包容、乐于助人，宝宝也会慢慢拥有这些品质。

2 岁 ~2 岁 6 个月

这个年龄段的宝宝

运动能力

多数宝宝会跑、跳，能独立上下楼梯，能踏小三轮车。

会自如地蹲在地上玩，如果蹲的时间不长，可以不用借助手的力量直接站起身来。

行走自如，开始玩起花样来，比如横着走，倒退着走，平衡感已相当好。但跑时如果跑得太快，想突然停下来时会因为没有控制惯性的技巧而摔倒。

语言能力

语言能力有了突飞猛进的发展，会发出双音节词汇，且词汇量也有所增加。能够说出自己的名字，能重复爸爸妈妈说出的 3 个以上的数字。

已能完整地背一些儿歌，语言发育快的宝宝掌握的儿歌会更多，开始喜欢朗诵。

宝宝 2 岁 6 个月时，虽然还不会使用量词，但会说送妈妈一张“画”，说明宝宝在努力学习。

他们开始会用语言表达心情，描述感受，不高兴时会说：“我生气了。”

认知能力

认知能力不断发展，学习的欲望强烈，求知欲非常旺盛，而且接受新事物的能力也在不断增强。

可以注意到一些物品细微处的差别。

能正确回答大人提出的一些简单问题，能执行简单指令。

喜欢反复听一个故事，读一本书。宝宝有了联想能力，不但能认识身体上的器官，而且还能够举一反三。

社交能力

有意地模仿大人的动作、神态，会向大人求助并加以利用。

对同龄的宝宝产生兴趣，愿意和小朋友一起玩，但还不会主动分享玩具。

宝宝长到 2 岁 6 个月时，会开始喜欢和小朋友玩过家家游戏，愿意和小朋友一起玩扮演角色的游戏。

喂养的那些事儿

宝宝超重

宝宝身体发育与先天遗传和后天环境、教育息息相关。其中，遗传决定宝宝身体发育的可能范围，而环境、教育则影响遗传潜力发挥，以至于决定宝宝生长发育的速度和程度。如果爸爸妈妈疏于对宝宝进行科学的饮食调理，宝宝摄入的能量较多，而运动不足时，便很容易导致超重。

宝宝超重的原因

宝宝超重的主要原因是营养摄入超过其生长发育的需要，而又缺乏能够消耗多余脂肪的运动所致。此外，出生体重高、过早添加高热量和碳水化合物的辅食、家族（基因、生活习惯）遗传等，也是其超重的影响因素。

遗传因素。遗传因素不仅影响着骨骼系统的发育，而且能控制身体的能量消耗，决定从脂肪中运用多少热量。因此，身材胖的爸爸妈妈，子女超重的可能性较大。

营养失衡。宝宝生长发育需要大量营养，比如要有足够的热量、优质的蛋白质、各种维生素和矿物质。但如果营养失衡，宝宝很容易超重。简单地说，宝宝超重不是吃得多，而是由吃的东西决定的。若宝宝偏好吃脂肪含量高的食品和甜食，超重的概率会比较高。

缺乏运动。运动可以加快宝宝机体的新陈代谢，提高呼吸系统、运动系统和心血管的功能。若宝宝缺乏运动，会限制体能消耗，再加上营养过剩，脂肪自然就会堆积起来。此外，超重还与生活习惯、疾病等有关系。因此，爸爸妈妈应为宝宝创造一个有规律的生活环境，注意饮食、睡眠、运动等各方面的调节，从而避免宝宝超重甚至肥胖。

宝宝超重、肥胖的危害

如果宝宝有超重肥胖的情况且爸爸妈妈疏于纠正，容易使宝宝患呼吸道疾病，导致免疫功能下降、血脂增高，易诱发脂肪肝、性早熟等一系列危害。所以，爸爸妈妈应采取科学的干预措施，减少肥胖对宝宝健康的危害。

饮食调整方案：低能量 + 平衡膳食

对于超重甚至肥胖的宝宝，爸爸妈妈可通过调整饮食、矫正不良饮食和生活习惯、增加运动量和运动强度，以维持体重缓慢增加，或有效控制其不变。宝宝正处于迅速生长发育时期，随着身高的不断增加，BMI 会逐渐恢复正常的。

饮食调整的原则是保持较低能量下的平衡膳食，即在较低能量摄入的情况下保证蛋白质、维生素、矿物质等的摄入。少吃高脂肪、高糖和碳水化合物类食物（肥肉、黄油、糖、甜饮料、甜食、主食等）。适当多吃一些富含蛋白质、维生素、矿物质，脂肪转化率低或有饱腹感的食物，如瘦肉、鱼、虾、蛋、豆制品、黄绿色蔬菜等。

要为宝宝安排好早餐，否则会使宝宝午餐食欲大增，机体吸收能力加快，造成脂肪堆积。

要培养宝宝对蔬菜的喜好。

改变进餐顺序，先摄入低热量食物，后摄入高热量食物。饭前先喝汤，先食素菜，再食荤菜，然后再吃主食。

要减慢进食速度，睡前不再进食。在总的能量摄入方面，爸爸妈妈应根据宝宝的生长发育情况来调节，不要过度喂养。

日常生活与保健

一起做运动

这个年龄段的宝宝正是身体机能快速发育的时期，特别是运动机能正迅猛发展，爸爸妈妈应紧紧抓住宝宝这个运动发育黄金期，陪宝宝一起做运动，以促进运动机能更快更好地发育。

适合这个年龄段宝宝的健身游戏

网鱼。爸爸妈妈双手相拉当“渔网”，和宝宝一起念儿歌：“一网不捞鱼，二网不捞鱼，三网捞个小尾巴、尾巴、尾巴——鱼”。念前半段时，爸爸妈妈的手抬高，让宝宝从中间穿过。念到最后一句时，爸爸妈妈放下手拦宝宝，宝宝要迅速逃离。宝宝被捉住后，要与爸爸妈妈互换角色继续玩。

运皮球。爸爸妈妈把皮球从筐子里拿出来交给宝宝，让宝宝快速地把皮球放进稍远处的另一个筐里。也可以与宝宝比赛运皮球，增强趣味性。

追影子。爸爸妈妈和宝宝在阳光下互相追逐对方的影子。也可以做各种动作，一起观察影子的变化。

射门。用一个大纸箱当球门，爸爸妈妈和宝宝轮流射门。刚开始，射门距离可以近一些。随着宝宝能力的增强，可以逐渐增长射门的距离。

扔沙包。先是爸爸妈妈扔、宝宝接，宝宝接住之后，再扔回给爸爸妈妈。距离可以慢慢由近至远。

宝宝运动注意事项

精细化动作要求的技巧比较高，动作控制力也较强，这个年龄段的宝宝做运动不要忽视对精细动作的训练，精细动作可使宝宝小手灵活度得到更充分的训练。

这个阶段的宝宝喜欢堆难度较高的积木。爸爸妈妈可为宝宝购买一套难易程度符合当前宝宝智力和年龄特点的积木，借此提升宝宝的动作和思维能力。

宝宝做运动时，爸爸妈妈应充分参与进来，这样不但可以增加宝宝对运动的热爱，还有助于增进亲子关系。

随着运动能力的增加，宝宝对大动作运动尤其感兴趣，比如推车、踢皮球等等。爸爸妈妈在陪宝宝一起做运动时，要注意适当给宝宝选择一些能够促进大动作发育的玩具。

想要让宝宝从运动中获得自信、快乐，就要为宝宝创造一个正面激励的感性运动环境，这样宝宝才会喜欢运动。

和年龄相仿的宝宝一起锻炼，宝宝会更有兴趣。另外，爸爸妈妈自己经常锻炼也会对宝宝起示范作用，激起宝宝运动的兴趣和热情。

温馨提示：多带宝宝到户外活动

除了在家中和宝宝运动外，爸爸妈妈还应多带宝宝到户外做活动。充足的阳光、新鲜的空气对宝宝身体发育十分有利。运动时要记得给宝宝穿适合运动、透气性好的衣服，夏季要注意防晒，冬季要注意保暖。同时，要控制好游戏时间，不要让宝宝过度消耗体力。

自己的事情自己做

培养宝宝自己的事情自己做，是早期幼儿教育的重要组成部分。让宝宝从小主动做自己能做的事情，能增强他们的动手能力，以及克服困难的勇气和信心，对于培养他们的独立意识非常有好处。此外，宝宝在自己做事的过程中，还能学到许多生活常识，有助于全面发展。

培养宝宝的兴趣

这个年龄段的宝宝好动、好模仿，爸爸妈妈应鼓励宝宝模仿大人做事，让宝宝由无意识的模仿动作，慢慢变成有意识的自觉行为。爸爸妈妈应鼓励宝宝独立做力所能及的事情，不要图省事而包办代替。

从分内事做起

爸爸妈妈培养宝宝生活自理能力时，可从宝宝应做的分内事开始做起，比如让他自己穿衣服、收拾玩具等。

教给宝宝基本技能

宝宝刚开始做事时，难免不知从何下手，爸爸妈妈应言传身教，给宝宝做示范，手把手地教宝宝应该如何做，之后再逐步让他自己做。

多表扬宝宝

让宝宝自己做事情，爸爸妈妈的鼓励和支持是关键。爸爸妈妈不但要鼓励宝宝将事情做好，更要鼓励他在遇到困难时不要退缩，要敢于实践，动脑筋想办法，这样才能把事情做好。

爸爸妈妈当榜样

让宝宝自己做事，爸爸妈妈要为宝宝树立好榜样，给宝宝示范好的做事习惯，比如用完的东西要物归原处等。

注重生活培养

现在宝宝可以帮爸爸妈妈做些简单的家务，这对于他们来说更像是游戏，比如帮你择菜、擦桌子，宝宝会因为喜欢这些“游戏”而养成爱劳动的好习惯。

宝宝做事须知

宝宝自己做事，爸爸妈妈不要对他要求太高。这个年龄段的宝宝还小，有时会没有耐心，也没有能力把事情做得恰到好处。爸爸妈妈要有耐心，循序渐进地帮宝宝养成自己做事的好习惯。

宝宝遇到困难时，爸爸妈妈应主动伸出援手，同时告诉宝宝可以将事情分成若干小步骤来进行。和宝宝一起完成他感觉困难的事，不会让宝宝因为感觉无助而放弃尝试。

不要在宝宝犯错的时候，把做家事当成惩罚他的工具，那样只会让宝宝对劳动越发反感。

常见问题与护理

流鼻血

宝宝流鼻血常在玩耍、低头或触碰鼻子时发生，也有些宝宝在睡梦中不知不觉地血就从鼻孔里流出来了。宝宝第一次流鼻血常会弄得爸爸妈妈不知所措，或是止血方式不对，导致止血无效。其实，宝宝流鼻血并不鲜见，特别是夏天气候炎热和冬天室内干燥时，鼻出血的现象更多，只要爸爸妈妈了解正确的止血方法和预防方法便可轻松应对。

流鼻血的原因

宝宝鼻黏膜脆弱，遇到干燥的天气，需要更多血液流经鼻腔以提高温度与湿度，因此容易造成鼻黏膜充血而导致出血。

宝宝跑跳间误撞到鼻子也会流鼻血，若玩耍时将异物塞入鼻腔，同样容易流鼻血。

有过敏性鼻炎或罹患感冒的宝宝，会因为流鼻涕、鼻塞而使鼻子发痒，若使劲用手抠鼻子，容易使脆弱的鼻黏膜受伤、出血。

宝宝生活作息不正常，睡眠时间比较少，身体虚弱时容易流鼻血。此外，宝宝偏食，营养摄入不全面，会造成血管脆性增加，增加流鼻血概率。

干燥的天气宝宝容易鼻内干燥、发痒，稍一抠挖即会出血。

某些全身性疾病如凝血因子异常、血液疾病或鼻腔内肿瘤等也会造成宝宝流鼻血。若宝宝常常没原因地流鼻血，有可能是某些疾病的征兆，应带他就医检查。

正确止血的方法

宝宝流鼻血要及时止血。首先爸爸妈妈要镇静，要安慰宝宝，不要在宝宝面前表现惊慌失措，以免加重宝宝害怕情绪，更加哭闹不安，加重出血表现。

止血时可将宝宝出血的鼻孔塞上经过消毒的棉花球，也可以用食指压迫患侧鼻翼5~10分钟，进行压迫止血。之后可以用冷毛巾敷鼻部使鼻血管收缩，避免再次出血。止血时，宝宝头部应该保持正常直立或稍向前倾的姿势。如果压迫超过10分钟血仍未止，则代表出血严重，需要送医做进一步的处置。此外，如果宝宝鼻出血的同时伴有面色苍白、出虚汗、心率快、精神差等出血性休克前兆症状时，应采用半卧位，同时尽快就医。

止血时宝宝的头不宜后仰

帮宝宝止鼻血，有些爸爸妈妈认为让宝宝头向后仰可以起到止血目的，这种做法其实是错误的。宝宝流鼻血时头向后仰会使鼻腔内已经流出的血液因姿势及重力的关系向后流到咽喉部，从而被吞咽入食道及胃肠，刺激胃肠黏膜产生不适感，或导致宝宝呕吐。若出血量大时，还容易吸呛入宝宝气管及肺内，堵住呼吸气流造成危险，所以这种止血姿势不可取。

预防流鼻血的方法

在干燥季节，宝宝鼻腔易干燥，爸爸妈妈可用香油给宝宝滴鼻，或用棉团蘸净水擦拭鼻腔。

宝宝鼻出血除了鼻腔局部炎症所致以外，剧烈活动也会使鼻黏膜血管扩张，或导致鼻腔发痒，宝宝用手挖鼻腔便容易引起鼻出血。除避免宝宝长时间剧烈运动外，爸爸妈妈还要注意不要让宝宝养成随意抠挖鼻孔的习惯。

空气干燥时节，饮食上避免给宝宝吃煎炸肥腻的食物，多吃新鲜蔬果，并注意补充水分。

预防呼吸道疾病。如果宝宝患了感冒、扁桃体炎、肺炎或腮腺炎等传染病，容易导致鼻黏膜血管充血肿胀，甚至造成毛细血管破裂出血。

情感、思维、智力、性格的养育

不听话

2岁多的宝宝开始进入了“反抗期”，经常把“不”字挂在嘴边：“不，不穿这双鞋！”“不，不洗澡！”“不，不喝汤！”爸爸妈妈会觉得宝宝变得很不听话了。

其实，宝宝“造反”是有原因的。通常在1岁6个月之前，宝宝的自我意识还不是很强。但现在不同了，他已经感觉到自己是个独立的个体，希望按照自己的意识来行动，他经常用“不”来表达：我是一个独立的人，我有自己的主意！如果爸爸妈妈能够教给宝宝正确地表达自己意愿的方法，帮他找到自由的边界，就可以顺利地帮助宝宝度过“反抗期”。

告诉宝宝怎么做。要用宝宝能听懂的词，简单、明确地提要求。比如：“宝宝，把球捡起来，放到盒子里。”“喝完酸奶，把盒子扔到垃圾桶。”避免用否定性的词语，比如“不许”“不要”等。也不要用命令的口气和宝宝说话，比如“住手！”“马上过来！”等，这样容易让宝宝产生叛逆。而且，这个年龄的宝宝好奇心很强，注意力很容易分散，所以要不断提醒他，鼓励他做好。

给宝宝选择的机会。比如天冷的时候，宝宝坚决不肯穿大衣出去，爸爸妈妈与其强迫他穿上大衣，不如让他选择：“你喜欢穿白色的大衣，还是穿红色的羽绒服？”通过自己的选择，宝宝也许就会回答：“我想穿红色羽绒服。”这样，爸爸妈妈就给了他一个肯定自我的机会。

给宝宝留出时间。两三岁的宝宝从一项活动过渡到另一项活动，需要一些时间。比如，爸爸妈妈要带他出门，你叫了他5分钟都没有回应，并不是因为他故意要让你生气，只是他想继续在自己的房间里玩而已。爸爸妈妈最好提前问他还想玩多长时间，并且告诉他5分钟以后出门，这样他事先可以有个心理准备。

温馨提示：爸爸妈妈要尊重宝宝的独立意愿

宝宝不听话、会反抗，是他自我意识发展的表现。爸爸妈妈要尊重宝宝的独立意愿，适当放手。但同时也要给宝宝划定一个安全范围，严禁危险行为的发生。比如，电源、暖壶是绝对不能动的；在商场、超市等人多的公共场所，不要到处乱跑；过马路的时候，一定要让大人抱着或拉住大人的手，等等。这些时候，控制宝宝的身体是必要的，向宝宝表明你的态度，让他明白自由的边界在哪里。

打人、咬人

几乎所有的宝宝都有过不同程度的攻击行为，如打人、咬人。有些是针对爸爸妈妈，更多的是针对同龄的伙伴，其中大部分是为了玩具或吃食发生的争执。在处理这些攻击行为时，大人的干预很重要。因为攻击容易导致伤害，是需要及时制止的，而且爸爸妈妈需要教给宝宝满足自己需要的适当方式，而不要通过打人、咬人等行为来实现。

这样处理宝宝的攻击行为

告诉宝宝哪些行为是危险的。比如，掐脖子，用力推撞，拿尖硬的东西戳人、砸人等，并且告诫宝宝不能这样做，否则将受到严厉的处罚。

引导和鼓励宝宝用其他方式满足自己的需要。比如，改玩别的玩具，用自己的食物或玩具与小朋友交换，轮流玩玩具，等。如果宝宝能这样做，要及时表扬他。

如果宝宝受了委屈，要倾听宝宝的感受，好好安慰他，帮助他平复情绪。这样宝宝就不会因为憋气而拿小朋友发泄了。

不要让宝宝接触暴力的动画片或电视节目，避免宝宝模仿。

调整好自己的情绪，创造温馨的家庭氛围和良好的亲子关系。温馨家庭中的宝宝性格更柔和，较少有攻击行为。

有时，宝宝会用拍打的方式和小伙伴打招呼或表示友好，不懂得这样会伤害别人。如果发现宝宝有这样的情况，可以教他与小朋友交流的方式，比如微笑、拉手、拥抱等。

说脏话

宝宝说脏话，特别是当着别人的面说脏话时，爸爸妈妈通常会觉得很尴尬，而且可能还会担心别人觉得你们的家教不好。其实，宝宝刚开始说脏话，通常是因为好奇，此外还有很多其他原因。

发现脏话的“威力”。比如，当他说脏话的时候，所有在场的人都可能扭过头去看他，每个人脸上都挂着惊讶的表情。这让他很得意:“你看，这种话多有威力啊！”

试探爸爸妈妈的底线。比如，爸爸妈妈不断地提醒他把玩具收起来，他忍无可忍，突然冲爸爸妈妈喊道：“大蠢猪！”很显然，他这样说话是在向你挑衅！

模仿别人。有时，成人会在不经意间，当着宝宝的面冒出一两句粗话来，或者宝宝听到小伙伴当着他的面骂人了；有些电视节目里，也会有脏话。这些都可能会让好奇的宝宝去模仿。

正确对待宝宝的脏话

首先想办法弄清楚宝宝为什么会说脏话，他想通过说脏话达到什么目的，这样

才可以有针对性地进行教育。

如果宝宝想通过说脏话引起别人的注意，爸爸妈妈不要表现得过分惊讶或愤怒，而是温和但又严肃地告诉宝宝，这样说话别人很不喜欢！爸爸妈妈要明确地告诉他："在咱们家里，不准你这样对妈妈说话！妈妈也不希望你这样对别人说话！"

鼓励宝宝好好说话。告诉他，只有当他好好说话了，妈妈才能抱他、和他玩，或者才会帮助他解决问题。如果宝宝说脏话，爸爸妈妈就不予理睬；当他能好好表达时，爸爸妈妈要表扬他，并和他一起解决问题。

有时，宝宝可能会说："爸爸也这样说话！"显然他是在模仿别人。那爸爸妈妈可以利用这个机会，告诉宝宝：这是一种缺点，大人不应该这样做，宝宝也不要去模仿他们那样说话了。

爸爸妈妈要给宝宝树立好的榜样，不管是在家，还是在外面跟别人说话、与朋友聊天，都要注意讲话文明，不说脏话，不爆粗口。

享受玩具的乐趣

2 岁的宝宝已经很会玩了，他的手指、手腕的动作技能得到了进一步发展，手眼协调能力也比较强了。他对玩具的兴趣越来越浓厚，会玩一些比较复杂的玩具，玩的花样也多了起来。而且，随着思维的发展，在玩玩具的过程中，宝宝还能加进自己的想象，会自己解决一些问题。因此，这个时期是爸爸妈妈充分利用玩具对宝宝进行教育的大好时机，要让这个阶段的宝宝尽情地享受玩玩具带来的乐趣。

适合这个阶段宝宝的玩具推荐

布偶娃娃。布娃娃柔软的触感，可以给宝宝带来安全感。而且，宝宝会把他在生活中学到的一些技能用在娃娃身上，也会把自己从爸爸妈妈那里得到的关爱，倾注到娃娃身上。比如，他会给娃娃梳头、穿衣服、喂饭，抱着娃娃晒太阳，等。这既可以让宝宝充分地表达爱心，也可以帮助他巩固学到的生活技能。

积木、拼图等结构性游戏材料。2 岁左右的宝宝，对物体的形状、颜色等有了一些了解和认识。因此，他们开始会根据形状等特点，把相应的拼图块放在对应的位置上。而且，由于想象力的发展和生活经验的积累，他们可以把头脑中的形象，用积木等游戏材料再现出来。与小汽车、手枪等逼真的玩具比起来，积木、拼图等玩具可以让宝宝根据自己的想象，变换、组合成不同的物体，这对开发宝宝的智力有很大的益处。

生活中的许多物品都可以当作玩具。比如，一个电话就能让宝宝玩上大半天；一张旧报纸既可以当被子盖在娃娃身上，也可以撕成碎片当雨点落下。总之，宝宝可以充分发挥自己的想象，尽情地玩。

温馨提示：关于玩具

1. 新买的玩具，可以简单地教宝宝一些玩法。当宝宝有自己创新的玩法时，要及时鼓励宝宝。

2. 不要一次给宝宝太多的玩具，不然会使宝宝分散注意力。而且，当宝宝对某件玩具不感兴趣的时候，可以先收起来，等过一段时间再拿出来，宝宝又会产生新的兴趣了。

3. 有条件的话，最好给宝宝准备一个相对独立的玩玩具的空间，在这里，他能自由、安静地玩，这有利于培养宝宝的注意力。

4. 准备一些玩具筐、玩具架，帮助宝宝养成收拾玩具、整理物品的好习惯，并渗透爱护玩具的教育。

假装游戏

1岁6个月以后，随着认知能力的发展，宝宝对动作的观察、模仿和应用渐渐复杂，会把记住的动作通过类比的方式转变成可以解决目前问题的动作，于是出现了假装游戏。比如，拿起话筒放到耳边假装讲话；用妈妈的梳子假装梳头；拿着玩具杯子假装喝水，等。这些既是假装游戏，也是宝宝进行想象活动的一种形式。

假装游戏对宝宝成长的意义

通过玩假装游戏，宝宝可以了解大人的世界，学习社会技能，并发展想象力。比如，女宝宝玩过家家，娃娃的原型往往就是她自己，而她会照着自己妈妈的样子扮演娃娃的妈妈。在假装游戏中，宝宝可以扮演不同的角色，学习“换位思考”——做出所扮演的角色的行为，试着从他的角度去思考，这是一种重要的社会技能。

因此，爸爸妈妈不妨鼓励宝宝玩假装游戏，并且可以加入宝宝的假装游戏中和他一起玩，听听他的奇思妙想，并且帮他“出谋划策”。这样，宝宝的游戏兴致会更高，玩得更开心，学到的东西也会更多。而且，爸爸妈妈和宝宝的关系也会更亲密。

适合这个月龄宝宝的假装游戏推荐

照顾娃娃。准备一个玩具娃娃，宝宝可以用它来玩各种假装游戏。比如，拿小勺喂娃娃吃饭，给娃娃洗脸、梳头，等。

打电话。如果家里有废旧电话，可以给宝宝玩。宝宝会拿起话筒假装在给人打电话，也可以教宝宝用纸杯当话筒来玩。

08 2岁6个月~3岁

这个年龄段的宝宝

运动能力

宝宝现在可以从台阶上往下跳，对爬高特别有兴趣，能在爸爸妈妈的保护下攀登。

手指更加协调，可以轮换倒两个杯子里的水。手指灵活的宝定还能用剪刀剪出有形状的图形。

部分2岁9个月的宝宝可以单脚站立稳当，不必扶着任何物体。

手脑并用反应较快，能玩循环制胜的剪刀石头布游戏。

当宝宝长到2岁10个月时，在运动方面可以说无所不能了。走路、站立、跑步、跳跃、蹲下、滚、登高、越过障碍物等都不在话下了。

语言能力

2岁6个月的宝宝可以说出大约6个身体部位的名称。

大部分宝宝已能用完整的短句子表达自己的想法，可以用疑问句。

快3岁的宝宝开始沉浸在自言自语的语言环境中，这是宝宝语言发展的一个阶段。

当宝宝长到3岁时，已完全掌握了母语口语表达，甚至有时所使用的语言竟超乎爸爸妈妈的想象。

认知能力

现在宝宝已经能将各种用途不同的物品分类，这说明宝宝的分析能力和综合能力已经初步具备。

宝宝从 2 岁多爱问“为什么”，现在发展到进一步提出“是什么”等更深入的问题，这说明宝宝的求知欲更加强烈。

能背儿歌、唐诗和讲简单的故事。

能数到几十甚至 100 个数字，会做数字汉字的配对。

能认识 4~6 种几何图形，拼上 4~8 块拼图，还可以从图中找出缺漏部分。

有的宝宝可以完整地画出人的身体结构，但比例还不是太协调。

社交能力

宝宝的感情和情绪波动明显，会和小朋友吵架。

热衷于搞清楚周围人之间的关系，特别喜欢谈论奶奶是爸爸的妈妈、姥姥是妈妈的妈妈等诸如此类的话题。

开始关注周围人的情绪变化，比如小朋友特别高兴，或是有小朋友吵架了。

3 岁时，宝宝的注意力逐渐转移到了周围的小朋友身上，并主动与他们建立友谊，分享玩具。

这个年龄段的宝宝对社交很感兴趣，开始把他的玩伴看作朋友，渐渐明白分享和给予是维护友谊需要的环节。

喂养的那些事儿

宝宝病了喂什么，怎么喂

宝宝生病了，除了遵医嘱吃药外，在饮食方面也有许多讲究，合理的饮食可以加快宝宝康复进程。

发热

喂白开水。宝宝发热时，新陈代谢会加快，使体内盐分和水分大量流失，因此，补充水分可促进宝宝体内代谢和毒素排出。

喂流食。宝宝发热时，饮食应以流质、半流质为主。流质可选择牛奶、米汤、少油的荤汤及各种鲜果汁等。当宝宝体温下降，食欲好转时，可改为半流质饮食，比如给宝宝吃一些粥、面片汤等。等宝宝完全退热后，可以选择稀饭、面条、新鲜蔬菜等易消化的食物。

温馨提示：宝宝发烧后饮食需注意

宝宝发烧后，饮食要以清淡、易消化为原则，少量多餐。不必盲目忌口，以防营养不良、抵抗力下降。若宝宝食欲不振，爸爸妈妈不要勉强他吃东西，但应注意水分的补充。

咳嗽

喂白开水。宝宝咳嗽时多给他喝白开水，对减轻病情大有裨益。

喂梨或梨水。梨有清热化痰、健脾、养肺的功效，可以适当食用。爸爸妈妈可以给宝宝煮梨水，煮梨水时加一些冰糖，冰糖梨水有润肺止咳的功效。

鲜百合粥。鲜百合粥有很好的止咳功效，特别是对咳嗽时间较长的宝宝效果更好。

喝止咳营养粥。山药粥、莲子粥、薏米粥及大枣粥等，都有缓解咳嗽的功效，在宝宝咳嗽期间，爸爸妈妈可经常为宝宝煮食。

温馨提示：宝宝咳嗽需注意

咳嗽的宝宝不易吃带鱼、蟹、虾等海味，或油腻肥肉，过咸、过甜的食物，而冷饮、辛辣等食物也会加重咳嗽表现，同样不宜食用。

哮喘

喂食优质蛋白质。瘦肉、鸡蛋、豆类等含有优质蛋白质的食物可以促进炎症修复，而且还能补充营养，增强宝宝抵抗力，应适当进食。

喂食富含维生素的蔬果。新鲜的蔬果，有助于修复因哮喘而受到损害的肺泡，可增强宝宝的抗病能力，应适当食用。

喂食有化痰功效的食物。梨、柿子、芥菜、枣等食物有化痰健脾的功效，可适当给宝宝吃。

喂食富含钙质的食物。瘦肉、动物肝脏、新鲜蔬菜等含钙质较多，可降低宝宝过敏反应程度。

温馨提示：宝宝哮喘需注意

奶、豆类、海产品等有可能是引发宝宝哮喘的过敏原，所以不宜给宝宝进食。过甜、冷冻、辛辣刺激性食物，也不要给哮喘宝宝食用。

腹泻

喂糖盐或口服补液盐液。宝宝腹泻后，爸爸妈妈要给宝宝补充足够的水分，以防脱水。

喂食米汤。对于腹泻的宝宝可适当选择易消化的食物，并适量给宝宝喂一些米汤。病情好转后，可正常饮食。

温馨提示：宝宝腹泻需注意

宝宝腹泻时不要吃甜食、豆制品等容易引起胀气的食物，这些食物可使肠蠕动增加，加剧腹泻表现。此外，富含蛋白质的食物不易消化，不建议食用，而富含纤维素的蔬果，也因为可促进肠道蠕动不建议给宝宝吃。

便秘

喂白开水。便秘的宝宝一定要多喝水，特别是白开水可刺激肠蠕动，可减轻便秘表现。

喂富含粗纤维的蔬菜和水果。给宝宝吃富含粗纤维的蔬菜和水果，比如芹菜、苹果、香蕉等也可达到刺激肠蠕动，促使粪便排出的目的。

喂蜂蜜水。蜂蜜水也有促进排便的作用，爸爸妈妈可适当给宝宝冲调。但如果宝宝是过敏体质，不宜给宝宝喝蜂蜜水，因为蜂蜜中含有花粉，有可能使宝宝过敏，甚至引发过敏性皮炎、过敏性哮喘等疾病。

喂食五谷杂粮。给宝宝多吃一些杂粮，可提升肠肌力，对促进排便很有好处。

喂食瓜类水果。西瓜、香瓜、哈密瓜等水果有助于消除宝宝体内的燥热，是便秘宝宝的好食物。

温馨提示：宝宝便秘需注意

便秘宝宝的饮食要清淡，食物可做得稀软些，不要吃辛辣食物或过多摄入富含高蛋白质的食物，这些食物不易消化，容易产生燥热，容易加重便秘表现。

注意药物与饮食的关系

宝宝发烧服用布洛芬等退热药时，不宜同食甜食，因为甜食中的糖分会抑制这类药物的吸收。

服用红霉素等消炎药时，不宜同食富含钙、铁、磷的食物，以免这些营养素与药物结合，形成难吸收的化合物，降低药效。

给宝宝吃补铁制剂时，不要和牛奶同吃，以免影响铁剂吸收。其他含钙、磷较多的食物也会降低铁的吸收，所以要错开或避免食用。

日常生活与保健

端正的体形靠锻炼

宝宝体形在一定程度上取决于遗传，但和后天的营养、锻炼以及正确姿势的训练同样密切相关。宝宝在幼儿时期骨骼钙、磷等无机盐含量较少，有机物的含量较高，体形可塑性较高，合理的体形训练，可以让宝宝拥有健美的身形。

体形健美标准

体形健美是指宝宝胖瘦适当，身高与体重成比例，上身与下身匀称，挺胸，腰背直，肌肉发达，四肢有力。

塑造体形的方法

养成良好的饮食习惯。宝宝生长发育需要多种营养物质，既不能缺乏，也不能过量。爸爸妈妈要确保宝宝辅食中蛋白质、无机盐、维生素以及脂肪等营养素的摄入，可以多吃一些鸡蛋、肉类、豆制品、奶制品。宝宝饮食均衡，有助于成长发育更健康。

行动姿态要端正。宝宝端正的体形需要从小培养。无论是行走，还是坐立，都要保持端正。

正确的坐姿

坐要端正，上身坐直，两肩要放平，手放在两腿上，挺胸稍向前倾，抬头目视前面。正确的坐姿对于宝宝保持上身胸廓腰背的健壮极为重要。

正确的站姿

宝宝站立时，要注意收腹、挺胸、抬头、目视前面。不要弯腰，也不要侧着身体，两肩要放平，两手自然下垂，两只小脚要靠拢，自然站立。

正确的走姿

宝宝走路时要全身放松,两臂稍向前摆,头颈保持端正,腰背要挺直,两肩展开放平,不要歪肩弓背要目视前方将全身的重心放在脚掌上步态要稳重均匀着地力量要均衡。走路时两只小脚不要向外撇，避免形成“八字脚”，也不能向里面勾，避免形成异常的走路姿势。宝宝除了各种姿态正确外，还要防止单一姿势持续时间过长，应避免久站、久坐或连续走。单一姿势持续时间过长，对培养宝宝健美体形不利。

进行适量运动。适当地锻炼身体有助于宝宝舒张筋骨，对骨骼生长有利，对促进宝宝身体各部分协调发展同样十分重要，可使宝宝动作更加灵活、优美。

注意纠正不良姿势。想让宝宝拥有良好的体形，爸爸妈妈要注意改变宝宝日常生活中的各种不良姿势和习惯，避免宝宝跪坐，盘腿坐，躬着身子行走，等。可以让宝宝坚持进行两脚踩直线的练习，这种练习不但有助于端正体形，对存在的X或O形腿，也有改善作用。

预防疾病。宝宝患慢性支气管炎、哮喘等疾病要积极治疗，以免影响身高及胸廓发育。要按时为宝宝接种疫苗，多晒太阳，防治佝偻病。

不穿松紧带裤。松紧带裤子穿脱方便，但却不利于体形发育，特别是松紧带紧紧地箍在宝宝腹部，会影响其腰腹部发育。若裤子过长，裤裆部过深，松紧带还可能箍到宝宝的胸部，限制胸廓发育和呼吸运动，对体形发育不利。可给宝宝穿背心式连衣裤，或背带式童裤。在钉背带时，背带要长些，以便随时挪动扣子，防止宝宝长高后勒着肩部。

减少童车使用时间。小童车几乎是宝宝必备的运动型玩具，但骑童车时间不宜过长，骑30分钟左右比较适合。这个月龄的宝宝骨结构以软骨成分为主，关节韧带相对松弛，肌肉相对较无力，长期保持一种姿势，骨骼容易弯曲变形，爸爸妈妈要注意预防。

避免成为肥胖宝宝。肥胖儿及扁平足的宝宝容易变成X形腿，这主要是因为下肢承受过重的体重所致。所以，爸爸妈妈要注意让宝宝科学饮食，避免肥胖。

让宝宝自己穿脱衣服

穿脱衣服是宝宝基本的自理技能。学习脱衣服通常比穿衣服要容易，爸爸妈妈可以先从教宝宝练习脱衣服着手，之后再教宝宝如何穿衣服。

练习脱衣服

爸爸妈妈要耐心地教，逐渐地提要求，宝宝学会一样后再教一样。刚开始时，可以留下最后一个步骤让宝宝自己完成，让他获得成就感。宝宝练习的时候，爸爸妈妈可以在一边适当提示，宝宝每做好一步都要鼓励，让他更有信心。平时可以让宝宝给布娃娃穿脱衣服，让他熟悉穿衣服的步骤，并培养动手能力。也可以通过儿歌、比赛的方式，使脱衣服变成一种有趣的游戏。

脱开衫。教宝宝先解开衣扣或拉链，再向身体两侧打开衣服至滑下肩，最后脱下两个衣袖。

脱套头衫。教宝宝两手抓住衣领的后部，用力向身前拉，将衣服脱出，再抓住袖口拉下衣袖。

脱裤子。教宝宝先将裤子脱至膝盖下，再分别抓住裤腿，让小脚从裤腿中退出来。

练习穿衣服

宝宝 3 岁了可以学着自己穿衣服了。穿衣服的动作有些复杂，学起来有些难度，爸爸妈妈要有足够的耐心让宝宝多练习。另外，不要一下子教太多，要慢慢进行。

第一步：教宝宝认识衣服的前后和反正，教宝宝观察。比如裤子的前面有花纹，后面没有；衣服的前面有口袋，后面没有，等等。

第二步：教宝宝扣扣子。爸爸妈妈要先告诉宝宝扣扣子的步骤，需要先把扣子的一半塞到扣眼里，再把另一半扣子拉过来，之后让宝宝从最下面的纽扣扣起，一对一对往上扣，这样能够防止宝宝把扣子扣错。

穿裤子。学习穿裤子和学习穿上衣一样。裤腰上有标签的在后面，有漂亮图案的在前面。教宝宝把裤子前面朝上放在床上，之后把脚伸进去，再把裤子提起来。

穿开衫。教宝宝两手抓住衣领，将衣服顶在头顶上，两手分别从袖筒中伸出。

穿套头衫。教宝宝两手抓住衣服的下摆，将头套进衣服内，把手分别从袖筒中伸出，再将衣服下摆往下拉。

温馨提示：教宝宝穿脱衣服需注意

1. 对于初学穿衣服的宝宝来说，过于复杂的衣服和鞋子会挫伤他们学习的积极性。因此，尽量不要选择穿脱起来难度较大的衣物，要为宝宝选择穿脱起来都很简单的服装。对宝宝来讲，有松紧带的裙子和裤子，套头衬衫既好穿又好脱，而系扣子的大衣或带拉链的滑雪服就比较难穿脱。当宝宝把简单的服装穿脱自如后，再逐渐让他穿脱式样较复杂的服装。

2. 宝宝凡事都喜欢照爸爸妈妈的样子做。如果爸爸妈妈一边给宝宝穿衣服，一边做示范，宝宝会喜欢去学，这样不仅使宝宝学会正确的穿衣方法，而且也可使他尽快学会这个新本事。

安全出行

随着宝宝长大，外出的机会明显增多，确保宝宝出行安全，爸爸妈妈需要了解基本安全常识。

交通安全

带宝宝出行，无论坐飞机、公交、地铁、自驾，还是住宾馆，安全是爸爸妈妈首先要关注的。

乘机安全。这个月龄的宝宝乘坐飞机要注意帮宝宝系好适用的安全带。尽量不要让宝宝坐在靠近过道的座位上，以免与过往的人，或服务车造成擦碰。

乘公交车或地铁安全。带宝宝出行，经常会乘坐公交车或者地铁。对于可能存在的安全隐患，爸爸妈妈要注意防范。

温馨提示：乘公交车或地铁需注意

1. 车门处通常很挤，宝宝容易被挤倒或踩伤，开关门时也容易被夹伤。因此上下车时，最好把宝宝抱在怀里。如果让宝宝自己上下车的话，最好和售票员打声招呼，告诉他有宝宝，慢一点关门。上车后尽量往里走，不要在门口逗留。

2. 坐在能打开车窗的靠窗座位时，不要让宝宝把头和手伸出去，以免被来往的车辆碰伤。

3. 进站的闸口人多而混乱，宝宝容易被推倒或踩伤，或者被闸门夹住。所以，进出闸口一定要让宝宝在前面走，大人在后面保护，或者由大人抱着宝宝进出。

4. 在车站排队等地铁和公交车时，一定要牵着宝宝的手，防止宝宝跑动，以免被站台上的人或进出站的车撞到。

5. 车厢连接处是最不平稳的地方，宝宝容易摔倒，上车后不要在这里停留。

6. 要让宝宝坐在身旁靠窗户的内侧座椅上，用手环绕抱住宝宝，同时要求宝宝抓住大人的手臂或衣服。大一些的宝宝不要坐在大人腿上，以免急刹车时宝宝撞到前面的座椅而受伤。

7. 不要让宝宝在车上吃东西。因为行车中难免颠簸，宝宝有可能被呛着或噎着，或者被走来走去的人碰到。

8. 在车上要抱好或拉好宝宝，不要让他随意走动。以免车开动时摔倒，或被上下车的人碰倒。

驾车出门安全。宝宝一定要使用专门的儿童安全座椅，并正确安装。相对于前排座位，后座才是比较安全的地方，宝宝的位置应该安排在后座。认真清理车后座，确保锁好宝宝触手可及的门窗。扔掉车厢里所有类似于清洁剂之类的有毒物品。同时检查座椅背兜中是否有容易吞咽的东西，如脱落的纽扣等，同时拿走那些坚硬的书或玩具。

玩乐安全

不要让宝宝单独游玩，远离高风险游乐设施，可以和宝宝一起玩滑梯等风险小的游乐设施，以确保安全。

由指定人照看宝宝，避免大家都在照看宝宝，可实际每个人又都有自己的事情，这种情况下难免对宝宝照顾不周。

夏季外出要注意防晒，除涂抹防晒霜外，还要注意给宝宝选择透气性好、纯棉质地的衣服，颜色尽量浅一些，这样不至于吸收太多的热量，款式要宽松，便于透风。为宝宝戴上宽檐、浅色遮阳帽，撑上遮阳伞，注意给宝宝补充水分，以防中暑。冬季则要注意防冻疮，注意保暖。

住宿安全

布置一个对宝宝来说较安全的房间，把玻璃杯、烟灰缸等物品收起来，卫浴里洗浴用品也要放到宝宝够不到的地方。

和酒店沟通提供一张质量安全符合标准的宝宝床。

仔细排除宝宝活动范围内潜在的危险，要确保没有能够伤到宝宝头部或身体的尖利物体，或突出物。

吃饭时要让宝宝坐在远离上菜的位子上，建议使用自带餐具，宝宝面前尽量不要摆放过多餐具。

常见问题与护理

尿床

宝宝长到 3 岁时便能控制排尿了。若宝宝 5 岁以后仍不能自主控制排尿便，称为遗尿症。遗尿症可分为夜间遗尿和白天遗尿。如果 5 岁以上的宝宝每周超过 2 次并且持续 3 个月以上尿床便属异常。

宝宝尿床的原因

宝宝发育迟缓、睡眠不正常、遗传因素、心理因素以及疾病等影响都可能导致宝宝尿床。所以，若宝宝 5 岁后仍经常尿床，爸爸妈妈一定要带宝宝就医诊断，以排除疾病或发育因素所致，采取针对性治疗。若各项检查都正常，说明宝宝的尿床只是功能性的、暂时性的，爸爸妈妈可不必过分忧心。

宝宝尿床的不良影响

对于病理性尿床，如不及时治疗，会影响宝宝健康发育。随着宝宝长大，会因尿床而羞愧、胆怯、敏感、自卑，恐惧集体生活，形成性格缺陷。此外，尿床还会影响宝宝大脑发育，导致记忆力差，注意力不集中。青少年儿童长期尿床，还会影响第二性征发育，严重者会导致不孕不育。

减少宝宝尿床的方法

训练宝宝坐便盆。宝宝1岁6个月后，神经系统逐渐发育成熟，可以听懂大人指示，也清楚坐便盆的含义了，此时爸爸妈妈应有意识地训练宝宝坐便盆，让宝宝清楚有尿时要主动排尿。

建立合理的生活习惯。白天要避免宝宝过度疲劳，以免夜间睡得太熟而尿床。睡前不宜过于兴奋，尽量小便后再上床睡觉。

训练膀胱功能。宝宝的膀胱，一般可容纳 300 毫升左右的尿液，白天爸爸妈妈可训练宝宝尽量延长两次排尿间隔时间，宝宝要小便时，可酌情让其等几秒再便，以扩大膀胱容量，可以使尿量储备增加，有助于改善尿床表现。

注意饮水量。晚餐避免过晚，餐后要限制汤水、牛奶等液体摄入。

建立条件反射。爸爸妈妈仔细记录宝宝发生遗尿的时间，掌握规律后在宝宝发生遗尿前半小时左右把宝宝唤醒排尿。提醒爸爸妈妈注意，唤醒宝宝时一定要让宝宝真正清醒，若处于迷糊状态，容易导致排便不净，夜里再次尿床。此外，时间方面一定要掌握好，避免叫醒次数过多，使宝宝膀胱得不到扩张，产生不了明显尿意，反而会让宝宝对排尿产生恐惧和抗拒，一般夜里最多叫醒一两次为宜，同时也要避免叫醒过早，宝宝没尿意，叫醒过晚，宝宝已经尿床。

制作记录表。爸爸妈妈可以为宝宝做一个登记表，做好每一天生活记录，以便尿床时努力寻找可能导致尿床的因素，总结原因，采取正确措施可彻底改善尿床表现。

宝宝尿床后，爸爸妈妈切记淡然处之，迅速帮宝宝更换衣服和床单，并且让他尽快入睡。不要斥责宝宝，以免伤及宝宝自尊心，增加宝宝紧张感，加重尿床表现。

情感、思维、智力、性格的养育

任性

宝宝任性的重要原因之一是缺乏自我控制、自我管理的能力。平时注意培养宝宝自我管控能力，是纠正任性的行之有效的方法。比如，可以给宝宝制定适当的规矩，家里人一同执行。有了规矩，宝宝就知道怎么做了，逐渐地就能形成好的习惯。

可以给两三岁宝宝制定规矩，比如，玩完的玩具要放进柜子里；饭前、便后要洗手；饭后漱口；吃饭的时候不玩玩具、不看电视；不玩插线板等危险的物品等。当然，给宝宝制定的规矩，大人要加以督促，不然规矩就形同虚设，起不到应有的效果了。

遇到宝宝任性的处理方法

冷处理。当宝宝由于要求没有得到满足而发脾气时，爸爸妈妈可以暂时离开他。

当无人理睬时，宝宝自己会感到无趣而放弃。但事后爸爸妈妈要耐心地向宝宝解释拒绝他的理由，否则宝宝会因为不理解而觉得受了委屈，产生焦虑、恐惧、不安的情绪。

转移注意力。爸爸妈妈可以利用宝宝注意力易分散、易被新事物吸引的特点，把他的注意力从他坚持的事情转移到其他新奇、有趣的物品或事情上。

让宝宝体会任性的自然后果。比如，宝宝不好好吃饭，爸爸妈妈不必多费口舌，也不必因为怕他挨饿而采取额外的措施，只需过了吃饭时间把食物收走。宝宝饿了的时候，自然会知道任性的后果是什么。

温馨提示：面对任性宝宝需注意

1. 有时，宝宝的任性会让爸爸妈妈无法理解，这时，爸爸妈妈需要站在宝宝的角度想一想：宝宝是真的任性，还是成人对他的要求太高，宝宝无法做到？

2. 爸爸妈妈也可以回忆一下自己小时候的感受，试着去理解宝宝的状态和需要，也许面对某些“任性”时，你会多一分理解，也会多一些放松。

让宝宝爱上阅读

2~3 岁是词汇量急剧增加的阶段，而阅读是拓展词汇的一个重要而有效的方式。随着认知能力的发展，宝宝对故事越来越有兴趣，也可以背诵一些喜爱的童谣。

引导宝宝阅读的方法

此时，爸爸妈妈可以渐渐让宝宝自己讲故事，而爸爸妈妈要乐于做一个积极的倾听者，并通过提问、提示图书中的有趣内容，对书中的内容做出夸张的反应等方式，引导宝宝把故事展开。这可以帮助宝宝树立对自己讲故事能力的信心，并提升阅读兴趣。

当然，即使宝宝已经会自己讲故事了，爸爸妈妈仍然要坚持为宝宝读书，坚持亲子阅读，因为这是你们保持亲密关系很重要的方式。

怎样为宝宝选书

两三岁的宝宝已经积累了一定的生活经验，而且随着想象的发展，开始喜欢童话故事了。现在，许多的绘本图书不仅故事有趣，而且画面美观，两三岁的宝宝很多都可以看了。但是，由于宝宝的语言能力、思维水平还比较差，因此给宝宝选择的图书故事情节要简单，人物形象不要太繁多。

选书的时候，爸爸妈妈可以自己读一读里面的文字，因为只有你自己喜欢了，才容易引导宝宝喜欢上它。另外，也可以带宝宝一块去挑选。

适合这个阶段宝宝的阅读内容

分享。要让宝宝从建立自己对空间、物品的拥有感、所有权逐渐走向学会分享。阅读有关这些内容的书，能帮助宝宝学习如何与人交往。

自理。两三岁的宝宝要学习一些基本的自理技能，如上厕所、洗手、洗脸、穿衣服、整理玩具等。因此，可以给宝宝提供这些方面内容的书。

匹配和排序。如按大小、长短、多少等排列，按颜色、形状配对等游戏的图书。

文字、数字和计数。快3岁时，宝宝会对常见的字感到熟悉，甚至可能会认读一些字词，并会数数。可以给宝宝提供童谣、认物识字，以及数字、计数等方面的图书。

温馨提示：有关宝宝阅读的细事

1. 两三岁的宝宝很喜欢反复听一个故事、看一本图画书，这是他的重要的学习方式之一。每一次重复，他都可能发现一些新东西；而且，当他听到、看到自己期待的情节发生时，会感到很满足。

2. 如果感觉宝宝听故事时不太专心，可以给他纸和笔，让他边听边涂涂画画。爸爸妈妈可能会发现，宝宝会时不时地转过头来，针对书中的内容提问。宝宝看上去好像不够专注，其实他在不知不觉中已经吸收了很多东西。

识数

爸爸妈妈都很希望宝宝能够尽早识数，喜欢教宝宝数数和认数字。不过，数字是很抽象的，而宝宝比较容易理解具体的东西，因此教宝宝识数要结合具体的实物，比如手指、餐具、水果、鞋等，并且要用游戏的方式进行。

教宝宝识数的游戏、玩具推荐

边玩边数数。比如，走台阶的时候，可以让宝宝边走边数一数走了几级台阶。

边做家务边数数。比如，吃饭前让宝宝帮忙按照人数分碗筷、搬椅子；家里买了苹果、饼干等，可以让宝宝去分给每个人；让宝宝帮助大人整理鞋子、袜子，等等。

学儿歌练数数。有一种儿歌就叫“数数歌”，如“一二三，爬上山；四五六，翻筋斗……”

购物中识数。带宝宝去超市购物的时候，可以让宝宝看商品的标价；付款的时候，让宝宝把钱递给收银员，数一数找回来零钱的数目。

生活中的随机识数。比如，在街上看到停着的汽车，可以让宝宝认一认车牌号，还有自己家的电话号码或小区的门牌号，等。

除了生活、游戏中识数，不少玩具对宝宝练习数数也很有帮助。比如，积木、穿珠、套叠玩具等，宝宝都可以边玩边识数。

让宝宝了解别人的感受和需要

随着宝宝认知能力的发展，他们渐渐可以根据具体的情景来推断别人可能有什么情绪，比如收到礼物会高兴，玩具被抢走了会伤心，等。这样的推断往往和对别人的感觉与需要的判断有关。与情绪不同，人的需要和感受是内在的，要求宝宝具备更复杂的认知能力。和了解别人的情绪类似，宝宝会从了解自己和亲近的人开始，来学着了解别人的内心感受。因此，爸爸妈妈经常和宝宝谈论彼此的需要和感受，能帮助宝宝了解别人。

这样帮助宝宝了解别人的感觉和需要

和宝宝分享彼此的感受。鼓励宝宝说出自己的感受，比如看到他笑，可以说：“你很高兴，是吗？”宝宝伤心、生气的时候，让他说出心中的不快，以及什么原因让他不高兴。同样，爸爸妈妈也可以把自己的感受告诉宝宝：“你打我，我很疼。”让他知道自己的行为影响了别人。

教宝宝理解非语言信息。带宝宝在小区里一个安静的地方坐下来观察别人，和宝宝玩猜别人感受的游戏，向他解释猜测别人感受的理由：“看到那个小朋友了吗？我觉得他很开心，因为他一边蹦蹦跳跳，一边大笑。你说是不是啊？”

给宝宝示范如何帮助别人。和宝宝一起给生病的亲友做饭、帮忙，也可以带宝宝把玩具、小衣服等送给当地的慈善机构。简单地跟宝宝解释：人们生病或遇到困难的时候，有人帮忙会让他们感觉好些。

给朋友准备礼物。帮助宝宝挑选一份礼物送给自己的好朋友，并对好朋友说一句感谢或赞扬的话。和宝宝讨论选什么礼物好、朋友会不会喜欢这份礼物、对朋友说什么话能让他高兴等。

和宝宝玩角色扮演的游戏。比如，妈妈当宝宝，宝宝当妈妈。妈妈扮演的宝宝假装生病，躺在床上，当妈妈的宝宝来照顾“生病的宝宝”，给她端水、喂水、测体温等。通过角色扮演，宝宝可以学会换位思考，从而能够更好地了解别人的感受和需要。

培养逻辑性

两三岁的宝宝，逻辑思维开始萌芽。虽然识数和计算要到幼儿期才开始，但是数学和逻辑概念的发展从婴儿阶段就开始了。学习数量、比较、分类、排序等，这些数学启蒙，都可以在日常生活中进行。

通过看、摸、摆弄等活动，使宝宝懂得了大小、形状和多少、长短等，并且可以按照颜色、大小、形状等特点来分类，按大小、长短等特点来排序；逐渐会数数，比如数苹果、碗和勺子的数量等。爸爸妈妈可以在生活中引导宝宝比较、分类、配对、按大小等特征排列，以及做简单的数数练习，鼓励宝宝多玩积木、串珠、套杯等玩具。

此外，对空间、时间关系的认识，以及对事情发生先后顺序的意识，都是逻辑思维发展的重要内容。

认识空间位置和空间关系。宝宝会走之前，大人会经常抱着、背着他走动，他的眼前也常有人或物体移动，这些都在帮助他发展认识距离、深度和立体的能力。宝宝能够自主活动后，对空间的认识得到了很大发展，逐渐了解了空间大小、高矮、深浅、上下、前后、左右（命名要更晚一些）等基本概念。因此，让宝宝从小自己爬和走，更有利于他发展立体视觉、空间记忆和对空间的理解。

了解事情发生的先后顺序。在日常生活中，宝宝也在体会着时间顺序。比如，早上醒来，妈妈会给他洗脸、吃饭，然后开始玩耍，累了再去睡觉；晚上，妈妈会先给他喝奶，玩一会儿以后给他洗澡，然后把他放到床上，给他读故事，让他睡觉。渐渐地，宝宝对事情发生的顺序有所了解，并在此基础上对简单的因果关系有初步的认识。因此，爸爸妈妈为宝宝安排有规律的生活，可以帮助宝宝更好地发展数学和逻辑概念。

交往能力的培养

宝宝刚开始与小朋友交往时，往往缺乏社交技能，容易出现推人、捏人、争抢玩具等行为。爸爸妈妈可以通过下面的方法帮助宝宝学习交往技能。

教给宝宝具体的交往方式。比如，如何跟小朋友打招呼，怎么加入别人的游戏，如何交朋友，如何帮助和照顾别人，如何对别人表示善意和关心，等等；也可以通过假装游戏，让宝宝练习，找找感觉。

给宝宝提供交往的机会。多带宝宝出去，或者请小朋友到家里做客，让他多接触不同的人和环境。交往能力要在实际的交往过程中才能得到锻炼和发展。爸爸妈妈过多的干预和保护对提高宝宝的交往能力不利。

向小朋友学习。引导宝宝观察社交能力强的宝宝是如何与他人交流的，让宝宝在模仿中提高。

做宝宝的榜样。爸爸妈妈是宝宝最重要的生活榜样。宝宝的许多行为都容易受到爸爸妈妈潜移默化的影响。如果爸爸妈妈在与亲戚、朋友、邻居交往中友好、包容、乐于助人，宝宝也会慢慢拥有这些品质。

温馨提示：宝宝和小朋友玩耍时

1. 宝宝和小朋友玩的时候，如果没有安全问题，爸爸妈妈应尽量让他自己处理与小朋友的矛盾。爸爸妈妈可在一边观察，如果宝宝求助，可以给他一些建议。比如，他想玩别人的玩具，鼓励他自己去协商；如果他愿意分享自己的糖果，让他自己去分发给大家；鼓励他保护自己，捍卫自己的权利，等等。宝宝会在玩乐、争吵、妥协中学习交往技能，并增强自信。

2. 事后要和宝宝讨论他与小朋友的矛盾，引导他考虑别人的感受和需要，想想如何处理会更好。通过讨论，爸爸妈妈能够向宝宝传递自己的价值观和处世原则，并帮助宝宝提高理解别人、沟通协商等处理人际关系的能力。

入园准备

进入幼儿园，意味着年幼的宝宝第一次离开爸爸妈妈的怀抱，独自到一个陌生的环境过集体生活。为了让宝宝更快地适应集体环境，入园前，爸爸妈妈需要帮助他做好充足的准备。

第一，入园前期的心理准备

宝宝即将入园，接下来的生活，他将面临着离开熟悉的环境和周围的亲人，独自走向新的集体生活，而对于宝宝而言，这一切都是“陌生”和“未知”的。这对于一个3岁的宝宝来说，是一种挑战，对爸爸妈妈和其他家人也是一种考验。如果心理准备不足，会使他产生恐惧感，加剧他的“不适应”。为此，爸爸妈妈需要和宝宝一起，进入准备阶段。

告诉宝宝这件事。入园前半年，就要告诉宝宝，你长大了，到了3岁就要去幼儿园和小朋友一起生活和游戏了。虽然宝宝对上幼儿园是没有任何概念的，但爸爸妈妈与他的交流，会让他知道，有另外一种生活在等待着他。

帮助宝宝建立自信和培养他的独立意识。通过看书、讲故事，帮助他建立“我长大了”的自信心。在生活中有意识提供宝宝独立做事、适当独处的机会。这种独立意识的培养对于今后宝宝的入园适应是非常必要的。特别是对那些比较“黏人”的宝宝来说，这方面的准备更为重要。

带宝宝走出家门，让其多和邻居家小伙伴们交流。要经常带宝宝到人多的地方，让他适应新环境的变化。让宝宝主动与邻居家的小伙伴交流，建立“同伴”关系，体验与小伙伴一起游戏的乐趣。这种“小群体”的相互交往，为宝宝适应未来的“集体生活”奠定了基础。

熟悉幼儿园环境，憧憬未来的生活。如果有条件，在征得幼儿园同意的情况下（或者幼儿园本身就有这样的安排），带宝宝到幼儿园看一看环境，熟悉一下他未来要在上面睡觉的小床、活动室、玩具、洗手喝水的地方；到幼儿园院子里玩一下大型玩具，告诉宝宝以后会有许多小朋友一起在这里玩耍，有老师带领他们一起唱歌、跳舞、做游戏……和宝宝一起憧憬未来的幼儿园生活，唤起他对未来生活的期待，是爸爸妈妈和宝宝心理准备的重要环节。

与老师沟通交流，帮助宝宝建立新的依恋关系。现在许多幼儿园都有入园前的家访，利用这个机会，让宝宝主动接待老师的来访，给宝宝直接接触老师的机会，消除宝宝与老师的陌生感。同时，爸爸妈妈向老师介绍宝宝在家的习惯、特点以及各种偏好。让宝宝与老师直接接触的最好办法是让宝宝与老师玩一会儿，并告诉宝宝，这个老师非常喜欢他，尽可能地让宝宝对老师有多一些的了解与接触。这个环节的时间不长，但非常重要。建立与老师新的依恋关系是宝宝入园适应的重要因素之一。宝宝心理有了依靠，对环境和老师有了基本的了解与熟悉，就如同给他的入园适应过程搭建了一座桥梁，宝宝不仅从心理上建立了安全感，也能够有充足的心理准备去迎接新生活的挑战。

成人也需要做好心理准备。因为宝宝小，宝宝入园初期，爸爸妈妈会有不同程度的担心，爸爸妈妈的焦虑情绪也不可低估，因此，在做好宝宝心理准备的同时，成人也要做好心理准备。爸爸妈妈心理的淡定与从容是宝宝心理安定的榜样，能够给予宝宝很好的心理暗示，反之，爸爸妈妈的过分担心与心理焦虑的不良情绪会直接影响到宝宝的入园适应。

爸爸妈妈切忌这些做法：流露出自己的担心，在宝宝面前表现出紧张的情绪；过分强调幼儿园与家的不同，把自己的担心化为反复的叮嘱，宝宝会从爸爸妈妈的态度中，感到一种看不见的焦虑情绪；把去幼儿园当作惩罚、恐吓宝宝的手段。比如，当宝宝不听话时，会说“你再淘气，就把你送到幼儿园去”，这样会让宝宝对幼儿园产生不好的印象，认为那里是接受惩罚的地方，渐渐地，他们会从主观上排斥幼儿园。

第二，入园前的能力准备

宝宝入园首先面临的是新的集体生活，因此，他需要具备一定的自理能力。宝宝入园前的能力准备是十分必要的，3 岁的宝宝应该具备的能力有以下几个方面：

- 能用水杯喝水。
- 能独立进餐。
- 身体有不适会向成人倾诉。
- 会主动如厕，有良好的排便习惯。
- 能够独立睡眠。
- 有基本的语言表达能力，能表达自己的意愿。
- 在成人的帮助下会穿脱简单的衣服。

- 接受别人的帮助并表达谢意。
- 能听懂生活中的简单指令，能够回答简单的问题。
- 喜欢和同伴一起玩儿。
- 能完成走、跑、跳、爬、蹲等基本动作。

……

幼儿园十分重视对宝宝的保育，生活上会无微不至地照料宝宝。但从宝宝自身发展来看，以上基本的生活自理能力和语言动作的发展，一定要在宝宝3岁以前建立，而这个问题与爸爸妈妈的养育观念有直接的关系，为了宝宝健康快乐成长，一定要注重宝宝良好行为习惯的养成，切忌过分娇惯使宝宝能力退化。

为了让宝宝顺利适应幼儿园集体生活，做好能力上的准备不是一朝一夕的。爸爸妈妈要有意识地从小培养宝宝的独立意识和自我服务的能力。可以说，宝宝的能力与宝宝的适应能力是成正比的，有一些宝宝不喜欢上幼儿园的原因之一是生活能力有问题。比如，不会蹲坑小便，常常尿裤子，这种尴尬的事情会直接导致宝宝不喜欢上幼儿园。因此，爸爸妈妈必须要从小培养宝宝良好的习惯，为宝宝顺利入园做好能力上的准备。

第三，入园前的“必要分离”

对于过分黏人的宝宝，入园的适应是比较困难的。特别是老人带的宝宝，容易因为老人保护过多而造成宝宝胆小，过分依恋看护者。我们可以有意识地在宝宝入园前安排一些“暂时分离”的活动，比如，用游戏的方式，转移宝宝的注意力，让宝宝短暂地离开他的依恋对象。随着时间慢慢延长，他会逐渐摆脱过度黏人的行为。同时，还应引导宝宝主动接触新的依恋对象，建立新的伙伴关系。

温馨提示：培养宝宝与老师沟通的习惯和能力很重要

爸爸妈妈可以和宝宝在家里扮演老师和小朋友的游戏，妈妈当老师，教宝宝学会向老师表达意见和愿望。

选择幼儿园

3~6 岁的孩子到了要上幼儿园的年龄，这个年龄段的孩子身心还比较脆弱，幼儿园的好坏对其影响极大，爸爸妈妈在给孩子选择幼儿园时一定要多方面考量，选择一所真正适合孩子的幼儿园。

明确选园标准

爸爸妈妈在给孩子选择幼儿园时，首先要清楚自己最在意的是什么。是希望孩子有足够的空间活动，还是希望是特色教学，抑或是更在意孩子的饮食起居可以得到更悉心的照顾……这些都要想清楚。清楚需求是挑选的前提，有助于排除干扰，减少很多不必要的麻烦。

关注基本条件

路程。选择幼儿园应离家越近越好，就近入园，一方面可节省接送时间，减少意外发生；另一方面，孩子对经常路过的幼儿园不会感觉太陌生，可避免他产生排斥心理。

老师的素质。除了要了解幼儿园老师的基本资历外，更应了解老师的性格。个性温柔，有耐心，有爱心，善于和孩子及爸爸妈妈沟通的老师是首选，因为这样的老师可以更好地帮助孩子学习与成长。

关注环境及活动空间。理想的幼儿园应该具备宽敞、明亮、整洁的环境，活动空间要大，还要有许多适合孩子年龄特点的教学、娱乐设施。

生活起居要舒适。孩子在幼儿园吃得好，爸爸妈妈才安心，特别是对于刚入园的孩子来说，爸爸妈妈关心的不是孩子能学到什么，而是幼儿园里的生活起居要让孩子感觉舒服。所以，好的幼儿园饮食要营养卫生，孩子的用品要定期消毒，保育员要尽职尽责。

关注安全性。如果一所幼儿园经常出现有关孩子的安全事故，说明这所幼儿园安全管理缺失，没有严格的门卫制度、饮食卫生制度、交接班制度、安全制度的幼儿园要谨慎选择。

关注师生比例。根据国家规定，全日制幼儿园每班应配设 2 名老师、1 名保育员。老师配备不达标的幼儿园建议不要选择。

关注收费情况。爸爸妈妈应根据自己的经济情况选择合适的幼儿园。一般来说，公办幼儿园收费较低，民办幼儿园收费较高。具体的收费情况可直接向幼儿园咨询。

了解口碑。选择幼儿园前可提前了解一下这所幼儿园的口碑，以便进一步了解幼儿园的情况。爸爸妈妈可以通过与其他小朋友的爸爸妈妈攀谈，尽可能获取所需要的信息。

好幼儿园细节参考

孩子在幼儿园期间，玩耍时间充裕，而不是被迫长时间安静地坐着。

孩子在幼儿园能参加各种活动，而不是同一时间只做几种单调的事。

孩子可以在幼儿园获得丰富的日常生活体验。

教室里有孩子自己创作的艺术装饰品。

老师会根据孩子不同的生活背景和个性与孩子进行有针对性的沟通。

只要天气许可，每天都有机会到室外运动。

孩子很期待上幼儿园，爸爸妈妈对孩子在幼儿园期间的生活很放心。

择园误区

全托有利于培养孩子的独立性。家庭的呵护和培养在孩子成长过程中是一个必不可少且无法取代的组成部分。对于这个年龄段的孩子来说，他更需要家庭呵护，而不是将孩子全托交给老师。

进幼儿园就要学知识。有些爸爸妈妈希望孩子在幼儿园时期就多认字，多学习文化课，过早地给予孩子文化课压力，这可能会导致孩子厌学。爸爸妈妈应该懂得孩子进幼儿园的主要目的是为了得到认知、情感、社会性和体能的培养，而不仅是学知识。早早地就让孩子进入正襟危坐的学习状态，对于孩子的长远发展不利。

09 做宝宝信赖的爸爸妈妈

与宝宝的亲密互动

与人互动是宝宝学习的重要途径。与宝宝的亲密互动不仅对宝宝的语言学习、智力发展起到促进作用，还十分有益于宝宝的情感健康和社会交往能力的发展。另外，这也是宝宝学习各种生活技能，形成对事对物的观念和态度，乃至养成良好性格的重要途径。所以，爸爸妈妈要尽量做到：

- 经常对宝宝笑，经常拥抱、逗乐宝宝。
- 经常用语言、眼神、表情和动作表达对宝宝的喜爱，并鼓励宝宝表达他的感情。
- 经常陪宝宝玩耍、做运动。
- 宝宝邀请爸爸妈妈加入游戏或分享的时候，积极响应。
- 宝宝发出信号希望交流时，爸爸妈妈要及时关注并认真倾听。
- 鼓励宝宝的语言表达，并帮助提升他的语言表达能力。

对宝宝的需求敏感

3 岁前宝宝的需要一般是朴实和自然的，比如，身体的健康和舒服，充分的活动和身体接触，玩耍，见识和探索新奇的事物，感觉到自己的成长和进步，有人疼爱、陪伴和交流，被人认可，受到关注，等等。

这些需要如果得不到满足，宝宝常常会表现出烦躁、悲伤、愤怒等；如果宝宝的需要长期得不到关注，有可能表现出易怒、暴躁，或冷漠、压抑、郁郁寡欢。因此，爸爸妈妈要尽量关注宝宝的需求。

宝宝在很多时候不能很好地表达，因此需要爸爸妈妈对宝宝的需求敏感。首先，爸爸妈妈要有了解宝宝需求的意识，随时关注宝宝，准备帮助他。宝宝哭闹、烦躁的时候，不要呵斥他不听话、淘气，更不能打骂他，而要想到这是他发出的信号，他正需要帮助。其次，平时要注意观察、了解宝宝的表达习惯，摸索他的生活规律，以便更好地理解宝宝。最后，对宝宝的需要敏感、随时准备帮助宝宝的爸爸妈妈，能给宝宝最贴心的照料，这有助于宝宝形成安全的依恋、积极的情绪，建立亲密的亲子关系，有益于宝宝的健康成长。

照顾好宝宝的情绪

宝宝的情绪状态会影响他的饮食、睡眠、玩耍等日常生活中的方方面面，因而，与他的健康成长密切相关。因此，爸爸妈妈要关注和照顾好宝宝的情绪，让他经常处于积极、健康的状态，并引导他学习表达、调节和控制自己的情绪。

做情绪辅导型的爸爸妈妈

爸爸妈妈要关心宝宝的情绪，把宝宝出现负面情绪看成是正常的事情，并有效地利用这个机会帮助他学习处理负面情绪。具体来说，爸爸妈妈要做到两点：

一是关爱，让宝宝感到温暖、有回应，最根本的是理解和接受宝宝的情绪。当宝宝不高兴时，要倾听他，了解他的真正感觉及他的情绪信号的真正含义，理解和接纳他，而不是批评、指责他。宝宝感受到爸爸妈妈的理解和接纳之后，才有可能敞开心扉与你沟通。

二是指导宝宝，为宝宝的行为提供适当的限制。

掌握这两个要诀，爸爸妈妈会发现帮助宝宝处理情绪问题会顺利、有效得多。

有效地倾听宝宝

认真倾听，是妥善处理宝宝情绪的最基本的方法。

有时，两三岁的宝宝想表达的意思已经较为复杂，爸爸妈妈不容易了解他的意思。此时，倾听，而且是反映式的倾听，就十分重要了。所谓反映式的倾听是指爸爸妈妈像一面镜子那样，把宝宝说的话或表达的感觉接收过来，然后再反映回去。比如，宝宝指着脚说："我这里痛痛！"爸爸妈妈可以这样重复他的话："你是说你的脚痛？"或者用自己理解的意思反映说："你的意思是走路走得脚很累，有点痛，对不对？"如此一来，一方面让宝宝感受到他已被了解，另一方面也帮助他学习更清楚地表达。

这是一种尊重宝宝感觉的态度，表示爸爸妈妈愿意真诚地了解宝宝字面上的意思或隐藏于背后的意思。与此同时，这也是一种技巧，爸爸妈妈可以按照下述的过程来练习：

专注的态度。用肢体语言表示关心宝宝，对宝宝说的话有兴趣。比如，停下手边做的事，转身注视着他。如果自己是站着的，则要弯下腰或蹲下身，和宝宝相互平视，表示出专注和尊重；或者坐下来，把宝宝抱到胸前或腿旁，然后身体向前倾，注视着他。

注意宝宝的体态、说话的音调、表情等表达出的信息，这样才能察觉宝宝的所有感受。

尝试用宝宝的眼光看问题，设身处地地体会宝宝的感受，不要用既定的判断评判宝宝。

不加评判地接纳和反映宝宝的感受，把自己了解到的宝宝的意思说出来。比如，"因为玩了一个下午，你觉得累了。"而当爸爸妈妈不是特别清楚宝宝的感觉时，则需要多说一些加以澄清，比如，"你很累了，可是又不想这么早睡觉，因为爸爸妈妈都还没睡，是吗？"

这种"你感到……因为……"的简单公式是反映式倾听常用的。刚开始使用时会觉得呆板，但熟练之后可以灵活、有变化地应用。比如："我们要去外婆家，你很高兴！""玩了一个下午，你累了吧？"

支持宝宝自主活动

在这个年龄段，宝宝已经到了和爸爸妈妈抢活干的时候，他要自己吃、自己穿、自己拿、自己走。但是宝宝的能力有限，自己吃则可能满身满脸都吃到了，但小嘴巴却没吃到什么；自己穿袜子，也许半个小时过去了，袜子只穿了一只；自己穿衣服，不是穿反了，就是把扣子扣错了；自己翻书页，不是一翻一大把，就是把书给撕了……

反正，让宝宝自己做，意味着爸爸妈妈要花更多的时间，也许还会给自己找更多的麻烦。

然而，宝宝正是在“自己来”的过程中建立着自我。他会体验到自己的能力、自己的无奈、自己的努力，以及一点一点实现愿望的喜悦。他会知道这次失败了，但下一次可能会成功。在反复的失败后，终于有一天，他成功地把一勺冰激凌送进了自己的嘴巴；终于有一天，他想到了把勺中的蛋糕送到妈妈嘴里，让妈妈从心底感到了甜蜜。

当宝宝不成功的时候，爸爸妈妈不要急着替他做，而是可以在边上帮帮他，把他的难题简化。比如，让宝宝自己穿的袜子袜口不要太紧；让宝宝自己穿的衣服纽扣要大一些，扣眼要松一些；宝宝翻看的第一本书可以是塑料的、布的、厚纸板的；如果宝宝想够什么够不着，不要急着把东西递给他，可以递给他一个小凳子，或者托起他，让他“长高”一点点……让宝宝感受到努力才能成功，他将一生受益。

为宝宝订立合适的规矩

鼓励宝宝自主活动，并不是宝宝想做什么就可以做什么。宝宝自主、自由的前提是要给他划定一个范围，他在这个范围内是可以自主和自由的，这个范围就是规矩：规定能做什么，不能做什么，如果违反了要承担什么样的后果。

规矩不仅是用来约束宝宝的，也是为了保证宝宝安全：不能做的事是对他或对别人有害的。一旦有了规矩，宝宝也会感到安全，因为他知道自己怎么做是合适的。用规矩来要求宝宝，会让宝宝举止得当，并渐渐学会自我约束。

不同的家庭对宝宝的要求不尽相同。但有一些规矩对宝宝的安全和健康成长很重要，比如，安全的常规，包括在家和外出的安全；健康的常规，包括清洁卫生和饮食营养的规矩；人际的常规，包括对待别人和自己的规范。但给宝宝立规矩要遵循下面几点原则：

取得认同。向宝宝说明规矩的具体内容，并解释为什么要这样做，取得宝宝的理解和认同。宝宝大些后，还可以和他协商规矩的具体内容。

切实可行。要求宝宝做到的事要符合他的年龄和能力，不要对宝宝提出过高的要求。对宝宝违规的处置要和他的违规行为有关联，最好是可以立即执行的，并且不超出宝宝的承受能力。比如，宝宝赖床，那么他玩耍的时间就要减少。要避免无法执行的，或者会给宝宝造成伤害的内容。

简单明了。规矩要明确地说明他可以做什么、不可以做什么，做了不该做的事会有什么后果，有两三条即可，太多了宝宝记不住。

严格执行。爸爸妈妈要严格执行订下的规矩，对宝宝的奖惩要兑现，切忌按照自己的心情随意处理，今天这样，明天那样，在家一套，在外另一套。这样会让规矩失效，让宝宝感到无所适从。

鼓励宝宝的方法

鼓励对宝宝成长十分重要。它不仅有助于引导宝宝找到解决问题的适当方法，从而增强自身各项能力，不断进步，还有助于宝宝形成积极、正面的自我评价，培养自信和自尊，以及勇于探索、尝试、坚持的品质。

鼓励宝宝的原则

看到好的行为要及时指出，时间长了宝宝会记不住你鼓励的是什么。

要表扬宝宝的具体做法和想法，少用“真聪明”“真棒”一类的空洞、泛泛的表扬。

注重鼓励宝宝做事的初衷和过程，避免只看结果。

慎用物质奖励。物质奖励容易让宝宝更看重做事的结果，弱化做这件事情本身对宝宝的吸引力，渐渐演变成为了奖励而做事。

鼓励宝宝的具体方式

鼓励宝宝的方法很多，不限于表扬、奖励。下面的方法可能更有长远的正面效果:

用眼神、表情、动作表达肯定，比如，微笑地看着宝宝，为他鼓掌，抱抱他，等等。

指出宝宝的进步和做得对的地方，指出他做的事情、用的方法哪些是有效、有助于成功的。比如，“你刚才把小积木放在大积木的正中间，这样就稳当了。”

给予宝宝相应的权利、机会，采纳他的建议。比如，宝宝不挑食，吃饭时懂得搭配，那么在选择食物上就可以给他更多的权利。

对宝宝做的事给予关注、表现出兴趣，比如，和他一起做、一起谈论他做的事情，“哟，你给爷爷准备礼物呢！我看看，你给爷爷画的是什么？”

如何应对宝宝犯错

宝宝犯了错误，爸爸妈妈往往在施以惩罚的同时，也担心惩罚给宝宝留下心理创伤。实际上，处置宝宝犯错行为，有不同的方法，给予恰当的、宝宝能承受的惩罚，也是方法之一。至于是否会伤害到宝宝，关键不在于他有没有受到惩罚，而在于他对惩罚的感受。这一方面与惩罚本身是否适当有关，另一方面也和爸爸妈妈惩罚时的态度有关。这两方面是有关联的，如果爸爸妈妈觉得宝宝犯错是件严重的事情，内心愤怒或焦虑，往往会施以重罚；如果爸爸妈妈认为宝宝犯错是正常的，心态平和，那么处置起来往往会理性些。因此，正确认识宝宝犯错，让自己的心态保持平稳，是妥善处置宝宝犯错的前提。

以平和心态面对宝宝犯错

犯错误，是宝宝成长的必经体验，没有不犯错误的宝宝。宝宝正是通过犯错误，知道自己行为的结果、别人对自己行为的反应，从而懂得有些事情不可以做。从这个意义上来说，犯错误是宝宝成长的资源，是爸爸妈妈教育宝宝的良机，如果妥善处理，宝宝可以通过犯错获得成长。因此，爸爸妈妈不必竭尽全力来避免宝宝犯错；宝宝犯了错，也不要觉得自己教育失误，更不要认定宝宝的成长有问题。把犯错看成宝宝成长过程中的正常现象，以平和的心态来看待和处置，往往会获得好的效果。

处置宝宝犯错的方法

处置宝宝犯错时，首先要看他的动机。如果动机是好的，要先表扬他，以免使他感到冤枉和过度焦虑。然后分析他做事的方法，如果方法没错，或部分是对的，也要肯定他，让他知道哪些做法是可以接受的。最后看结果，分析为什么会造成错误，并讨论善后和处罚的问题。

让宝宝去承担他的行为引发的后果，是一种恰当的惩罚，前提是这种后果是宝宝自己可以承受的。比如，宝宝抱着自己的玩具不肯和别人分享，结果自己什么也玩不成；又比如，宝宝吃饭拖拉，爸爸妈妈可以到时间就收走饭菜，让他体会饿的滋味。

如果宝宝一不留神就犯错，却总想办法逃避，爸爸妈妈最好让他自己去面对批评、赔偿，自己向别人道歉。这有助于让宝宝知道他是要守规矩的，并且知道后悔、难过、害怕，慢慢学会控制自己，不做出格的事。

有时，宝宝会认为自己没错。爸爸妈妈要让他懂得，满足自己时还需要别人的认可，要在一个大家认可的规则内行事，并把相关的规则告诉宝宝。这样宝宝会从犯错中学到东西，同样的错误也不会再犯。

惩罚宝宝的禁忌

要避免过度惩罚，尤其是不能用谩骂、体罚来纠错。这样做不但不能缓解促使宝宝做出犯错行为的冲动，反而只会压抑他，结果是让问题进入暂时的潜伏状态，更难以化解。另外，在亲子关系不良的家庭中，爸爸妈妈对宝宝的惩罚要格外慎重。爸爸妈妈首先要想办法修复关系，在这个前提下，纠错才能产生较好的效果。

第五章

学龄前期

（3~6岁）

3~4 岁

这个年龄段的孩子

运动能力

大动作方面可以熟练地走、跑步、跳跃，会骑小车。

精细动作方面可以熟练地穿珠、折纸、使用剪刀、穿鞋、自己解衣服纽扣，有些孩子甚至已经学会自己洗手绢、袜子等。

语言发育

语言发展迅速，能用语言表达自己的希望和要求，或是反映自己的意见，并能说出周围事物的形态和名称。

可以说出大部分熟悉物件的名称，会问“这是什么”。

有些孩子已会使用代词“我、你、我的和你们”。

发音已经非常清晰，即便是陌生人也可以听懂孩子所说的话。

掌握了一些基本的语法规则。

认知能力

现在，孩子的想象力发展迅速，想象内容丰富，但会把想象世界与现实世界相混淆，辨别能力较差。

能较长时间把注意力集中在他所感兴趣的事物上，记忆保持的时间逐步延长，有意注意和有意记忆成分逐渐增多。

模仿能力特别强，大人的言行举止、姿势神态、习惯方式等一招一式他都会模仿。

多数孩子喜爱涂鸦，并且在创作中能表现出超强的自豪感，同时，孩子对数量的认知能力提升，对音乐产生深厚的兴趣。

认同过程经常走向极端，比如，女孩会坚持穿裙子，男孩出去玩时愿意佩带玩具枪。孩子这种行为，强化了他们的性别身份。

观察事物变得随意，易受外界刺激的影响而转移观察目标。

再认和再现能力仍较弱，记忆内容在头脑中保留的时间较短。

会玩想象性游戏，容易从一个主题转到另一个主题。

能对事物做出一定程度的概括，不能掌握事物的本质和它们之间的复杂关系。

社交能力

这个年龄段的孩子在与人交往时会产生主动协作精神，遇事会征求爸爸妈妈的意见，乐于服从别人的命令，能够同小朋友一起开心地游戏，懂得关心小朋友。

在和小朋友玩耍的过程中已学会了如何相互合作，会采取轮流玩耍，或交换玩具的方式解决问题。

营养与饮食

营养如何才均衡

这个年龄段的孩子正是长身体的黄金时期，孩子的饮食要注意均衡搭配，多摄取蛋白质、钙、维生素等营养物质。同时，爸爸妈妈也应合理安排孩子的就餐时间和就餐环境。

营养均衡的标准

品种多样。孩子的膳食品种应当多样化，食材不要过于单一，一日三餐的食材尽量不要重样。烹调时要讲究色香味，以便引起孩子的兴趣，提升食欲。

营养定量。膳食营养素的摄入量应选定在合理范围内，摄入量过少，容易产生营养素缺乏症，若某类营养素太高，可能影响其他营养素的吸收，同样不利于身体健康。

注意营养调配。这个年龄段的孩子多有维生素A、钙、铁、锌和碘等摄入不足情况，爸爸妈妈为孩子搭配食材时，可偏重选择富含这些营养素的食物。

营养饮食建议

孩子活泼好动，能量消耗大，易于饥饿，但胃容量较小，消化功能还较弱，“三餐两点”的进食方式更有利于孩子消化吸收。

孩子食物安排可遵照早餐吃好，午餐吃饱，晚餐吃少的原则进行。

尽管孩子长大了，但孩子餐饮中的食盐仍要限量。食物太咸，不仅容易使血黏稠度增高，也会增加肾脏负担。

孩子应与家人一起进餐，这不仅有利于他养成按时就餐的习惯，对于学习一些餐桌礼仪也有好处。

科学制订合理饮食

注意饮食搭配。这个年龄段的孩子乳牙已经出齐，咀嚼能力大大提高，加上生长较快，热量和营养素需求量较高，因此，孩子的饮食要注意品种多样化，同时要做到粗细粮搭配、荤素搭配合理。

关注营养价值。爸爸妈妈为孩子选择食物时要注意其营养价值，通常，杂粮比精粮营养丰富，蔬菜比水果更健康。爸爸妈妈给孩子选择食物时一定要多花一些心思。

注意烹调方法。孩子食物的烹调方法要有别于大人，大人爱吃的口味，比如辣炒，却不适合孩子，所以在烹调方法上爸爸妈妈要选择孩子喜欢的口味。如果孩子不爱吃蔬菜，不妨给孩子做一些饺子、包子，以便让他摄入丰富的营养。

注意胃排空时间。有些孩子一天零食不离口，结果正餐却吃得很少，这样会直接导致他营养失衡，对其生长发育十分不利。爸爸妈妈给孩子喂零食要以不影响正餐为原则，同时要注意量不要太多。

注意生长发育需求。孩子发育快，饮食要满足身体发育需要，钙、铁等基本元素不能缺少。三餐可以谷类为主，比如面条、粥、馄饨、饺子等。鱼和虾等海产品、绿叶菜及牛奶等含钙高，可以多吃点。

营养均衡搭配方案

孩子饮食中不能缺少谷物、谷物制品、土豆等富含碳水化合物、纤维素、维生素B、蛋白质和矿物质的食物。所以，像面食、大米、土豆等食物要多给孩子吃。

蔬菜和新鲜水果富含维生素、矿物质、蛋白质、纤维素，也要出现在孩子餐桌上。特别是时令水果上市的季节，应尽可能让孩子多吃一些新鲜的水果。

饮料应尽可能以饮用水为主，爸爸妈妈也可自己给孩子榨鲜果汁，不要常给孩子喝碳酸饮料。

动物性食品如鱼、肉，蛋类、乳品及动物肝脏中有孩子生长发育所必需的优质蛋白及营养素，不可缺少。

乳类或豆制品中含有丰富的优质蛋白、卵磷脂、钙、核黄素等，对孩子大脑、神经系统、骨骼及牙齿的发育极为有益。特别是这个年龄段的孩子已开始换牙，所以饮食中要格外注意钙与其他矿物质的补充，早餐及睡前可让孩子喝牛奶。

油脂和食用油等可为孩子提供能量，但要注意不宜过量。

零食和点心有一定的热量，应斟酌孩子饮食情况加以选择，以免使孩子摄取过多热量，增加肥胖概率。

在不影响营养摄入的前提下，应让孩子有挑选食物的自由。

进餐好习惯

良好的进餐习惯，可以保证孩子在生长发育时摄取到所必需的各种营养物质。不只如此，孩子饮食行为发展是否正常，还关系到他的精神和社会心理的发育发展，因此，孩子的进餐习惯需要爸爸妈妈高度重视。

培养良好的进餐习惯

做好餐前准备。开饭前，爸爸妈妈要告诉孩子快吃饭了，之后要求他洗干净手，坐在自己的餐桌前，或是由孩子帮忙端食物，以便他更好地进入饭前状态。

规定进餐时间。吃饭时不要让孩子随处走动，避免边吃边玩。根据孩子正常进餐的速度，爸爸妈妈可规定大致的进餐时间，以督促他专心吃饭。

教孩子细嚼慢咽。孩子消化功能还比较弱，狼吞虎咽不利于食物消化吸收，爸爸妈妈应告诉孩子吃饭时要细嚼慢咽。

控制零食。孩子除三餐两点外，要控制零食，以免影响正餐摄入量。

避免贪食。有些孩子见到喜欢吃的食物会停不了口，此时，爸爸妈妈要告诉孩子吃东西不要贪食，以免消化不良。

注意进餐卫生。孩子除饭前要洗手外，爸爸妈妈还要告诉他饭后漱口，不吃掉在桌上或地下的食物，使用自己的餐具，尽量不要把饭菜掉到桌上，饭菜掉到桌上要拾起放到不用的餐盘里，等等。

注意餐桌礼仪。孩子大了，爸爸妈妈应教他一些简单的餐桌礼仪，比如，咀嚼食物时不要发出大的声音，喝汤时尽量不要出声，夹菜时不要东挑西拣，不要用手去抓饭菜，不能浪费粮食，等等。

日常生活与保健

刷牙的习惯要养成

刷牙是保证口腔卫生最有效的方法，爸爸妈妈帮孩子养成每日刷牙的良好习惯，让他掌握正确的刷牙方法，不仅可去除他口腔内的牙菌斑和牙齿上的软垢，还有助于增加其牙齿的防龋能力，维护牙龈健康。

养成刷牙习惯的好方法

模仿有助于养成刷牙好习惯。孩子的模仿力很强，爸爸妈妈刷牙时可以让他看着，同时，告诉他正确的刷牙方法，这个年龄段的孩子很快就能掌握刷牙窍门。

选择孩子喜欢的牙刷、牙膏。给孩子挑选牙刷、牙膏时不妨带他同行，让他自己选择，以提高他刷牙的积极性。为防止孩子吞咽牙膏，可选择婴幼儿专用牙膏，同时，注意挑选孩子喜欢的口味。

增加趣味性。爸爸妈妈可和孩子一起制作一张刷牙卡，并让他认真记录每天刷牙情况，如果他坚持早晚刷牙，爸爸妈妈要及时表扬他，孩子会很乐意完成分内的工作，并有助于提高刷牙兴趣。坚持下去，孩子便可养成良好的刷牙习惯。

正确刷牙的细节

孩子刷牙最好用温水，以免水温过热或过凉对牙龈造成刺激。

掌握刷牙的频率和时间，即早晚都要刷牙，每次刷牙不少于 3 分钟。

注意控制牙膏的用量，每次刷牙时使用黄豆粒大小量的牙膏即可。

孩子刷牙时要嘱咐他不要进行吞咽动作，略低下头，以便让泡沫、口水等自然流出，刷完牙后要用清水漱口，漱净口腔中残留的牙膏。

刷牙后教孩子洗净牙刷，甩掉牙刷毛上的水分，将牙刷头朝上放入漱口杯中，放置在通风朝阳处，以保持刷毛干燥。

温馨提示：孩子刷牙需注意

1. 孩子自己刷牙，不要指望其能一步到位，这个年龄段的孩子自己刷牙后，爸爸妈妈可再帮孩子刷一遍。可以让孩子先刷，爸爸妈妈善后，以避免他自己刷得不彻底，不利于其口腔卫生。

2. 任何生活习惯的培养，都需要爸爸妈妈的正面引导，只有这样孩子才能愉快接受。所以，对于刷牙这件事，爸爸妈妈要多多鼓励孩子，提高他的兴趣。孩子自己刷牙时，哪怕动作缓慢或动作有误，也不要批评他，耐心地指点更有利于孩子虚心接受。

3. 如果孩子不肯刷牙，爸爸妈妈可事先提醒孩子刷牙，并告诉他不刷牙将产生的后果，借以督促孩子养成良好的刷牙习惯。

应对蚊虫叮咬

夏季防蚊虫叮咬是爸爸妈妈重要的攻关课题，蚊虫中又以蚊子最易对孩子造成伤害。蚊子不仅会传播疟疾、乙型脑炎等疾病，孩子被叮后，高肿的皮肤如果护理不当还极易导致感染。因此，室内室外不同的防蚊方法、被叮咬后如何科学处理，都需要爸爸妈妈有一些简单的了解。

室内防蚊

避免孩子被蚊子叮咬，爸爸妈妈在家中要做好周密的防蚊工作。

注意室内清洁卫生。定期打扫房间，特别要检查地漏、下水道、花盆等有积水处，不给蚊子留有生存空间。

家中安装纱窗、纱门，以防蚊子飞入。

给孩子的小床安装蚊帐。

早晨天亮后，室内的蚊子通常会往外飞；黄昏天黑后，室外的蚊子会往室内飞。所以，爸爸妈妈应在清晨检查窗户附近有无躲藏的蚊子，黄昏时分要特别注意预防蚊子飞进室内。

给孩子勤洗澡、勤换衣服，保持皮肤干燥清洁，可以减少被蚊子叮咬的机会。

夏季多让孩子吃一些胡萝卜，蚊子不喜欢胡萝卜的味道，适量食用胡萝卜有助于驱蚊。

户外防蚊

蚊子通常偏爱颜色鲜艳的衣服，爸爸妈妈带孩子外出时，可以给他选择浅色衣服，在通风好的地方活动，以减少被蚊子叮咬的机会。

夏日傍晚是蚊子最肆虐的时候，因此，夏季带孩子外出应避开傍晚时分，同时，不要让孩子靠近树林、花坛等处。

爸爸妈妈带孩子外出时，可给孩子少涂一些婴幼儿专用的花露水防蚊。

被蚊虫叮咬后的处理

孩子被蚊子叮咬后会出现丘疱疹或水疱，体质敏感的孩子甚至会有发热、局部淋巴结肿大等表现，若过度抓挠还会造成局部起疱、出血性坏死等严重反应。所以，科学处理蚊虫叮咬十分重要。

止痒。孩子被蚊子叮咬后首先要止痒，以防孩子因瘙痒抓挠引发感染。爸爸妈妈可给孩子外涂复方炉甘石洗剂、绿药膏，以起到消炎、消肿、止痒的目的。爸爸妈妈需注意的是：给孩子涂抹药水、膏油时要少量涂抹，仔细观察孩子有无过敏反应，若有立即停用。

防抓挠。尽量避免孩子用手搔抓叮咬处，以防继发感染。

抗感染。发生局部感染时，要及时清洗伤口，并遵医嘱涂抹一些抗炎软膏，如红霉素软膏等。因为蚊子会传染、传播乙型脑炎，若发现孩子因被蚊子叮咬出现高热、呕吐，甚至惊厥等症状时，要及时就诊。

化学品防蚊要慎用

盘形蚊香。盘形蚊香主要成分是杀虫剂，通常为除虫菊酯类，毒性较小，但也有些含有有机氯农药、有机磷农药等，这类盘形蚊香虽然驱蚊效果好，可毒性却很大，对孩子健康不利。

杀蚊气雾剂。杀蚊气雾剂中含有除虫菊酯、芳香烃、甲苯、二甲苯、烯烃等许多化学物质，长期使用会影响孩子身体健康。

液体电蚊香。液体电蚊香是通过通电后持续加热释放杀虫剂来驱蚊的，虽说使用方便，但同样因其富含多种化学物质，不建议爸爸妈妈选择。

驱蚊化学品的选择

选择正规厂家生产的产品。

产品成分要选购环保型婴幼儿专用驱蚊产品。

要做好通风工作，并切忌长时间、频繁使用。

防痱、治痱

夏季气温高、湿度大，孩子新陈代谢旺盛，活动量大，容易出汗，加上皮肤娇嫩，稍微照顾不周便可能生痱子。防痱、治痱是爸爸妈妈的夏季必修课。

痱子的分类

细分起来，痱子分为红痱、白痱和脓痱 3 种。

红痱。初起时皮肤发红，然后出现针头大小尖顶的丘疹或丘疱疹，呈密集排列，周围有红晕，干后有细小脱屑。红痱多发于额头、颈部、胸背部、肘窝、腘窝、臀部等部位。红痱通常又痒又疼，宝宝会因为有痒和灼热的不适感而用手去抓挠或哭闹。

白痱。是针尖或针头大小的浅表性小水疱，看着发亮，周围没有红晕，水疱的壁非常薄，轻轻擦也容易破，干后有极薄的细小鳞屑。这种痱子好发于躯干部，尤其是胸背上部，没有明显的痒、疼等自觉症状。

脓痱。痱子顶端有针头大小的浅表性小脓疱，这种脓疱大多是由红痱发展而来的，常出现在皮肤的褶皱部位。脓疱内虽然无菌或为非致病性球菌，但如果破溃，就可能出现继发感染。

防痱攻略

孩子若今年生了痱子，明年也容易生痱子，所以，预防痱子比治疗更为重要。

居室要凉爽。气温过高时，可适当使用电风扇或空调降温，以减少孩子出汗，但不要让风直吹孩子。

出汗不用凉毛巾擦拭。孩子运动出汗后，爸爸妈妈要及时帮孩子擦干汗水，但不要用凉毛巾擦拭。冷水刺激可使汗腺口骤然关闭，更容易生痱子。

勤洗澡。夏季这么大的孩子每天可洗2~3次澡，洗澡时水温不宜过冷或过热，以38~42℃为宜，洗澡后爸爸妈妈要用柔软的毛巾将孩子皮肤擦干，尤其要将他脖子底下、腋窝、大腿根等褶皱部位的皮肤擦干，不要残留水分。洗澡后不要帮孩子涂抹太多的爽身粉，以免与汗液混合堵塞汗腺，导致他出汗不畅，引发痱子。

多给孩子喂水。夏季多给孩子喝水可利尿去火，也可以给他喂一些绿豆汤，或是让他多喝些冬瓜汤、丝瓜汤，有利于清热祛暑。

饮食调节。饮食对痱子的影响也是非常重要的。夏天孩子水分蒸发较多、体能消耗大，要注意给他多吃清淡易消化的食物，注意补充蛋白质和维生素，不要吃油腻和刺激性食物，水果可选择时令新鲜的、含水量较高的，比如西瓜、苹果、葡萄等。蔬菜中如冬瓜等含水量较多，有祛暑作用，也可适当食用。

调整外出时间。夏季孩子外出运动，要注意避开最炎热的时间段，宜选择气候凉爽的早晚，且尽量在树荫下玩耍。

选择纯棉衣物。孩子爱出汗，若衣服过于紧身不利于汗液排出，容易造成汗腺孔堵塞，生痱子。所以，夏季孩子的衣服要选择轻薄、柔软、宽大且吸水和透气好的纯棉织物，以减少衣服对皮肤的刺激，并帮助孩子的身体散热。

不要给孩子剃光头。有些爸爸妈妈认为给孩子剃光头可以预防痱子，这是错误的，孩子剃光头会失去头发这道保护屏障，使头部皮肤更易受到外界伤害，更易生痱子。

居家治痱的方法

痱子治疗的原则是消炎、止痒。轻症痱子，爸爸妈妈可遵医嘱使用复方炉甘石洗剂，轻轻涂擦在孩子生痱子的皮肤上，可加速汗液排出，有助于止痒。不要用油剂、膏剂产品，以免阻碍孩子汗液蒸发。重症脓痱应用消炎药控制感染，以防发展成败血症。

十滴水治痱。十滴水治痱效果很好。爸爸妈妈可先用温水清洁孩子皮肤，将十滴水涂于患处，让其自然风干。涂药的地方孩子会有些许刺痛感，但几分钟后就会好转。每日涂抹 2~3 次，两三天就可以消肿、止痒。

装修污染

孩子身体发育还不成熟，抵御外来污染的能力不及成年人。若孩子长期接触装修材料中的苯、甲醛等有害物质，很容易导致慢性呼吸道炎症、咳嗽，甚至造成头晕、头痛、恶心、胸闷、气喘等神经、免疫、呼吸系统和肝脏的损害。

确定居室有污染的简单方法

装修的房间或置办的新家具有刺眼、刺鼻等刺激性异味。

凌晨起床时感到憋闷、恶心，有时甚至有头晕目眩的感觉。

家里人都容易患感冒。

家里人不吸烟，但孩子嗓子仍会感觉不舒适，有异物感，且呼吸不畅。

孩子有皮肤过敏表现，家里人也有类似的过敏问题。

孩子常咳嗽、打喷嚏，免疫力下降。

不只是孩子，家中其他人也会出现同一种疾病，比如，久咳，但离开这个环境后，症状会有明显好转。

室内植物的叶子发黄、枯萎，即便是生命力很强的植物，也难以正常生长。

预防装修污染

家庭装修时应避免使用含有有害物质的装饰、装修材料，家装材料应选环保产品，超出国标材料坚决不用。

施工中的辅材也要采用环保型材料，特别是防水涂料、胶粘剂、油漆溶剂等。

家装尽量推崇简约装修，尽量减少材料使用量和装修施工量。

孩子房间装饰设计要格外注意简洁，不要使用天然石材，不要铺装塑胶地板，油漆和涂料最好选用水性的，不要选择过于鲜艳的油漆或涂料，因为越鲜艳的油漆和涂料中的重金属物质含量越高。

购买新的家具时要看环保检测报告，购买环保产品。孩子的家具最好选择实木家具，购买时要看有无环保检测报告。

新装修的房间一定要保持通风和空气流通。常开窗透气有利于污浊物释放。

房间内最好不要贴壁纸，可以减少污染源。

与装修公司签订环保装修合同，验收时施工方应提供环境检测报告。

温馨提示：新装修的房子使用要注意

1. 新装修的房子必须请室内环境检测部门进行室内空气质量检测，检测合格以后才能入住。

2. 减少孩子在新装修房间的活动时间，在室外空气质量较好的时候，多带孩子到户外活动。

常见问题与护理

生长痛

“生长痛”？难道是因为生长而引起的疼痛？确实有专业人士认为这种疼痛是由于儿童骨骼生长牵拉周围肌肉和神经等而引起，但对此并没有明确的证据，因此，目前对儿童生长痛的具体原因还不明确。近期，随着人们对维生素 D 缺乏的重视，发现维生素 D 在人体内的作用不仅仅是维持骨骼健康，同时也有助于增强肌肉力量等，维生素 D 缺乏以及与维生素 D 密切相关的钙的缺乏可造成肌肉无力、疼痛，这可能也是儿童生长痛的发生原因之一。临床上也确实在生长痛的孩子中发现很大一部分存在维生素 D 缺乏。生长痛在儿童中并不少见，大约有 25%~40% 的孩子曾经发生过。

生长痛易发生部位

生长痛最常发生在宝宝膝盖窝、小腿和大腿的前面，偶尔会出现在腹股沟区，多表现为双侧疼痛，但也有宝宝只一侧疼痛。

生长痛的症状

生长痛主要是肌肉疼痛，而不是关节或骨骼的疼痛，疼痛的部位也不会有红肿或发热的现象。过度运动、疲劳可使症状加重，休息后可自行缓解，次日早上疼痛会完全消失。

除疼痛外，有部分宝宝会有肚子疼的表现，也有些宝宝会感觉头疼，还有些宝宝会出现不同程度的睡眠障碍。这些症状会随生长痛的消失而消失。

生长痛通常只持续大约 10~15 分钟，不会引起发烧、寒战、发红、肿胀、一瘸一拐或关节痛等表现。

缓解生长痛的方法

注意力转移。宝宝感觉腿痛时，爸爸妈妈可借做游戏等方法，转移宝宝注意力，有助于缓解疼痛。

热敷、按摩。宝宝腿痛时，爸爸妈妈可取一条热毛巾敷在宝宝感觉疼痛的部位，帮宝宝缓解不适症状。

避免剧烈运动。如果宝宝疼痛厉害，要让宝宝多休息，避免剧烈运动，休息有助于宝宝肌肉放松，对缓解疼痛很有好处。

补充维生素 B_1、B_6。为避免生长痛程度加剧，在饮食方面，爸爸妈妈可给宝宝多吃一些富含维生素 B_1 和维生素 B_6 的食物，维生素 B_1 和维生素 B_6 能起到营养神经，缓解神经牵拉疼痛的作用。

需要带宝宝就医的情况

- 某一个特定的部位疼，而且疼痛非常厉害，或者长时间或持续疼痛。
- 除了腿疼，还有发烧表现。
- 宝宝关节痛、活动困难，关节发红肿胀。
- 白天的时候，宝宝这种疼痛也十分明显，严重影响宝宝作息。
- 孩子出现走路困难，肢体无力的现象。

温馨提示：

1. 生长痛发生在冬春季节比夏秋季节更多见。

2. 生长痛主要发生在两个年龄段，一个是在 3~5 周岁，还有一个是在 8~12 周岁。

眼外伤、异物入眼

这个年龄段的孩子求知欲高，好奇心和模仿能力强，但因为安全意识薄弱，玩耍时有可能使眼睛受伤。孩子发生眼外伤或异物入眼时，爸爸妈妈应采取科学的应对措施。

眼外伤是指眼球或附属器官受到外来的机械性、物理性或化学性伤害，从而发生各种病理性改变而损害其正常功能。眼外伤轻症经过治疗即可痊愈，重症如果救治、处理不当将会造成感染，造成严重后果，最终导致孩子视力功能障碍。不只如此，眼外伤在复原过程中，纤维疤痕组织产生也容易造成视功能的障碍。根据引起伤害原因不同，眼外伤可分为机械性和非机械性创伤。

机械性眼外伤

这个年龄段的孩子容易造成眼睑皮肤、眼角膜、结膜等处的眼划伤，比如，孩子的眼睛因自己或爸爸妈妈的指甲划伤，或意外被树枝划伤。

机械性眼外伤的处理方法

孩子发生机械性眼外伤时，爸爸妈妈应及时检查损伤部位，如果是眼睑皮肤浅层划伤，没有出血，可做局部清洁；如果是眼球损伤，应及时到医院就诊。

孩子发生机械性眼外伤时不能用自来水洗眼睛，以免引起细菌感染。应急处理时，爸爸妈妈应把手洗干净，然后用干净纱布松松地盖在孩子眼睛上，并带他就医。

非机械性眼外伤

比较常见的非机械性的眼外伤有辐射伤，比如，孩子晒太阳时，缺乏对眼睛的必要保护，以致眼睛受到紫外线损伤。

非机械性眼外伤的处理方法

对于这种常见的辐射伤，爸爸妈妈因无法自测损害的严重程度，应带孩子及时就医。

这样预防孩子眼外伤

不要让孩子玩带有锐角的玩具。

孩子行走、跑跳时不要让他拿铅笔、筷子等尖锐物体，以免摔倒时刺伤眼球。

家中化学洗涤剂、清洁剂要收好，以免孩子玩弄时伤及眼睛。

一次性注射器要收好，防止被孩子拿来当玩具而刺伤眼睛。

爸爸妈妈要注意对孩子进行安全教育，使他懂得自我保护和爱惜眼睛的重要性，要知道这个年龄段的孩子已能很好地与爸爸妈妈沟通。

爸爸妈妈要为孩子创造相对安全的玩耍环境，避免孩子因玩球、打闹或跌倒撞到桌椅角等情况伤及眼睛。

注意经常给孩子修剪指甲，避免孩子拿树枝当玩具。

夏季带孩子外出要戴一顶遮阳帽，避免太阳光直射眼睛。

异物入眼及处理方法

眼部进入异物也是孩子眼部不适的常见因素。异物入眼后，孩子因感觉到异物摩擦角膜会用手揉，爸爸妈妈要及时制止孩子用手揉眼，因为这只会加重不适症状，使孩子眼睛畏光流泪，充血明显。

若奶水、爽身粉、眼睫毛等进入眼睛时，不要让孩子用手揉，爸爸妈妈可用清水冲洗孩子的眼睛，冲洗眼睛会增加泪液分泌，异物会被泪液冲洗到眼角，之后用棉签拭去即可。

若是灰尘、沙砾吹到眼睛里，爸爸妈妈可让孩子闭眼片刻，等到眼泪大量分泌，不断夺眶而出时，让孩子慢慢睁开眼睛眨几下，多数情况下，大量泪水会将眼内异物冲洗出来。

如果爸爸妈妈会翻眼皮，可让孩子配合，轻轻将孩子的眼皮翻起，然后用干净的手帕蘸凉开水，或生理盐水轻轻将异物擦掉。异物取出后，可适当滴入孩子专用眼药水或眼药膏，以防感染。

如果翻开眼皮后没有发现异物，而孩子仍有异物感，或是看到异物用手帕不能擦出时，应立即带孩子去医院，请眼科医师帮忙取出。

口吃

口吃是一种语言障碍，多见于2~5岁的宝宝。这个月龄的宝宝容易出现。当原本说话流畅的宝宝突然变得口吃起来，常让爸爸妈妈不知所措。

5岁前宝宝的口吃实为“语言发育性不流利”

5岁前，有些宝宝都会出现暂时语言不流利的情况，特别是3岁左右的宝宝，开始学习构造词句，但他们生理成熟程度还落后于情绪和智力活动所需要表达的内容，很容易表现为口吃。儿童时期出现的口吃现象并非真正意义上的口吃，一般称为“发育性不流利”，即指发生于5岁前、暂时的言语不流利，主要与该期间语言发育的特点有关。大约80%的“发育性不流利”的宝宝，在能够熟练掌握句法规则后，口吃现象会自然消失，所以爸爸妈妈不必过于担心。宝宝超过5岁若还有不少造句错误，语言不流利，语言节律、速度和抑扬等表现异常应引起爸爸妈妈重视，必要时带宝宝就医咨询。

这类口吃需关注

● 宝宝口吃的同时伴有面红、面肌紧张或呼吸不畅、抽动、眨眼、伸颈、跺脚、握拳等表现。

● 宝宝在与陌生人说话、发言时出现躲避行为，也就是有明显的逃避某些场合的行为。

● 具有家族史。

导致宝宝口吃的因素

模仿。语言学习阶段，是宝宝模仿能力最强的时期。日常生活中，或在电视、电影场面中看到口吃情节，因强烈的好奇心，宝宝会模仿学习。

压力。这个月龄的宝宝有些已经开始学习兴趣课了，若宝宝表现不佳，爸爸妈妈采用惩罚、打骂等手段对待宝宝，会增加宝宝心理压力，从而导致口吃。

紧张。有些宝宝性格内向、害羞，与人交流时会因为紧张导致语无伦次，从而出现口吃。

生理原因。宝宝在语言发育过程中，面对有趣的事情试图通过用自己的语言来准确地去描述，只是此时他们大脑所想的、心里想说的话和实际语言所能表达的东西往往不能同步，所以容易出现口吃。

遗传因素。口吃与遗传有关，如果爸爸妈妈有口吃问题，那么宝宝也可能出现口吃。

疾病影响。一些疾病也会导致宝宝口吃，比如小儿癫痫、脑病，以及耳鼻喉等疾病会导致呼吸和发声受影响。

强行纠正“左撇子”。人们常把控制说话能力的脑半球称为优势半球，习惯于使用右手的宝宝优势半球在左侧，习惯于使用左手的宝宝优势半球在右侧。如果爸爸妈妈强迫左手优势（俗称“左撇子”）宝宝，用右手拿勺子等，就有可能使大脑在形成语言优势半球的过程中出现功能混乱，从而导致宝宝口吃。

纠正宝宝口吃的方法

如果宝宝口吃现象很严重的话，爸爸妈妈可以让宝宝适当进行户外运动，户外活动有助于宝宝放松紧张的情绪。

爸爸妈妈和宝宝说话时要放慢速度，给宝宝更多时间接受信息，以便宝宝从容不迫地讲话。

进行轮流式谈话游戏，增加宝宝语言表述自信心。

增加亲子沟通时间，和宝宝谈论他想谈论的话题，主动表扬宝宝。

让宝宝按照自己的说话速度说话，耐心倾听。

主动表现自己对宝宝说的话很感兴趣，宝宝说话时要看着宝宝，让他感受到爸爸妈妈的关注。

爸爸妈妈讲话时尽量使用简短并且简单的句子，尽量鼓励宝宝也这样做。

宝宝说话时不要一再提醒他慢慢说，这只能让宝宝意识到自己讲话有问题，会让宝宝说话时更加不自然。

面对宝宝的口吃，爸爸妈妈不要强化它，要注意淡化它，否则会增加矫治难度。

音乐有助于矫正宝宝口吃。有节奏地唱歌、朗诵对宝宝语言训练有一定的帮助，爸爸妈妈可多让宝宝听听音乐，以促进语言流利表达。

对待口吃宝宝的关键

尽量避免宝宝与口吃患者接触，若已习惯性模仿口吃，爸爸妈妈要注意耐心地疏导。

避免给宝宝太大的压力，宝宝说话、做事时不要大声催促、呵斥，不要和别人家的宝宝攀比，不要过于严格地要求宝宝，要注意鼓励宝宝。

多带宝宝接触大自然，多给予宝宝适当的表扬和赞美，帮助他建立自信心，有助于缓解口吃表现。

想办法减少宝宝的心理压力。

对于惯用左手的宝宝，不要强迫宝宝改用右手。

口吃的最佳治疗时期通常在 6 岁之前，因此，有意识地循序渐进地矫正宝宝口吃越早越好。

铅中毒

铅会损害孩子的神经系统，它主要经呼吸道、消化道和皮肤吸收，进入人体后随血液分散到全身各器官组织。孩子血铅超标会严重影响其健康。所以，爸爸妈妈要提高对铅超标、铅中毒的认知，让孩子远离伤害。

铅中毒的危害

孩子若长期接触低浓度铅，可致运动失调、多动、易冲动、注意力不集中、侵袭性增强、智力下降、身材矮小、贫血，还可能出现腹痛、便秘、腹泻、恶心等消化道不良表现。

血铅超标标准

血铅是指血液中铅元素的含量。孩子正处于发育期，对于铅毒格外敏感。铅中毒诊断标准如下：

相对安全：血铅含量< 100 微克 / 升

高铅血症：血铅含量在 100~199 微克 / 升

轻度铅中毒：血铅含量在 200~249 微克 / 升

中度铅中毒：血铅含量在 250~449 微克 / 升

重度铅中毒：血铅含量> 450 微克 / 升

铅的藏身地

空气中。空气中的铅含量一方面来自于工厂，尤其在铅作业工厂附近，铅含量通常会超标；另一方面来自于汽车尾气，汽车尾气的铅尘会迅速沉降在道路两旁数公里范围内的地面上，若孩子常在街道边玩耍很容易受到铅污染。

室内家具。爸爸妈妈喜欢将孩子房间装饰得五颜六色，却忽略了许多建材，如家具涂料、内墙涂料、壁纸等都可能含铅，容易造成房间空气的铅污染。

接触的物品。很多印有油漆图案的积木、气球、金属玩具等都是含铅物品。另外，质量不过关的铅笔、蜡笔及报纸等也都含有铅，孩子接触这些物品时也容易造成铅污染。

食物中。松花蛋、罐装食品、烤地瓜等食物中可能有铅留存，若孩子经常食用这些食物，容易造成铅超标。

温馨提示：孩子的坏习惯是吸入铅的重要途径

吮吸手指、啃咬玩具、不洗手就吃东西等不良习惯很容易使铅进入孩子体内，危害身体健康。

预防铅中毒的方法

地面以上至1.2米高的区域是机动车排放尾气的污染带，对于1.2米以下的孩子，路经街边或十字路口等汽车大量聚集的地方，爸爸妈妈最好将孩子抱起来。

带孩子到室外游玩时，尽量避开停车场，或汽车较多的场所，不要让孩子在街边玩耍。

给孩子购买玩具等用品时，要选择正规厂家生产的产品，应特别注意是否为无铅产品。

爆米花、薯条等膨化类食物要少吃。

让孩子养成良好的卫生习惯，特别要注意在进食前洗手，同时要勤剪指甲，若有吮吸手指的习惯也应改掉，以免将铅吸入体内。

应经常食用含钙充足的乳制品和豆制品以及含铁、锌丰富的动物肝脏、肉类、蛋类、海产品，多吃富含维生素C的新鲜蔬菜、水果，可促进铅排泄。

和孩子亲密接触前，若爸爸妈妈刚看完报纸要记得洗手，妈妈和孩子亲密接触时少涂化妆品。

经常清洗孩子的玩具和其他有可能被孩子放到手中、口中的物品。

不要带孩子到铅作业工厂附近散步、玩耍。

选购孩子餐具时，不要选择图案丰富多彩的餐具，要选择正规厂家生产的合格产品。

不要给孩子吃松花蛋等可能含铅的食品。

情感、思维、智力、性格的养育

害羞 & 胆小

不同的孩子有不同的个性特点。有些孩子是天生的“外交家”，活泼开朗，爱说爱笑；而有些则胆小害羞，别人跟他说话时，连头也不敢抬起来。孩子胆小害羞，很多爸爸妈妈会担心，比如，害怕孩子不会跟小朋友交往，担心他长大后会很难适应社会，等等。其实，很多三四岁的孩子都有过害羞胆小的表现。这有先天性格的因素，也与爸爸妈妈的教育方法有关。

面对害羞胆小的孩子，爸爸妈妈需要注意的事情

不要把孩子的胆小、害羞当作不良行为，要知道这是他性格的表现，而不是“坏行为”。

不要特意去纠正，也不要整天担心孩子长大后会内向、孤独。

不要直接批评孩子胆小害羞，或者经常“唠叨”：“这孩子怎么这样啊？”“怎么不和小朋友一块儿玩？”“你这样胆小，真让人着急！”这样的唠叨毫无教育意义，反而会让孩子更加退缩。

不要给孩子贴上胆小害羞的标签，否则这种标签会印入他的脑海，让他觉得自己就是这样了，有时他会利用这个标签躲避交往的场合。

不要拿他和开朗大方的孩子对比，这样会伤害他，降低他的自我价值。

帮助胆小害羞的孩子适应环境

鼓励孩子参加集体活动，但不要强迫他这样做。可以和幼儿园的老师交流一下，让老师安排班上爱帮助人的小朋友和他玩，或者让年龄稍小的小朋友和他在一起活动，这会使他感到自己是大哥哥（或大姐姐），可以帮助小弟弟、小妹妹。

在家时也要经常带孩子去小区的绿地、公园或游乐场所玩。去之前要让他做好思想准备，告诉他：今天要去哪儿玩，会碰见谁；有小朋友要和你玩，你就去，妈妈（爸爸、爷爷、奶奶）和你在一起。

出去玩的时候，可以让他手里拿一个毛绒玩具、一只球等等，这样会让他产生安全感，不紧张。

当他想和小朋友玩的时候，立刻鼓励他：“去吧，妈妈和你一块儿去玩！”当他能和小朋友一块儿玩了以后，大人再悄悄地退出。千万不要一下子把孩子推向陌生的人和环境，使他失去安全感。一开始让他和一两个小朋友玩，人不要太多，慢慢地再让他在大一些的集体中玩。

另外，平时带孩子外出时碰见熟悉的人，要教他说礼貌用语。大人和朋友说话的时候，让孩子听着，不时地也顺便问他几句，鼓励他回答。不回答也没关系，只当是练习了。当孩子表现好的时候，要及时鼓励他，这会增强他的自信和勇气。

总是把别人的东西拿回家

把别人的东西拿回家的行为，在三四岁的孩子身上是很常见的。这种行为与成年人的小偷小摸完全不是一回事，因为孩子对于东西的归属及占有权问题还不完全懂，所以不能将孩子的这种行为视为道德问题。

出现这种行为可能有以下几个原因

孩子太喜欢这件东西了。看到自己喜欢的东西，孩子顾不上想爸爸妈妈给他讲过的“不能拿别人的东西”的道理，况且这些道理对他来说太“深奥”了。

孩子可能喜欢看爸爸妈妈惊慌失措的样子。当爸爸妈妈发现孩子带东西回家时，一定既“惊慌”，又对他“说教”，表现得很夸张，孩子感觉很“逗乐”。而且爸爸妈妈往往又是雷声大、雨点小，说他一顿，他认个错（其实根本就没认识到错）就完了。

可能受好奇心的驱使。孩子拿的一定是他感觉新奇而自己又没有的东西。

孩子用这种方式来表示不满。如果孩子对私拿别人东西的行为毫不在乎，而且丝毫也不想掩盖自己的错误行为，好像故意要让别人知道他的做法似的。这可能是因为孩子感觉老师不喜欢他，或者爸爸妈妈没有更多地关注他，他想通过这样的行为来表示自己的不满。

正确处理孩子把别人的东西拿回家的行为

首先在爸爸妈妈的意识里，不要把孩子私拿别人的东西的行为和成人的小偷小摸等同起来，不要对他使用“偷”这个字眼，因为他对“偷东西”还没有清楚的概念。孩子的占有行为只是想“拥有”，并没意识到这种行为损害了谁，而成人的偷、拿很显然是损人利己的行为。随着受教育程度和社会经验的增加，孩子会逐渐改变这种行为的。

对孩子要讲道理，但不是只在发现问题以后才讲，平时也要讲。可以通过讲故事、看动画片、阅读图画书等来讲道理，内容要浅显，要适合孩子的年龄。关键是要让孩子形成物权的概念和尊重物权的习惯，而不是事后进行惩罚。

在家可以玩情景模拟游戏。比如，爸爸妈妈偷偷地将孩子最喜欢的东西（如小贴画、玩具车等）拿走。孩子发现后，一定会着急要回来。这时爸爸妈妈再对他进行换位教育，让他体会到拿别人东西会使人着急难过。不要过分批评，好像他犯了见不得人的错误似的。如果给孩子上纲上线，他会委屈而哭，但不是哭自己错了，而是哭不知道爸爸妈妈为什么这样对待自己。

坚决要求孩子把东西还给别人，并且明确地告诉他："这件东西是谁的，就要还给谁。记住，不是你的东西，绝对不能拿回家！"还的时候，爸爸妈妈不要替他去还，而是陪他去，教他向别人道歉（要是孩子非常害怕，爸爸妈妈可以替他道歉）。逐渐地，孩子会明白，拿别人的东西是错误的行为，既然是错误，就需要改正。

除了纠正孩子的这种行为外，爸爸妈妈还要了解孩子这种行为背后真正的原因。比如，最近老师是不是批评他了？他是不是正在和某个小朋友怄气？可以问问孩子："你有什么事情，可以直接告诉妈妈，不要拿别人的东西。"让他知道，你很爱他、信任他，使他愿意把心里话告诉你。

做客礼仪

经常带孩子去朋友家做客，可以让他见识不同的家庭，接触不同的人，是提高孩子情商的不错的方式。可以教孩子掌握一些做客的礼仪，让他成为一个人见人爱的小客人。

敲门。让孩子学会用清晰、稳定的声音敲门，以两下或三下为一组，不要连续、用力地敲。如果有门铃，也要每次只按一下，不要使劲砸门或喊叫。教孩子敲门的小歌谣：敲三下，等一等。按门铃，轻又轻。好孩子，不着急，会敲门，有礼貌。

问好。做客前要教会孩子说"您好""谢谢""可以吗"。主人开门后，让孩子主动称呼主人并问好，得到允许后再进门。提醒孩子进门后，别忘记和主人家的其他成员打招呼。

落座。进门后最好不要随便就座，要在主人迎让和指定位置之后再入座。

道谢。接受主人的款待时，要说“谢谢”。吃完的果壳等不要随地乱扔，放在指定的地方。

征求。如果主人家的孩子邀请孩子去其他房间玩耍，孩子要先征求妈妈的意见。叮嘱孩子在主人家看到喜欢的东西想摸摸、看看时，应该征求主人的意见。

告别。教孩子告辞时对主人的招待表示谢意，并且向主人发出邀请。比如“欢迎叔叔、阿姨下次到我家来玩！”

温馨提示：及时肯定孩子做客时的得当行为

如果孩子做客时表现得当，要及时肯定、鼓励他；发现他做得不恰当的地方，也要及时提醒，不要等到回家后再说，因为孩子会很快忘记当时的场景。

让孩子自己解决矛盾

孩子们在交往过程中，发生矛盾是很正常的事。如果大人尝试去化解孩子间的矛盾冲突，虽然可以很快解决问题，但是孩子们却失去了学习了解别人的观点和感受、演练处理交往问题的机会。所以，爸爸妈妈应在日常生活中教会孩子自己处理矛盾，这样做比爸爸妈妈直接介入对孩子的成长更有益处。

这样帮助孩子学习自己解决矛盾

帮助孩子学会分析矛盾冲突的原因。比如，两个小朋友为了玩具争抢起来，谁也不让谁。如果爸爸妈妈采用没收玩具的方法，也许能很快制止孩子们的争吵，但他们以后还会因为其他事情再次发生争执。所以，关键是要让孩子知道为什么会出现矛盾，然后自己想办法解决。可以让孩子们坐下来，各自说说为什么要争吵，这样做可以让他们能够彼此倾听对方的想法。爸爸妈妈还可以提出一些有帮助性的问题，引导孩子们思考，如：“你们两个可不可以想一个办法，不要吵架也能玩得很开心呢？”让孩子自己想办法，互相商量，取得想法的一致。这样做可以让孩子懂得，以后再碰到类似的事情该怎么解决。

启发孩子自己想办法解决问题。比如，两个孩子互相打闹，然后又跑到自己的爸爸妈妈跟前去告状。如果妈妈为了平息孩子们的争执，对孩子承诺：如果你能和小朋友一起好好玩，我就给你买玩具。这样做难以达到帮助孩子成长的目的，甚至会让孩子产生错觉：就算表现不好，也能得到好处。爸爸妈妈首先要让孩子说清发生争执的原因，了解事情的真相后，再有针对性地帮助孩子认识互相之间发生矛盾的原因，尤其是他们各自存在的问题。可以告诉孩子，打人、骂人都是不友好的行为，不能因为别人先做错了，自己就可以做不对的事情。当孩子们都认识到自己的问题后，再让他们学会向对方认错、道歉。在这个过程中，大人多用“你有什么好主意？”“你觉得你们应该怎么做？”等来提问，让孩子感到自己有权利，也有责任去思考如何解决自己的问题。

鼓励孩子自己去面对矛盾。很多孩子在遇到问题时，会习惯性地去求助大人。比如，孩子想玩秋千，但是另一个小朋友就是不肯下来。他就会去妈妈那儿求助，希望妈妈叫小朋友下来，让自己玩一会儿。如果此时妈妈出面解决问题，容易使孩子一遇到困难或麻烦就找爸爸妈妈或老师解决，使他失去自己面对问题的机会，解决人际问题的能力难以得到提高，还有可能变得退缩、胆小，不敢直面与别人的纠纷和冲突。其实，很多时候，孩子要比成人想象中更懂道理。爸爸妈妈要教孩子解决问题的方法和技巧，提醒他注意说话的方式和态度，鼓励他直接对小朋友提出“我们应该怎么做”的建议，自己处理纠纷，孩子会变得更自信。以后遇到类似的情况，他就有勇气自己去处理和小朋友之间的矛盾了。

清晰表达

孩子的语言表达能力存在很大的个体差异性。有些孩子口齿伶俐，而有些孩子可能三四岁的时候说话还不是很清楚，想要某件东西的时候，可能还需要借助一些手势或身体语言来表达意愿。另外，孩子的生活经验贫乏、词汇量不够丰富等，也会影响他的口语表达能力的提高。

这样教孩子清晰地表达

和孩子一起读图画书。和孩子一起看书的时候，爸爸妈妈翻到一页就停住，让他说说上面画的是什么。然后，爸爸妈妈讲给他听，这一页说的是什么事情，让他学着说。孩子一开始很可能不说就要往下翻，没关系，爸爸妈妈就继续往下翻，但每翻一页，爸爸妈妈都要求他学说，能说上一两个词就可以了，慢慢地再提高要求。在这个过程中，爸爸妈妈要很有耐心。

丰富孩子的生活。比如，读故事书，聊天，做游戏，看动画片，去超市购物，出去旅游，到别人家做客，和别人玩耍，听广播，看演出，等等。这样既丰富了孩子的生活，又训练了语言。

帮助孩子扩充句子。如果孩子说话的时候只用一两个词来表达意思，爸爸妈妈可以要求他把话说完整。比如，他说“吃糖”，爸爸妈妈可以要求他说“我要吃糖”。如果孩子情绪好，爸爸妈妈还可以教他给句子加一些限定词、修饰语，让表达的意思更加具体、明确、清晰，如“我要吃甜甜的奶糖”，“我要吃两块甜甜的奶糖”，等等。

说说绕口令。绕口令是一种短小、有韵律的儿歌，听起来很有意思，孩子一般都会喜欢的。爸爸妈妈可以买一本绕口令的书，利用它做教材来训练孩子说话。当孩子的语言有一点进步的时候，爸爸妈妈就大力地表扬，激发他学习的热情。

专注力的培养

孩子能够被兴趣引导，持续地把精力投入到一件事情中，这就是专注力。如果孩子常常能够专注地做一件事，这种专注力就会逐渐变成他自身具有的品质。

培养孩子的专注力，要先满足以下条件

满足孩子基本的物质需求、爱的需求和尊重的需求。孩子的自我成长和他的基本需求总是交融在一起的。如果这些基本需求得不到满足，孩子就难以将兴趣点放在成长的过程中，注意力就会偏离自然发展的轨迹。比如，孩子饿了，是否能及时得到食物；生病了，是否能够获得细心的照顾，这些都直接影响他对世界最初的感觉。

孩子对爱的需求如果得不到保证，就会处在焦虑和惊恐之中，而无法将注意力集中到感兴趣的事情上。被尊重也是孩子的基本需求，可以帮助他获得自我价值。

满足孩子活动的需要。孩子对世界的认识是通过自己的感官来获得的。比如，婴儿用手、身体去接触物品，感知物质的软硬、精细、冷热；在草地上散步，感受花草的芬芳；蹚过小溪，感受水的阻力；用眼睛去看奇妙的世界，用耳朵去听美妙的声音，等等。正如蒙台梭利所说，“活动是儿童人格的一部分”，因此要保证孩子有充足的时间去活动。

这样培养孩子的专注力

在遵守基本规则的前提下，放手让孩子自由探索。有 3 个规则可以保护孩子的自由。第一，不可以伤害自己；第二，不可以破坏环境；第三，不可以伤害他人。只要孩子没有违背这 3 个基本规则，就不要去打扰他。比如，孩子喜欢爬高，如果这个高度危害到他的安全，就把他抱到一个不危害他安全的地方让他继续玩，而不是去谴责他。

如果条件允许，可以给孩子准备一个不受干扰的房间或空间。在这里，有专门为孩子设计的玩具架，高低正好适合孩子取用。玩具分类、敞开地摆放在玩具架上，孩子可以自己选择。有给孩子画画、看书的桌椅。地面可以铺有地毯或地板，可供孩子席地而坐。孩子在这里可以自由地玩耍、休息，即使房间乱一点也没有关系。

以上做法的目的是为了避免孩子因为遇到困难或限制而中断探索或活动。此外，孩子集中注意力做一件事情的时候，尽量不要去打扰他。否则，时间长了，也会影响孩子注意力的发展。但是，如果孩子遇到难以克服的困难、受其他事情吸引而转移注意力，爸爸妈妈可以温和地启发和引导孩子，帮助他继续当下的探索和活动。

在生活中识字

要不要教宝宝识字，一直是饱受争议的话题。其实，只要认识和方法正确，就不是什么问题。因为，文字在生活中随处可见，只要宝宝感兴趣，就可以随机地教他认。每个宝宝对文字的敏感程度是不一样的，有的宝宝可能自己就会表现出对汉字的兴趣，比如会盯着某个字看，或者指着字让爸爸妈妈教他。这个时候，教宝宝认字就是一件自然而然的事情。

教宝宝识字首先要明确的问题

要从宝宝的兴趣出发，随机地教宝宝识字。不要刻意地去教，也不能用机械的方式教宝宝识字。要知道，教宝宝识字，并不是要让宝宝认识多少字，而是使宝宝对语言文字产生敏感、产生兴趣。如果宝宝对汉字有兴趣，可以适当教给他；如果没兴趣就不要勉强。

不要很功利地希望宝宝尽早独立阅读而去教他识字。宝宝能识字，确实会对他阅读有帮助，而且能增强他的自信心和自豪感。但宝宝现在还小，学习和发展的重点应该是丰富语言，培养阅读兴趣和习惯，提高动作的能力，学习控制情绪和与人沟通、相处等，识字并不是这个阶段的重要事情。

教宝宝识字的恰当方法

通过阅读、游戏的方式，或者利用生活中的各种机会，随机地教宝宝，都是不错的办法。

通过亲子阅读教宝宝识字。可以选页面上字少的书，边给宝宝讲，边指着书上的字读给宝宝听。时间长了、次数多了，宝宝就容易把字形和字音联系起来，甚至会学爸爸妈妈的样子指着字念。这比单纯让宝宝认字效果要好，因为单纯认字容易让宝宝感到无趣。

利用日常生活中的机会，随机地教宝宝识字。平时带宝宝去坐车，可以告诉宝宝站名，如果宝宝有兴趣，可以指着站牌上的字念给他听。各种包装盒、袋上会印着字，挑宝宝感兴趣的指着念给他听。路边的商店招牌、提示牌、路牌，甚至车牌号上的字，只要宝宝感兴趣，随时可以告诉他。

和宝宝玩找字的游戏。如果宝宝认字了，可以拿来画报、报纸等，让宝宝找找他认识的字。如果字的大小、颜色不同更好，可以把它剪下来。这会让宝宝特别有成就感，会更喜欢认字。

生活中的数学概念

日常生活中渗透着许多数学概念。如果爸爸妈妈能够做个有心人，就可以把生活中的许多数学概念巧妙地传递给孩子，为他日后更好地学习数学等奠定基础，并能促进其他能力的发展。

常见的生活中的数学逻辑概念举例

参照物。孩子说：“长颈鹿有两层楼那么高。”说明孩子已经会在生活中寻找熟悉的事物作为参照物，去描述自己所看到的新事物了。爸爸妈妈适当地引导，可以丰富孩子的思维，使他看世界时多一些新的方式和角度。

归类。孩子很早就能给世界上的各种事物进行归类了。比如，看到爸爸和妈妈坐在一起，爷爷和奶奶坐在一起时，孩子就高兴地拍手；他会把玩具、书分别放在不同的柜子里，等等。在归类的过程中，孩子可以学会对比、分析、归纳，以及区分事物的相同点和不同点等。因此，归类练习是很有效的思维训练方式之一。

路径。比如，妈妈带孩子去小花园玩，妈妈顺着大路走，而孩子却踩着鹅卵石铺成的小路走，最后都走到了小滑梯那儿。这说明孩子学会了选择路径。在选择的过程中，孩子会分析、比较路径的远近、优缺点等，并做出抉择。这样的过程可以培养孩子思考问题严谨的习惯，以及解决问题的能力。

轨迹。“怎么我一往这边走，影子就会越变越长？我往那边走，影子又越变越短了呢？”事物总是在发生着各种各样的变化，孩子能够发现这些变化，说明他开始意识到了这中间存在着规律。爸爸妈妈可以引导孩子观察事物的变化，教他们设计一些小实验来验证自己的发现，从中寻找规律性的东西，这可以培养孩子的实践和探索精神。

初步灌输社会规则

每个人一出生就生活在社会群体之中，成长在和社会规则的互动里。只不过，生命的足迹是从家庭小群体走向社会大群体。因此，给儿童建立最初社会规则意识的基点也在家庭，从某种角度换句话来说，最初的社会规则其实应该是家庭规则，也就是我们曾经熟知的家训、家风和家规。之所以在开头这样强调家规和社会规则的关系，并不是要偷换两者的概念，用家庭规则代替社会规则意识的培养和教育。而是想传递一种最基本的、必要的信息和逻辑：一屋不扫，何以扫天下？在此基础上，为人爸爸妈妈者可以通过以下这些观点和方法来帮助儿童建立起最初的社会规则意识。

与孩子一起协商制订并监督执行自己家的家规

针对自己家庭的衣食住行、文化娱乐、运动休闲、卫生健康，学习工作、情感交流等，和孩子一起召开家庭会议，广泛听取全部家庭成员的意见，特别是孩子的意见，最终制订出符合自己家庭实际情况，宽严有度，伸缩有度，奖惩有度的家规和家法，然后由爸爸妈妈带头执行。研讨家规的过程不仅是对孩子思维的拓展，更是让孩子初步建立起“每个人都必须与人一起生活，所以一定要与他人和谐相处”的意识的过程。在监督执行的过程中，家庭成员的相互帮助、监督和鼓励，不但可以让孩子深刻感受到人与人的平等和尊重，更培养了孩子言出必行的行动力、坚持力以及承受力，可谓一举多得。

家庭是一个小社会，广义上讲，家庭规则意识就是最初的社会规则意识。所看到的幼儿缺乏规则的众多行为，基本都源于家庭规则意识没有培养好。家庭规则在先，社会规则在后，水到渠成。

身教为先，言传为后

古人言：“近朱者赤，近墨者黑。”爸爸妈妈的行为，犹如一本没有文字和声音的教科书，无论是美丑善恶、高尚卑俗，都会在孩子的脑海里深深扎根，进而被孩子模仿、习得直至终身难变。因此，要想教育孩子成为具有公众意识的社会合格公民，爸爸妈妈自己要首先成为这样的人。不是把自己描绘成那样的人，或者告诉孩子你应该这样做，而是真的用自己点滴细微的行动来影响孩子。一起来看看下面这则小故事：

电梯门开了，刚才还在说笑的爸爸妈妈，立刻反过头去，对后出来的两个孩子做了手势——将食指竖放在嘴唇上。意思是：看，这里有别人，大家都需要安静。两个孩子，大的是个男孩，五六岁。小的是个女孩，才2岁多，还不明白自己到了什么地方，依然在哭闹。于是，令人惊讶的一幕发生了，那个男孩迅速走过去，一手牵起妹妹的手，一手的食指竖放在妹妹的嘴唇上。哥哥用行动告诉了妹妹：我们来到有许多陌生人的地方了，要注意自己的行为不能妨碍了别人。

小哥哥的行为从哪里来，答案不言而喻。

约定在先，奖惩为后

我们常常看到为了要一个东西而在商场撒泼打滚的孩子，却很难听到孩子的抱怨："妈妈并没有说不让我买两个东西，为什么我拿到东西后妈妈却说不给我买呢？妈妈好不讲理呀。"

其实，比事后的惩罚或者奖励更重要的是事前的小要求、小规矩和小约定。凡事预则立，如果事先没有约定，那么惩罚和奖励的依据又是什么？

情理在先，方法在后

如果一个孩子不理解人不可能独自生活，不明白人类一定要相依为命的道理，也没有基本的爱与感恩的社会情感，那么，即使他知道守规矩，也是机械地模仿和执行。我们可以教会孩子遵守餐桌礼仪，教会他只露8颗牙齿的标准微笑，但是却没有办法用书本教给他：面对餐厅内视线相对的陌生人时，自然而然地给予对方一个真诚的微笑。因此，比方法和能力更重要的是孩子爱人的情感和爱社会的责任心。

演练在先，说教在后

帮助孩子建构规则，其实就是养成自觉遵守规则的能力和习惯的过程，对于幼儿来说，能力的培养和习惯的建立都没有办法通过简单的说教和命令来完成。爸爸妈妈只能用耐心细致的重复练习、角色扮演、游戏体验、读书分享和现场实景体验、纠正等等演习和训练的方法来培养孩子。这个过程中可能会出现孩子的反抗和行为的反复，爸爸妈妈一定要接受这个无法一帆风顺，也无法一气呵成的现实。如果过于粗暴、急躁和说教，则非常容易导致孩子出现家里家外不一样，人前人后不一样的表面行为，这样的孩子，我们在生活中、在媒体的视角中已经不罕见了。

无家园不成社会，无规矩不成方圆。未来的社会更是一个规则和法制至上的社会，对此，我们需要陪伴孩子一起蹲下来学习，站起来练习！

根据孩子的接受能力培养孩子的公众规则意识

幼儿阶段的孩子很难理解为什么一定要按照规定做事，这时候就要结合实际给孩子说明制订规则的原因。

为小一点的孩子制订的规则要简单、易于遵守，如果一下子建立太多的规则，孩子记不住反而不利于遵守。当孩子理解并能很好地遵守之后，再引导孩子遵守更多较复杂的规则。

陪孩子一起去处理一块粘在地上的口香糖，孩子随即会明白为什么不能随地吐口香糖。这样结合实际和孩子一起去体验违背规则的后果，比单纯地说教要求更能深入孩子的心灵，会让孩子由“我被规则”变为“我要规则”。

让孩子从小明白“私人空间”与“公共领域”的区别

在公共领域，个人的活动范围和活动剧烈程度都要缩小，这是一个必须要从小灌输的常识。小时候不对孩子进行“公共意识”的培训与引导，指望他长大自然变成一个公共场合的“文明人”是不现实的。如果认为吵闹是孩子的天性，就不去约束他，忽视孩子在餐厅和医院候诊室满场跑，尖叫笑闹，孩子的公共意识必然很难形成。

爸爸妈妈要反复讲明哪些是“私人领域”，哪些是“公共领域”。在“私人空间”里可以当“角斗士”、“运动超人”和“大分贝演讲家”，但一旦进入影院、酒店、候车室等公共空间，那里有很多一起来看戏、吃饭、等待旅行的人。别人在阅读、谈话时，不可肆意喧闹和奔跑，不能大声关门影响他人，这也是礼貌和教养的一部分。

入园适应

对于每一个家庭来说，孩子入幼儿园是件大事。从选择幼儿园，到准备入幼儿园，直至孩子进到幼儿园，爸爸妈妈和孩子都面临着调整与适应的问题。为了让孩子能顺利度过入园适应期，必须从入园前的准备做起，让孩子尽快适应新的变化，缩短分离焦虑的时间，开始新的集体生活，健康幸福成长。

尽快适应，缩短焦虑期

孩子开始幼儿园新的生活后，出现的各种“不适应”，都属正常。面对全新的环境、全新的同伴、全新的生活，孩子哭闹是普遍现象。我们应该允许孩子用这种方式“宣泄”“表达”自己的感受，与孩子一起走过“适应期”。

值得提倡的做法

坚持送孩子上幼儿园。在没有特殊原因（比如孩子生病）的情况下，坚持送孩子上幼儿园，孩子会在坚持中，慢慢适应幼儿园的生活。如果“三天打鱼，两天晒网”“断断续续”地接送，一定会延长孩子入园的“焦虑期”，孩子的哭闹会越来越升级。

接受孩子的“不适应”，适当回避“上幼儿园”的话题。帮助孩子顺利度过入园适应期，有许多种方法，不同的孩子要采取不同的方式。对于情绪反应强烈的孩子，我们可以采取迂回的办法，避开“去幼儿园”的话题。把孩子接回家里后，尽可能地让他保持愉快的情绪，淡化他的“负面感受”。当孩子祈求“我明天不去幼儿园”的时候，爸爸妈妈应该立即转移话题，不顺从孩子的想法，也不做出任何回应。陪伴孩子做他喜欢做的事情，孩子会忘掉早晨的不愉快，保持好的心理状态。

强化孩子的积极情绪。入园初期，一定要与孩子分享幼儿园美好的生活，可以和孩子交流，幼儿园有哪些新玩具？在幼儿园吃什么好吃的饭菜？认识了哪些新的小伙伴？学了哪些新的本领？强化孩子积极的情绪，有利于孩子接受新的生活，适应新环境。

结交新伙伴，适应新生活。入园初期，可以引导孩子主动结交一两个新的小伙伴，让孩子有新的“依靠”，这种小范围的交流，可以让孩子感受到集体生活的乐趣，同伴之间的温暖。当孩子有了这样的感受，去幼儿园就是一件很期待的事情了。

信任老师，不“窥视”孩子。要相信幼儿园和老师们，他们会对孩子精心照料。切忌不必要的担心，甚至把孩子送到幼儿园后还找机会“窥视”，这样会给幼儿园带来许多不必要的麻烦，也会让孩子的哭闹更加持续。

主动配合，家园共育。为了解孩子入园的情况，可以主动与老师联系，保持良好的沟通，积极配合幼儿园，做好家园共育工作。作为爸爸妈妈，要体谅老师工作的辛苦，新生入园对老师的爱心、耐心和责任心都是一种挑战，老师也会有做得不到位的地方，爸爸妈妈可以有策略地与老师进行沟通，提出改进的建议。比如，孩子在幼儿园吃不饱、饮水量不足等问题，可以及时与班上老师沟通，千万不要轻易指责或否定老师的工作。为了孩子在幼儿园生活得更加快乐和幸福，爸爸妈妈与老师的相互理解和尊重是十分必要的。

体验快乐，幸福成长。孩子顺利入园，尽快适应幼儿园生活是每个爸爸妈妈的期盼。爸爸妈妈要陪伴孩子经历入园适应期，一定要保持积极的心态，与孩子一起体验幼儿园快乐的生活，从容面对孩子出现的各种问题，接受他们的各种情绪，帮助孩子逐渐适应新的集体生活。让他们在幼儿园快快乐乐地生活，健康幸福地成长。

可以说，孩子入园的过程是孩子成长的过程，每个家庭都会遇到不同的问题，只要我们重视对孩子心理和能力的准备，用科学、客观、冷静的心态和适宜的方法对待孩子，就一定能够使孩子顺利度过“适应期”，愉快地开始幼儿园的新生活。

相信孩子，相信幼儿园，也要相信我们自己。

02 4~5岁

这个年龄段的孩子

运动能力

可以看到孩子以自信且有力的步伐走、跑；现在的他不扶栏杆可以上下楼梯，可以用脚尖站立，在一个圆圈中旋转或是来回蹦跳都不成问题。他的肌肉力量强得足以完成一些挑战性的任务，比如，翻筋斗和立定跳远。

对三轮车不感兴趣了，能蹬两个轮子的小自行车了。

协调和运用手指的技能基本上已经发育完全，会更好地照顾自己，几乎不需要任何帮助就会刷牙，自己穿衣服，甚至会自己系鞋带。有的孩子已会熟练地使用筷子。

语言发育

这么大的孩子讲故事已经很流畅了，他不仅会告诉你发生的事情，还会向你讲述梦中和幻想中的事情。

在本阶段，孩子可能会学会很多骂人的词汇。在他看来，这是所有词汇中最强有力的部分。当他听到大人说这些话时，会产生非常强烈的反应。为避免孩子学习到不良语汇，爸爸妈妈要注意规范自己的言行。

词汇量迅速增多，口语表达能力在不断提高，能比较自如地与别人交谈，并能清楚地表达自己的要求、愿望和想法，语言比较连贯。

认知能力

现在他可以理解一天分为上午、下午和晚上，一年有四季，也能理解计数、字母、大小关系和几何体形状名称的基本概念。

这个年龄段孩子的思维，已由直觉行动性思维发展成为了具体形象思维，即他们可以凭借事物的具体形象或表象进行思维。

对事物具有了一定的判断能力，求知欲也越来越强，遇到任何对于他来说是新鲜、特殊的事物都要问个为什么。

开始有了男女性别的意识，对异性身体的差异表示关注，并会向爸爸妈妈提出一些有关性方面的疑问。这时，爸爸妈妈不应回避或阻止孩子提问，应当给出正确、清楚、恰当的回答。

社交能力

已经主动与许多朋友进行社会交往了，甚至他已经有一个最好的朋友。

会渴望与他的朋友保持一致，和小朋友在一起时，更愿意和大家保持一致行动。

已经认识到除爸爸妈妈之外，生活还有其他有价值和意义的事，愿意尝试新事物，如果爸爸妈妈阻止，会向爸爸妈妈表示抗议。

尽管这时的孩子正在探索“好”和“坏”的概念，但道德观仍然非常简单。因此，他遵守某项规则不代表对此多认同，更多的是为了避免惩罚。

营养与饮食

饮料和甜食的诱惑

几乎所有的孩子都无法抗拒甜食和饮料的诱惑。当孩子无法抗拒甜甜的诱惑时，爸爸妈妈一味阻止，只会让他更加渴望亲近它们，这些甜甜的味道并非完全不利于身体健康，相反，糖在身体中的作用是不可取代的，只是适当合理地食用才是科学的处置方法。

小心“甜食综合征”

甜食摄取过多会导致孩子注意力不集中、情绪不稳定、爱哭闹、好发脾气。究其原因是因为糖摄取过多，葡萄糖的氧化不完全，产生了较多氧化不全的中间产物，这类物质会影响大脑中枢神经系统的活动。专家们将这种症状称为“甜食综合征”。控制孩子对甜食的摄入量，即可预防孩子患上“甜食综合征”。

饮料和甜食的其他危害

饮料和甜食中含有大量蔗糖。蔗糖只能提供热量，并且很快被人体吸收而使血糖升高，尤其在空腹时。如果任由孩子吃甜食、喝饮料，随着血糖升高，饥饿感会消失，从而影响孩子吃正餐，长此以往会造成孩子营养不良。

食物中的蔗糖，经细菌分解后会产生酸性物质，这些酸性物质会侵蚀孩子牙齿上的保护层，釉质。釉质受酸长期侵蚀而遭破坏后会形成龋洞，严重影响孩子牙齿健康。

糖摄入过多还会破坏免疫功能，使白细胞的工作效率急剧下降。因为精致的砂糖已经失去了其代谢需要的所有营养素，因此为了把它转化成能量，身体就不得不动用积累在体内的营养素。营养素用完了，那么脂肪酸和胆固醇代谢就无法再进行，导致宝宝稚嫩的脏器功能紊乱，身体免疫功能下降。

医学研究发现，人体若摄入糖分过多，体内血糖升高，会导致晶状体变形，眼屈光度增加，形成近视眼。

如果孩子吃甜食、喝饮料过多，会影响胰岛素分泌，成年后患糖尿病等代谢类疾病风险更高。

孩子甜食吃得太多对睡眠也有不良影响。研究人员曾对1000例睡眠障碍者进行调查，发现87%以上的患者爱吃甜食。

孩子食用了过多的糖，人体代谢过程中会产生大量的中间产物，如丙酮酸，它们会使机体呈酸中毒状态。而为了维持人体酸碱平衡，孩子体内的碱性物质，如钙、镁、钠便要参加中和作用，从而会使钙质减少，对身体发育不利。此外，若糖类代谢物，如丙酮酸等在脑中大量蓄积，还会造成孩子性格异常。

除糖类外，甜品、饮料中还常含有香料与色素，香料、色素容易导致孩子过动。

适当食用甜食的方法

切忌在正餐前给孩子吃甜食、喝饮料，可以在加餐时适量吃一点，或在正餐时间少吃一些。吃正餐时唾液分泌量大，能够减少糖对孩子牙齿的危害。

在孩子情绪激动时给他吃点甜食，可起到安抚情绪的作用。

孩子参加运动比赛时给他吃点甜食，可以补充孩子体内所消耗的热量。

爸爸妈妈要做好表率，自己首先要少吃甜食、少喝饮料。

一般来说，孩子每天摄入的糖量不能超过每千克体重的0.5克。爸爸妈妈可估算孩子应摄入的甜食量。要让孩子多吃一些富含维生素B_1的食物，如粗粮、豆腐、苹果、动物肝脏、瘦肉之类。

如果孩子已经迷上甜食，而控制又很困难时，可以寻找一些健康的甜食来替代，比如给孩子一点葡萄干，逐渐减少孩子对甜食的依恋。

适当饮用饮料的方法

给孩子选择不含任何添加剂、防腐剂的天然原汁原味的饮料。爸爸妈妈最好在家给孩子榨新鲜的果汁，如柠檬汁、橘子汁、番茄汁等。

一次饮用不要太多。

不能用饮料代替白开水。

孩子饭前饭后30分钟内不宜喝饮料，以免稀释胃内消化液。

睡前不要让孩子喝饮料，避免饮料中的糖分腐蚀牙齿。

日常生活与保健

熬夜、赖床、睡眠不规律

孩子长大了，心思也多了，有时会因为各种原因变得不守“规矩”，熬夜、赖床便是最常见的生活问题。熬夜、赖床都不利于孩子健康发育，当孩子有此表现时，爸爸妈妈应及时帮他调整生物钟。

孩子熬夜的危害

晚睡或睡眠不足，会诱发肾上腺大量分泌肾上腺素。肾上腺素是一种压力荷尔蒙，它会抑制脑下垂体功能，减少分泌生长激素，让孩子个子长不高。

孩子睡眠不足会因感觉到疲倦而变得易怒、暴躁，甚至表现出无法入睡的过度压力反应，越是睡眠不足，情绪就越亢奋，使血压、呼吸、心跳加速，如果经年累月处在过度亢奋的状态下，成年后很容易诱发心血管疾病。

避免孩子熬夜的方法

有些爸爸妈妈认为孩子玩累了会自己睡觉，所以不会督促孩子就寝。实际上，如果让孩子玩到精疲力竭后再睡觉，会使他经历一段想睡却睡不着的时间。正确的做法是让孩子养成健康的睡前模式，借由洗澡、讲睡前故事等方式告诉孩子，完成这些事后就应该睡觉了。

这个年龄段的孩子已经有自己的思想，对于爸爸妈妈制订的规矩，他会看爸爸妈妈自己是如何执行的。如果爸爸妈妈晚上熬夜，却让孩子早点睡觉，他难免不服气。让孩子养成良好的睡眠习惯，爸爸妈妈自己应保持规律的作息生活，给孩子做个好榜样。

这么大的孩子已经上幼儿园了。接孩子放学后，爸爸妈妈不妨带孩子在户外多玩一会儿再回家，增加运动量有助于孩子释放多余的体力。

晚上10点到次日凌晨1点是生长激素分泌高峰期，爸爸妈妈可和孩子一起制订就寝表，让孩子在晚上9点前就寝，这样10点正好已进入深度睡眠。

孩子赖床的原因

到了该起床的时间，孩子却赖床不肯起来，让早上急着赶时间的爸爸妈妈常会因此爆发家庭战争。孩子赖床的原因有：

睡眠质量不好。孩子因情绪或身体原因前一晚睡得不好，早上因为感觉没睡醒难免赖床。

睡眠时间不足。孩子晚上睡得太晚，以致睡眠时间不足，早上不愿意起来。

午睡时间过长。如果孩子在家中或幼儿园午睡时间太长，或睡午觉的时间接近傍晚，同样会导致晚上睡得太晚，以致早起困难。

避免孩子赖床的方法

孩子在幼儿园，午觉有规定的时间。休息日时，爸爸妈妈也应遵循幼儿园的午睡时间安排孩子睡午觉，以免打乱孩子的生物钟，因午觉睡得太晚或太长而影响晚上的睡眠。

孩子因情绪或身体不适导致睡眠质量差时，爸爸妈妈应及时发现原因，从源头上给予解决。

孩子赖床也可能是模仿爸爸妈妈所致。特别是休息日，有些爸爸妈妈赖床，孩子也会照样学样。为避免孩子养成赖床的坏习惯，爸爸妈妈应从自身做起，早睡早起。

对于赖床的孩子，爸爸妈妈不妨和他沟通，让孩子制订早上起床的时间，若时间合理，当孩子赖床时，爸爸妈妈可提醒他按自己规定的时间执行。

孩子早上赖床时，爸爸妈妈可语气夸张地坐在床边给孩子读他最喜欢的故事书，当听到动听的故事，孩子通常会主动起床，追着你继续读，此时，爸爸妈妈可和孩子约定，只要他按时起床，每天早上都可以听到新故事。

帮孩子购买一个闹钟，让他挑选自己喜欢的铃声，孩子早上听到闹钟声时，可以减少被闹铃吵醒的不悦，也能督促他按时起床。

爸爸妈妈叫孩子起床时可随手播放一些轻松的音乐，让孩子在轻松的气氛中醒来，以缓解被吵醒的不快。

爱干净也要有度

许多爸爸妈妈因为怕孩子生病，无论是居室环境，还是户外玩耍地点，都严格要求清洁卫生，可结果却是孩子更容易生病。

过度清洁的弊端

增加患病概率。爸爸妈妈居家生活过度清洁，比如，常使用消毒剂擦洗日常用品，或洗涤衣物，会阻断孩子接触少量细菌的机会，当孩子适应了这种无菌环境后，若病菌突然来袭会让孩子的身体无法抵御而很容易患病。

导致皮肤问题。冬季，如果爸爸妈妈过度要求孩子清洁手或身体，容易导致他患上皮炎。孩子皮肤表面有一层皮脂，对保暖、防止感染和外部刺激有着重要的作用，如果冬天孩子过度洗手、洗澡很容易使体表油脂缺失，导致皮肤干痒，甚至出现皮疹。

容易腹泻。孩子用过的餐具若反复消毒，会导致肠道菌群建立延迟，反倒给一些致病菌创造了机会，容易导致孩子腹泻。

适宜清洁的方法

家居环境清洁。家居环境要经常打扫、擦拭，同时注意经常开窗通风，但不建议天天用消毒剂擦洗、消毒家居用品、家具。

孩子口腔清洁。孩子吃过食物后，可用白开水漱口，但不建议用口腔清洁棉来清洁口腔。

孩子手部清洁。清洁孩子手部最好的方法就是用流动的水洗手，这个年龄段的孩子已会使用香皂，洗手时可涂上一些婴幼儿专用香皂，之后用清水冲洗干净。不建议用消毒纸巾清洁双手，消毒纸巾所含有的一些化学物质若残留在手部，有可能导致孩子皮肤过敏。

孩子臀部清洁。孩子臀部用温水冲洗后用干布擦拭即可，不建议使用消毒纸巾擦拭。

孩子餐具清洁。孩子吃过饭后，餐具洗干净后晾干，定期用开水煮沸消毒即可，不建议天天用消毒液。

孩子衣服清洁。孩子的脏衣服洗干净后，可放到太阳下暴晒晾干，暴晒已是很好的消毒方法，不建议用除菌洗衣液洗涤。

孩子玩具清洁。孩子的玩具可用清水擦洗，之后晾干就好，毛绒玩具洗涤后可暴晒，但不建议经常用消毒剂擦拭或洗涤玩具。

爱干净要有度，不是说孩子不应注重个人卫生、家居卫生，而是要避免过度清洁，让孩子免疫力得不到锻炼的机会，以致容易生病。爸爸妈妈要注意帮孩子养成良好的个人卫生习惯，但对于孩子生长的环境应尽量顺其自然，不建议过度追求干净。

牙颌畸形要预防

孩子牙齿拥挤、牙裂，骨骼排列异常，统称为牙颌畸形。当孩子出现牙颌畸形时，应及时矫正。爸爸妈妈要密切关注孩子牙齿发育，才能有效预防牙颌畸形。

牙颌畸形的原因

牙颌畸形主要是由一些不良习惯导致，后天因素较先天遗传因素要多一些。先天性遗传畸形是指，如果爸爸妈妈有颌骨发育畸形，孩子也可能出现这种状况。但日常生活中，孩子经常咬手指等不良习惯，才是导致牙颌畸形的常见原因。孩子常咬手指，会使下颌往前伸，引导下颌骨向前发育，时间长了，便会导致牙颌畸形发生。常见的牙颌畸形有“地包天”、上颌前突、牙列拥挤等。

孩子牙齿长得不齐，不但影响美观，还可能导致发音和咀嚼功能异常，甚至会让孩子产生一些心理问题。此外，环境因素和功能影响也会导致孩子出现牙颌畸形。比如孩子在牙齿发育过程中，或牙齿替换过程中出现异常，或是吞咽时舌头往外伸，抑或是骨骼本身存在畸形问题。

预防牙颌畸形的方法

部分牙颌畸形是可以预防的，但对于一些由于遗传、骨骼本身问题等原因所致的牙颌畸形，则不能预防，只能通过矫正改善。

这么大的孩子不宜再吃过精过细过软的食物，应鼓励孩子吃一些粗纤维的东西，以促进整个口颌系统、咀嚼系统的健康发育。

培养孩子良好的口腔卫生习惯。早晚刷牙，饭后漱口，以保证口腔卫生。

及时纠正孩子咬手指头，口呼吸、咬着嘴唇睡觉，吐舌以及偏侧咀嚼等不良习惯。

发现孩子龋齿要及时治疗，以免因为牙齿早脱落造成其他牙齿移位。及时治疗龋齿，还可以预防拔除乳牙。乳牙列的完整对后继恒牙的正常萌出、建立咬合十分重要。

及时发现和治疗全身性疾病，比如消化不良、内分泌失调及鼻咽部慢性炎症等。

矫正牙齿的检查

医生通常会根据孩子的具体情况，建议做X光片、面颌相等检查，然后根据检查结果制订治疗方案，需要拔除的牙齿要拔除，要补洞的牙齿则补洞，前期准备工作完成后，再开始佩戴矫正器进行矫正。

矫正牙齿的时间

牙齿矫正，是在保持原有牙齿形态不变的前提下，对牙齿进行重新排列，恢复口腔功能与正常形态的过程。

乳牙期通常不进行治疗，牙颌畸形最佳的治疗时间是孩子11~14岁这段时间，但孩子8岁左右可依具体情况来判断是否需要早期治疗。早期，医生可根据孩子发育的情况矫正一些骨骼畸形，对于一般的牙不齐可以等到孩子十一二岁再治疗。孩子换牙过程中，可能会表现为牙齿排列不齐。对此爸爸妈妈不要太紧张，有些牙齿不齐是暂时性的，随着孩子牙齿不断替换，情况会有好转。如果随着孩子牙齿发育完全，仍存在排列不齐的情况，爸爸妈妈应及时带孩子就医，根据情况加以矫正。

常见问题与护理

听力受损

孩子是最容易受到噪声污染而造成听力疾病的群体，而且很多时候是在不自知的情况下听力逐渐减退的。孩子听力受损与爸爸妈妈的错误认知和操作有着直接的关系。

听力受损的常见原因

先天因素。超过一半的孩子先天性听力问题是因遗传所致。孩子听力受损与妈妈在怀孕时所患的疾病，如糖尿病或妊娠毒血症等有关。此外，早产也会增加孩子听力受损的风险。

经常给孩子挖耳垢。孩子耳朵发痒，有些爸爸妈妈会用手指甲或是小发夹等帮孩子掏耳朵，这种掏耳垢方法很容易造成孩子鼓膜受损，若细菌乘虚而入就会引起感染，导致孩子听力受损。

购买高分贝发声玩具。孩子喜欢发声玩具，但如果发声玩具的音量过大，便是噪声。孩子长时间、近距离玩这些玩具，可能会对听力造成永久性损伤。

生活环境嘈杂。孩子周围的生活环境过于嘈杂，比如邻居家装修时常传来刺耳的电钻声，或是看电视时声音调得过大，抑或是房子临近火车道却没有安装隔音装置，时间久了都会影响孩子听力。

耳疾和外伤所致。孩子因感冒，或游泳时水不干净等原因，容易诱发中耳炎，儿童分泌性中耳炎发病高峰年龄在2~4岁，如果爸爸妈妈没留意孩子的不适，延误治疗时间会使孩子患上慢性分泌性中耳炎，甚至是粘连性中耳炎，严重影响听力。此外，若爸爸妈妈体罚孩子打到了耳朵，也可能因造成鼓膜破裂而影响听力。

用力擤鼻涕。有些爸爸妈妈教孩子擤鼻涕的方法，是用拇指和食指分别把两侧鼻孔压住一半，让孩子使劲用鼻孔喷气，借由气流让鼻涕从鼻孔中喷出来。这种方法是错误的。可能使鼻腔内的病菌，在压力作用下经耳咽管直接侵入鼓室，给耳朵带来损伤。

吸鼻子。孩子不会擤鼻涕时，常喜欢往咽部吸鼻涕，习惯形成后，有时没有鼻涕也会有吸鼻子动作，这种不良动作会增加孩子患中耳炎的概率。

错误用药。有些药物对耳朵的听神经有明显的毒害作用，比如链霉素、卡那霉素、庆大霉素等抗生素药物，有可能导致听力受损。

耳周病变。孩子耳朵周围邻近器官的病变，有时也会涉及中耳腔，从而引起听力减退，如常见的鼻炎、副鼻窦炎、扁桃体炎等。

及早发现孩子听力异常

- 叫孩子名字，他经常听不见。
- 和孩子交谈时，总是重复好几次。
- 孩子看电视时，喜欢将音量开得很大。

预防孩子听力异常的方法

正常情况下耳垢会自行脱落出来。如果孩子耳垢太多，影响到了听力，应去医院请医生处理。

给孩子买发声玩具，要选择正规厂商生产的产品。同时，要尽量选择能够调节音量的玩具，并严格控制孩子玩耍时间。

对于外界无法控制的噪声，爸爸妈妈可做防噪声隔离，比如换上密封性更好的门窗。居家看电视、听音乐时，要调低音量；短期因邻居装修产生噪声时，可将孩子先送到奶奶家、姥姥家暂住。

生活中要注意提高孩子抵抗力，重视饮食营养，多吃富含维生素C的食物。适当做运动，注意保暖，保持相对稳定的环境温度，有助于减少感冒等疾病的发生。

对于过敏体质的孩子，在春秋等过敏发生率高的季节，要注意预防过敏，减少患鼻炎、副鼻窦炎的概率。

不可对孩子体罚、掌掴，也不要孩子不听话就揪他耳朵。

教孩子正确的擤鼻涕方法，即先压迫一侧鼻翼，然后轻轻擤出对侧鼻腔内的分泌物，再用同样的方法，排出另一侧鼻腔内的分泌物。

对于孩子不良习惯，如吸鼻子等动作要及时纠正。有鼻涕时，告诉他要轻轻擤出来。

孩子生病时，要遵医嘱服药。对于体质敏感的孩子要和医生说明，避免使用易致听力受损的药物。

爸爸妈妈生活中要教会孩子一些保护听力的方法。比如，经过路边放音响的商超时要捂住耳朵。有人燃放鞭炮时，离得远一点，同时捂住耳朵，等等。

如果发现孩子耳朵不适，一定要去医院检查，及早正确治疗，可避免听力减退。

情感、思维、智力、性格的养育

培养活泼又懂规矩的孩子

一个孩子性情活泼，当然令人喜欢。但如果活泼得过了头，超越了“底线”，没有一点儿规矩，太放肆，那就令人生厌了。

一个孩子守规矩，人们也喜欢。但如果过分地守规矩，事事都很拘谨，就像个小“木头人”似的，太呆板了，同样也就没有什么可爱的了。

性情既活泼又有规矩的孩子，该活泼时活泼，该守规矩时守规矩，收放自如，事事、处处都做得很得体。这样的孩子处处都会受欢迎，人人都喜欢。所以，做爸爸妈妈的都希望把自己的孩子培养成为活泼而不放肆、守规矩而不呆板、个性比较完美的孩子。

爸爸妈妈管教孩子别“走极端”

现实生活中，许多爸爸妈妈在管理、教育孩子的过程中，往往好走极端。

一说要孩子活泼，就不管不教，完全撒手不管，放任自流，任其为所欲为，一点儿规矩也没有。即便是孩子做出了出格的事，爸爸妈妈也视而不见；即便说出了很不得体的话，爸爸妈妈也充耳不闻。比如，几个小孩在一起玩耍，一个孩子无缘无故地把一个年龄较小的孩子推倒在地，既不扶助，也不道歉，而是扬长而去，爸爸妈妈就在旁边也视若无睹；有的孩子说话带脏字，满口脏话，爸爸妈妈听到了也不管不教。结果，孩子变得肆意妄为，无法无天，太过“放肆”，让人很不喜欢，甚至厌烦。

一说要孩子有规矩，就不给孩子任何自主、自由的权利，这不许做，那不许做，事事限制，处处干涉。事无巨细，一切都要经过爸爸妈妈批准，要遵从爸爸妈妈的意志；不经爸爸妈妈允许，不许孩子做自己想做的事。孩子成了爸爸妈妈手中的“木偶”，“牵之则动，息之则止”。结果，孩子变得缩手缩脚，畏首畏尾，“未老先衰”，呆若木鸡，让人感到很可怜。

原因是什么？一个重要的原因就是，这些爸爸妈妈缺乏管教孩子的分寸感，划不清“活泼与放肆”“规矩与呆板”的界限。往往把“活泼与放肆”“规矩与呆板”混为一谈。“活泼与放肆”“规矩与呆板”的界限有时显得难以划分，但并不是不能划分。

如何划分“活泼”与“放肆”、“规矩”与“呆板”的界限

民国年间，广东省有一位省长叫朱庆澜，是著名的爱国将领。他虽然是行伍出身，但却十分重视家庭教育。他曾经亲自写过一本叫作《家庭教育》的书，免费发给广东全省的千家万户，供爸爸妈妈们学习。在书中，他对这个问题进行了专门的论述，发表了非常精辟的见解。

表面看起来，“活泼”与“放肆”差不多，“规矩”与“呆板”也很近似。其实，二者是有区别的。他说：“有规矩的自由叫作活泼；没有规矩的自由叫作放肆；不放肆叫作规矩，不活泼叫作呆板。”

他的这种分法实际上是很科学、很有道理的。可这话像是在说“绕口令”，读者可能不大明白。

为了让爸爸妈妈把问题弄明白，他用形象而通俗的比喻做了进一步的解释。他说：“比如，牧牛场，周围把（用）铁栅拦起来，牛在栅里吃草喝水，东奔西跑，这叫作活泼，放牛的不好干涉它；如果跳出栅外，就是放肆，不干涉就不行了。不准牛出栅，这就是规矩；如果在栅里，也不准它吃草、喝水，也不准它东奔西跑，定要把动物里的牛，变成植物里的木头，如此就是呆板了。”

朱庆澜先生说：“教小孩的意思也同牧牛差不多。”这个比喻并没有丝毫侮辱孩子人格的意思，应当说是既形象，又贴切，很耐人寻味。

联系到家庭教育实践，朱庆澜先生又举例做了说明。他拿“说话”做例子，他说：“小孩爱如何说，听（任）他如何说，这叫作活泼；因为听（任）他随便说，就连粗话、横话、下流混账话都不干涉他，如此就是放肆了。不准他说粗话、横话、下流混账话，叫作规矩；因为不准他说粗话、横话、下流混账话，就无论何种话都不准他说，好似要贴张封条在他嘴上，如此就是呆板了。”

朱庆澜先生这种划分界限的标准是很准确的，对爸爸妈妈也是很有指导意义的。根据朱庆澜先生所列举的这个具体实例，我们可以触类旁通，举一反三。

努力做到“管而不死”“放而不乱”

要培养造就个性完美的孩子，爸爸妈妈应当做到“管而不死”“放而不乱”。就是说，“管”和“放”都要掌握分寸，努力避免“一管就死”“一放就乱”的情形发生。

要培养造就个性完美的孩子，需要爸爸妈妈有教育管理的艺术，掌握“管”和“放”的分寸。但培养、造就孩子的完美个性，并不完全是个教育技术性问题，这首先跟爸爸妈妈的审美取向也有直接的关系。比如，有的爸爸妈妈认为现在是市场经济社会，事事、处处需要很强的竞争意识和能力，不能把孩子培养造就成循规蹈矩、太守规矩的人。太守规矩，就会缺乏参与竞争的勇气，得让孩子放肆一点。相反，有的爸爸妈妈则认为，要顺利地进入社会，被社会所接纳，做人不能太过放肆、锋芒毕露了，得守规矩；今天的社会太复杂，不守规矩，很容易出错，被别有用心的人所利用，等等。爸爸妈妈的审美取向，会体现在管教孩子的过程之中，将直接影响孩子个性的发展方向。

因此，爸爸妈妈作为孩子个性的首任“雕塑师”，首先要调整、端正自己的审美取向。

要培养造就个性完美的孩子，爸爸妈妈的以身作则是十分重要的。爸爸妈妈是孩子最初的，也是最直接、最长久的模仿对象和学习的榜样，爸爸妈妈平时是如何表现的，事情是如何处理的，孩子都看在眼里，记在心上，落实在自己的行动上。孩子的言行举止，都是跟着爸爸妈妈学习的，孩子可以“复制”，一般不会走样儿。

如果做妈妈的平时就是大大咧咧、疯疯癫癫的，活像个“女汉子”，要女儿有淑女风范，那是不大可能的；如果做爸爸的平时站没站相、坐没坐相，吊儿郎当没个“正形儿”，要培养个有绅士风度的儿子，那也很难。

要想使孩子既活泼又守规矩，爸爸妈妈得首先把自己的个性塑造好，给孩子做出一个好的榜样，努力成为孩子学习的“样板”，该活泼时活泼，该守规矩时守规矩，张弛有度，收放自如，做事得体。

要培养造就个性完美的孩子，还要从自己孩子的实际情况出发，因人而异。对比较放肆的孩子，应适当管得严一点儿；而对于比较呆板的孩子，则要管得稍微松一点儿。

帮助孩子理解“言外之意”

3岁以后，随着孩子的词汇量逐渐增加、语言逐渐丰富和复杂、逐渐理解各种语言表达方式如比喻和反语等，以及生活经验和语言使用经验的丰富，他们渐渐能理解一些言外之意、弦外之音了。

这个阶段的孩子能够理解简单的、意义具体的比喻，但是理解复杂的、意义抽象的比喻还有困难。比如，如果妈妈对孩子说“你是一块木头”，孩子会知道妈妈是在说他老待着不动，或者说他比较笨；但是如果妈妈说“你是我的太阳”，孩子就很难理解妈妈的意思了。而且，这个阶段的孩子理解讽刺、挖苦也有困难。比如，如果妈妈说：“你干的好事！”孩子可能不但不害怕，还会乐滋滋地跑去对爸爸说：“爸爸，妈妈说我干好事了！”

不过，孩子们对表情和态度还是比较敏感的。如果妈妈说“你干的好事”时，一脸怒气，孩子恐怕就不会这么兴高采烈了。语言之外的东西，往往会成为孩子理解语言真正含义的很重要的信息。

理解言外之意、弦外之音，是语言理解方面的重要进步，同时，当孩子也开始使用这种表达方式时，他的语言表达也会更丰富、灵活和精妙。爸爸妈妈要帮助孩子迈好这一步。

帮助孩子理解言外之意的方法

在生活中随时帮助孩子了解词语的多重含义。比如，说到“梦”，可以告诉孩子这不仅是指晚上睡觉时做的梦，也可以表示一个人的愿望、理想等。爸爸妈妈平时也要注意让自己的语言丰富、有趣、灵活，并通过表情、语气等帮助孩子理解自己真实的意思。

选择一些语言精妙、想象丰富，富有幽默感的经典童书和孩子一起读，体会那些美妙、有趣的语言。

多和孩子聊天，谈论各种表达方法，让孩子体会语言的微妙，提高孩子的语言理解能力。

多带孩子去旅游、参观，平时鼓励孩子做家务、参与家庭活动、多交朋友，帮助孩子增长见识和增加对生活的体验，提高认知技能。丰富的阅历、良好的认知能力会有力地促进孩子语言能力的发展。

鼓励孩子幻想和想象，并在家中营造幽默的氛围。3岁以后的孩子经常能创造性地使用语言，而这种能力与丰富的想象力、轻松幽默的心态密切相关。鼓励想象和幽默的家庭、生动有趣的语言环境，有利于提高孩子理解言外之意的能力，同时也会激发孩子使用类似的表达方法。

最初的友谊

3岁以后，孩子开始有了自己最喜欢的小伙伴。他的“好朋友”通常是同性别、同年龄的孩子，一般相处比较愉快，而且行为方式也比较相像。

孩子的“择友标准”

4岁以下的孩子选择玩伴或者朋友，更看重一些身体上的特征，比如长相、个子等等，对相互喜爱、相互支持这些心理方面的特征不太看重。

而4岁以上的孩子选择朋友或者玩伴的标准已经有了变化：在一起做事情，相互喜爱、相互关心、相互帮助、相互分享这些心理上的特征最重要，其次是“住得近”“上同一所学校”。

学龄前的孩子喜欢亲社会的玩伴。那些在学龄前孩子们中广受欢迎的孩子，通常控制情绪的能力比较好，他们会尽量化解冲突，或者避免冲突升级，他们不去侮辱和威胁别人，而会向着维持相互关系的方向努力。

朋友交往促进孩子的情商发展

学龄前的孩子对待好朋友和对待其他人的态度截然不同。虽然在好朋友之间，争吵可能比普通朋友之间更多，但是好朋友之间的亲善和愉快的行为也更多。而且，对好朋友生气时，他们能更好地控制自己的情绪，向好朋友表达自己的不满和愤怒的方式，也更有建设性：“你要不总是大声叫，我就和你玩做饭的游戏。”

在与小朋友之间的磕磕绊绊、喜怒哀乐中，孩子们编织着自己的友谊关系，发展着自己的交往能力。他们学会了很多：懂得想交好朋友，自己先要友好；学会了解决问题，知道如何处理与朋友的矛盾；学会了理解别人，站在别人的角度考虑问题；懂得了分享的乐趣，懂得了交往中的付出与回报；学习了初步的道德观念、性别角色……这一切，都为以后更复杂和丰富的人际交往奠定了基础。

帮助孩子交朋友

爸爸妈妈除了教给孩子与人交往、解决分歧和冲突的基本技能以外，还要帮助孩子发展下面这些能力：

语言表达能力。通过和孩子交流，帮助孩子更准确地理解别人的话，并更清晰、巧妙地表达自己的意思。比如，学会理解和使用人际交往中一些委婉的表达。

情绪理解和调控能力。多和孩子谈论他自己和家人、小朋友等孩子熟悉的人的情绪，讨论在真实的冲突情景中双方的情绪是如何相互影响的，帮助孩子增进对情绪的敏感性、增长有关情绪调节和控制的知识，鼓励孩子努力控制自己的情绪，并为孩子做出理性的榜样。

换位思考能力。引导孩子推己及人地考虑别人的需要和感受，也可以多和孩子玩角色扮演游戏，这样既可以演练人际交往，又可以提高换位思考的能力。

“性”的启蒙教育

孩子到了四五岁的时候，性别教育应该成为家庭性教育的重点。家庭开始要有一种有“性”的生活，比如男性成员和女性成员各自要有各自的小秘密。对男孩子来说，妈妈洗澡时他不能随便进浴室去了；需要擦洗屁股时，妈妈要鼓励孩子自己做。爸爸也不能当着女孩的面站着撒尿，洗澡的时候最好不让女孩偷窥或闯入。这样做可以帮助孩子们认识到性是隐私的，男女是有别的。

帮助孩子形成正确的性别意识

让孩子接纳自己的性别。四五岁的孩子的性别教育主要是性意识教育：让男孩意识到自己是男性，并喜欢自己的角色；让女孩意识到自己是女性，并为自己的性别骄傲。爸爸妈妈要帮助孩子接纳自己的身体，尤其是标志性别的躯体部分。

正确回应孩子有关性的问题。有的孩子喜欢打破砂锅问到底，比如，“我是从哪儿来的？”“我怎么会在妈妈的肚子里呢？”“爸爸怎么把我放在妈妈的肚子里的？”等等。有些问题，爸爸妈妈可以说：“这个问题要等一等，等你到12岁生日的时候我们才告诉你。”其实，孩子并不是真正想要详细的答案，你只需简洁、明了地回答他就可以了。孩子可能保留疑问，这些疑问正好维持他今后对性的兴趣。

爸爸适时地介入。四五岁的孩子基本上都想独占妈妈，有时他们会无意识地排斥爸爸，希望爸爸离妈妈远点。不管男孩女孩，可能都希望腻在妈妈怀里，抚摸妈妈的乳房等。妈妈要努力让爸爸介入到她与孩子之间，至少要留出空间，让爸爸与孩子建立亲密的关系。

鼓励孩子的独立行为。比如，孩子能够自己睡了，不要因为爱他，就让他继续躺在妈妈的怀抱里睡；孩子可以自己上厕所了，不要因为担心孩子弄不干净就非要替孩子擦屁股。其实刚开始时检查一下，给孩子一些鼓励，孩子会越做越好的。

注意私处的卫生习惯。教导孩子注意生殖器的卫生是这个阶段的任务。教孩子学习清洗自己的器官，爸爸妈妈可以在一旁协助自己的儿子（女儿）。

教孩子正确地认识自己的身体

从孩子很小的时候开始，爸爸妈妈就要引导他们认识自己的身体了。

孩子1岁半时是性生理教育的最好时机，专家鼓励让同年龄的男孩女孩一起洗澡，让他们识别彼此在生理结构上的差异。

不过，在对性器官的称呼方面，东西方是有差异的。不少性教育专家认为，要教给孩子正确的性器官的名字，要把“阴茎”“阴部”叫得跟“膝盖”“踝关节”一样自然，而不要用“小弟弟”“小鸡鸡”等来取代正确的叫法。而在东方文化里，后面的叫法也许更亲昵。但西方专家则认为，这样会增加孩子对性的羞耻感。

对于3岁以上的孩子，随着性别意识的增强，爸爸妈妈要引导孩子保护代表自己性别身份的器官。知道性器官属于个人的隐私部位，不要随意地展示给别人看，也不要当着众人的面玩弄，更不要让陌生人触碰，等等。

当孩子出现自慰行为怎么办

这个时期的孩子的性心理发展已经进入了性器期，抚摩生殖器获得躯体快感是非常自然的事，爸爸妈妈不要因为这样的行为责怪他们。

同时，这也是爸爸妈妈对孩子进行性的启蒙教育的重要时机。可以这样告诉孩子：第一，身体是你自己的，你有权利这样做事；第二，这样的行为是一种隐私，你需要关起门来才能做；第三，任何人都不能随意碰你身体的这些部位，如果发生这样的事情，你要立即告诉爸爸妈妈。教育的时候，爸爸妈妈的态度要既亲密又严肃，不要让孩子误以为你跟他说话是他游戏的一部分。

另外，还要引导孩子多参加体育运动和游戏，鼓励孩子对外部世界产生更大兴趣，并保证睡眠质量，杜绝赖床习惯，适当分散、弱化孩子对自慰行为的兴趣。

如何正确对待孩子的性游戏

四五岁的孩子多少会出现一些性游戏，如果男孩女孩经常一块玩，过家家的游戏几乎天天都会发生。有些性游戏可能涉及拥抱、亲嘴、身体摩擦，也许还有阴茎与阴部的袒露与抚摸，甚至可能伴随有性兴奋。

遇到这些情况，爸爸妈妈首先不要大惊小怪，不要过度反应。可以先识别孩子的性游戏是否健康，然后再进行适当的引导。健康的性游戏具备这样几个要素：1.是同龄孩子之间的游戏；2.是非强迫性、创伤性的，如没有手指或物体的插入，没有皮肤损伤；3.性游戏是整个游戏中的有机部分，是一种角色假设的结果，而不是单纯为了性而游戏。

如果爸爸妈妈经常看到孩子在玩性游戏，可以问问孩子为什么要那样做，如果孩子在回答中涉及让爸爸妈妈担心的问题，比如，某个小朋友一见到他就让他脱衣服，一定要摸他的隐私部位，那就要制止那个小朋友接触你的孩子，并教导自己的孩子，在类似的情况下，要寻求爸爸妈妈的帮助。

健康的性游戏，只要成人不过度反应，一般会自然而然地过去。爸爸妈妈要多鼓励孩子探索外部世界，孩子这方面的兴趣会被其他的新兴趣所取代。

自己的事情自己做

自理是孩子走向独立的重要步骤。培养孩子自理，不仅有利于他发展动作技能和认知能力，还有利于他建立自信、发展自控能力，对适应社会也十分重要。

幼儿园阶段的孩子可以做的事情一般有：自己上厕所，自己洗脸、洗手，大班的孩子可以在大人帮助下自己洗澡、洗头，叠小被子，收拾自己的玩具、文具，洗小手绢、袜子等，收叠简单的衣物，扔垃圾，摆碗筷，擦桌子，扫地，等等。

培养孩子自理能力的要点

对孩子做事以鼓励为主。孩子刚开始自己做事通常做不好，要鼓励他，只要多练习，他总会越做越好。如果孩子要做的事难度太大，他自己无法完成，可以帮他简化，或者助他一臂之力。

注意保护和引导。鼓励孩子自理的同时，也要注意安全。要给孩子使用适合他身体和能力的用具，比如小桶、小笤帚等，另外，还要适当地给孩子示范和指导，这样不仅可以监护他，还能让他学到做事的具体方法和技巧。

让孩子在一些事情上自己尝试或做决定。吃饭，穿衣裤、鞋袜，爬楼，每顿吃多少，玩什么玩具和游戏等孩子生活的事务，只要不出危险，就可以放手让孩子做。

怕黑

几乎每个孩子在成长过程中，都会对某些事物产生恐惧、害怕的心理。比如，害怕小虫子，害怕陌生人，怕黑、怕鬼等。

孩子产生害怕心理的原因主要有：一是与孩子的认知和经验有关。比如，孩子被火烫过，以后看见火就会害怕。二是与孩子的想象有关。随着孩子年龄的增长、想象力的发展，以及预测和推理能力的增强，会出现一种预测性恐惧，也叫想象性恐惧。怕黑就是一种想象性恐惧。

从进化的观点来看，惧怕可以作为警戒信号，有助于人类逃脱危险，从中得到解救和保证安全。但是，惧怕又可能对幼儿有伤害，它可能抑制孩子的行为，使他变得退缩和逃避，久而久之会形成胆小和怯懦的性格。因此，爸爸妈妈要帮助孩子克服恐惧的心理。

帮助孩子克服惧怕黑暗心理

对孩子表现出的惧怕黑暗心理不要过度反应和过度焦虑，爸爸妈妈自己的情绪会感染孩子。不要说孩子胆小，也不要说“这有什么害怕的”等之类的话，因为这并不能帮助孩子克服惧怕黑暗的心理，反而会让他变得更胆小。

孩子惧怕黑暗，除了与心理发展有关，有时也与爸爸妈妈不恰当的教育方式有关。比如，孩子不听话，大人就这样吓唬他：“再不听话，就把你关进小黑屋里！”所以，平时不要用“关进小黑屋”“鬼怪来了”等来吓唬孩子。睡觉前也要避免讲一些鬼怪的故事。

如果孩子不敢进黑暗的屋子，可以和他一起，在进屋之前打开灯看一看，或者拿着手电筒照一照，让他看看，屋子里面并没有什么可怕的东西。逐渐地，可以鼓励孩子自己去黑暗的屋子里拿东西，等等。

现在有很多描写与怕黑有关的绘本故事，可以给孩子购买一些来看。比如《吃掉黑暗的怪兽》《你睡不着吗，小小熊》等，帮助孩子慢慢地了解黑夜，缓解惧怕黑暗的心理。

爱嫉妒

孩子很小的时候就会有嫉妒心理的表现，比如，看见别人的玩具好就故意去破坏；看到妈妈抱别的孩子，他会生气，等等。老师夸别的小朋友画画好，他也会嫉妒。

孩子为什么爱嫉妒

孩子有嫉妒心理很正常，许多因素都会导致孩子爱嫉妒。比如：

过度强调竞争。比如，爸爸妈妈经常当着孩子的面表扬其他孩子、小朋友之间互相攀比等，都会使孩子对被表扬的孩子、条件优越的孩子产生嫉妒心理。

过度寻求关注。想时时得到别人的关注、表扬，到哪儿都想成为众人的焦点，一旦发现自己某方面不如别人，就容易产生嫉妒心理，并把别人当成“敌人”来攻击。

好胜心过强。有的孩子很爱面子，当别人的表现比自己更优秀，孩子就会觉得别人抢了自己的风头，因而产生嫉妒心理，于是总想办法去贬低别人，来抬高自己。

过度纵容。爸爸妈妈溺爱和娇惯孩子，想怎样就怎样，一切以自我为中心，看不得别人比自己优秀，处处争强好胜。

帮孩子克服嫉妒心

虽说嫉妒是一种可以理解的正常的情绪反应，但如果爸爸妈妈对孩子的这种心理放任不管，将会影响孩子性格的健康发育，使孩子将来很难与别人相处，难于适应社会。因此，爸爸妈妈需要对孩子进行正确的引导和教育。

了解孩子的心理。孩子是很单纯的，不要把最初的嫉妒行为看作道德问题，而要看到这些行为背后隐藏的孩子的感受和需要。比如，看见妈妈抱别的孩子，孩子可能会担心妈妈不爱自己了。这时，如果妈妈也能表达对他的关注和疼爱，孩子就会放松。千万不要责骂孩子“不懂事”，否则会伤害孩子。可以温柔地对他说，妈妈先抱一下小妹妹，一会儿就陪你玩，好吗？让他知道，你抱一下别的孩子并不会影响到他在你心中的地位。还可以让孩子也尝试着来抱一抱，让孩子学会关爱、照顾比自己小的孩子。

照顾孩子的感受。爸爸妈妈对其他孩子的关心、重视要掌握好分寸，不要让孩子觉得你对别人比对他要好。比如，有小朋友来家里做客，不要由于过分热情而把自己的孩子冷落到一旁。孩子是很敏感的，特别在意爸爸妈妈对自己的关爱态度。爸爸妈妈的无心之举，孩子却往往很在意。

发现孩子自身的优点。孩子嫉妒别人，很多时候是因为觉得自己某方面不如别人，别人有的东西自己没有。爸爸妈妈要帮助孩子发现自己身上的闪光点，让孩子感到，自己也有很多地方是值得别人羡慕的。千万不要对孩子说“你看谁谁比你强多了，你真没用”等这类的话。

关注孩子。如果孩子经常表现出嫉妒的心理，爸爸妈妈就要反思自己，是不是对孩子的关心和爱护少了？你的什么行为让孩子感觉到自己不被爸爸妈妈爱了？等等。对孩子来说，爸爸妈妈的关爱是安全感和归属感的来源。爸爸妈妈应该多花一些时间陪伴孩子，以减少孩子的失落感和不安全感。

爱顶嘴

孩子小的时候，你说什么就是什么，你让他怎么做他就怎么做。现在不同了，你让他做什么，他会抗拒，跟你顶嘴。这让爸爸妈妈感到难受和愤怒。

其实，在某种程度上，孩子会顶嘴是成长的一种表现。他逐渐明白了自己喜欢什么，不喜欢什么，想做什么，不想做什么，开始有了自己的意愿和主见了。一个能说出自己想法的孩子，往往独立性强、爱思考且大胆，不会人云亦云。但是，面对爱顶嘴的孩子，爸爸妈妈需要多花一点精力进行正确的引导，才能使孩子成为一个勤于思考、敢于质疑、善于提问、有独创性又有礼貌的人。

面对孩子顶嘴

冷静一点。孩子顶嘴的时候，爸爸妈妈先不要发火，先问清事情的来龙去脉，再进行处理。孩子表达的情绪其实很简单，或是委屈，或是不解，或是渴望理解……如果爸爸妈妈能揣测一下他的小心思，就会感到那些拒绝和吵闹原来都是情有可原的。

注意说话技巧。爸爸妈妈把关注点集中在希望孩子去做的行为上，从正面来引导他。比如，孩子用积木扔小狗的时候，爸爸妈妈不要说："不许打小狗"，而是从正面说："小狗喜欢你把球滚过去让它追。"然后给孩子示范一下。

教孩子礼貌地表示异议。孩子顶嘴多半是由于他没有学会恰当的表达方式。爸爸妈妈可以告诉孩子，他这样和你说话让你很生气。"你可以有自己的想法，但你要有礼貌地说。"并教给孩子一些礼貌的说法，如"我不同意""我想这样"等。当孩子有礼貌地提出反对意见时，爸爸妈妈要关注他的意见，让他感到这样做更有效。

要求孩子按规矩做的事情，口气要坚决。有时，孩子会耍赖或试探大人的底线等，这时爸爸妈妈的态度和说话的语气要坚决。比如，孩子玩完积木还没收拾就要去看电视，爸爸妈妈要坚决地对他说："先把积木捡起来，然后再看电视。"而不要说："先捡好积木再看电视，行吗？"要让孩子感到，这是理所当然的事情，不可以讨价还价。

不爱上幼儿园

孩子是否爱上幼儿园，一方面与幼儿园的教育质量、老师的职业道德、园所环境有直接的关系；另一方面，孩子也会受家庭成员及爸爸妈妈的影响。为了让孩子喜欢上幼儿园，爸爸妈妈的态度和行为至关重要。要让孩子喜欢上幼儿园，爸爸妈妈应该做到：

第一，坚持送孩子上幼儿园，没有特殊情况，不随便请假

孩子往往会找各种借口，提出不去幼儿园。爸爸妈妈则必须坚持接送孩子去幼儿园。这种坚持是让孩子明白去幼儿园是不需要商量的，孩子要承担这个责任。

第二，每天与孩子沟通，交流在幼儿园的情况，引导孩子回忆幼儿园美好的生活片段

让孩子体验幼儿园生活是快乐而美好的，每天的沟通是必要的。引导孩子回想、讲述幼儿园发生的事情，把美好而快乐的记忆唤醒；他对幼儿园越来越亲切，喜爱去幼儿园就会很自然。

第三，鼓励孩子在幼儿园积极表现，及时肯定孩子在幼儿园的点滴进步

孩子需要得到周围人的肯定，如果我们能够及时肯定孩子在幼儿园的进步与变化，不仅可以增强孩子的自信心，也会使他爱上幼儿园。

第四，让孩子把在幼儿园学到的各种本领进行展示，让孩子体验成功和自信

如果能让孩子看到自己在幼儿园的进步和变化，就会激励孩子更加喜欢幼儿园的生活。可以定期把孩子在幼儿园所学到的本领进行展示，让孩了体验到在幼儿园获得的成功与自信，这样对他喜欢上幼儿园是很有帮助的。

第五，主动与老师沟通，了解孩子在园的情况

定期了解孩子在幼儿园的生活、学习、发展的情况，是爸爸妈妈的职责。在此基础上，与孩子的沟通就会更有针对性。老师及爸爸妈妈对孩子的关注，会使孩子感到幸福和温暖。借用老师的评价鼓励孩子在幼儿园的进步，孩子会越来越喜欢上幼儿园。

第六，多在孩子面前夸赞老师，树立老师在孩子心中的威信

孩子是否喜欢去幼儿园，与老师对孩子的态度、情感有直接的关系。让孩子喜欢上幼儿园，必须要让孩子喜欢老师，感受到老师的爱。爸爸妈妈对老师的赞美，可以进一步树立老师在孩子心中的威信，当然，这种赞美一定是真实客观的。

第七，关注孩子在幼儿园与同伴的交往，分享孩子在集体生活中的快乐

建立良好的同伴关系，是孩子爱上幼儿园的重要因素。对小伙伴的依恋、伙伴之间的友谊可以让孩子体验到幼儿园生活的快乐。可以说，与小伙伴的愉快交往，是孩子喜欢上幼儿园的关键“诱惑”。

第八，培养孩子的集体荣誉感，激发孩子爱幼儿园的情感

伴随着丰富多彩的集体生活，孩子逐渐会感受到集体的力量。鼓励孩子多参加幼儿园的集体活动，培养孩子集体荣誉感，从而激发孩子热爱自己的幼儿园。这种情感是孩子爱上幼儿园的动力之一。

时间观念

很多爸爸妈妈抱怨孩子磨蹭、拖拉，没时间概念。时间看不见摸不着，一去不复返，因此，让孩子具有时间观念是比较困难的。他既不理解“一会儿”“好长时间”到底是多久，也很难确切地知道“15分钟”“好几天”究竟有多长。

不过，孩子可以通过一天的日常生活、白昼的变化等粗略地知道时间。比如，“天黑的时候”“吃晚饭的时候”“出去玩的时间”等。孩子大些以后，认识了一些数字，爸爸妈妈就可以通过教孩子看日历、钟表等方法，帮助孩子建立时间的概念。

爸爸妈妈还可以尝试用下面的方法，培养孩子的时间观念，纠正拖拉、磨蹭的毛病。

制订作息时间表。和孩子一起按顺序列出一天要做的事情和做事的时间，比如起床时间、洗漱时间、吃饭时间、游戏时间等。每天记录一下完成每件事情的具体时间，这样就可以看出哪天按时完成、哪天有进步。为了增加趣味性和利于孩子理解，可以用卡通画作为每件事情的标记，比如用牙刷表示洗漱，画钟表来表示时间。

为孩子营造安静的做事环境。孩子做事时，要把玩具收起来，关上电视、音响；大人也尽量做些安静的事情，让孩子专心。

选择一些事项和孩子比赛。和他比一比谁穿衣服快、收拾东西快等，让他加强时间观念。

用闹钟提醒孩子。可以用闹钟或定时器提醒孩子注意时间，要求孩子在规定时间内完成该做的事情。

有时候，孩子做事磨蹭、拖拉，是因为他的动作不熟练，不容易做快、做好。因此，爸爸妈妈要注意培养和锻炼孩子的动手能力，让他循序渐进地提高效率。

自主性的培养

自主性是孩子独立性的重要方面。自主性强的孩子，会比较有主见，而且勤奋、自觉，勇于尝试和探索。这些优秀的品质，爸爸妈妈要从小培养。

培养孩子自主性的要点

鼓励孩子自理和独立做事。不要因为孩子做得不好就呵斥他、嘲笑他，也不要过分限制他或包办代替，而要鼓励他多练习，帮他降低难度，或助他一臂之力，让孩子通过增强做事能力培养自信。

尊重孩子的感受，让他倾听自己内心的声音，并尝试自己做决定。在一些与个人感觉密切相关的事情上，比如每顿吃多少、该穿多少衣服等，尽量不要代替孩子做决定。如果孩子不肯吃了，爸爸妈妈觉得他没吃饱，还要他吃，那么长此以往，孩子会渐渐失去对自己需要的敏感，这对他发展自主和独立是不利的。

让孩子练习选择和决策。在一些重要的事情上，比如选择兴趣班、给老人选礼物等，可以在给孩子提供适当选项的基础上，让他自己选择和决定，这样既让他知道什么是合理的范围、他可以做什么，也能让他练习比较、取舍、决策。

孩子练习自主决策的机会

爸爸妈妈可以选择一些适合孩子知识和能力水平的事情来让他尝试选择和决策。

用画笔自主表达。几乎所有孩子都爱画、能画，只要爸爸妈妈不去指责和限制，他们都能自主决定：画线还是画点、画圈，是涂、抹，还是点、戳，爱画什么，就画什么。

画面上，可以满是他们自由想象的世界。可以给孩子丰富的、富于变化的工具和材料，比如水粉颜料、墨汁，各种笔和纸，让孩子自由尝试和探索。也可以让他用泥巴、废旧物品做手工。如果担心孩子弄得满地、满身颜料，可以给他穿上容易清洗的套衫，在地上或者桌上铺一块大塑料布，让他随便玩。

决定穿什么衣服。只要孩子有了基本的冷暖概念，就可以让他每天自己决定穿什么衣服。如果他哪天穿得太少，爸爸妈妈可以跟他商量带一些厚衣服备用，一旦他感觉冷，会自己跟你要来穿。孩子也许会模仿电视中人物的穿着，把自己打扮得不伦不类，甚至滑稽可笑。只要不是正式的场合，就不必过于认真。他会逐步有基本的搭配概念，甚至知道什么场合可以穿什么，比如这件衣服可以穿去动物园，而穿去幼儿园不合适。

购买衣服的时候，自己挑选。可以事先告诉他打算花多少钱给他买衣服、要给他买一件什么样的衣服，但是样式和颜色他可以自己决定。给他一定的自主权，他能逐渐学会做精明买家。如果担心他选择化学纤维的衣料，可以带他到没有这类衣料的店去买。带孩子到正规的、信誉好的商店购买衣服，可以避免孩子挑中做工不好的衣服。如果孩子坚持要买你不认可的衣服，比如衣服的质地或做工不好，也可以让他自己决定，正好让他体会一下，这样的衣服穿起来是什么感觉，这会影响到他以后对衣料和做工的选择和重视。另外，平时可以随意与他聊聊这些事情，向孩子传授相关的知识和观念。

安排自己的时间。爸爸妈妈可以提出建议和要求，但是做事的先后顺序可以让他自己来决定。爸爸妈妈也许喜欢先洗澡，再看书、写东西，可是孩子也许喜欢把作业都写完以后，洗完澡直接穿着小睡衣上床睡觉；爸爸妈妈想让他先练琴，再做作业，可是他愿意写完作业后再练琴。不妨让孩子自己决定好了，我们只需提醒他按照预先规定的时间做事就行了。如果孩子自己的安排不合理，他会遇到麻烦的，这时候他会希望调整。如果他不戒备和反感我们，会来与我们商量如何调整。孩子刚开始自己安排时间的时候，会出一些乱子，比如时间拖得太长，耽误一些事情，等等，这是很自然的事情。出了问题，就是改进的机会，而且这也让爸爸妈妈有机会了解孩子的能力和潜力，同时，也可以了解孩子看问题的视角。

布置自己的小空间。最早可以是孩子的玩具角，或者属于他的一面墙，到后来，孩子的能力增强了，可以让孩子布置自己的房间，甚至可以让孩子参与家庭公用区域（比如餐厅、客厅等）的布置。准备给孩子发挥才能的墙面一定要耐擦洗，比如，刷上可反复擦洗的涂料。刚开始，他可能会把那一面墙弄得花里胡哨。但是他的美术修养会不断提高，我们会高兴地看到，他布置的墙面越来越好看。他也可能会在小床上摆满自己喜欢的东西，但随着他的长大，东西摆放会越来越合理、整齐、有序。

去超市帮助购物。可以让孩子来选购日用品和食品。事先告诉孩子你准备花多少钱，超过多少钱的东西不能买，在这些明确的限定下让孩子选择。比如，酸奶有各种牌子和口味，购买哪种也许你无所谓，但是孩子却有自己的喜好。爸爸妈妈可以提醒孩子要照顾家中别人的喜好，也可以引导孩子在决定买多少的时候考虑哪些因素。比如，保质期有多长，家中冰箱有多大容量，吃了一段时间后是否要换口味，等等。最后的决定可以由孩子做出，但是你仍有很多机会表达自己的考虑。如果孩子要买不健康的食品，可以先了解孩子为什么喜欢这种食品，引导孩子考虑换一种口感，或味道相似的健康食品。让孩子练习自己做决定时，爸爸妈妈心态要放松。只要没有危险，爸爸妈妈不必计较眼前暂时的混乱。毕竟学什么都得交学费，而孩子总会长大的。

发展自控能力

3~5岁是孩子的自我控制能力明显发展的时期。随着规则意识的增强，孩子也逐渐能够把爸爸妈妈、老师的要求和一些社会规则，如轮流玩、排队等，变成对自己的自觉要求，他们对于什么能做、什么不能做有了自己的判断。所以，这个阶段的孩子开始在一定程度上能够在没有成人监督的情况下，自己监控和调节自己的行为。

帮助孩子发展自控能力

教给孩子等待的策略。告诉孩子等待的具体目标。比如，教孩子认识钟表，告诉他长针走到6时，动画片就开始了；让孩子明白，只有等待才会得到想要的东西。教孩子等待时转移注意力，比如，等着玩秋千的时候，让孩子先玩玩别的玩具，或者讲个故事、唱首歌，也可以回想一些有趣的事情，让等待变得有趣。发挥语言“制动”功效，比如在孩子快控制不住自己的时候，爸爸妈妈说一句“再等一会儿吧”可能就会起作用；也可以教孩子提醒自己："我排第二个了，再过一会儿就轮到我了。"

多玩规则性游戏。比如，玩警察抓小偷的游戏，孩子们要轮流当警察和小偷。这就要求孩子在当小偷时能克制自己，扮好"小偷"的角色，耐心等待当警察的机会；当警察的孩子，在按游戏顺序该"退位"时，要能克制自己，交出自己喜欢的小手枪。孩子们在游戏中的等待完全是自觉的、主动的，因此更容易忍耐和克制自己。

自信和自尊很重要

自信和自尊是孩子人格全面发展的基础特征，从小培养孩子的自信和自尊，有助于孩子其他优良品质的发展。因此，爸爸妈妈应重视培养孩子的自信心和自尊心。

这样培养孩子的自信心和自尊心

从正面引导孩子，无条件地爱孩子。积极评价是激发孩子潜能的有效手段，是建立良好自信和自尊的源泉。孩子很小的时候就开始有自信和自尊的萌芽，比如，孩子会用各种方式来吸引大家的注意和赞美，爸爸妈妈此时如果能够给予积极的回应，则可以让孩子感觉到，爸爸妈妈喜欢自己，自己有能力去影响别人。

不要拿自己的孩子和别人的孩子进行比较，因为每个孩子都有自己的长处和短处。不要只关心自己的孩子比别的孩子领先还是落后，更不要拿自己孩子的短处和别的孩子的长处相比较。不然孩子会觉得自己处处都不如别人，会产生自卑的心理，这样的话，孩子怎么还会有自信和自尊？

及时表扬孩子的每一点进步。不要把孩子的进步当成理所当然的事情而忽视，要善于发现孩子的进步，看到了就要及时指出来，鼓励他。即使孩子做错了事情，也要避免对孩子的能力、人格的指责和贬低。比如说孩子"笨"等，防止孩子对自己失去信心，而是要教给孩子正确的方法，鼓励他去不断地尝试。

对孩子的要求要适合他的能力水平。要求孩子做的事，不要提出不切实际的要求，也不要把目标定得太高，超过孩子能力所能达到的高度。如果爸爸妈妈的期望过高，孩子达不到要求，就会产生焦虑，丧失信心，他会觉得自己什么事情都做不好，而产生自卑的心理。爸爸妈妈要让孩子体验到成功，从而有信心去挑战困难。

尊重孩子作为一个独立的人。孩子也有尊严，和孩子相处时，爸爸妈妈要给予他们应有的尊重。比如，爸爸妈妈可以对孩子的作品表现出兴趣，把孩子画的画收藏起来，展示出来；如果孩子唱歌、跳舞、讲故事等有突出的表现，就及时表扬他；孩子说话、表达意愿的时候，爸爸妈妈要注意倾听；如果孩子提出一些合理的意见，爸爸妈妈要予以采纳，尊重孩子的自主权利，等等。这些做法都可以让孩子感觉到自己是被信任、被尊重的独立的人。

说谎，要弄清原因

对孩子的说谎，爸爸妈妈首先要了解他是否经常这样做，说谎背后的原因是什么，有没有人影响他，等等。然后针对不同的情况，采取不同的教育方式。

爸爸妈妈可以这样帮助孩子

孩子不能很好地区分现实与幻想。比如，一个三四岁的孩子见别的小朋友有毛绒玩具，他会说自己也有，但实际上他并没有。这种情况下，爸爸妈妈当着小朋友的面可以不去说他，等只有他一个人的时候，爸爸妈妈再和他谈，比如，“你是不是也想要一个那样的毛绒玩具？你要是喜欢，可以跟妈妈说，妈妈给你买一个。”千万不要打击或嘲笑他，也不要说他在撒谎，因为三四岁的孩子出现这种情况，很可能是他把自己的愿望当成事实说出来了。

孩子担心受惩罚。孩子做了错事，害怕爸爸妈妈责备或惩罚，或者为了推卸责任，有意撒谎来隐瞒自己的错误，这就是有意识的谎言了。遇到这种情况，爸爸妈妈先不要轻易地责怪孩子说谎话。要先理解他，鼓励他把事实说出来，并和他一起想办法解决。这样，孩子在遇到问题时才能坦然面对，而不必用谎言来掩盖事实。同时，爸爸妈妈也要检讨自己：平时对孩子犯错的惩罚是不是超出了他的承受能力？爸爸妈妈对孩子的要求是不是符合他现有的能力水平？

孩子想引起爸爸妈妈的关注。爸爸妈妈首先要自我检查一下：自己对孩子的关注是否太少了？是不是只有发现孩子的异常之后才会关注他？如果孩子用平常的表达方式无法得到你们的关注，那他可能会用夸张的方式来让你们关注他。因此，爸爸妈妈平时要关心孩子，多陪伴他，营造一种亲子之间的亲密和相互信任的氛围。这样，孩子就不必通过说谎等方式来引起爸爸妈妈的注意，也才敢于在你面前真实地表现自己。

5~6岁

这个年龄段的孩子

运动能力

随着孩子肌肉变得更结实，他能连续行走半个小时而不知疲倦。

已经能够很好地控制身体，运动较以前会更为剧烈。

能在一条直线上行走，单足跳、跳绳、跳舞对他们来说都不是困难的事。特别是一些喜欢跳舞的女孩子，已经学会了许多舞蹈。

小手的动作更加灵巧，能够用笔书写、画画，能使用剪刀一类的工具做手工。

语言发育

能比较完整地复述熟悉的故事，自己会编出一些原来没有的情节，并乐于与家人分享。

能比较自由地表达自己的思想感情，有强烈的语言要求，生活中所有的事情只要他感兴趣都可以成为不错的话题。

开始用一些幽默、有趣的语言表达自己的想法。

经常模仿大人的语气讲话，喜欢背儿歌。

乐于发表自己的意见，甚至还会对大人的行为和周围的一些现象发表见解。

认知能力

开始能看表，时间概念更加清晰，爸爸妈妈可有意识地培养孩子按时作息，珍惜时间的好习惯。

能初步理解真实与虚构的关系。

知道一年中12个月的名称以及一周中每一天的名称。

能辨认3~5种几何体以及了解面与体的关系。

能发现简单事物的因果关系，会判断推理，简单了解守恒概念。

对自己的行为能够做出初步的评价。

社交能力

喜欢和小朋友们一起玩耍，不愿单独玩了。

和小朋友们发生矛盾时，通常不会轻易采用武力方式解决，而是会尝试通过改变自己的行为来缓解矛盾。

能够参加一些集体合作性的活动，有一定的道德感和责任感。

营养与饮食

“洋快餐”

“洋快餐”被称为垃圾食品，但孩子贪吃“洋快餐”却是普遍现象。孩子不宜吃“洋快餐”，如果偶尔吃，需要特别注意营养搭配。

孩子健康膳食标准

平衡的膳食结构应该由多到少，依次为：谷类、蔬菜类、畜禽肉类、奶类、奶制品、豆类、豆制品、油脂类。孩子饮食中那些富含高营养、高蛋白膳食，含有丰富的维生素、矿物质的新鲜水果和蔬菜才是最好的食物。

“洋快餐”的危害

“洋快餐”中含有的淀粉、蛋白质、脂肪经过高温处理后容易产生一些致癌物质。

反复用高温油煎炸的食物营养素被破坏得非常多，以B族维生素为例，其损失非常大。不只如此，在高温油煎炸的过程中产生的过氧化物，还会加速人体细胞衰老。

口味重，味道香，孩子如果贪吃，会导致肚腹胀满、消化和吸收不良。若长期如此，会使性格变得急躁易怒，对外界事物反应迟钝，注意力分散。

热量高，摄入过多会使热能转变成脂肪在体内蓄积。若脑组织脂肪过多，就会引起“肥胖脑”，导致智力水平降低，影响孩子智力发育。不只如此，热量过高还容易使孩子患上糖尿病。

“洋快餐”巧选择

如果孩子对“洋快餐”欲罢不能，爸爸妈妈在控制孩子吃“洋快餐”频次的同时，还要注意做出一些巧妙合理的搭配，尽量让孩子吃得健康。

碳酸类饮料不选。可乐等碳酸类饮料含磷酸、碳酸，会带走孩子体内的钙，并且含糖量过高，喝后有饱胀感，会影响正餐摄入。孩子吃“洋快餐”时，可选择果汁类或牛奶等饮品。

注意补充蔬菜水果。“洋快餐”中维生素含量不足，经常性食用可能会造成维生素摄取不足。孩子吃“洋快餐”后，要多吃一些新鲜水果、蔬菜作为补充，尽可能避免营养素摄取不平衡。

提前制订计划。带孩子去吃“洋快餐”，爸爸妈妈可提前和孩子沟通，只能选择两样食物，以避免摄入过多热量。爸爸妈妈可自带一些小饼干、鲜榨果汁等，给孩子补充能量。

“洋快餐”不能经常吃

“洋快餐”作为一种饮食风味，孩子可以去尝试，但不能经常吃。孩子的饮食结构应是多元化的，一日三餐中应合理搭配足够的果蔬、豆类、谷物、蛋奶、鱼、肉等食物，以保持营养均衡。有些爸爸妈妈将“洋快餐”当成对孩子的奖励，则更不可取。

健康吃零食

宝宝胃容量小，每顿饭吃不多，所以两顿饭中间如果宝宝感到饥饿，可以适当让他吃一点零食。

可经常食用的零食

- 新鲜蔬菜、水果。
- 优质奶类零食，如纯鲜牛奶、酸奶。
- 不添加油脂、糖、盐的豆浆。
- 加油脂、糖、盐较少的煮玉米，无糖或低糖燕麦片、全麦饼干。
- 制作时没有添加油脂、糖、盐的食物，如水煮蛋，蒸、煮、烤的薯类零食等。

适当食用的零食

- 加糖或盐的果蔬干。
- 奶酪、奶片等奶制品。
- 经过加工的豆腐卷、蚕豆、卤豆干。
- 蛋糕、饼干。
- 牛肉干、松花蛋、火腿肠、肉脯、卤蛋、鱼片。
- 甘薯球、甜地瓜干。
- 甜度低并以奶和水果为主的冷饮。
- 巧克力。

要尽量避免的零食

- 罐头、蜜饯。
- 炼乳等含糖较多的食品。
- 膨化食品、奶油夹心饼干、方便面、奶油蛋糕。
- 炸鸡块、炸鸡翅、炸薯片、炸薯条。

- 甜度高，加了鲜艳色素的高糖分汽水等碳酸饮料。
- 甜度高、色彩鲜艳的冷饮。
- 含糖量高的糖果，比如奶糖、水果糖。

零食摄入注意事项

因为宝宝的胃容量相对较小，爸爸妈妈可在两餐之间给宝宝吃一些易消化的零食，但不要在餐前半小时之内吃，以免影响正餐食量。次数一天不要超过3次。同时要注意量要少。

宝宝的零食应该是易消化，并要有营养的，或是具有一定的硬度，比如稍稍硬一些的牛肉干，这样的零食对于这么大的宝宝来说有固齿、提升咀嚼功效的作用。

宝宝吃零食前一定要先洗手，吃完后记得要漱口，以预防疾病和龋齿。

不要将零食作为奖励、惩罚、安慰或讨好宝宝的手段。

玩耍时不要让他吃零食，以免不经意间吃得过多，或者被零食呛到、噎到。

日常生活与保健

换牙

大多数孩子在6岁左右开始换牙，但个体差异较大，有些孩子早在4岁就开始换牙了，而有的孩子在7岁时才会掉第一颗乳牙。孩子换牙时期，牙齿的情况变化较快，为确保恒牙替换正常，爸爸妈妈发现任何异常情况，都应及时就诊。

孩子换牙顺序

一般情况下，孩子换牙是按照牙齿上下排左右对称，先下后上的原则进行的。

6~8岁时，长第一颗恒牙，即中切牙，第一磨牙（也叫“六龄齿”）也慢慢长出。

8~9岁时，长出侧切牙。

10~12岁时，前磨牙（也叫“双尖牙”）开始长出，首先会长第一前磨牙，位置在牙列侧方。

11~12岁时，逐渐长出上下排的尖牙。

12~13岁时，开始长第二磨牙。

17岁以后开始长出第三磨牙（也叫“智齿”），因萌出时间个体差异较大，具体时间也因人而异。

换牙期的注意事项

关注乳牙是否滞留或早失。孩子换牙期间，若是下恒前牙在乳牙内侧长出，上恒前牙在乳牙的外侧长出，看起来像是双排牙。这种情况下，应尽快带孩子去医院拔除滞留的乳牙，以利恒牙萌出。若乳牙在应脱落之前提前脱落了，称为乳牙早失，孩子乳牙早失会造成两侧邻牙向缺牙空隙倾斜，使间隙变小，恒牙因为间隙不够常会错位萌出。对于乳牙早失，爸爸妈妈也应带孩子及时就诊，可制作缺隙保持器佩戴，防止两侧牙齿倾斜，可确保恒牙顺利萌出。

观察恒牙萌出是否困难。如果孩子乳牙脱落过早，长时间用牙床咀嚼食物，会使牙床增厚，阻碍恒牙萌出。若是孩子缺钙，也会导致恒牙萌出不利。孩子到了换牙的年龄，恒牙却一直没长出，爸爸妈妈应带孩子就医检查。

监督刷牙。孩子换牙期，乳牙和恒牙并存，随着第一磨牙长出，因为咬合面窝沟多，容易残留食物残渣，若孩子刷牙不彻底，很容易发生龋齿。此外，因为第一磨牙长在口腔最里面，不容易刷到，爸爸妈妈应为孩子选择牙刷头小一点的牙刷，以方便清洁。除刷牙外，爸爸妈妈还要督促孩子吃东西后漱口，更好地保持口腔卫生。

避免用舌头舔牙。乳牙松动后，大部分孩子习惯用舌头去舔。这是不好的习惯，会影响恒牙的萌出，爸爸妈妈应及时帮孩子纠正。

注意错位咬合。孩子换牙时恒前牙以乳牙的下方或内侧萌出，出现轻度拥挤、扭转或间隙是正常的，此后会自行调整排齐。爸爸妈妈要定期观察，若乳牙完全替换后牙齿仍排列不齐，应及时就诊，以免延误治疗，造成矫正困难。

多吃耐咀嚼食物。孩子换牙时，爸爸妈妈应为孩子准备一些耐咀嚼的食物。耐咀嚼食物有助于通过咀嚼运动牵动面部及眼肌运动，加速血液循环，促进牙床、颌骨和面骨发育，对于促进乳牙牙根的生长发育以及自然脱落十分有益，还可促进恒牙萌出。

多摄入钙质。孩子换牙期需要丰富的钙质，因此，饮食中要特别增加一些富含钙质的食物，比如牛奶，芝士，豆腐，鱼类。同时，多摄取足够的维生素C和维生素D，以促进钙质吸收。

纠正不良习惯。孩子换牙时，爸爸妈妈要注意纠正孩子吐舌、咬舌，咬手指头或铅笔等不良习惯。这些坏习惯都会影响孩子牙齿生长，易导致牙齿变形。

孩子迟迟不换牙

如果孩子已经过了7周岁还没有一颗牙齿脱落，应去医院口腔科检查。医生会通过做x光片等方式检查孩子恒牙是否“埋伏”在牙床里面，或是因其他原因所致，从而可以进行针对性纠正。

换牙期有些乳牙需要拔除

到了换牙期仍不脱落，影响恒牙正常萌出的乳牙，不论松动与否，均应拔除。

若乳牙反复发炎、治疗效果不佳时，它所引起的炎症可能会影响其牙根下方恒牙胚的发育，对于这类乳牙也应拔除。

呵护好恒牙

所谓的恒牙，就是孩子在乳牙脱落后的再生牙齿，恒牙在口腔内的地位是无可代替的，将伴随孩子终生，正因为如此，保护好恒牙显得尤为重要。

科学保护恒牙

养成刷牙习惯。保护恒牙，孩子要养成良好的刷牙习惯。不但要早晚刷牙，饭后还应漱口。刷牙时间控制在不少于2分钟为宜。

借由饮食护齿。爸爸妈妈可给孩子常吃一些高纤维的食物，这类食物在孩子咀嚼过程中有助于清洁牙齿。孩子换牙期需要较多的钙，爸爸妈妈要注意给孩子加强营养，多吃一些富含钙质的食物，以利于坚固牙齿，预防龋齿。

定期进行口腔检查。孩子应每半年进行一次口腔检查，以便及早了解有无龋齿，若存在龋齿应马上治疗。

少吃甜食。不要经常给孩子吃甜食，喝碳酸饮料，这样的饮食搭配容易诱发龋齿。吃完甜食和喝完碳酸饮料之后，应立即刷牙、漱口，以帮助减少患蛀牙的风险。

3个月更换1次牙刷。根据每个人刷牙用力的大小，更换牙刷的时间不同，可能长于或短于3个月，主要是看牙刷毛是否出现变形。如果出现变形，建议立即更换。

关注窝沟封闭

窝沟封闭是世界卫生组织向全世界儿童推荐的一种保护新生恒牙的方法。它是将一种特殊的有机化学材料涂敷在窝沟上，待封闭材料涂布固化在磨牙的窝沟点隙后，牙齿窝沟便不能再藏污纳垢，从而阻止致病菌及酸性代谢产物对牙齿侵蚀，可以有效地预防窝沟龋的发生。

窝沟封闭的最佳时机是孩子牙冠完全萌出，龋齿还没有发生的时候。一般乳磨牙在3~5岁，第一恒磨牙在6~8岁，第二恒磨牙在11~13岁时，可进行窝沟封闭。窝沟封闭可以帮助孩子度过最危险的患蛀牙的高峰期。

正确的用眼习惯

学龄期孩子用眼不当，视力极易受损。在患近视的孩子中，除少数孩子源于遗传因素外，大部分孩子都是因后天没有良好的用眼习惯所致。

培养孩子正确用眼习惯

孩子写字姿势直接关系到用眼习惯，因此，孩子在完成幼儿园习作时，爸爸妈妈要让孩子端坐在桌前，不要歪着、倚着。孩子姿势不正确时，爸爸妈妈要及时纠正。

孩子每天看书时间不宜过长，阅读1小时后要向远处凝视约3分钟，然后闭眼约1分钟，再睁大眼睛转动眼球，以调节眼神经功能，对保持良好的视力很有帮助。

看书时要确保光线适宜。孩子看书时以自然光为最佳，但要注意不能在太阳直射的地方或太暗的地方看书。晚上孩子看书时，房间内照明除了可调亮度的台灯外，房间大灯最好也开启，灯光充足可缓解视疲劳。

孩子阅读距离一般不低于30厘米，不要在床上、走路或乘车时看书。走路、乘车时看书，眼睛会处于摇晃状态，光线忽强忽弱，眼睛与书本的距离也会因此变得忽远忽近，为看清字体，眼睫状肌和晶状体需要高速调节，很容易造成孩子视疲劳，导致视力下降。而躺在床上看书时，眼睛通常呈斜视状态，加上光线不好，容易造成眼疲劳，形成近视眼。

良好的用眼卫生对于保护视力也十分重要。比如，孩子眼睛痒时告诉他不要用手揉，感觉眼睛累时应自己闭眼睛休息一会儿。

这个年龄段的孩子即将成为小学生了，爸爸妈妈可先教孩子学习如何做眼保健操，不妨晚上睡前做一次眼保健操，通过自我按摩眼部周围穴位和皮肤肌肉，可增强眼部血液循环，解除眼疲劳，预防近视发生，有利于孩子眼睛健康。

看电视时要注意电视高度应与视线相平，眼与荧光屏的距离不应小于荧光屏对角线长度的5倍。爸爸妈妈尽量控制孩子看电视时间，看电视后要做远眺动作或做眼保健操。

让孩子积极参加体育运动，打羽毛球、乒乓球可起到预防近视的作用。孩子在打球过程中，眼睛因需要快速追随球体的运动轨迹会使眼球功能得到进一步完善。

调节饮食保护孩子的眼睛

给孩子多吃一些富含蛋白质、钙、铁、磷的食物，有助于消除眼睛肌肉紧张。鸡蛋中含有蛋白质、维生素B_2、维生素A、卵磷酸、脑磷酸等物质，对于提高孩子视力很有好处。

孩子饮食要注意膳食平衡，同时注意荤素、粗细搭配。多吃新鲜蔬菜和水果以及海产品，少吃糖果及甜食。

患近视的孩子有普遍缺锌和铬的表现，爸爸妈妈应给孩子多吃些黄豆、杏仁、紫菜、海带、羊肉、牛肉、动物肝脏类等含锌和铬较多的食物。

适合孩子的运动

孩子做运动的好处

强化心脏。孩子做运动时会使心脏持续加速跳动，这有助于心脏变得更加强壮，做事不易感觉疲劳。

让肌肉更有力量。运动可使孩子肌肉更加强健，给关节以更好的支撑，和小朋友玩耍时不易轻易受伤。

提升身体柔韧性。适当的运动可以使孩子身体更具柔韧性，让身体更加灵活，不容易在比赛和活动中导致拉伤或扭伤。

增强记忆力。运动能促进孩子机体血液循环和呼吸，脑细胞可以得到更多的氧气和营养物质的供应，使代谢速度加快，会使大脑活动更灵敏，可提升记忆力。

孩子可以选择的运动

孩子现在更加成熟了，可以学习一些相对较难的技能，也热衷于参加团体运动。

球类。这个年龄的孩子正是喜欢玩球的年龄：踢足球时为安全起见，最好戴上护膝，避免摔倒、踢打。而玩篮球时，要让孩子学会迅速停止、起跑，因为玩篮球时脚腕和脚容易扭伤，要给孩子准备合适的鞋子和方便运动的球衣。而像乒乓球等小球类运动，不仅可以训练孩子的快速应急能力，对预防近视也有好处。

跳绳。跳绳可增加孩子肺活量，让四肢更灵活，同时还可增加孩子运动的协调性，也是很好的运动。

体操。体操可提升孩子的平衡能力，提升身体协调性，因为孩子还小，做体操时选择简单的动作就好，不宜让孩子做高难动作，以免受伤。

攀岩。一些游戏场所有攀岩墙，在安全绳的保护下，这么大的孩子也可尝试，攀岩有助于提升孩子的反应力和四肢肌肉的力量。

此外，像跑步、游泳、骑自行车、爬山也是不错的运动，都可让孩子自己制订计划去进行。跑步和登山运动能增强孩子的身体素质，锻炼肌肉，增进身体平衡能力。

温馨提示：孩子运动需注意

1.由于这个年龄段的孩子还不宜进行长时间运动，爸爸妈妈要提醒孩子运动过程中适当休息。

2.对于这个年龄段的孩子来说，掌握任何特殊运动技巧并不重要，重要的是他们有机会享受运动带来的乐趣，并愿意主动参与。

3.孩子做运动，不是一定要和小朋友进行团队活动，平时和爸爸妈妈一起去散步也是很好的运动方式。

注意安全措施

孩子大了，有些爸爸妈妈觉得他可以自己玩耍，不用再像小时候紧盯着不放了。其实，正因为孩子大了，运动能力更强，才更容易因为想尝试新鲜的事物而在运动中受伤。所以，孩子运动时爸爸妈妈应在身边保护，避免孩子意外受伤。

运动前先做一些拉伸动作，可增加身体的柔韧性，预防肌肉拉伤。

做好安全保护工作，比如骑车时使用头盔，玩单排轮滑时佩戴护膝和护肘。

孩子运动中若出现疼痛、眩晕、头晕或极度疲劳等症状时，应马上停下来休息。

关注特别的运动

运动不仅是跑、跳，孩子做手工作业、帮爸爸妈妈整理饭桌椅，自己洗手、洗袜子等都是运动。这类“运动”不仅能促进孩子精细动作发育，对于培养良好的生活习惯也很有帮助。

常见问题与护理

近视

近视是指孩子眼睛看不清远物，却看得清近物的症状。近年来，临床发现孩子患早期近视率逐年提高。所以，爸爸妈妈一定要注意预防孩子患上近视。

近视的程度表

- 300度以内，称为轻度近视眼。
- 300~600度，称为中度近视眼。
- 600度以上，称为高度近视眼，又称病理性近视。

尽早发现孩子近视

孩子看物体时经常眯眼，应考虑可能患了早期近视。

频繁地眨眼在一定程度上可以缓解近视，增强视力。若孩子频繁性眨眼，或看东西离得很近，也应考虑患早期近视的可能。

一些孩子因为患近视而看不清东西时喜欢用手揉眼睛，以求改善视力，而有些孩子则喜欢皱眉，试图借此方法改善视力。当爸爸妈妈发现孩子经常用手揉眼睛或经常皱眉时，应考虑到孩子可能患了近视。

有些患近视的孩子会合并斜视，当爸爸妈妈发现孩子斜着眼看东西时，也应考虑是否患了近视。

近视不要急于配眼镜

当爸爸妈妈发现孩子疑似近视时，不要急于给孩子配眼镜，应先区分孩子是真性近视，还是假性近视。

假性近视眼又称调节性近视眼，是由看远处物体时眼调节未放松所致，它与屈光成分改变的真性近视眼有本质上的不同。假性近视，眼球前后径并没有加长，眼球结构也没有发生变化，仅仅是生理机能的改变，所以，一般不需要配戴眼镜。孩子假性近视，可借由眺望和做眼保健操加以改善，以达到消除眼睛疲劳的目的。经过及时改变生活作息，配以物理纠正，会使睫状肌放松，视力可慢慢恢复正常。

而确诊真性近视，应由眼科医生仔细检查后得出结论。对于因眼球前后轴变长，眼球结构发生改变导致的真性近视，需要配戴眼镜来矫治。

预防近视

饮食调节有预防近视的作用。饮食方面尽量让孩子少吃甜食，多吃富含维生素A、B_1、B_2、C及E的食物。常见富含维生素的食物有新鲜的蔬菜、水果、鱼、肉、动物肝脏等。

爸爸妈妈做好改善居室视觉环境的工作。多让孩子向窗外眺望，或看远处物体，眼睛不断在望远和望近之间交替，能使疲惫的眼肌得到放松，对缓解眼睛疲劳很有帮助。

让孩子多进行户外活动，紫外线能激发大脑释放化学物质多巴胺，进而防止眼球变形，有助于预防近视发生。夏季要注意做好防晒工作。

使用电子产品要严格控制时间，每次不宜超过20分钟。孩子长时间使用电子产品会使视神经疲劳，甚至诱发近视。

进行适当的体育锻炼，比如学习打乒乓球、羽毛球，这类运动有助于保护视力。

夏天，阳光过于强烈，要防止孩子眼睛被紫外线刺伤，外出时可给孩子戴上墨镜、遮阳帽等保护眼睛。

这个年龄段的孩子已经开始学习写字，孩子写字时，爸爸妈妈要为孩子准备良好的光照环境，同时注意根据孩子身高购置桌椅，对保证正确的书写姿势很有必要。此外，要提醒孩子学习时间不宜过长，以免眼睛疲劳。

高度近视会遗传

医学调查显示，爸爸妈妈双方均是高度近视眼（一般指600度以上），遗传给孩子的近视概率在40%左右；若爸爸妈妈只有一方有高度近视，遗传的概率可降到20%。如果爸爸妈妈均是低度近视或视力正常，遗传概率会更小。孩子在5~10岁出现近视、散光表现，爸爸妈妈一方或双方也多有近视、弱视、散光等眼病。排除后天环境的原因，这个年龄段的孩子若出现高度近视，其发生原因与遗传有很大的关系。

沙眼

沙眼在儿童、少年中并不鲜见，它是由沙眼衣原体引起的，常常累及角膜的一种慢性传染性眼病。沙眼是一种致盲性眼病，爸爸妈妈对此要引起重视。沙眼主要是通过接触传染，凡是被沙眼衣原体污染了的物品都可传播沙眼。因为沙眼有很强的传染性，患病孩子需要隔离。

孩子患沙眼的表现

沙眼病变早期可发生在孩子上、下睑结膜面的内、外眼角处和眼睑及眼球的交界部分，严重的可波及全部睑结膜，表现为充血，血管模糊，有大小不等的混浊的滤泡。孩子得了沙眼，轻者仅有发痒、异物感及少量分泌物表现。重症沙眼特别是角膜受累或有其他并发症时，孩子可出现畏光、流泪、疼痛等刺激症状，视力也会减退。如果经过一年以上的病情演变，还可能出现眼泪减少、结膜干燥、角膜混浊等严重并发症，造成视力明显下降。

沙眼的治疗

沙眼主要采用局部用药。沙眼衣原体对四环素族、大环内酯类及氟喹诺类抗菌药物敏感。孩子患沙眼后，医生会针对孩子沙眼程度开一些眼膏或眼药水，爸爸妈妈遵医嘱为孩子涂抹即可。通常，沙眼的治疗要坚持3~6个月才能奏效。由于沙眼会发生重复感染，所以治疗时间较长，不易治愈。也正因此，预防沙眼便显得十分重要。

预防沙眼

注意个人卫生，让孩子勤洗手，不用脏手、衣服或不干净的手帕擦眼睛。

家中成员脸盆、毛巾要分开使用，毛巾、手帕要经常洗晒。

外出游玩时，要尽量用流动的水洗手、洗脸。

在幼儿园，不要和别的小朋友共用手帕。

让孩子进行适当的体育锻炼，合理补充营养，有助于增强身体抵抗力，减少患病机会。

给孩子多吃富含维生素A和维生素B的食物。胡萝卜及绿、黄色蔬菜，红枣等富含维生素A，芝麻、大豆、鲜奶等食物富含维生素B，有助于孩子眼睛保健。不要给孩子吃辛辣刺激性食物以及油腻食物。

情感、思维、智力、性格的养育

学会管理零花钱

五六岁的孩子对金钱已经有了一定的认识，也能数清钱的数目，爸爸妈妈也可能会经常给孩子一些零花钱。因此，爸爸妈妈要及时教孩子管好自己的零花钱，帮助孩子形成正确的金钱观念，锻炼理财能力。

教孩子管理零花钱

首先要让孩子意识到，钱是劳动的报酬。要让孩子知道，钱是通过劳动付出得到的报酬，不付出是不会有“钱”的。可以鼓励孩子做家务，给他适当的报酬，让他明白“付出”与“获得”的关系。还要告诉孩子，爸爸妈妈的钱得来不易，而且是有限的，只能购买真正需要的东西，而不能乱花钱。

给孩子准备一个可爱的存钱罐。教孩子把平时不用的小面额的钱，如五角、一元的硬币投入存钱罐存起来。当积累到一定数目，并且孩子有特别需要的时候，鼓励他把钱取出来，带他一起去商店购买需要的东西。

教孩子记账。爸爸妈妈开始给孩子零花钱的时候，可以教他定期数数钱，陪着孩子一起记录下来。当孩子会写数字，并具有基本的加减概念后，可以给孩子一个小账本，让他学习如何记账。

约法三章，开支零花钱。爸爸妈妈可以定期给孩子一些零花钱，但要跟他约法三章。比如，每次给他零花钱，要求他必须将其中的1/3或1/4放进小储蓄罐里。这样，孩子每次拿到零花钱就会有意识地先储蓄，并渐渐地养成习惯。对于数额较大的钱，爸爸妈妈可以和孩子一起商量如何储蓄，甚至可以和他一起到银行开个账户，告诉他把钱放在银行里的好处。还可以让孩子自己保管存折。

温馨提示：大人花钱行为影响深

日常生活中，爸爸妈妈关于金钱的观念和言行都会潜移默化地影响孩子。所以，爸爸妈妈自己要养成勤俭节约、理性消费的习惯。平时不要随意给孩子零花钱，防止孩子觉得爸爸妈妈给零花钱是天经地义的事情，而不知道珍惜。

数学思维启蒙

孩子在日常生活中，不断感知着数、量、形、类别、次序、空间、时间等数学知识，在认识事物、与人交往、解决生活中遇到的相关问题时，都不可避免地要和数学打交道。因此，数学启蒙教育是孩子生活的需要，也是他认识事物的要求。

由于数学本身具有抽象性、逻辑性等特点，而五六岁的孩子仍以具体形象思维为主，抽象逻辑思维才开始萌芽，因此，对这个阶段的孩子进行数学教育，主要是感性的启蒙教育，要和幼儿的实际生活紧密地联系在一起。

数学启蒙应遵循的原则

让孩子感到数学很好玩。那种注重知识灌输的数学教育，特别是将小学数学内容不加修改地下放到幼儿园阶段的做法，只会让孩子对数学产生厌倦和恐惧的心理，是得不偿失的做法。

让孩子感知数学就在生活当中。要让孩子有一种感觉，数也好，形也好，都在我们的日常生活当中，都在他的周围。比如，看看现在几点了，今天是星期几，去动物园坐几路公共汽车，等等。当他在书本上接触抽象的数字时，能马上想到生活中的例子。这种美好的感觉，对孩子上小学以后接受正式的数学教育会很有帮助。

让孩子感知关系。应让孩子感知到，数与数、形与形、数与形之间是有关系的。比如，玩积木的时候，给孩子几个等腰三角形，拼起来就变成了正方形，这就让他感到三角形和正方形是有关系的。又比如，把5个橘子分散放，另5个橘子聚拢起来放，让孩子挑哪堆橘子多。有的孩子会认为分散放的多，有的会认为聚拢在一起的多，让他们先按自己的标准去选。最后一数，都是5个。孩子就会感觉到，不管怎么放都是5个。爸爸妈妈不用让孩子明白守恒的定义，但他有了这个感觉，真正接触守恒概念时，理解起来就会容易得多。

温馨提示：

1.学前阶段的孩子学习数学，关键是要让孩子在玩中感觉，在体验中得到启蒙，在玩的过程中去寻找各种关系。

2.一定要让孩子通过自己的操作，自然而然地得出结论，而不是成人去告诉他。不然孩子还是不会真正地明白，即使暂时记住了，也会很快忘记的。

友善与合作

幼儿园时期，培养与人相处、友善待人，以及善于沟通和合作的能力是十分重要的。懂得谦让、分享、合作、爱护别人的东西、宽容和谅解别人的孩子会更受欢迎，这也是他未来很好地适应社会的基础。爸爸妈妈可以从下面几个方面入手，培养孩子友善与合作的态度和能力。

多为孩子创造交往和合作的机会

鼓励孩子和小朋友玩耍，多玩过家家等角色扮演游戏和需要合作的游戏，如，跷跷板、跳大绳等。

经常和孩子一起做家务，如打扫卫生、包饺子等，体会互帮互助和团结协作。

让孩子懂得协调自己与他人的权益

爸爸妈妈首先要重视孩子的需要和权利，让孩子体会到平等与尊重。

引导孩子尊重爸爸妈妈的劳动，懂得回报爸爸妈妈的爱，以此来培养孩子尊重别人的意识，培养孩子的施爱能力和合作意识。

从小培育孩子的同情心

引导孩子设身处地地去思考：如果自己处于痛苦和困难中，而别人冷漠、不施以援手，他会感觉怎样。

和孩子一起观看情感方面的影片，引导孩子对弱势群体的同情和关怀。

当孩子受到关爱和帮助，或看到关爱和帮助行为时，引导孩子感受爱心与奉献。

鼓励孩子多做好事，多关心他人，当孩子有热心行为时要及时表扬、鼓励。

爸爸妈妈经常表现出同情心，关心和帮助别人。

定期做公益

- 参加拯救濒危物种的组织。
- 帮助老人打扫卫生。
- 给比他更小的孩子当家庭老师。
- 给生病的小孩子做玩具。
- 去动物收容所，领养无家可归的小动物。
- 爱心捐助，参加公益活动。

以上各项供爸爸妈妈参考。爸爸妈妈要注意照顾孩子的兴趣，选择孩子也认为有意义的事。

对孩子需求的接纳与拒绝

琳琅满目的玩具和充满诱惑的零食，常会牢牢地吸引孩子。面对孩子渴求的眼神，爸爸妈妈常常会感到为难：满足孩子，怕纵容了他；拒绝孩子，又担心会伤害他。

过度满足带来的“副作用”

确实，并不是所有的满足都会给孩子带来欢喜。一方面，被过度纵容的欲望可能会变成无底洞，总有一天即便爸爸妈妈已经无力填满，孩子仍然感受不到被满足的幸福；另一方面，在物质极大丰富的今天，不少什么都不缺的孩子却变得对什么都没有兴趣，什么愿望和动力都没有，"随便"成了他的口头禅，"还行"成了他对任何事物的最高评价。

拒绝要求，还是拒绝爱的期待

那么，拒绝孩子就会伤害他吗？和所有对孩子的管教一样，这个结果取决于爸爸妈妈是否出于爱，以及孩子是否认为爸爸妈妈是出于爱。

一方面，如果爸爸妈妈能站在孩子的角度想问题，体会孩子的需要，就可以做到在拒绝孩子不当要求的同时，依然照顾到他的合理愿望，让孩子感受到爱和关心。另一方面，如果爸爸妈妈平时关心孩子的需要，经常陪伴孩子，在孩子遇到问题的时候支持他、帮助他，给孩子温暖，亲子之间亲密和相互信赖，那么拒绝就不容易被看作爸爸妈妈不爱自己的表现。

丰富孩子的快乐源泉

有时，孩子过度依赖物质满足，和他的快乐源单一有关。因为孩子的需求也反

映着以往孩子快乐的来源。

孩子小时候，生理需求占主导：吃饱，穿暖，身体舒适。随着孩子的长大，他的需求中便更多地掺进了社会的色彩：受到关注，有人疼爱和陪伴，取得成功，受到赞扬……

如果孩子的生活中只有零食给他带来快感，而很少有其他的快乐源，那么零食对他就格外重要，而其他的东西便会淡出他的视线。因此，如果孩子过于依赖食物和玩具，那么爸爸妈妈要好好问问自己：孩子平时和谁玩？玩什么？奖励他的方式是什么？等等。

如果爸爸妈妈能给孩子食物和玩具之外的快乐，时常用给他买东西以外的方式表示对他的爱，比如陪他玩耍，鼓励他探索，帮助他做成一件件事、不断增长能力，分享他进步和成功的喜悦……那么孩子和爸爸妈妈的关系会更亲密，对孩子的成长也会更好。随之而来的是，孩子对物质满足的依赖也会减少许多。

让孩子聆听内心的渴望

心智健康的孩子，既不会对物质满足过度依赖，也能知道自己内心的需求并努力去达成。

在有些家庭，爸爸妈妈习惯于按照自己的想法来满足孩子，而忽略孩子的感受。一方面，这样做会压抑孩子表达需要的愿望，长此以往，他会对自己的渴求麻木。另一方面，得到过度满足的孩子也可能变得麻木，就像山珍海味吃多了，也提不起兴致，反而是饥渴中的粗茶淡饭让人长久回味和怀念。

因此，爸爸妈妈既要顾及孩子的愿望，又要让他有适度的饥渴感。比如，可以暂时不满足孩子的某些愿望，但却可以和他讨论这些愿望，鼓励他通过努力去争取，在合适的时候再满足他。自己争取到的满足会让孩子格外珍惜，也对自己的愿望更加敏感。

总之，爸爸妈妈要充分尊重孩子的愿望，却不可以无条件、无限度地满足他；可以拒绝孩子的要求，却不可挫伤孩子表达愿望的积极性。有能力听到自己内心的声音、敏感地觉察自己真正的需要，并能体会到满足的快乐，才会有真正幸福的人生。

支持孩子的成长

宽严适度地对待孩子

孩子需要在一个温暖和关爱的环境中成长。这不仅指要满足孩子的基本物质需求，更是指爸爸妈妈对待孩子的言行举止要传达温和的态度，表达尊重、关心和爱护。

爸爸妈妈要努力做到下面这几点

- 面对孩子的时候多些微笑。
- 孩子说话的时候认真听，并好好回答他。
- 孩子受伤或生病时悉心关怀、照顾他，尽力使他感觉好一些。
- 孩子情绪不好时安慰他。
- 孩子希望陪他玩的时候尽量满足他，如果没空也要好好解释，不要敷衍他或表现不耐烦。
- 关注孩子的每一点进步，该表扬的时候要表扬他；经常对他说鼓励的话，并用微笑、眼神和动作表达喜爱和赞赏。不要忽视他的努力，不要因他进步慢而不耐烦，也不要因他表现平平而不以为然。
- 对孩子做的事感兴趣，并尽量帮助他，为他创造条件。
- 总是好好和孩子说话，即便他淘气、犯错误，也不要责骂和殴打，批评他时不要用贬低和侮辱的词，要维护他的尊严。

有时，爸爸妈妈因工作或生活上遇到问题而心烦意乱，难以心平气和地面对孩子。这时，首先要调整好自己的情绪，端正好心态。要尽量把问题放在家庭以外解决，不要带回家中。如果感觉自己一时难以调整好情绪，不妨让其他家人或亲戚朋友帮助照看孩子，自己先冷静一会儿、休息一下，待情绪平复后再面对孩子。

关心孩子的需要

这个年龄段，孩子已经可以比较明确地向大人表达自己的愿望和要求了。但是，孩子的视角往往和成人有很大的差异，因此，他的一些需要可能会为爸爸妈妈所不解、误解或忽略，爸爸妈妈的一些言行甚至会压制孩子需要的表达。这些都可能对他的成长造成不利的影响。

因此爸爸妈妈要关注孩子的需要，并尽力去理解孩子。下面这些方法可以帮助爸爸妈妈更好地觉察孩子的需要：

● 经常站在孩子的角度想问题，体会孩子的感受。

● 经常与孩子聊天，少说多听，鼓励他说出自己的想法。

● 做与孩子有关的决定时，听取孩子的意见，并采纳其中合理的部分。

● 孩子心情不好时，即便言语过激也不要呵斥他，要采用反映式倾听来引导和鼓励他澄清问题、说明情况。

● 孩子提出不同意见和看法时，即便有错误之处，也要允许他表达，并与他平等讨论。

● 孩子做错事时先听取他的陈述，考虑其中合理的成分，并肯定他的积极的想法。

● 鼓励孩子的梦想，即便异想天开，也不打击他。

● 如果对孩子做的事感到难以理解，可以回想自己的童年，想想自己这么大时会怎么样。

支持孩子的自主性

自主是成熟的标志，养育孩子的最终目的，就是让他有朝一日可以完全独立自主。

幼儿园阶段的孩子虽然能力有限，距离完全自主还有很长的路要走，但是爸爸妈妈要鼓励他的独立意识，支持他自主的愿望和行动，帮助他增强自信，而不要挫败他的独立意愿，打击他对自己能力的信心。

爸爸妈妈可以从下面这些方面入手，支持孩子的自主意愿和行动。

鼓励孩子摸索、掌握控制身体动作的技巧，学习控制动作的力量。多做各种户外游戏，比如爬树、堆雪人、挖沙堡、在小溪中筑水坝；各种运动，比如拍球、跳绳、滑冰；各种家务，比如钉钉子、拧螺丝、换电池；各种手工，比如做风车、折纸等。

给孩子一个独立的活动环境。适合他身高的家具、电源开关，让孩子能自己使用。给他提供适合他的小工具——小垃圾桶、小刷子、小抹布、小墩布、小水桶，方便他自己做事情。划定他存放自己物品的地方，标记存放不同物品的位置，让孩子知道去哪里拿、放回哪里去，用颜色来标记，对小孩子非常有效。

和孩子一起走时，让孩子牵着大人的手引路，或拉着大人往前走。

让孩子记住报警、急救、火警等电话号码，并告诉他什么情况下用。可以在家里做做演练，让孩子有亲身的体验。

让孩子力所能及地帮助别人，比如转告电话里听到的信息，帮助别人拾起掉在地上的东西。

在孩子的自由时间里，让他自己决定做什么；和大人一起玩时，鼓励孩子发起游戏。

让孩子体验自己的力量和重要性。比如，有人采纳他的建议，有人说“你要是能再优秀些该有多好啊”；让他选一个人代表自己参加讨论，提出一个任何人都无法回答的问题，调解别人的纠纷，等。

让孩子了解，他是遵守规矩，而不仅仅是服从爸爸妈妈。制订明确的规矩，并简单易懂地解释定规矩的原因：“吃饭前要洗手，这样就不会把细菌吃到嘴里”，“袜子要放在抽屉里，这样你就可以找到它了，它们也有个家”。告诉孩子不希望他做的事情时，要解释这样做的后果，让孩子感到他不这样做是出于自己对后果的考虑，而不仅仅是听爸爸妈妈的话。

让孩子做事时，可以在保证安全的前提下让他尝试，自己从失误中吸取教训，发现正确的方法，而不是直接教他或指出他的错误。

为孩子订立合适的规矩

幼儿园的孩子理解能力和自控能力都有了一定的发展，为他订立规矩，除了纠正、禁止或快速改变他的不良行为以外，还有向他传递价值观、增强他的责任感、发展他的自我约束能力的目的。孩子掌握了规则，才知道在不同的情况下如何做得更好，并发展适应社会的能力、习惯和观念。

给孩子订立什么样的规矩

除了以前提到的安全常规、健康常规和人际的常规外，上幼儿园后，日常起居的规范对于适应幼儿园生活就显得十分必要，此外，不少家庭还可能给孩子规定一些他力所能及的家务等。

如何制订和调整规矩

对于幼儿园的孩子，爸爸妈妈最好和他一起制订规则，多听取他的意见，充分考虑他的需要。还有一点十分重要，就是要根据孩子的情况适时对规矩进行调整，使之与孩子的能力相称，做到能力、责任和权利相对应。

比如说日常起居的规矩。3岁的孩子可能和即将上学的6岁孩子睡眠时间有所不同，这就需要进行调整。再比如安全常规，3~4岁以前的孩子要到小区里玩，一定要有大人带着，而5~6岁的孩子也许就可以自己在小区里玩，但不可以自己上街。让孩子承担的家务也要与孩子的能力相匹配。

规矩的调整即便是微小的，比如，允许大孩子比小孩子晚15分钟上床睡觉，也反映了对不同成熟水平的承认，这会有助于爸爸妈妈得到孩子的依从，并鼓励孩子的成长。更大的孩子有更大的自由度，是因为他更成熟、能力更强，可以为自己和家庭担负的责任更多。爸爸妈妈要掌握的原则是，既不要让孩子背负他担不起的责任，又不要替他做他可以胜任的事。

爸爸妈妈可以列一张单子，将订立的规则写下来，检查一下：第一，规矩是否包含了孩子遇到的各种情况？因为如果没有明确的规矩，爸爸妈妈的临时“裁决”可能会前后不一，给孩子带来困惑。第二，规矩是否适当？是否适合孩子的情况？第三，规矩是否明确、利于执行？比如“不能撒谎”就比“要诚实”好一些，“每天出去活动两个小时”就比“要多锻炼”好。

同时，爸爸妈妈最好认真想一想：制订每条家规的目标是什么？与自己日常待人处世的行为是否一致？是否符合自己想要传递给孩子的价值观和习惯？

倾听和引导孩子

与幼儿园孩子的亲子沟通要采用反映式的倾听的态度和技巧。另外，这么大的孩子认知、情感都比以前成熟、复杂得多，语言表达也更丰富、复杂，更需要爸爸妈妈耐心倾听，并注意观察他的非语言信息，还要更多地运用“我的信息”及“有限度的选择”。

运用“我的信息”

当爸爸妈妈碰到孩子行为不当时，除了反映式的倾听之外，可以多使用“我的信息”。

这是指爸爸妈妈说话时用一种尊重的态度表明自己的感觉，比如“我很高兴”或“我十分生气”，这也可以起到引导孩子学习尊重别人的感觉和权利的作用。反过来，指责或压制孩子的表达，比如“你让我很生气”或“你真没礼貌”就会包含很多批评、责备等含意，使孩子感到自己没有价值、自尊心受伤，甚至易引发孩子的抗拒、顶嘴或充耳不闻的行为。

一般而言，使用“我的信息”有 3 个步骤：

1. 描述具体的事实。如“我们要出门了，你还没有准备好”，避免翻旧账或大而化之的批评，比如“你怎么老是磨磨蹭蹭”。

2.表达自己的感受。如“我很生气”，避免用“你让我……”或“你使我……”等“你的信息”。

3. 说明理由或原因。如“因为我们大家都要等你”或“因为会误车”。

上面的步骤可以简化为“当你……我感到……因为……”。当然，这个公式也可以变化使用，比如第二、三步可以对调：“我看到你推小表弟很不高兴，因为这样可能会让他跌倒受伤”，或“你跑到街上玩，那里车多容易发生危险，我非常担心”。

给孩子“有限度的选择”

需要做决策和解决问题时，给孩子2～3个选择，一方面可以给他一个学习自主和做决定的机会，另一方面也是在告诉他：生活中有许多事情是有限度的，自己的欲望和行为都需要有度。

使用“有限度的选择”，必须以反映式的倾听和运用“我的信息”为前提，并注意保持平和的态度和语气。比如：

“我知道你喜欢玩玩具枪，可是声音太大了，我觉得很吵，又影响别人。你是在客厅里玩安静些的游戏，还是到自己房间里关上门玩玩具枪？”

“你这样跟我说话我很难过，因为我觉得你不尊重我。你要好好地跟我说话吗？不然我就走开让你自己待一会儿。”

和孩子一起学习和探讨

这个时期孩子的提问中，“为什么”一类的知识性问题大大增加，爸爸妈妈最好在家中准备一些百科全书、科学工具书等，以便随时与孩子一起查阅、探索答案。这不仅有助于孩子增长知识，同时也在向他示范一种学习方法，更有利于密切亲子关系。爸爸妈妈不必在孩子面前保持全知全能的形象，承认自己有所不知，并和孩子一起探索，不仅不会降低自己在孩子心目中的地位，反而可借此传递给孩子一种诚实的态度、求知的精神。

幼小衔接

入学和入园一样，都是孩子成长过程中的重大转折期。虽然很多幼儿园都会开展幼小衔接的教育，但作为爸爸妈妈，还是有很多的工作需要做。小学和幼儿园相比，环境、老师、作息时间、教学形式等都有很大的不同。爸爸妈妈要意识到孩子初入学时需要面对的各种变化，充分了解他可能面对的困难和挑战，从而有的放矢地帮助他做好准备，使他可以顺利地度过转折期，尽快适应小学生活。

上学的孩子需要面对的变化

第一，幼儿园里有生活老师，孩子的吃、穿、用等生活需要，都有老师在照顾。但是小学就不一样了，老师主要负责教学，而生活方面的事情基本上都要孩子自己解决。

第二，幼儿园是以游戏为主，孩子在玩中学、学中玩。而小学是以上课为主，要通过听、说、读、写、记忆、练习来学习，需要完成一定的任务，有作业，有考试，不管孩子是否感兴趣，都要完成这些任务。

第三，小学的作息和幼儿园不同，可能没有条件午睡；另外，小学还有上课纪律，孩子需要自觉遵守。

第四，孩子进入小学后，将要面对比原先复杂的环境。零食摊和小吃店，车水马龙的马路，路上的陌生人……这些渐渐都需要孩子自己去面对，他需要具备更多识别、处理安全问题和应对意外情况的能力。

因此，爸爸妈妈要提早和孩子一起做准备，除了带孩子熟悉学校的情况、了解学校生活以外，还要培养孩子的各种心理能力，帮助孩子做好心理准备，并调整生活习惯和作息，培养孩子的安全意识、学习习惯。此外，还要在家中建立良好的学习氛围。

为小学学习准备基本的心理能力

上学以后，孩子就开始了正规的学习生活。学校学习，对于孩子的心理能力提出了更高的要求。爸爸妈妈要从小培养孩子各方面的能力，使之均衡发展。在准备入学的这一年里，更要注重下面这几方面能力的培养：

视知觉能力。主要有空间关系、视觉辨别、图形-背景辨别、视觉填充、物体再认等几个方面。爸爸妈妈可多和孩子玩锻炼手眼协调、听指令做动作等游戏，玩拼图、找不同等锻炼观察力的游戏，鼓励孩子多涂画。

听知觉能力。判断孩子听知觉能力发展的情况可以从听觉辨别能力、听觉记忆能力、听觉系列化能力和听觉混合能力等几个方面来衡量。爸爸妈妈要培养孩子认真倾听的习惯，多让孩子读书、听收音机，并培养孩子独立阅读。

运动协调能力。包括大肌肉运动、精细肌肉运动、平衡能力和神经协调4个部分。其中神经协调可以通过孩子模仿原地踏步走、对指测验、翻掌测验、“你拍一我拍一”游戏、“一枪打四个”游戏等方法进行训练。

知觉转换能力。入学的孩子除了在视听动三方面独立发展较好外，小学学习活动中还需要视听动能互相转换的能力，如听觉到动觉与视觉、听觉言语到动作、视觉转换言语或动作、触觉转换视觉或言语等。

基本的数学能力。学前数学应该包括数数、前后定位、排序、对应、分类、比较、图形、时间、认钱、推理、数感等内容。

语言沟通能力。学校的主要活动是教学，教学的主要媒介就是言语沟通。课余师生之间、学生之间也离不开言语沟通，因此言语沟通能力良好的孩子，不但能准确接受理解老师和同学的言语，而且还可以恰如其分地表达自己的愿望与思想，赢得老师和同伴的接纳与信任，更有助于孩子个性的发展与心理健康，适应学校生活也非常迅速；反之，言语沟通能力弱的孩子听不懂别人的语意、读不懂他人非言语暗示、不会用恰当的方式表达自己的意愿、被人误解歧视耻笑、缺失玩伴、心情沮丧……

学习品质。学习品质是指参与个体学习过程的有机体的一切身心状态，它是一个人在从事学习活动的过程中所表现出来的整体的精神面貌，包括学习态度、学习兴趣、学习动机、学习意志，以及学习自信心等各个方面。好奇心、坚持性、主动性、责任感、灵活性、独立性、合作性、专注力、条理性、荣誉感、生活习惯等。

社会适应能力。社会适应能力是指个体在由“生物人”向“社会人”转变过程中所应有的、适合其生存环境的、公众化言行举止的能力，它是个体生活工作、交往、参与活动的最基本的必备能力。如尊重他人、理解他人、容忍他人、以诚待人、情感独立；用同情和忍耐的态度分担他人困难、宽容他人的意见及生活方式；多称赞别人，多向对方表示友谊，关心他人，但不涉及隐私，更不触及伤痛，大方接受或拒绝别人的提议等。

培养“准小学生”的安全意识

爸爸妈妈要意识到，对上学的孩子来说，比分数更重要的是健康，比健康更重要的是安全。学校和老师会对孩子进行安全教育，爸爸妈妈在家里也需要给孩子灌输安全知识，培养孩子的安全意识。小学生的安全教育主要包括以下几个方面:

游戏安全

玩是孩子的天性，在游戏中注意安全是孩子们需要学习的内容。

告诉孩子，校园的活动器械和幼儿园里的不一样，它们都比较高大，不太适合低年级的孩子。

小学的户外场所和幼儿园的也不一样，比较多的是硬场地，所以要格外注意摔跤等危险情况。

学校里学生人数更多，要告诉孩子，任何时候都不要推挤，不要凑热闹。要从小养成一种意识，即人多的地方容易出乱子，要尽量远离。

提醒孩子进入校园不能大声喧哗、乱跑。

提醒孩子注意自身和他人的安全，不要用危险物品做玩具。

接送安全

一定要跟孩子讲清楚接送的方式。如果爸爸妈妈和老师之间有约好的交接方式，先告诉孩子其中要注意的事情，及万一爸爸妈妈晚了该怎么办。如果孩子自行离校，爸爸妈妈要和孩子约定接的地点。最好选在学校传达室或保安能看到的地方。告诉孩子如果在约定的时间内爸爸妈妈没有来，一定要在原地不见不散，绝对不可以随便乱跑，更不能跟陌生人走。

让孩子牢记爸爸妈妈的电话号码，遇到特殊情况，教孩子请学校的保安叔叔给爸爸妈妈打电话。

当爸爸妈妈拜托别人接孩子时，一定要提前让孩子知道，或者确保孩子明白，在被接走前要给自己打一个电话。

开车接送孩子上下学的爸爸妈妈，要确定孩子进了校门再掉头离开。

中国人民公安大学的教授王大伟编过两首关于上下学接送安全的歌谣，爸爸妈妈可以教给孩子："我家有只小花狗，生人接它它不走，摇摇头呀摆摆手，见了妈妈我才走。""一个人，上学校，问我什么不知道。低下头，快点走，前面追上小朋友。"

过马路安全

告诉孩子，过马路的时候要注意交通指示，红灯停，绿灯行。在绿灯亮起的情况下，也要在过街之前，左右看一看。小学阶段的孩子，爸爸妈妈最好要接送，在马路上要牵着孩子的手，保证孩子走在内侧，降低风险。

饮食卫生安全

小摊上的零食很诱人，但也非常不卫生，爸爸妈妈要提醒孩子不买小吃摊上的东西。教育孩子从小养成饭前便后要洗手、用自己的杯子喝水、不用脏手揉眼睛等良好的卫生习惯。提醒孩子，在学校里做眼保健操前，也要把手洗干净。

体育运动安全

告诉孩子，在学校上体育课的时候，要按照老师规定的动作来完成体育活动。运动的时候，如果身体不舒服，一定要及时报告老师，避免情况恶化。要引导孩子经常进行体育锻炼，不要等到快考试了，才疯狂练习，这样对身体的伤害更大。

应对紧急事件安全

要在孩子书包里放少许钱，以防紧急情况的发生。每个星期爸爸妈妈都要检查几次，看钱还在不在。爸爸妈妈还要给孩子准备一张电话卡，一旦孩子遇到什么事可以马上联系爸爸妈妈。要让孩子记住这两件重要的东西放在了什么位置，遇到紧急情况才能第一时间找到。

培养适应小学生活的良好习惯

小学的学习生活要求孩子有良好的学习习惯。此外，由于作息时间的改变，生活规律也要相应地调整。因此，爸爸妈妈要提前帮助孩子做好准备。

学习习惯的准备

孩子从小就要养成以下8个生活习惯：规律生活，遵守常规，积极参与，独立完成，文明礼貌，清洁卫生，与人合作，收拾整齐。生活习惯在一定程度上会影响孩子的学习习惯。这8个生活习惯会向孩子的学习习惯转移。

孩子必备的学习习惯有以下7个方面：

1. 勤于思考，敢于攻关克难。

2. 在规定时间内学习。

3. 不拖延和磨蹭。

4. 问题不过夜。

5. 复习旧课、预习新课。

6. 做完作业，细心检查。

7. 保证良好的作息时间。

为了养成这些学习好习惯，爸爸妈妈要督促孩子学习和掌握课后8步法：

第1步：放好书包换衣鞋。

第2步：讲究卫生把手洗。

第3步：然后喝水吃东西。

第4步：赶紧坐定先复习。

第5步：再做作业心有底。

第6步：检查对错需仔细。

第7步：明天学啥先预习。

第8步：收拾准备好欢喜。

生活方式的准备

营养早餐。去幼儿园吃营养早餐的美好时光已经过去了。从现在开始，爸爸妈妈每天都要提前半个小时给孩子准备热乎的、营养结构合理的早饭。

选食恰当。有些食物尽量少给孩子吃。比如，油饼、油条等煎炸类的食物。尽量让孩子吃得清淡一点，孩子的食物中盐的每日摄入量尽量不要超过4克。

杜绝过度饮食。孩子并不是越胖越健康，营养搭配、膳食平衡才是最重要的。孩子胖是脂肪细胞数量的增加，大人胖是脂肪细胞体积的增加，所以，那些在孩童时期就已经肥胖的人与成年后才开始肥胖的人相比，日后减肥也要更加困难。此外，超重会影响智力发展、自我认知、人际交往及生育能力，所以，爸爸妈妈要防止孩子过度饮食。

定时排便。孩子最好养成每天定时定点排便的习惯，大多数人都习惯于早上起来先喝杯白水，把肠胃唤醒，然后在早餐前排便，接着吃早餐，开始一天的生活。

保证睡眠质量。小学生每天需要保证10小时的充足睡眠时间，低年级的孩子还要相对更多一些。睡眠有三大功效：恢复智力、恢复体力、消除疲劳。休息不好会影响到学习。爸爸妈妈一定要帮助孩子养成睡眠好习惯。晚上10点到夜里1点，是下丘脑分泌生长激素的时间。爸爸妈妈要为孩子营造一个良好的睡眠环境，保证孩子在晚上10点前进入深度睡眠，确保孩子的睡眠时间和质量。

培养自理能力。爸爸妈妈要让孩子完成力所能及的事情。比如去上学的时候，顺便扔掉家里的垃圾；每天放学回家，坚持自己清洗小件衣物；吃完饭帮助爸爸妈妈收拾碗筷，擦桌子。这些都是在点滴小事中逐渐培养孩子良好的生活习惯。

营造良好的家庭氛围

良好的家庭氛围对孩子顺利度过入学适应期、保持学习兴趣和完成学习任务十分重要。因此，在孩子即将入学的时候，爸爸妈妈自己的生活、日常言行和与孩子的沟通也要做相应的调整，营造一个适宜孩子学习和成长的家庭氛围。

陪伴孩子，共同学习。爸爸妈妈的积极陪伴，并不是说要陪读，而是在孩子身边，以求知、学习的状态出现，比如看书、做笔记等。这样既可以营造学习氛围，又可以给孩子树立一个爱学习的好榜样。

热爱学校，尊重老师。爸爸妈妈对学校、对老师的态度应该是恭敬的，不要在孩子面前说学校的不是，不要在孩子面前说老师的坏话，而要以正面的态度帮助孩子认识学校和老师。

舒适的学习空间。尽量给孩子提供一个固定的学习地点，这个地点要光线充足、不受干扰。桌椅的高度适合孩子的身高。台灯要用白炽灯。如果孩子不是左利手，那么将台灯放在桌子左边，灯罩一定是不透光的。切忌把床头灯拿来给孩子当学习台灯用。

拓宽知识面。多给孩子订一些课外书籍。二年级之前爸爸妈妈可以给孩子购买一些带画的书，二年级以后可以转成以文字为主的图书。因为看画是整体认知，读文字是逐字、逐行地去阅读；如果孩子养成了看图画的习惯，就会对逐字、逐行的阅读方式不适应。而没有阅读、不会阅读，对孩子的学习尤其是将来写作文会有一定影响。

每天沟通。孩子放学之后，一般都会很兴奋地把学校里发生的事情说给爸爸妈妈听。这时候，爸爸妈妈一定要鼓励孩子说，并耐心倾听。为了和孩子多一些共同话题，孩子读的东西爸爸妈妈也可以去读。平时要掌握好沟通的时机，沟通的时候，以倾听为主，力求心平气和、平等、真实。当然，爸爸妈妈也要不断丰富自己的知识，拓展与孩子的沟通内容。

作为爸爸妈妈还要注意以下几点，这对提高孩子的成熟度，做好入学准备有很大帮助：

1. 不要否认梦想。一个小孩在外面玩的时候看着天上的月亮，就对妈妈说："我长大了要跑到那个上面去。"妈妈说："好啊，宝贝！别忘了，妈妈等着你回家。"这个孩子叫阿姆斯特朗——人类第一个登上月球的人。

2. 不要一成不变。要用发展的眼光来看待孩子。今天是弱点的方面，未必将来就是缺点。

3. 不要只凭经验。有好多事，不看环境的变化，只凭经验，就会出现问题。因此，做任何事都不能光凭经验，还要同时客观分析现实的变化。

4. 不要转移压力。不要把自己的焦虑情绪传递给孩子，他弱小的身躯没法承受如此的重负，要让孩子在愉悦的环境中成长。

5. 不要强行灌输。有时候教育需要迂回、委婉，需要给孩子一个台阶。孩子的成长本身有他自身的规律，需要成长的时间和空间。

6. 不要随意惩罚。棍棒之下未必能教出人才，三天一小打，五天一大打，总有一天会打没了孩子的自尊与自信。

7. 不要只盯缺点。成绩不好，但身体好、爱劳动、人缘好，这些都是孩子的强项，成绩不是孩子的唯一。

8. 不要揠苗助长。大家都知道，拔苗助不了长，反而摧残了苗，得不偿失。

9. 遇事要多沟通。多跟孩子沟通，多跟孩子的同学、其他爸爸妈妈、老师沟通。

10. 加强投入。一分耕耘一分收获，无论是金钱的投入，还是精力和时间的投入都很重要。

11. 适可而止。如果给孩子报兴趣班，有两个原则，一是学有余力，二是兴趣。

12. 防微杜渐。比如，不要等孩子已经迷恋网络了，才开始想办法解决问题。买电脑的时候就要告诉他，这是个学具不是玩具。

附录　宝宝的免疫接种计划

儿童免疫规划疫苗接种时间表

疫 苗	出生时	1月	2月	3月	4月	5月	6月~	8月~	12 月	18月~	2岁	3岁	4岁	5岁	6岁
乙肝疫苗	1	2					3								
卡介苗	1														
脊灰减毒活疫苗			1	2	3								4		
百白破疫苗				1	2	3				4					
白破疫苗															1
麻风疫苗								1							
麻腮风疫苗										1					
乙脑减毒活疫苗								1			2				
A 群流脑多糖疫苗 [1]								1、2							
A+C 流脑多糖疫苗												1			2
甲肝减毒活疫苗										1					
乙脑灭活疫苗 [2]								1、2			3				4
甲肝灭活疫苗 [3]										1	2				

注：1. A群流脑多糖疫苗：第一、二剂间隔大于或等于3个月。
2.乙脑灭活疫苗：第一、二剂间隔7～10天。
3.甲肝灭活疫苗：18月龄接种第一剂，24～30月龄接种第二剂。

特别提醒

0~1 岁宝宝常见计划外疫苗：7 价肺炎球菌结合疫苗、b 型流感嗜血杆菌结合疫苗、轮状病毒疫苗等。6 个月以上可接种流感疫苗。

1~3 岁宝宝常见计划外疫苗：水痘疫苗、流感疫苗、7 价肺炎球菌结合疫苗等，b 型流感嗜血杆菌结合疫苗需要在 12~15 个月间强化 1 次。

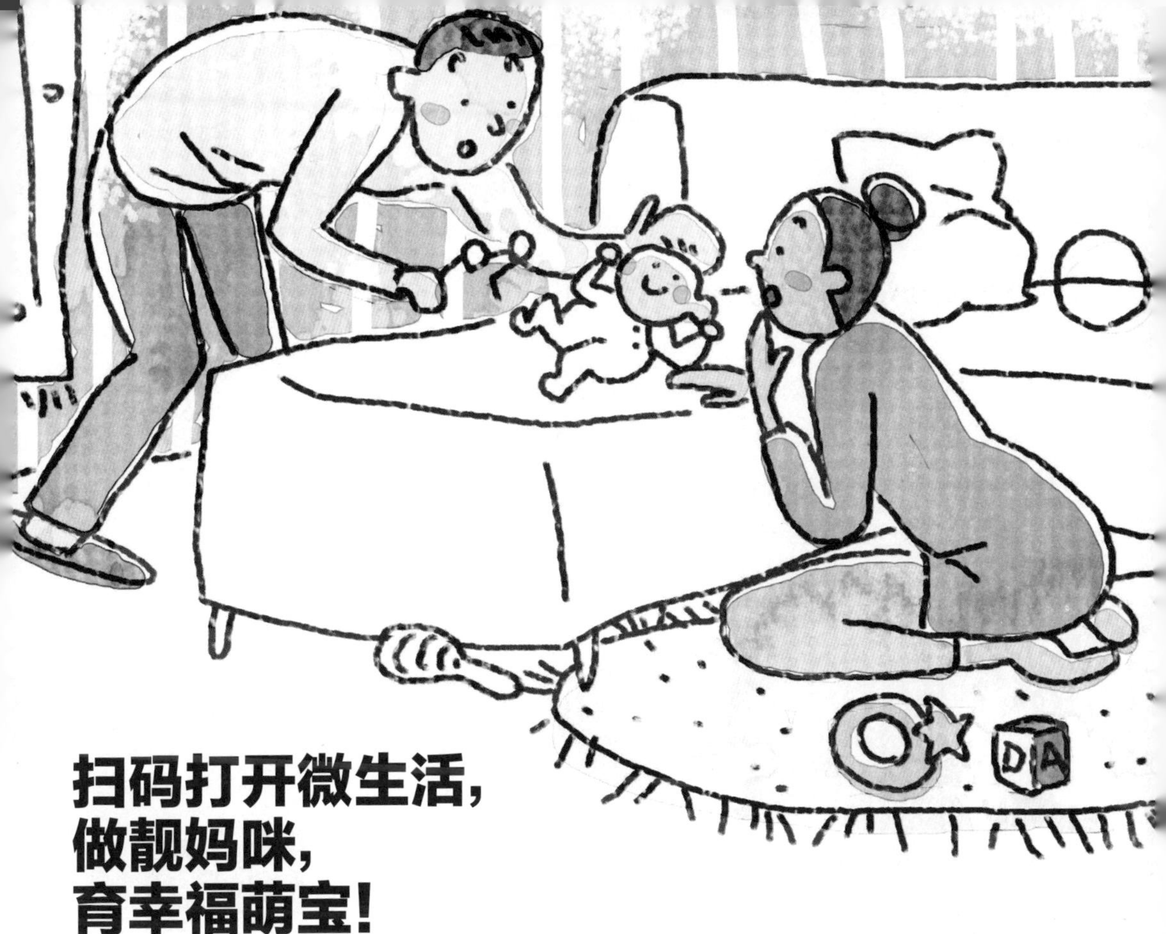

扫码打开微生活，
做靓妈咪，
育幸福萌宝！

这些有用的视频在哪儿可以看到？

扫描二维码，关注父母必读微信公众号，输入“育儿百科”

生完宝宝，好想赶快恢复往日的婀娜身材——

胳膊、肩膀、肚子、臀部，还有腿……

《塑身私教课》视频课程带你在家练。

给新宝宝剪指甲、洗头；教新宝宝翻身、走路……

对于新手父母来说，都是需要学习的课题。

《新手父母课堂》视频课程手把手教你做。

父母必读养育科学研究院

融合了父母必读育儿传媒的跨领域的专业资源优势，建立完整的养育科学体系，为中国家庭提供科学的养育与消费指导，旨在打造中国父母养育智库，让育儿生活科学而美好。扫描二维码，关注父母必读养育科学研究院，获取前沿育儿资讯。

趣学趣玩大本营

国内第一育儿传媒父母必读活动号，有趣、有用、有内涵的亲子平台。好玩的亲子活动，专业的亲子讲座，权威的育儿资讯，诱人的购物折扣，一站式满足您晒娃分享、亲子活动、知识答疑、社交购物的需求。

家庭教育大家谈

由北京市妇联主办，在充分发挥首都资源和家庭工作优势的基础上，推动建立家庭工作智库团队，为家庭文明建设提供智力支持和思想保障，加强家庭教育顶层设计的创新实践。